数学教育的中国智慧丛书

通过变式教数学：儒家传统与西方理论的对话

（美）黄荣金　（美）李业平　主编

董建功　译

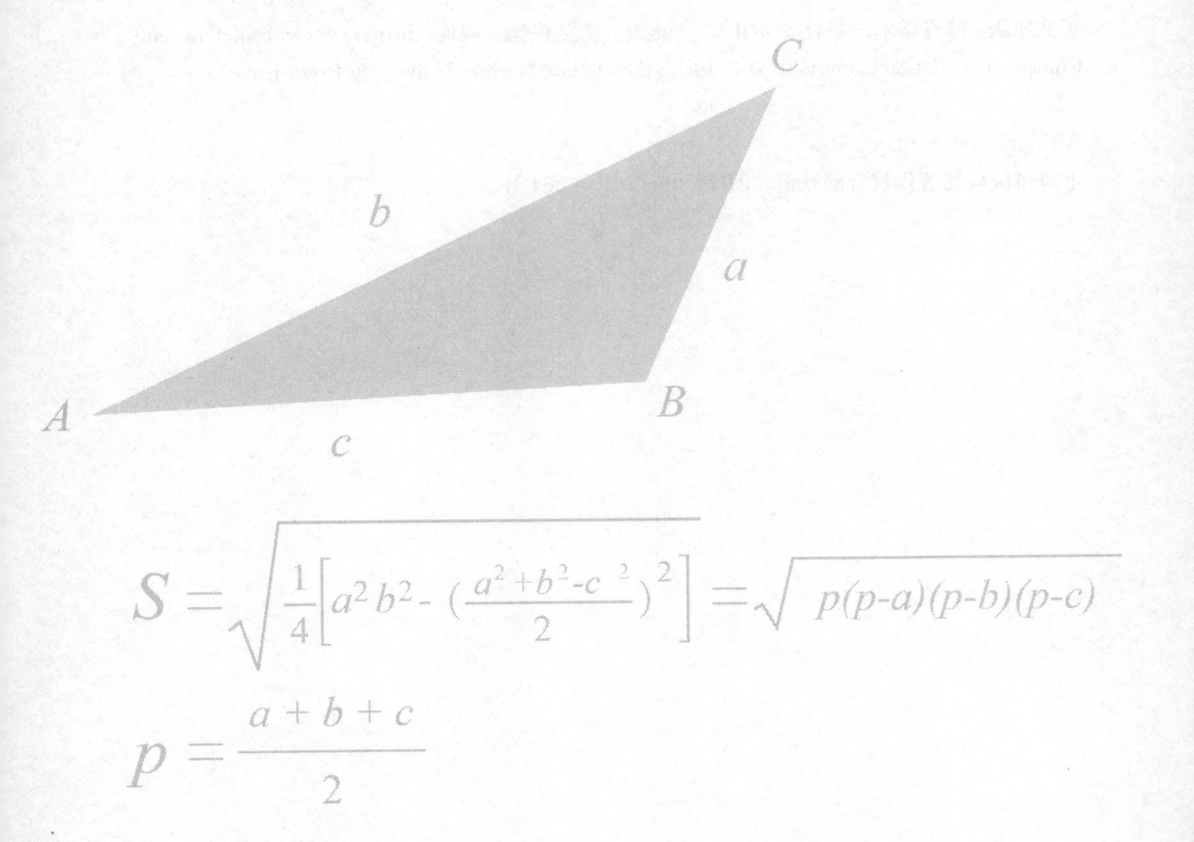

华东师范大学出版社

通过变式教数学：儒家传统与西方理论的对话

董建功 译

Teaching and Learning Mathematics through Variation: *Confucian Heritage meets Western Theories* /by Rongjin Huang and Yeping Li

英文原版：博睿学术出版社（BRILL）　地址：荷兰莱顿　网址：http://www.brillchina.cn

上海市版权局著作权合同登记　图字：09-2019-264号。

“这本书生动细致地展现了如何教数学和学用变式教数学。对变式教学和学习变异理论进行了广泛多样的课堂教学典例分析，针对数学思维的过程和内容，将教学理论和实例结合起来。由领军学者们提供的20个不同章节为这一华人教学的基本支柱提供了一个独特而全面的视角，并展示了如何用变异的视角揭示世界各地有效教学实践之间的内在联系。因此特别强烈推荐！”

——澳大利亚墨尔本大学数学教育荣誉教授凯·斯泰西(Kaye Stacey)

“许多英国教师对运用变式教学及设计变式练习以帮助学生学好数学的想法感到兴奋。然而，充分理解和熟练地使用它需要花一些时间。本书提供了一个宝贵的资源：通过其他教师在书中分享的经验和这一重要领域中研究的深刻思考来加深理解。变异是提高英国数学成就的国家计划的核心，许多老师都问了这个问题：‘为什么我以前没有想到过这样的教学？这种体验太棒了！’”

——英国国家卓越数学教学中心小学数学部主任黛比·摩根(Debbie Morgan)

译者序

英文版《通过变式教数学：儒家传统与西方理论的对话》已于 2017 出版，该书从全球多个国家的视角，展现了一幅有丰富细节的、徇烂多彩的用变式教数学和学数学的画面。

近年来中国数学教育突出的成就吸引了全球关注的目光，也引发了对“中国学习者悖论”的探究。本书对中国数学教育独有的“变式教学理论”进行了细致的分析，其中的脉络清晰、观点客观。娓娓道来的变式教学案例分析让读者感受亲切，循着书中概念的变式、拓展的例题，并踏着教师所给的“铺垫”，可以让读者领略到教学艺术处理的乐趣。

作为生在儒家传统中的华人数学教师，似乎与生俱来就对变式教学驾驭运用自如，正如《论语》中所述“教学有法、教无定法”所传递的变式教学理念那样。许多华人教师对用变式教学及设计变式练习提升学生数学素养充满信心。从《学记》中蕴含“变异的概念”，到胡塞尔《现象学》中体现出的“唯一不变的是变化本身”思想，无不体现东西方学习理论的契合。

变式教学在华人数学课堂中虽被广泛使用，但是教师们往往忽略了变式教学所具有的系统性和理论基础。不深入领会其精髓就会导致变式不能发挥出应有的效果。华人变式教学的实践已取得了极大的进展和丰富的成果，但理论的提升仍显不足。在西方世界，一种与变式教学类似的教育理论——变异理论——正在渐渐地扩大其影响力，而背后的推动者就是教育学家费兰伦斯·马顿（Ference Marton）。变异理论相对变式教学，有着不同的背景，但教学效果又惊人地相似。

英文版主编黄荣金和李业平两位教授引领全球数学教育的领先学者们精心提供了这 20 篇各有侧重的论文，体现出了相当高的体系性和逻辑性。读者在通过一个个真实课堂案例感受变式教学和变异理论精妙之处的同时，也会被每个案例后准确的分析和反思所折服，真正地体会到数学教育之美，并领悟到世界各地有效教学实践之间的内在联系。本书正如《周髀算经》所述“能类以合类，此贤者

业精习，智者质也”。这些不同章节为这一华人教学的基本支柱提供了一个独特而有理解力的观点，

在此要感谢马顿及其同事所撰写的《变异理论》给华人数学教学带来的启迪，更要感谢面对复杂的数学教学工作还能开展细致研究的教研员和教师，向顾泠沅以及他的团队表示深深地敬意，感谢他们 30 多年的开创性工作，将中国数学教学的特色推出国门、发扬光大。

在翻译此书的过程中，我反复回忆曾经指导齐敏老师参加全国优质课大赛时在磨课过程中的点点滴滴，那是对《任意角》的概念课教学的反复斟酌。通过对本书各章内容的反复品味，让我深深感受到在数学教学实践中对“概念性变式”和“过程性变式”的深邃思考。

我虽然读过许多变式教学的论著，但依然明显地感到这本书是独特的，它的独特性在于它的前瞻性和对变化的关注，以及对“变式教学法”进行元分析，其高远的视角是许多论著所不能达到的。因此，我欣然接受了为华东师大出版社翻译这本书的邀请，并借此机会能够仔细阅读它的所有章节，深入细致地研读它的内容，领略到变异教学法理论的丰富内涵，当然受到的震撼也是深刻的。

由于本书的篇幅较长，翻译任务繁重，时间紧迫。在近 2 年的翻译过程中力求准确，发现并修正了原著的一些疏漏。尽管如此，翻译 20 篇极富思想深度和学术完备性的论文仍非易事，再加上原著作者们来自海内外不同国家和地区的高校和研究所，语言风格迥异。限于本人水平，只能 在“信、达、雅” 上尽力而为，疏漏难免，望读者谅解。

这里要特别感谢华东师范大学出版社的编辑所付出的辛劳，感谢安徽师范大学数学教育硕士董阳春、张苏妍和华东师范大学教育硕士戴泽莉为本书个别章节译校所作的贡献，特别感谢浙江大学的董博语，他在赴日本攻读硕士学位的前夕，挤出时间对本书的日语人名进行校对并通读了全书，提出建议为本书润色不少。

衷心希望本书的出版，能够为国内数学教育带来新的启迪，并期待海内外华人数学教育工作者更进一步的通力合作，将华人数学教育推至新的高度。

董建功

2019 年秋于芜湖市教育科学研究所

目　录

前　言

吉尔·阿德勒(Jill Adler)[①]

最近的一段时间里,我在自己的围绕"代数教与学"的硕士课程中加入了"变异的概念"。大多数学生都是有实践经验的老师,他们对所读文献很感兴趣。例如,他们说"这是同感","这就是我们所做的"。但他们不相信这些"同感"、"显而易见"的教学要素具有可见和明确的价值,他们反对将这一观点理论化的必要性。随着时间的推移,课程变得成熟了。同期,我在很大程度上借鉴了变异这一概念,在自己的研究中描述和解释了南非课堂中数学教学的变化,这对数学教育学中的范例化具有重要意义(Adler & Ronda, 2015,2017; Adler & Venkat, 2014)。在我们的专业发展项目中,无论是硕士生还是与我一起工作的其他人都逐渐认识到,在他们的教学中,有必要对数学思想、过程和实践进行深思熟虑地关注,以及如何体现这些思想、过程和实践。他们进一步认识到关注"不变中的变化"(Watson & Mason, 2006)、"对比"和"类比"(Marton & Tsui, 2004)对数学概括性的建构与底层结构的价值,从而加强了这一至关重要的教学工作。慎重地对案例进行选择和排序使他们能够更连贯地进行教学,或者像一些人所说的那样更加"有力"。用一种语言(理论)来谈论教学的这些方面可以激发和支持协作化的实践。

因此,我欣然接受了为这本书撰写前言的邀请。我很高兴有机会能够先于其他人拿到这本书,并预览它的内容。

在引言部分,主编黄荣金和李业平对该书作了概述,介绍了该书以这种形式呈现的原因,以及他们作为主编和章节作者希望读者能学到的东西。事实上,书中有许多评论和反思性意见。书的每一部分开头都有介绍性的评论,在最后一部分有两个反思和评论章节。因此,我不会在这里作进一步的点评,而是把注意力

---

① 吉尔·阿德勒,南非约翰内斯堡金山大学教育学院。

集中在各章节、各部分中吸引我的地方，因为正是在这些章节和部分中，我看到了其价值所在，并鼓励大家对它进行广泛和批判性地解读。

首先是对复杂的数学教学工作以及开展这一工作的教师的崇高敬意。在顾、黄和马顿(2004)的研究中，顾泠沅的开创性工作激励了许多通过变异原理进行数学教学的研究。接着就是将数学教学研究工作的关键点所需要的东西描述得直观和清晰。当然，所教的与所学的不同，但教什么——可供学习——是至关重要的。书中各章节所研究报道的"主体"主要是华人，但也包括其他国家教师，他们是发展中的变式故事的领导角色。在对第三节的介绍中，康拉德·凯勒(Konrad Krainer)也注意到了这一点，他在该章节中描述了教师作为数学教育研究和实践中的关键"利益相关者"的地位。教师是发展数学知识和理解学校数学教学的重要参与者。这本书的各章都有很多要学习的地方，既有对具体课堂实践进行研究的方法，也有对作为研究者的新任数学教师在向经验丰富的教师学习教学中的归纳。

这不是第一本突出呈现中国数学教学实践的书，也不会是最后一本。用主编的话说，它的独特性在于它的前瞻性和对变化的关注。这包括对在中国出现并最初由顾泠沅描述的"变式教学法"进行元分析；在代数和几何课中探索这类教学法，以及在不同类型课(复习、问题解决)、教科书和其他课程文本中的探索应用；参与研究和撰写关于变异思想和理论如何在其他地方数学教育研究中的应用。它的广泛目标是通过变化推进对数学教学跨情境的系统检测。

这接下来就引出了在这本书中对我来说最有感触的地方：一种用来描述变异教学法的语言，因为它已经在中国和其他地方被使用。该术语阐述为"变式(Bianshi)"，并区分为概念性变式和过程性变式两种情况；"铺垫(Pudian)"(脚手架)以及锚定知识、知识链等相关概念，为读者参与对这些实践研究的解释，也为自己的研究和教学联系起来提供了便利。在我看来，最有感触的(也许这是翻译成英语的原因)是与其他地方数学教育研究中用词的类似。然而，这种用法往往有着不同的细微含义，引发了在必须这样做以进一步讨论我们在工作时对命名结构含义的思考。这本书的关键章节梳理了使用变式/异的方法和理论的异同，使读者能够更好地处理跨背景的系统检测和运用。

在这里，我将只关注概念性和过程性变式之间的区别，因为在数学教育的文献中，这些词（概念、过程）非常丰富，有时指的是知识，有时指的是理解，有时指的是熟练程度。在我目前与教师的课堂学习研究工作中（见 Adler & Ronda, 2017 a），制定研究性课堂的第一项任务是确定“课堂目标”。我们还提到这个目标，在马顿（Marton）等人（op cit）之后称为“学习目标”。我们发现区分“目标”是一个数学概念（例如，相等的概念或“解或求解”的含义）还是一个数学过程（例如，寻找方程解的算法或方法/策略）是有用和重要的。在中学早期就引入了相等和解的概念以及用方程式解决问题的方法和策略在我们的课程中也是很重要的。然后，根据和重点是什么，在课堂中的例子、任务、表述和相关的思考和讨论中需有实质性的不同。在这本书的许多章节报道的研究中使用了过程性和概念性变式之间的区别来分析课堂以及其中可供学习的内容。正如我从这些研究中所理解和学习的那样，我赞赏这里与教学工作的紧密联系：在何时和如何转换一个图形，是教学内容的要素使然，为此可提供一个新的概念，选择一个具有多种解决问题的策略。在这里使用“过程性”绝不是贬义的，与没有理由的规则概念没有任何关系（知其然不知其所以然），它与基尔帕特里克（Kilpatrick）、斯瓦福德（Swafford）和芬德尔（Findell, 2001）所阐述的教学中的程序流畅是一致的。然而，我相信，在使用这些结构的过程中，仍有许多工作要做，以便更清楚地界定我们在使用它们时意味着什么，我们怎样在教和学数学的实践中“看到”这些东西，以及分析它们是如何起作用的。

我的第三个问题是“为什么是现在”，为什么教育学中的变异现在吸引着注意力，抑或现在重新引起注意？我在 20 世纪 80 年代中期第一次发现了“变异”的概念，当时我还是一名职前小学数学教师教育者。我在工作中使用了迪尼斯（Dienes, 1973）的知觉变异。看到迪尼斯在中国早期的研究工作的影响是很有趣的。然而，当我把注意力转移到多语种数学课堂的语言实践以及教师知识发展的实践时，“变异”并没有体现出特点。一个简短的答案是，我的工作处于社会转向之中（Lerman, 2000），它是由社会正义的兴趣所塑造的，而不是由认知或感知塑造的，但这却忽略了维果茨基理论（Vygotskian theory）的深度和广度。然而，大约 20 年后的今天，变异概念对于研究和实践的价值已成为人们关注的焦点。在南非严重不平等和贫困的背景下，数学教师的专业发展和研究项目也变得更重要了。

一个初步的建议是，当我们越来越适应数学教学的复杂工作和在不同课堂背景下进行数学教学的核心实践时，变异是一种富有成效的隐喻/构造/工具（取决于它的使用方式），这也是我对这本书中的一些章节产生共鸣的原因所在。教学法的变异也许就是这样的核心实践之一。本书在这一刻的贡献不仅在于它提供了用英文获取中国数学教育研究成果的一个重要领域，而且还在于它为将这一工作应用于课程和教育学的其他地方提供了一种观点，并促进了世界各地对变式教学法的进一步研究。

参考文献

Adler, J., & Ronda, E. (2015). A framework for describing mathematics discourse in instruction and interpreting differences in teaching. *African Journal of Research in Mathematics, Science and Technology Education*, *19*(3), 237 - 254.

Adler, J., & Ronda, E. (2017a). A lesson to learn from: From research insights to teaching a lesson. In J. Adler & A. Sfard (Eds.), *Research for educational change: Transforming researchers' insights into improvement in mathematics teaching and learning* (pp. 133 - 143). London: Routledge.

Adler, J., & Ronda, E. (2017b). Mathematical discourse in instruction matters. In J. Adler & A. Sfard (Eds.), *Research for educational change: Transforming researchers' insights into improvement in mathematics teaching and learning* (pp. 64 - 81). Abingdon: Routledge

Adler, J., & Venkat, H. (2014). Teachers' mathematical discourse in instruction: Focus on examples and explanations. In M. Rollnick, H. Venkat, J. Loughran, & M. Askew (Eds.), *Exploring content knowledge for teaching science and mathematics* (pp. 132 - 146). London: Routledge.

Dienes, Z. P. (1973). A theory of mathematics learning. In F. J., Crosswhite, J. L. Highins, A. R. Osborne, & R. J. Shunway (Eds.), *Teaching mathematics: Psychological foundations* (pp. 137 - 148). Ohio, OH: Charles A. Jones Publishing.

Gu, L., Huang, R., & Marton, F. (2004). Teaching with variation: An effective way of mathematics teaching in China. In L. Fan, N. Y. Wong, J. Cai, & S. Li (Eds.), *In How Chinese learn mathematics: Perspectives from insiders* (pp. 309 - 348). Singapore: World Scientific.

Kilpatrick, J., Swafford, J., & Findell, B. (2001). *Adding it up: Helping children learn mathematics*. Washington, DC: National Academy Press.

Lerman, S. (2000). The social turn in mathematics education research. In J. Boaler(Ed.), *Multiple perspectives on mathematics teaching and learning* (pp. 19 - 44). Westport, CT: Ablex.

Marton, F., & Tsui, A. B. M. (2004). *Classroom discourse and the space of learning*. Mahwah, NJ: Lawrence Erlbaum Associates.

Watson, A., & Mason, J. (2006). Seeing an exercise as a single mathematical object: Using variation to structure sense-making. *Mathematical Thinking and Learning*, *8* (2), 91 - 111.

致谢

我们谨借此机会感谢我们45位作者承担的义务和所做的贡献。对于每一个参与者来说,这都是一个很好的学习和合作机会。事实上,在过去两年中各章节都经过了多次交换审核与修订。我们的作者作出了巨大努力,以确保其章节的高质量。我们还要感谢外聘审稿人在阅读和评论手稿方面提供的帮助,没有这些建设性投入,就不可能有如此高质量的章节汇编。

这些审稿人包括:

埃弗尔·科尔斯(Afl Coles),英国布里斯托尔大学;

高桥昭彦(Akihiko Takahashi),美国德保大学;

安杰伊·索科洛夫斯基(Andrzej Sokolowski),美国孤星学院;

阿瑟·B·鲍威尔(Arthur B. Powell),美国纽瓦克罗格斯大学;

陈倩(Qian Chen),四川师范大学;

江春莲(Chunlian Jiang),澳门大学;

格伦达·安东尼(Glenda Anthony),新西兰马西大学;

杰里米·斯特莱尔(Jeremy Strayer),美国中田纳西州立大学;

王科(Ke Wang),美国得克萨斯州农工大学;

高宝玉(Ko Po Yuk),香港教育学院;

莎拉·K·布莱勒-巴克斯特(Sarah K. Bleiler-Baxter),美国中田纳西州立大学;

萨莎·王(Sasha Wang),美国博伊西州立大学;

李文俊(Wenjun Li),美国南伊利诺斯州立大学;

先威·Y·范哈本(Xianwei Y. Van Harpen),美国威斯康星大学密尔沃基分校。

我们感谢中田纳西州立大学和得克萨斯州农工大学在编辑和出版这本书的过程中给予的各种支持。我们特别感谢来自中田纳西州立大学的学术研究和创新活动拨款为这本书的出版提供了资金。最后，同样重要的是，我们感谢凯尔·普林斯博士(Dr. Kyle Princ)对整本书手稿的全程专业编辑，以及迈克尔·鲁格先生(Mr. Michael Rugh)对该书章节校勘的协助。

/第一部分/

理论视角

1. 引　言

黄荣金[①]　李业平[②]

理解变异教育学的个人旅程

两位作者都在中国长大并成为高中数学教师，在中国的时候他们不仅作为学生亲身经历过数学教学，而且在成为教师以后也在系统学习数学教学方法。变式教学或者变式练习被认为是一种基础教学方法，已经成为数学课堂教学的范式之一。“一题多解”、“多题通解”、“一题多变”被认为是中国数学教师的基础技能。数学教师可以参考大量相关的书籍、期刊文章和教材，在课堂上引用这些数学问题和方法。20 世纪 90 年代，顾泠沅的教学实验的成功，大范围地提升了上海市青浦县学生的数学成绩（青浦数学教学改革实验组，1991）。变式教学因其教学实验的成功而被全国公认为最重要的教学方法之一。顾泠沅（1994）在他的论文中总结了四个教学原理：情意原理、序进原理、活动原理和反馈原理。为了贯彻这些原理，顾泠沅（1994）进一步针对不同类型的数学知识提出了不同的变式策略，比如概念和事实、原理和定理以及解题方法等。他创造的概念导向和过程导向的变式策略成为了后来的典范。

第一位作者于上世纪 90 年代末在香港大学读研究生，在那里他学习了由马顿及其同事撰写的《变异理论》(Marton & Booth，1997；Marton，2015)。该理论认为，学习就是寻找观察或体验学习对象的新方法，并且辨别学习对象的关键特征，体验某些变与不变的模式。教学同时意味着构建适当的变异空间(Marton & Booth，1997)。第一位作者对中国数学教学实践和马顿的变异学习理论进行了全面的思考，并从变异的角度出发，萌生了探索上海和香港数学教学特点的最初愿

① 黄荣金，美国中田纳西州立大学。
② 李业平，美国得克萨斯州立农工大学，上海师范大学。

望(Huang, 2002)。基于对 TIMSS 1999 中的部分视频研究的 8 节香港课堂视频和源自上海的 11 节课堂视频进行了细致分析,他对中国数学课堂教学给出了一种新的描述。他认为在数学课堂教学中,教师应重视探索和构建知识,给出具有系统性变式的习题,为学生搭建参与学习过程的“脚手架”((Huang & Leung, 2004)。基于黄(2002)的论文和顾(1994)的研究,顾、黄和马顿(2004)通过与西方理论包括迪尼斯理论(Dienes, 1973)、马顿的变异学习理论(Marton & Booth, 1997)、“脚手架”的概念(Wood, Brunner, & Ross, 1976)和维果茨基(Vygotsky, 1962)的“最近发展区”概念(Gu 等人,2004)构建联系,进一步解释和将中国变式数学教学经验理论化。他们认为变式教学在大班教学中是提升教学效率的有效途径。

编写这本书的想法源自我们之前出版的关于中国数学教学的丛书(参见 Li & Huang, 2013)。前一本书第一次全面介绍了华人如何教授数学,以及如何提高教学质量。我们清楚地看到,读者想要更多地了解中国的数学教学。现有的研究记录了中国教师教学实践的许多重要特征,如教研组(如 Ma, 1999; Yang & Ricks, 2013)、教学竞赛(如 Li & Li, 2009)、教学连贯性(如 Chen & Li, 2010),以及通过变式进行教学(如 Gu, Huang, & Marton, 2004)。本着专注于一个具体特征的理念,本书旨在通过变式来关注数学的教学。

明显地,这本书不同于之前出版的有关中国数学教学的书,因为我们要求所有的编写者专注于“变式”这个特定的特征。这本书是独一无二的,因为它向读者全面且深入地介绍了这个中国数学课堂实践中的重要特点。

这本书的另一个独特之处在于,它包含了记述多个国家教育系统中类似实践的章节。本书最初的想法是找出其他教育系统中类似的做法,并为读者提供一个从国际视角全面认识变式教学的平台。通过我们与美国数学教师的持续合作,这种想法很快就得到了证实。我们注意到一些教师在教学设计和课堂教学中布置了一些能够反映出变式教学原理的数学任务,但当被问及安排这些任务的基本原理时,他们却无法解释清楚。为了检验美国教师适应变式教学法的能力,实验中让一组美国数学教师撰写一份根据变式教学原则设计的中国教案。这一探索性研究带来了一个通过使用变式有效实施数学教学实践的范例(Huang, Prince, & Schmidt, 2014)。该实验的初步成功也使我们相信,这种在中国的有效教学实践是可以应用到其他教育系统的数学课堂教学中的。对于那些为促进学生学习而寻求改进教学实践方法的人来说，本书将会是一份重要而有价值的参考文献。

这本书谈及什么

提高教学质量一直是数学教育的重点。在包括中国在内的卓有成效的教育体系中，一种能寻找、检验特定（解题）方法并加以实践的教学方法都被认为是高效的（如：Fan, Wang, Cai, & Li, 2004；Leung, 1995；Li & Huang, 2013；Stevenson & Lee, 1997；Stigler & Stevenson, 1991）。现有研究（如：Gu, Huang, & Marton, 2004；Wong, 2008）记述了变式教学（即变异教学）是中国数学教学中常用且有效的方法。与此同时，西方研究者也强调用变异来改进数学的教与学，例如刻意改变解题/探究任务来促进学生的数学学习（Rowland, 2008；Watson & Mason, 2008）。具体地说，在马顿有关学习的变异理论指导下，学习研究是有关课堂研究和设计实验的结合。学习研究显示了变异理论在促进学生学习和教师专业发展上潜在的重要性。在不同背景下运用变异教学理论似乎对促进学生的数学学习具有积极的作用。由于关于学习的变异教学理论研究缺乏系统的检验，尤其是在数学教学和学习方面，因此变异教学理论在中国的价值可能远远超出了我们的认知。顾此值得研究的潜在课题包括：在中国行之有效的变式教学的理论基础和解释是什么？在世界范围内，有关变异理论的数学教学与学习的各概念之间可能有什么相似和不同之处？变异教学理论会如何影响课程发展？如何在职前数学教师培训和教师专业发展中运用变异教学理论？变异教学理论仅适用于个别还是普遍适用？等等。对这些问题进行系统地研究，不仅有助于我们更好地理解中国数学变式教学的特点，而且还能与其他教育体系中的有效实践相联系。

本书的结构

本书分五个部分，各自从一般或特殊两个方面阐释变式/异教学理论[①]。第一

① 译者注：本书中多次出现“变式”和“变异”这两个词，西方学者从现象图示学中提取并发展了学习变异理论，东亚学者从儒家传统发展了教学变式理论，在多数情境中含义相通，但也存在细微差异。英文版原文强调“变式”的地方用拼音表示。

部分介绍了有关变式教学中提出的不同教学概念(Gu, Huang, & Gu, 2017; Pang, Bao, & Ki, 2017)、动态学习环境中使用变异教学理论的延伸(Leung, 2017)以及变异教育学中各种概念的综合(Watson, 2017)。第二部分介绍了在中国数学教学中运用变式教学法的不同课例。这些生动的课例涵盖了不同的主题，如代数和几何，也包含了不同课程类型，比如引入新的概念(Huang & Leung, 2017; Mok, 2017)、新命题的探索(Qi, Wang, Mok, & Huang, 2011)、问题解决(Peng, Li, Nie, & Li, 2017)和复习课等(Huang, Huang, & Zhang, 2017)。第三部分延伸到其他可以通过变异促进课堂教学的方面，包括教材(Zhang, Wang, Huang, & Kimmins, 2017)和教师专业发展方法(Ding, Jones, & Sikko, 2017; Han, Gong, & Huang, 2017)。第四部分展示了变异教学理论在日本、以色列、瑞典和美国这些国家广泛应用于数学教学和任务设计。第五部分分为三个章节，在这些章节中从东亚(Wong, 2017)、欧洲(Marton & Häggström, 2017)、西方(Mason, 2017)等不同的视角评价了变异教学理论的特殊意义和其对数学教学的影响。除了这些章节，第二至四部分的每一部分都为读者提供了阅读和反思的指导，而整本书的前言能够突出读者关注的一些重要思想。

总的来说，这本书阐述了变异教学法理论的丰富内涵，也展示了这些理论对于不同的教学内容和课堂类型在中国是如何实施的。此外，本书也在教材编写、新教师的指导以及通过系统层面的专业发展项目实施新课程创新理念方面给予变异教学法以关注，因为这些因素对于在课堂上实施变异教学法可能是至关重要的。最后，这本书提供了证明变异教学理论可用于特定教育系统的证据。

读者可以期待学到什么

读者将会发现，每一章都讲述了变异教学法的理论及其在数学课堂教学中的应用。当比较和对比不同章节的内容时，一些重要思想就会浮现出来。在本节研讨中，我们尝试突出其中的一些重要思想。

什么是变式/异教学法　第一部分的四章阐述了变异教学理论(通过变异教与学)的主要概念。在第 2 章中，顾泠沅等人(2017)讨论了变式教学(即变异教学)的历史和文化渊源，描述了关于整合变式教学概念和机制的实验研究，介绍了过去几十年来变式教学理论化的历程，并结合西方学习轨迹的概念介绍了变式教学理论的最新发展。彭等人(2017)对比了变式教学理论和变异学习理论(Marton, 2015)的主要观点，通过对比两种理论视角下的一堂数学课，他们得出结论：两种理论都认识到体验变化和不变的模式对学生学习的重要性和必要性。虽然在构建变异模式时，对两种理论的相同和差异之处侧重的优先顺序不同，但它们是互补的，因而也是不可或缺的。梁(2017)讨论了在数学教学和学习的背景下，若使用动态虚拟工具，如何将变异理论作为一种教学手段。他提出了一套与马顿(Marton, 2015)学习变异理论中的变异模式互补的获取不变量原则的理论，并在基于工具的教学和学习环境下进行了更深层次的探索。最后，沃森(Watson, 2017)比较了不同的变异概念，认为在数学教学中应用变异时，应该关注学生对数学中不变的"依赖关系"的注意，以此说明了恰当地使用变异理论有助于新想法的产生。"依赖关系"的概念与顾泠沅等人(2017)提出的"核心连接"的概念相呼应。

如何在数学课堂中有效实施变式/异教学法 第二部分包括五个章节，展示了中国课堂的各种课例。第6章(Peng 等人,2017)主要讲的是从变式理论的角度审视一节解直角三角形的优质课，在前后关联的背景下侧重于问题解决的教学。学生通过改变问题的条件或背景，寻求各种方法来解决问题。这两种变式模式能够培养学生解决问题的能力和概括能力。第7章(Qi 等人,2017)报告了基于变式教学原理和学生学习特点的代数命题教学实验研究的相关内容。他们的数据分析显示，中国变式教学法与数学思考维度的有机结合，可以提高学生的学习效果。第8章(Huang & Leung, 2017)中基于顾泠沅等人(2004)的框架对一堂几何课进行了细致地分析。结果显示，概念性变异的维度主要集中在对比概念图像与非概念图像、原型图形与非原型图形。而程序性变异的维度主要体现在为培养学生的重构能力而设置和实施深思熟虑的任务上。分析结果显示系统地运用变异理论能帮助学生加深对几何概念的理解和提高问题解决能力。第9章(Huang 等人, 2017)中讨论了一位经验丰富的教师在复习课中采用过程性变式时遇到的挑战。第10章(Mok, 2017)*从变异学习理论的角度*考察了上海和香港的代数课。在将这些思想应用于课程的学习经验中，将学习对象的关键变化嵌入到教学任务的设计中或在师生之间以及学生之间的互动中时，因此识别变得可能。本章中说明了在教学和学习中创造有用变异模式的关键技巧，包括对比、概括、融合和分离。

如何支撑变式/异教学法的实施 第三部分共分三章,重点论述与实施变异教学法密切相关的方面。在第11章中,章建跃等人(2017)研究了数学教科书中的变异特征。通过对所选教材的分析发现,教材中采用多样的策略呈现变异任务以引入概念。概念性变式任务和过程性变式任务都被用来构建数学概念。为了培养数学技能,教科书首先通过渐渐增加复杂性逐步呈现出完整的问题情境。此外,过程性变式被用来引导学生在概念发展和问题解决的过程中体验数学思维方法。在第12章(Ding等人,2017)中,作者考察了在校本教学研究活动中专家教师与初级教师之间的动态关系。他们发现专家教师的指导有两种不同的有效方式:(1)运用共同的教学理念,帮助初级教师理解使用变式教学理论要素;(2)使用共同的教学框架和语言,帮助初级教师理解在学习数学时要着重关注基本的"链条"和在动态教学过程中的"铺垫"(类似于"脚手架")。这项研究的贡献在于它拓宽了(人们)对在专家指导下教师的学习过程/行为的认识。韩雪等人(2017)在第13章报告了一项研究,讨论了如何将理论视角结合到课堂学习中,帮助教师在专家的支持下将注意力转移到学生学习上。数据分析进一步表明,当教师在课堂上运用适当的概念和过程的变异维度并注重发展学生的概念化理解时,学生就会获得充足的机会体验学习对象的关键方面。

通过变式/异教学是否有文化针对性 第四部分分为四章,阐述了在选定的国家如何以各种方式运用变异教学法。在第14章中,日野圭子(Hino, 2017)从变异的角度重新审视了记录完善的日本式结构化解题法。她确定了三种嵌入在日本式教学方法中的变异类型,并用两堂课来说明这三种变异模式:呈现变异问题、为学生提供自主建构变异的机会、促进学生对于预期学习目标变异的反思。这一章强调了在不同文化背景下有目的地使用变异来促进学生学习的重要性。巴洛等人(Barlow, 2017)在第15章中提出了一个为期4天的系列课程,旨在培养学生通过绘制图象寻找函数关系的能力。该特征任务的发展是通过变异理论来实现的。数据分析表明,这些课程促进了学生的代数推理能力的发展,这与美国课程文件中确定的愿景是一致的。在第16章中,培德(Ped)和莱金(Leikin, 2017)扩展了不同数学问题的变异维度。两种类型的数学问题用于说明不同的目的,一个涉及"常规"问题,允许多种方法来解决问题;另一个是建模情境,这种问题类型鼓励问题解决者从各个角度理解情境,并建立不同模型以获得不同的解决方案。本章开展了一场对话，讨论了每种问题对不同学习对象的作用。鲁内松(Runesson)和科尔伯格(Kullberg, 2017)在第17章中介绍了瑞典有关学习研究的纵向研究，此纵向研究是一项修改后的课堂学习研究，强化了通过使用变异教学法作为教学设计的原则。通过教学和修改的迭代循环，改进了分母是小数的除法课程(改进了分母在0和1之间划分的课程)，以吸引学生对预期学习目标的关注。此外，鲁内松和科尔伯格尝试通过比较进行学习研究同一位教师对不同主题的后续教学来解决学习研究中学习可持续性这一关键问题。

贡献和进一步的建议

本书旨在从四条途径作出重要贡献。首先，邀请国际上对数学变异教学和学习理论感兴趣的学者给出他们的见解，使变异教学理论具有坚实的理论基础。其次，一系列由中国学者撰写的章节提供了许多课堂案例，这些案例介绍了变式教学法在特定主题和课程类型(如概念、问题解决、练习或复习等)中的发展和应用。与此同时，本书探讨了课程开发、教师专业发展等因素对教师运用变异教学法的影响。另一方面，介绍了选定国家采用变异教学法的一些案例。最后，本书给出对原始研究的评论章节，从东方、西方和欧洲的三个视角对变异教学的理论和应用提供了深思熟虑的见解。总的来说，本书的目的是将变异教学这一教学视角理论化，并提供案例说明如何使用和实施这一理论进行数学教学与学习、课程开发和教师教育。

虽然本书对数学教育作出了重要的贡献，但对于变异教学法理论和应用的研究还可以在很多方面做进一步的发展。首先，可以对应用变异教学法提高学生成绩的有效性进行实证研究。其次，变异教学法的有效实施与课程本身和教师的专业发展有关，因此针对变异教学法开发相关教材将是极其有必要的。

参考文献

Chen, X., & Li, Y. (2010). Instructional coherence in Chinese mathematics classroom —

a case study of lessons on fraction division. *International Journal of Science and Mathematics Education*, *8*,711 - 735.

Cheung, W. M. , & Wong, W. Y. (2014). Does lesson study work? A systematic review on the effects of lesson study and learning study on teachers and students. *International Journal for Lesson and Learning Studies*, *3*(2),2 - 32.

Common Core State Standards Initiative. (2010). *Common core state standards for mathematics*. Washington, DC: National Governors Association Center for Best Practices and Council of Chief State School Officers. Retrieved from http://www.corestandards.org

Dienes, Z. P. (1973). A theory of mathematics learning. In F. J. Crosswhite, J. L. Highins, A. R. Osborne, & R. J. Shunway (Eds.), *Teaching mathematics: Psychological foundation* (pp. 137 - 148). Ohio, OH: Charles A. Jones Publishing Company.

Experimenting Group of Teaching Reform in Mathematics in Qingpu County, Shanghai. (1991). *Xuehui Jiaoxue* (Learning to teach). Beijing. China: People Education Publishers. (In Chinese)

Fan, L. , Wong, N. Y. , Cai, J. , & Li, S. (2004). *How Chinese learn mathematics: Perspectives from insiders*. Singapore: World Scientific.

Gu, L. (1994). *Theory of teaching experiment: The methodology and teaching principles of Qingpu* [In Chinese]. Beijing: Educational Science Press.

Gu, L. , Huang, R. , & Marton, F. (2004). Teaching with variation: An effective way of mathematics teaching in China. In L. Fan, N. Y. Wong, J. Cai, & S. Li (Eds.), *How Chinese learn mathematics: Perspectives from insiders* (pp. 309 - 348). Singapore: World Scientific.

Huang, R. (2002). *Mathematics teaching in Hong Kong and Shanghai: A classroom analysis from the perspective of variation* (Unpublished doctoral dissertation). The University of Hong Kong, Hong Kong.

Huang, R. , Prince, K. , & Schmidt, T. (2014). Developing algebraic reasoning in classrooms: Variation and comparison. *Mathematics Teacher*, *108*,336 - 342.

Leung, F. K. S. (1995). The mathematics classroom in Beijing, Hong Kong and London. *Educational Studies in Mathematics*, *29*,297 - 325.

Li, Y. , & Huang, R. (2013). *How Chinese teach mathematics and improve teaching*. New York, NY: Routledge.

Li, Y. , & Li, J. (2009). Mathematics classroom instruction excellence through the platform of teaching contests. *ZDM: The International Journal on Mathematics Education*, *41*,263 - 277.

Lo, M. L. , & Marton, F. (2012). Toward a science of the art of teaching: Using variation theory as a guiding principle of pedagogical design. *International Journal for*

Lesson and Learning Studies, *1*(1), 7 - 22.

Ma, L. (1999). *Knowing and teaching elementary mathematics*. Mahwah, NJ: Lawrence Erlbaum Associates.

Marton, F. (2015). *Necessary conditions of learning*. New York, NY: Routledge.

Marton, F., & Booth, S. (1997). *Learning and awareness*. Mahwah, NJ: Lawrence Erlbaum.

Marton, F., & Pang, M. F. (2006). On some necessary conditions of learning. *The Journal of the Learning Science*, *15*, 193 - 220.

Marton, F., Runesson, U., & Tsui, A. B. M. (2003). The space of learning. In F. Marton, A. B. M. Tsui, P. Chik, P. Y. Ko, M. L. Lo, I. A. C. Mok, D. Ng, M. F. Pang, W. Y. Pong, & U. Runesson (Eds.), *Classroom discourse and the space of learning* (pp. 3 - 40). Mahwah, NJ: Lawrence Erlbaum.

Rowland, T. (2008). The purpose, design, and use of examples in the teaching of elementary mathematics. *Educational Studies in Mathematics*, *69*, 149 - 263.

Stevenson, H. W., & Lee, S. (1997). The East Asian version of whole-class teaching. In W. K. Cummings & P. G. Altbach (Eds.), *The challenge of Eastern Asian education* (pp. 33 - 49). Albany, NY: State University of New York.

Stevenson, H. W., & Stigler, J. W. (1992). *The learning gap: Why our schools are failing and what we can learn from Japanese and Chinese education*. New York, NY: Summit Books.

Stigler, J. W., & Stevenson, H. W. (1991). How Asian teachers polish each lesson to perfection. *American Educator*, *15*(1), 12 - 20, 43 - 47.

Vygotsky, L. S. (1978). *Mind in society*. Cambridge, MA: Harvard University Press.

Watson, A., & Mason, J. (2006). Seeing an exercise as a single mathematical object: Using variation to structure sense-making. *Mathematical Thinking and Learning*, *8*(2), 91 - 111.

Wong, N. Y. (2008). Confucian heritage, culture leaners' phenomenon: From exploration middle zone" to "constructing bridge". *ZDM-The International Journal on Mathematics Education*, *40*, 973 - 981.

Wood, D., Brunner, J. S., & Ross, G. (1976). The role of tutoring in problems solving. *Journal of Child Psychology and Psychiatry*, *17*, 89 - 100.

Yang, Y., & Ricks, T. E. (2013). Chinese lesson study — Developing classroom instruction through collaborations in school-based teaching research group activities. In Y. Li & R. Huang (Eds.), *How Chinese teach mathematics and improve teaching* (pp. 51 - 65). New York, NY: Routledge.

2. 中国数学变式教学的理论与发展

顾非石① 黄荣金② 顾泠沅③

引言

数十年来，各种国际比较研究中中国学生在数学方面的优异表现一直备受关注(Fan & Zhu, 2004)。尤其是上海学生在 PISA 测试(OECD, 2010,2014)上的优异表现，震惊了世界各地的教育工作者和政策制定者。研究人员从不同角度调查了中国学生在数学方面的优异表现(Biggs & Watkins, 2001)，包括社会和社会文化(Stevenson & Stigler, 1992; Sriraman 等人，2015; Wong, 2008)、学生行为(Fan 等人，2004)、教师知识与教师专业发展(An, Kulum, & Wu, 2004; Fan, Wong, Cai, & Li, 2015; Huang, 2014; Ma, 1999)、课堂指导(Huang & Leung, 2004; Leung, 1995,2005; Li & Huang, 2013)等视角。

在中国，对数学教学进行严密地测试能够帮助我们更好地理解为什么中国学生能够在大班教学中数学成绩优异。人们认为中国数学课堂的典型特征是以教师为主导，学生被动地学习(Leung, 2005; Stevenson & Lee, 1995)。中国课堂教学讲解细致(Paine, 1990)、流畅连贯(Chen & Li, 2010; Wang & Murphy, 2004)，关注重要知识的发展、问题解决和证明(Huang & Leung, 2004; Huang, Mok, & Leung, 2006; Leung, 2005)。此外，从文化和历史的角度来看，中国数学教学有两大基本特征：(1)以双基(基础知识和基本技能)为导向；(2)直接解释和变式延伸练习相结合(Li, Li, & Zhang, 2015; Shao, Fan, Huang, Ding, & Li, 2013)。顾、黄和马顿(Gu, Huang, & Marton, 2004)将变式/异教学[1] 理

---

① 顾非石，华东师范大学。
② 黄荣金，美国中田纳西州立大学。
③ 顾泠沅，上海市教育科学研究院。

论化，他们认为在大班数学教学中使用变式教学是促进有意义学习的有效途径。在本章中，作者从文化的角度进一步检验了变式教学实践，并对中国变式教学的现状进行了最新研究。最后，作者讨论了如何使用变式教学促进数学课堂上的深度学习。

变式教学：文化上的本土实践

在古老的中国有句格言："有比较才有鉴别"。这反映出通过变异进行教学和学习数学之源远流长。在数学教育中运用变异有几种不同的观点，一些人专注于在教科书或课程中使用变式问题(Cai & Nie, 2007; Sun, 2011; Wong, Lam, Sun, & Chan, 2009)，而另一些人则强调在课堂上使用变式任务来促进学生学习(Gu 等人，2004; Huang & Leung, 2004，2005)。本章中的变式教学与以下定义一致：

> 通过演示各种可视化材料和实例来说明一个概念的本质特征，或者通过改变非本质特征来强调一个概念的本质特征。使用变异的目的是通过将概念的本质特征和非本质特征区分开，以帮助学生理解概念的本质特征，并进一步发展科学观。(Gu, 1999, p. 186)

孙(Sun, 2011)在她的研究中认为，用变式问题来教学或实践是中国课堂教学的一个"本土"特征。首先，主要的传统哲学思想，如儒家思想隐含着变异的概念。例如，子曰："不愤不启，不悱不发，举一隅不以三隅反，则不复也。"(《论语・述而篇》)。这一原则强调在不同情况下为了理解不变模式进行自主探究的重要性。第二，许多中国古代数学著作，如《九章算术》，其结构和变式教学模式很相似，即具体的例子(原型问题)—不变的方法—应用(变异问题)。将具体例子不断变化进行方法探索，并通过在各种新问题上应用，进一步巩固，这样就得出了不变的原理(一般方法)。古代数学家在讨论学习和教授数学时，也强调应用变异这一启发策略。例如《算法通变本末》的作者杨辉(生平不详)指出："好学君子自能触类而考，何必轻传。"(Song, 2006)这意味着教师应该对典型案例或实例进行分析，用图表进行说明,并从一个实例中得出对其他案例的推断,以帮助学习者从具体的实例中拓展知识。另一个例子是,在经典的数学专著《周髀算经》中一段陈子和容方的师生对话,揭示了如下教学理念:

> 容方:方思之不能得,敢请问之。
>
> 陈子:(……)夫道术,言约而用博者,智类之明,问一类而异万事达,谓之知道。今子所学,算数之术,是用智矣。
>
> (……)是故,能类以合类,此贤者业精习,智之质也。夫学同业而不能入神者,此不肖无智而也不能精习。
>
> (Cullen, 1996, pp. 175 - 178,节选自 Sun (2011)).

上述关于数学学习的讨论集中在使用了具体例子去理解一个范畴(一个概念),掌握跨类别的方法(概括),以及发展一个含有不同类别的层级系统。所有这些思想都反映出在数学学习中使用变异问题这一关键概念的重要性。

除上述传统文化价值观、古代数学专著和数学学习策略外,中国自隋朝以来(公元 605—1905),建立了与“教育成就、职业目标、社会地位和政治抱负”(Li, Li, & Zhang, 2015, p. 72)相关的科举制度。在现代中国,各个年级都有数学考试。尤其是中考和高考,不仅风险高而且具有竞争性。这种竞争激烈的考试制度促成了以变式教学为支撑、以双基为导向的数学教学模式(Li 等人,2015)。因为数学教学和考试关注的是课程标准所规定的基础知识和技能,而且这两种“基础”相对固定,所以每次考试的题目都必须有所不同。虽然每次考试检测题的设计要有所不同,但都必须依照课程标准和教科书,这样试题必须以教科书中的原型问题为基础通过变换形式来设计(也就是说万变不离其宗)。因此,实践证明,依照课程标准和教科书通过变式问题进行教学是帮助学生在考试中取得好成绩的有效方法(即熟能生巧)(Li, 1999)。

变式教学不仅根源于中国古代哲学和数学典籍,而且在应试教育系统中不断得到改进。变式教学由此不知不觉地在中国各地生根发芽。

变式教学的早期研究：变异的分类和使用机制

中国使用变式问题进行教学和学习的历史已经长达几个世纪，然而这种做法在过去的30年里才得到实证检验。顾泠沅和他的同事们从上个世纪八十年代就开始研究如何运用变式教学并将其理论化来提高学生数学成绩(Bao, Huang, Yi, & Gu, 2003a, b, c; Gu, 1981,1994; Gu等人,2004;青浦实验团队,1991)。本节介绍变式教学的主要概念。首先，作者基于有效的教学经验介绍了在数学课堂教学中两种本质不同的变式类型：概念性变式和过程性变式(Gu, 1981)。然后，在实证研究的基础上，讨论了过程性变式的"潜在距离"这一关键概念的特征(Gu, 1994)。

概念性变式

概念性变式指的是一种通过改变概念呈现方式(即实例、文本)以帮助学生识别概念的本质特征并体会其内涵的策略(顾泠沅等人,2004)。概念性变式旨在帮助学生从多种角度对概念进行深刻的理解，后续部分将就其关键特征进行说明。

通过变异和比较突出基本特征。学生对几何概念的学习与以下两个主要因素密切相关：能代表概念形象的视觉体验和对概念的口头描述。以往中学几何概念的教学经验表明，通过描述概念基本特征的直接定义可能会帮助学生记忆概念。例如，三角形的高这一概念包括两个关键的特征：垂直于一条边、经过顶点且与另一边相交。然而，在青浦实验的观察中(Gu, 1994)发现，如果老师只是精确地讲解定义，再要求学生记定义，学生通常只能肤浅地理解定义并死板记忆。然而，如果老师提供机会给学生观察和比较他精心设计的概念变式，如高线的标准画法、非标准画法，甚至错误画法，也就是反例，然后强调概念的基本特征，学生在观察具体实例的基础上可能会更容易整合出概念的基本特征。图1给出了用于说明三角形的高的概念的变式图解。

如图1所示，我们通常使用标准三角形引入三角形的高这一与日常生活经验相一致的概念。但几何中高的概念并不等同于日常生活经验中所感知的意义。因此，识别不同三角形中的高(三角形的位置和类型)有助于学生理解抽象概念的

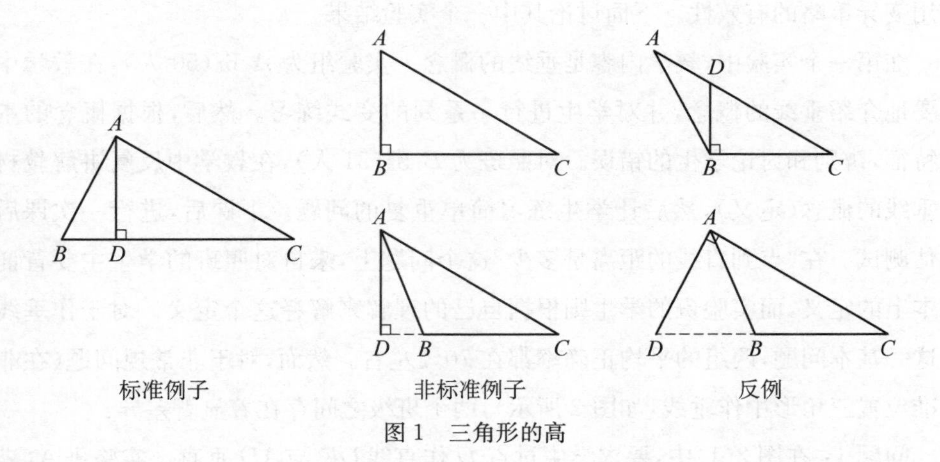

图1　三角形的高

基本特征。最后，通过与一些常见的错误图示相对比，将三角形高的关键特征，即“垂直于一边，并经过顶点与另一边相交”进一步巩固。

通过转换或重塑基本图形消除复杂背景的干扰。几何图形通常由基本图形的分离、叠加和相交组合而成。有时，基本图形会嵌入在复杂的图形中。背景复杂的图形常常会分散、转移和阻碍学生感知嵌入其中的基本图形。因此，嵌入复杂背景中的几何概念的基本特征往往是隐藏的、难以识别的，甚至会被不正确地感知。为了解决这个问题，传统的策略是明确地将几何对象（比如使用颜色标记）从复杂的背景图形（包括真实的情境）中分离开来，实践证明这种方法是有效的。然而，青浦实验（Gu，1994）表明，这样的策略可能会解决这样一个问题，即对图形的不恰当感知会限制对几何概念的正确认知。逻辑推理如何影响学生理解复杂图形是一个重要问题。这些策略包括：分析复杂图形的结构或通过变换（即基本图形的平移、旋转、反射、缩小和扩大）生成复杂图形。通过这些分解和合成，聚焦的目标图形即可从复杂图形中分离出来（详见 Gu 等人，2004）。

通过准实验检验变式教学的有效性。自 1980 年以来，青浦实验团队通过“基于实施的有效识别方法”来检验这些变式策略的有效性，是“设计—实验”（Brown，1992）的中国版：在短时间内（每周一次）重复执行计划—实施—评价—改进的整个过程。上述变异策略的有效性在一年内超过 50 次的反复研究中得到证实。尤其是采用准实验方法（实验班和控制班学生人数相近）。实验研究的目的是检验使用变异策略的有效性。下面讨论其中一个实验结果。

在第一个实验中，教学内容是垂线的概念。实验组为 A 班（50 人），在教学中简要地介绍垂线的概念，并对学生进行一系列的变式练习。然后，根据概念的本质特征，辨别和讨论学生的错误。对照班为 B 班（51 人），在教学中反复讲解教材中垂线的概念（定义），然后让学生练习简单重复的问题。下课后，进行一次课后评估测试。在“点到直线的距离是多少”这个问题上，来自对照班的学生主要背诵课本上的定义，而实验班的学生则根据自己的理解来解释这个定义。对于作垂线段这一基本问题，两组的平均正确率都在 70%左右。然而，对于非常规问题（在非标准位置三角形中作垂线，如图 2 所示），两个班级之间存在着显著差异：

问题 1：在图 2(1)中，要求学生过点 D 作直线 DE 与 AD 垂直。实验班 A（满分 10 分，平均分=5.80）与对照班 B（平均分=4.76）之间存在显著差异（$t=2.13$，$p<0.05$）。

问题 2：如图 2(2)，要求学生分别过点 B、点 C 作到直线 AD 的垂线段。实验班 A（平均分=6.04）与对照班 B（平均分=3.97）之间存在显著差异（$t=4.91$，$p<0.01$）。

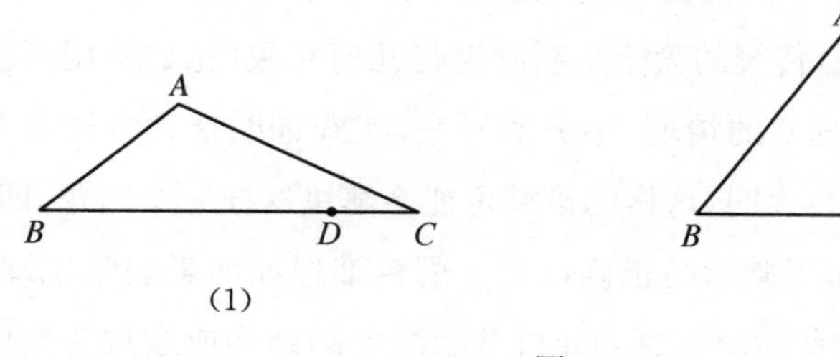

图 2

因此，本研究表明，通过专门的变式问题进行教学似乎比重复解释定义教学更有效。

第二个实验是在一个月后进行的，教学内容为“SAS 公理”（即边角边）：如果一个三角形的两条边及其夹角与另一个三角形的对应部分相等，则这两个三角形全等。在此次试验中教学策略进行了交换：B 班为实验班，A 班为对照班。在实验班 B 班中，简单地解释了 SAS 定理，然后让学生练习变式问题（提供变式图示),之后讨论和纠正学生的错误,而且特别注意识别隐藏在复杂图形或背景中的条件。在对照班 A 班中,老师讲解了 SAS 定理,学生复述该定理,然后给学生少许变式问题(没有提供由基本图形重叠或分离组成的图形)进行练习。课后测试表明,对两个稍微变异的问题的测验结果不尽相同:实验班的平均正确率分别为 85%和 67%,对照班的平均正确率分别为 79%和 70%。然而,在含有复杂变式的另外两个证明测试题上,实验班和对照班呈现出显著差异:

问题 3:在图 3(1)中,$AE=BE$,$CE=DE$,$\angle 1=\angle 2$,证明 $AD=BC$。实验班 B 班(平均分=8.66)与对照班 A 班(平均分=7.12)之间存在显著差异($t=3.18$,$p<0.01$)。

问题 4:如图 3(2),$\triangle ABC \cong \triangle BDE$,且是等边三角形。证明 $\triangle BCD \cong \triangle BAE$。实验班 B 班(平均分=5.21)与对照班 A 班(平均分=3.50)之间存在显著差异($t=2.11$,$p<0.05$)。

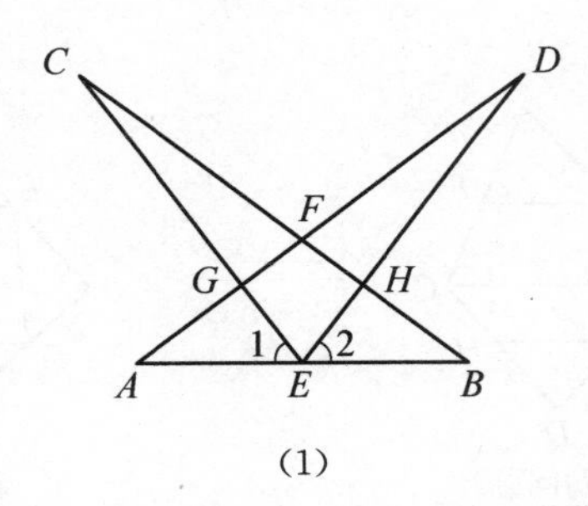

(1)

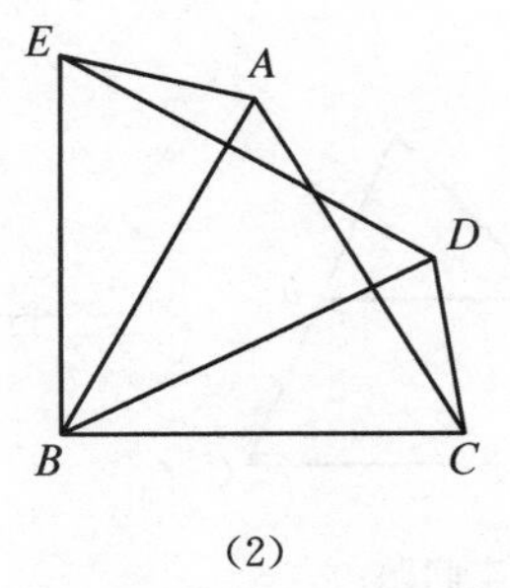

(2)

图 3

对问题 3,学生须发现$\triangle ADE$ 和$\triangle BCE$ 是对称的。对问题 4,学生要发现,$\triangle BCD$ 向左旋转 60°即可得到$\triangle BAE$。这些结果显示了使用含有变异的图形能有效地帮助学生从复杂背景图形中识别目标图形。

综上所述,青浦实验研究(Gu, 1994)表明:(1)根据概念的本质特征设计变式问题,并将概念图像与非概念图像进行比较和对比,可以帮助学生明确概念的内涵和外延;(2)重塑复杂图形的结构或通过变换得到图形,可以帮助学生减轻认知负担,加深对概念的理解。在大班教学中使用这些策略可以促进学生更积极地学习。

过程性变式

数学概念是明确、静态的。然而，获得数学活动经验和理解数学思维方法是一个动态过程。顾泠沅(1981)研究了另一种被称为过程性变式的变异。过程性变式是指创建变式问题或情境，让学生进行探究，找到问题的解决方案，以此让学生逐步或从多种途径学会建立不同概念之间的联系。顾泠沅(1994)在充分的教学经验和反思的基础上，综合了过程性变式的两个关键特征(详见 Gu 等人，2004)。

通过转化图形解决问题。在中国数学教学中，转化是解决问题的重要方法之一。转化就是把一个复杂的问题分解成较简单的问题。解决较简单的问题能为解决原来的复杂问题提供基础。或者反过来说，从一个基本问题出发，通过添加不同的条件限制，能创建复杂的问题。在图 4 中，展示了转化方法是怎样帮助证明几何定理的一个例子。

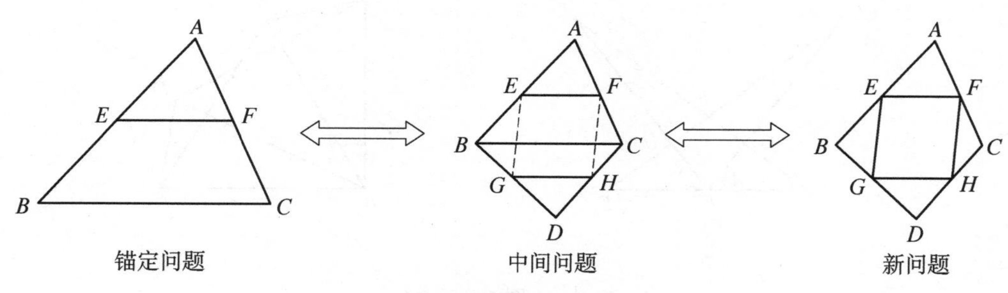

图 4　转化问题示例

图 4 展示了连结四边形四条边的中点所构成的四边形是平行四边形。这个结论基于一个简单的“锚定特性”，即三角形的中位线(连结两边的中点)平行且等于第三边的一半。

通过分类建立不同类型知识之间的联系，并建立一个分类别层次系统。分类是一种重要的数学思想方法。分类的关键是要确保分类包含所有情况，而且不重不漏。例如，三角形的分类、特殊四边形的分类和圆周角的分类，这些都是分类活动的典型例子。另一个重要问题是在各种概念和各种概念图形之间建立联系，并厘清不同概念之间的逻辑关系。图 5 是圆周角概念图的典型示例。

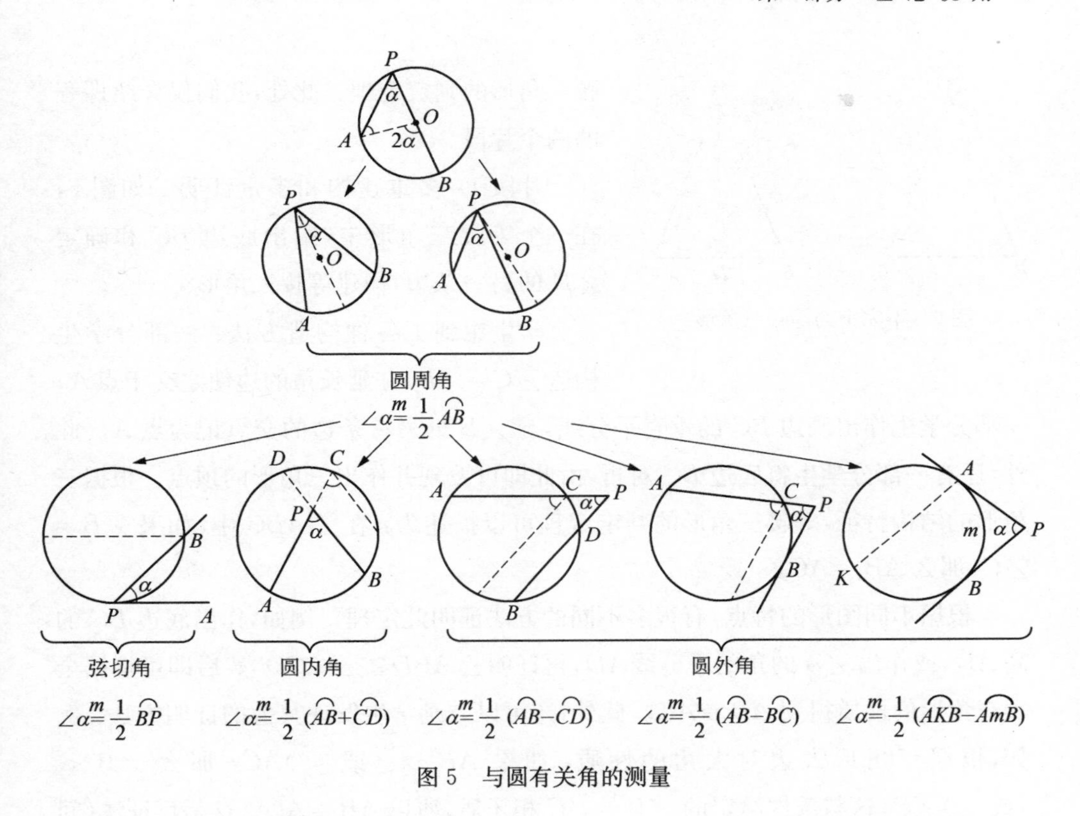

图 5　与圆有关角的测量

在图 5 中,圆周角有三种情况:圆心在一条弦上、在两条弦之间,或者两条弦之外。此外,还有弦切角、两条相交弦在圆内形成的角、两条相交弦在圆外形成的角、一条割线与一条切线在圆外形成的角和两条切线形成的角。然而,一位老师在单元复习课上的展示如图 5 所示,通过添加关键的辅助线清楚地呈现了不同角之间的关系,这样的做法不仅将相关概念连接起来,而且能够对这些概念进行巩固。

用过程性变式对一节范例课进行分析和说明。过程性变式涉及不同的数学思维,要么是收敛,要么是发散。过程性变式也来源于原型问题或问题表征的组合和转换或对问题的再认识和再发现等等。创建过程性变式时所激发的不同思维方式和多重表征的效果是任何概念性变式都无法达到的。然而,广泛地通过变异使问题变得更加困难和复杂,这与变式教学的目标背道而驰。变异问题必须为教学过程和教学目的服务。除了前面给出的定量结果外,我们还通过分析青浦实验中的一个范例来说明如何适当地使用变式问题。这节范例课的主要内容是等

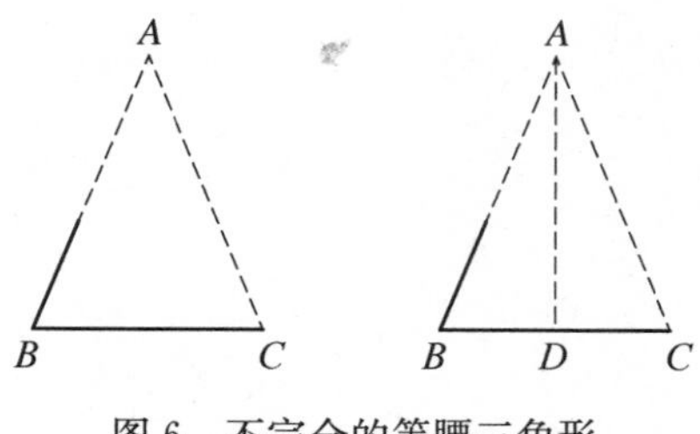

图 6　不完全的等腰三角形

腰三角形的判定定理。此处，我们仅介绍课程的两个片段。

片段 1：多重建构和多重证明。如图 6，在一个等腰三角形中，给出底边 BC 和确定 $\angle B$ 的另一条边，构建等腰三角形。

学生想到了各种构造方法：一部分学生构造 $\angle C=\angle B$，并延长角的边使之交于点 A；一部分学生作出底边 BC 的垂直平分线，与 $\angle B$ 的另一条边的交点记为点 A。此外，还有一部分学生将底边 BC 对折，由此即可发现并作出三角形的顶点。根据三角形的结构特征，等腰三角形的判定定理可以描述为：在 $\triangle ABC$ 中，如果 $\angle B=\angle C$，那么 $AB=AC$。

根据不同图形的特点，有很多不同的方法证明此定理。例如，作出底边 BC 的高 AD，或作出 $\angle A$ 的角的平分线 AD，再证明 $\triangle ABD\cong\triangle ACD$，然后即可根据全等三角形的性质得到 $AB=AC$。此外，还可以鼓励学生发现其他的证明方法：例如，根据三角形大边对大角的性质，如果 $AB>$（或 $<$）AC，那么 $\angle B<$（或 $>$）$\angle C$，这与条件给定的 $\angle B=\angle C$ 相矛盾，所以 $AB=AC$。这是反证法（间接推理）。此外，如果将 $\triangle ABC$ 和 $\triangle ACB$ 视为两个重叠的三角形，那么因为 $\angle B=\angle C$，$\angle C=\angle B$ 和 $BC=CB$，这两个三角形全等（ASA），因此 $AB=AC$。在构造图形的不同方法的基础上，引导出了与单一证明相互补的不同证明方法。

片段 2：分层地变化问题。基于以往的教学经验，为了促进学生学会灵活运用和加深数学思维的深度，探索一个问题的多种解决方案或寻求解决一组相似问题的通法，可能比一题一解这样的方法更好（Cai & Nie，2007）。而青浦实验（Gu，1994）表明，分层递进的变式问题能更好地提高学生的学习效果。下面将给出一个示例，用以说明分层递进变式问题的特征。最初的问题很简单：如图 7(1)中所示，等腰三角形 ABC 两个底角的角平分线相交于 D，证明$\triangle DBC$ 是等腰三角形。

第一个问题（图 7(1)）答案显而易见。这个问题的目的是帮助学生了解如何使用作为基础知识的等腰三角形的判定定理和性质定理。在图 7(2)中，过点 D 的线段 $EF\parallel BC$，试找出图中所有的等腰三角形。易证 $\triangle DBC$ 和 $\triangle AEF$ 是等腰三角形，学生应该专注于判断 $\triangle EDB$ 和 $\triangle FDC$ 是否为等腰三角形。若是，请给出证明过程。在这种问题情境下，学生必须使用判断定理，并确定角平分线、平行线和等腰三角形之间的公共关系。

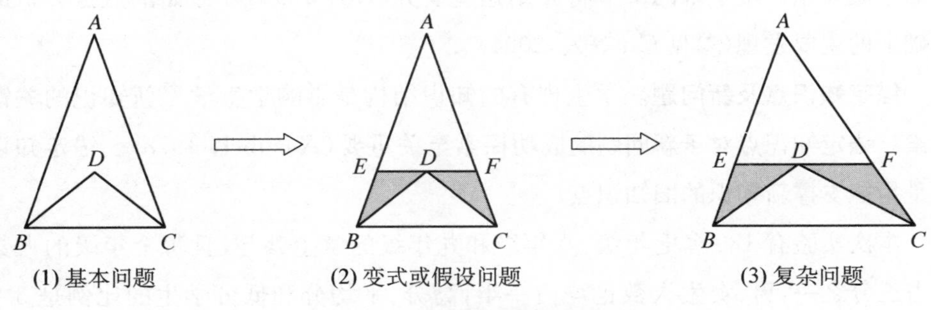

图 7　分层递进变化问题

紧接着，要求学生根据这些关系发现新的问题并自己解决。学生发现了下列结果：点 D 为线段 EF 的中点；$EF=EB+FC$ 等等。这种过程性变式常用来提出和探索后续的具有挑战性的问题。如图 7(3)，$\triangle ABC$ 不是等腰三角形，其他条件保持不变，在 7(2) 中得出的结论中，哪些仍然成立，哪些可能不成立？这是一个相对复杂的问题。重复实验表明，虽然所有学生在学习几何的初级阶段学习能力大致相同，但在有过分层递进变式问题学习经验的学生中，约有 80% 能够解决复杂问题，而没有经历过这种过程的学生中，只有约 20% 能够解决复杂问题。

总之，作者得出以下结论：(1) 教师在数学活动中，认真处理好将相关基础问题向更高认知需求问题的层次转移，并辅以相应的分层递进变式问题进行练习，能够逐步提高学生解决问题的能力；(2) 综合不同层次递进变式过程中的相同经验和特征，对这些相关变式进行分类和联系，能够使学生的知识更有层次性和系统性。这些策略是基于对大量有效的教学经验进行推理演绎发展而来的。实际上，动态数学活动包含着一个重要的特征，即知识和技能的发展。这种发展可以表现为形成知识层次结构或者一系列的数学活动策略或经验。显然，通过分层递进的变式问题进行教学与死记硬背是不同的。

过程性变式的机制

为了掌握过程性变式的原理和机制，青浦实验团队(Gu，1994)在 1987 年至

1988年期间对学生数学思维过程进行了一系列研究。这些研究侧重于观察通过变异学习的心理特点，描述知识发展的进程以及学生现有知识水平和期望水平之间的本质联系。接下来的章节将介绍这些研究(Gu，1994)在原始的数据分析的基础上的主要发现(参见Gu等人，2004)。

锚定知识点及新问题。学生现有的知识结构是影响学生学习新知识的关键因素。锚定知识点对于新问题的成功探索至关重要(Ausubel，1978)。锚定知识点是指能支撑新知识的旧知识点。

本次实验有180名七年级、八年级和九年级的学生参与，且每个年级的人数各占三分之一，男、女生人数也均占一半，高分、平均分和低分学生的比例是3∶4∶3。本次实验采用分层抽样法，60名学生作为实验组接受了变式教学，60名学生参与了实验的后续，剩下的60名学生作为对照组，即由教师直接教授这个概念。研究工具是活动卡片。图8给出了一个示例：每组5个问题，共有6组，共30个问题。第1、3、5组中的问题基于肉眼观察(根据给定数据构造数据，然后基于肉眼观察做出判断)可以解决，第2、4、6组中的问题基于逻辑推理(根据已知做出推测并给出证明)可以解决。

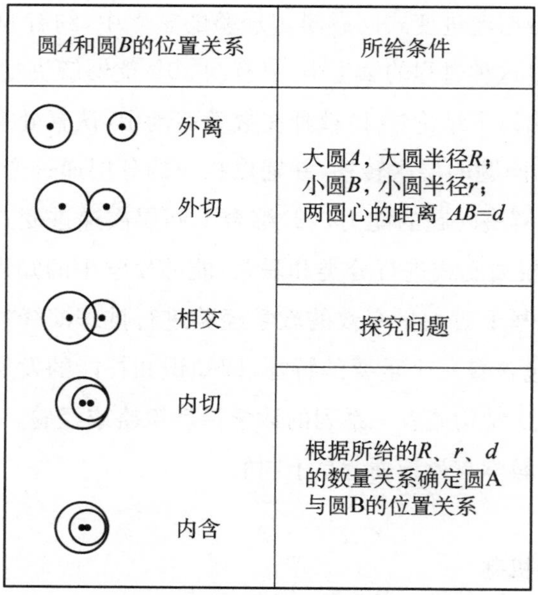

圆A和圆B的位置关系	所给条件
外离	大圆A，大圆半径R；小圆B，小圆半径r；两圆心的距离 $AB=d$
外切	
相交	探究问题
内切	根据所给的R、r、d的数量关系确定圆A与圆B的位置关系
内含	

图8 活动卡示例(面向视觉感知的判断)

对于图 8 中的问题，不同的年级，学生的锚定知识点不同，因此对于不同年级的学生，问题与锚定知识点之间的知识距离也不同。七年级学生只知道线段，知识间距离最大；八年级学生了解图形的转化（如两个三角形），知识间距离较短；九年级学生知道直线和圆的位置关系，知识间距离最短。测试结果表明，随着知识间距离的减小，学生的正确率提高。这一发现表明学习新知识或解决新问题不仅依赖于锚定知识点，也依赖于知识间距离。这一发现也指明了过程性变式教与学的机制，并为通过用递进变式问题来教学提供了启示。

此外，随着年级的增长，学生的数学认知能力在发展。那么认知成熟度如何影响学生探索新问题的能力？为了解决此问题，我们提出了另一个实验：让三个年级的学生探索皮克定理（Pick's theorem）（例如，七年级、八年级和九年级）。

该定理陈述如下：如图 9，给定一个固定在等距点网格（即点坐标为整数）上的多边形，所有多边形的顶点是网格点，皮克定理（Pick's theorem）提供了一个简单的用以计算这个多边形的面积 A 的计算公式，即数一数这个多边形内部的格子数 N，在多边形周长上的格子数 L，则 $A=N+\frac{L}{2}-1$。

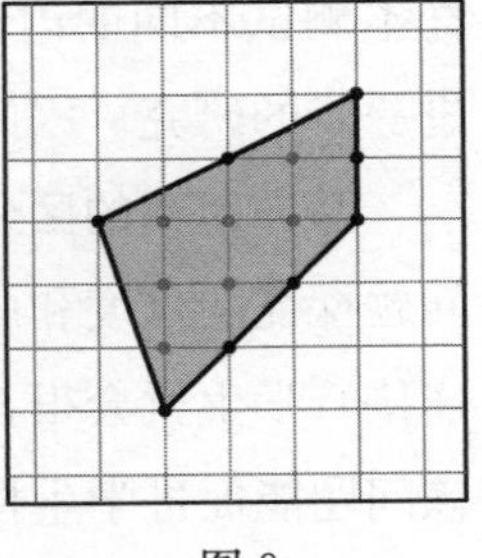

图 9

虽然这个定理对所有学生而言是全新的，但是探索此定理要用到的基础知识是三角形面积和计数，这就使得对各年级学生而言，对锚定知识点的要求是相当相似的，因此，知识间距离也是相当类似的。图 10 显示了所有年级两个问题的错误率（纵轴）。

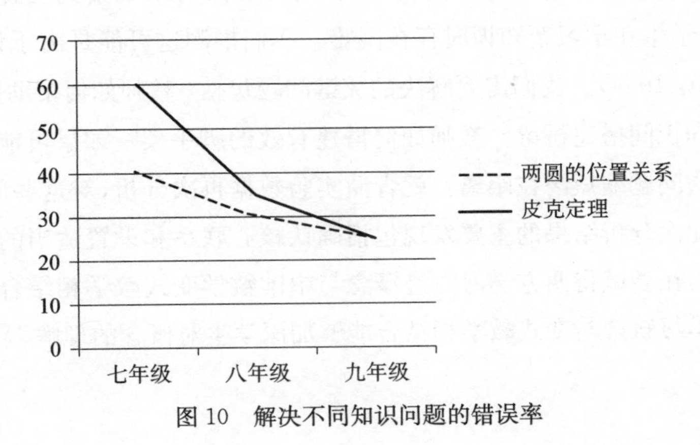

图 10　解决不同知识问题的错误率

在图 10 中如虚线显示，即使各年级的所有学生有类似的锚定知识点，正确率也会随着年级的增加而增加，这就意味着学生的数学认知成熟度很重要。粗线表明，在不同的锚定知识点下，准确率随年级的增加会显著提高。各年级之间，这两个问题的正确率也明显不同。这种差异可能是受数学知识间距离和认知水平成熟度的共同影响。锚定知识点与新问题之间的“潜在距离”取决于两个因素：锚定知识点与新问题之间的数学知识间距离和认知成熟度。

潜在距离的可测性。如前所述，锚定知识点和新问题都与数学内容有关。因此，设计出合适的工具(如数学问题)并定量分析测试结果能够测量潜在距离。例如，前面提及的示例(图 10)中，在探索新知识或新问题时，潜在距离可以用错误率表征。错误率越低，潜在距离越短。这是一种基本的表征。我们可以使用更大的样本测试不同的内容主题，并进行高级心理测量分析建立标准化的规范，以进行进一步的研究。因此，尽管该领域还需要更多研究，但潜在距离是可测的。

潜在距离的区分。锚定知识点与新问题之间的潜在距离可能会影响学生对问题探究的难度和成果。如果新知识与锚定知识点之间的潜在距离较短(短距离连接)，学生就会很容易理解和掌握新知识。如果潜在距离较长(长距离连接)，则该问题能促进学生探究能力的发展。教师可以根据不同的潜在距离和学习目标采用不同的教学导向：直接的、探究的或组合的。

过程性变式的近期研究：核心连接和学习轨迹

除了前一节中给出的潜在距离的定义和特征外，可以观察到，当潜在距离太长时，大部分学生在学习新知识时存在困难。我们推测这可能是由于认知负荷过重造成的(Gu, 1994)。我们需要解决的关键问题包括：教师如何帮助学生在锚定知识点和新知识间搭建桥梁？教师如何搭建有效的脚手架？如果可能的话，教师如何利用变式问题缩短潜在距离？就青浦实验数据再次分析，对这些问题给出了部分答案。此次分析结果的主要发现包括确认核心联系和设置适当的铺垫(即脚手架)。此外，在尝试将西方学习轨迹概念与中国数学变式教学相结合的基础上，我们发现将学习轨迹与变式教学相结合能够加深学生对概念的理解。

核心联系的概念

在青浦实验(Gu, 1994)中,实验团队的教师们在七年级以后强调了数形结合以及各种转换中不变的特征。例如,在实验班上,要求学生在代数课上用“线段示意图”来分析直线上两条线段之间的位置关系(如图 11 所示)。

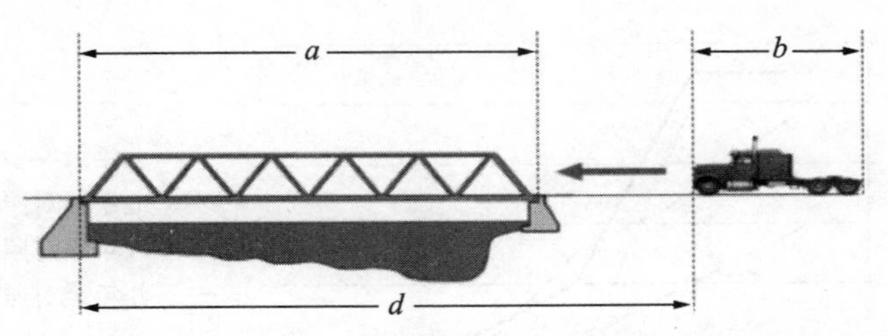

图 11 直线上两个线段之间的位置关系

在图 11 中,一辆卡车从东向西朝一座桥驶去,桥的长度是 a,卡车的长度是 b,此刻车头和桥西边尽头之间的距离是 d,试探索 a、b、d 之间的定量关系。要解决此问题,学生需要确定卡车和桥之间的以下关系:(1)卡车何时完全不在桥上?(2)卡车何时只有一部分在桥上?(3)卡车何时完全在桥上?学生如果能清晰地理解这些问题,那么他们就能正确回答两圆之间的位置关系(见图 8)。七年级的学生知道线段示意图,而且会应用上述问题的变异过程来探究两圆之间的位置关系。七年级学生较长的潜在距离就可以大大缩短。实际上,两圆的位置关系可以转化为两线段之间的位置关系(即两个圆心之间的距离,也即圆心距)。学生如果能理解两线段之间的位置关系,那么很容易就能掌握两圆之间的位置关系。在锚定知识点和新问题之间找到最基本的、可转化的联系非常关键,我们将这种关键联系定义为“核心联系”。在“核心联系”的基础上,进行变式教学能够产生两种独特的效果。

运用核心联系的效果

实验数据表明,使用核心联系具有明显效果。首先,核心联系可以缩短锚定知识点与新问题的距离。其次,它可以促进认知思维的发展,提高思维水平。

缩短潜在距离。基于潜在距离实验,深入分析实验后的数据结果表明,采用核心联系可以缩短潜在距离。对实验组和对照组(约 50 人左右)中学生就两圆之间五种位置关系的探究进行考察和比较:在实验组中,教师通过探究卡车和桥的问题，强调了核心联系（图 11）。图 12 中给出了实验组中七年级和对照组中七、八年级学生探索这些关系的正确率。结果显示，实验组中七年级学生的正确率明显高于对照组中七年级学生，甚至高于对照组中八、九年级学生。这些结果表明，运用核心联系可以显著缩短潜在距离并降低学生的认知负荷。

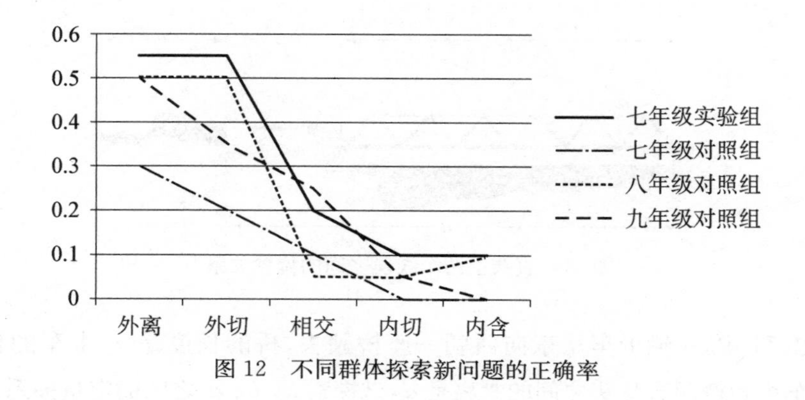

图 12　不同群体探索新问题的正确率

发展思维能力。为检验不同数学思维水平之间的相关性，测试中包含两类测试题：视觉判断和抽象逻辑推理。七、八、九年级学生的视觉判断与抽象逻辑推理的相关性分别为 0.390、0.686 和 0.696。

数据似乎表明，七年级是从视觉判断向逻辑推理转变的时期。图 13 中的散点图进一步说明了实验组中七年级学生从视觉感知转向了逻辑推理。这意味着从视觉判断到逻辑推理的转变发生在一年前（即从七年级到八年级之间）。因此，使用变式问题，并注重问题间的核心联系可以显著促进学生从视觉判断到逻辑推理的转变。

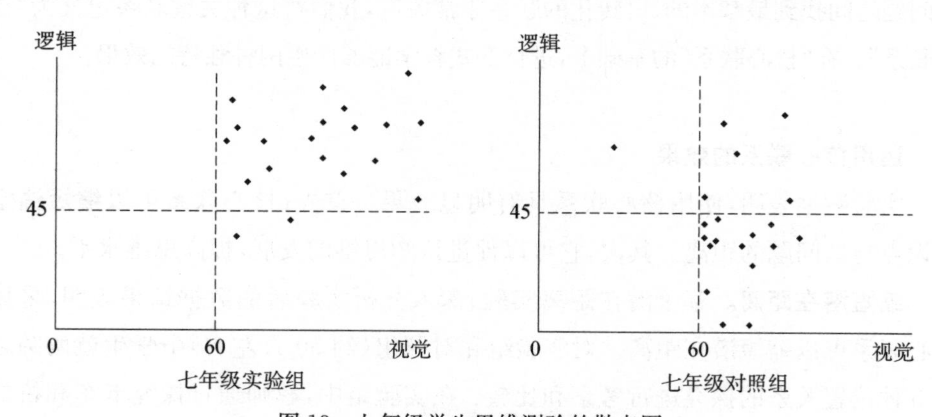

图 13　七年级学生思维测验的散点图

铺垫教学

铺垫建立在核心联系的基础上，在过程性变式中极其重要，本节进一步讨论另一个密切相关的概念“铺垫”。根据顾泠沅等人的研究(2004)，“铺垫”经常被用在中国的课堂教学中，被比喻为“一个人把石头摞在一起作为铺垫，就能从树上摘到平常够不到的苹果”(p. 340)。类似于西方脚手架的概念(Wood，1976)，学生可以通过铺垫完成没有“铺垫”就无法完成的任务。相比之下，铺垫强调学习的“过程和层次”(Gu 等人，2004，p. 340)。在课堂教学中，铺垫在教学设计和实施中的适当应用表现为：教师和学生通过有效的教学设计(或铺垫)从已有的知识和认知水平向获取新知识和解决新问题的方向发展。图 11 中的线段示意图是一个说明铺垫如何帮助学生从现有知识转移到探索两圆之间位置关系的恰当例子。

帮助学生提高学习水平有多种策略。利用西方的脚手架(中国的铺垫)的关键在于要把握好时机，必要时建造适当的脚手架，不必要时拆除脚手架。尤其是在设计发现或探究性学习时，适时地搭建或移除支架非常必要。研究者(Bao，Wang，& Gu，2005；Huang & Bao，2006)通过脚手架概念探索了毕达哥拉斯定理的教学(见图 14)。

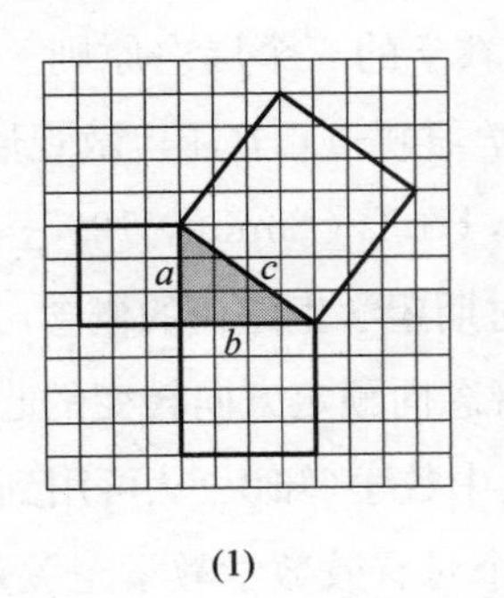

(1)

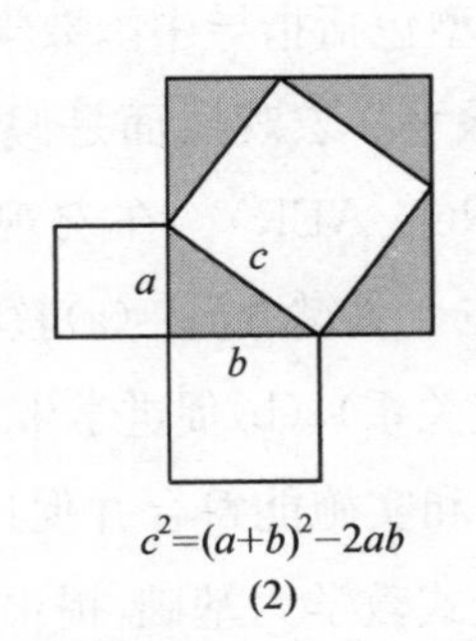

(2)

图 14 搭建和移除脚手架

在图 14(1)中，当 a、b、c 给定不同的整数值(毕达哥拉斯三元数组)时，即可得出 a^2、b^2、$2ab$、c^2；根据这些数据，可以对 a^2、b^2、$2ab$、c^2 之间的数量关系做出许多推测(包括勾股定理和其他条件方程)。在进行推测之后，脚手架(图 14(1)中的网格)的使命就完成了，因此必须移除。图 14(2)中的各边记为 a、b 和 c，关键在于计算出斜边上的正方形面积。核心联系为：用于计算组合图形面积的完全平方和公式。学生可以根据锚定知识点(三角形和正方形的面积)并使用图 14(2)

中的脚手架来证明定理。这是一个经过几十年演变的创造性策略。

这一策略源于学习的传统特征之一：循序渐进。教师通常会确定几个层次递进的课程主题，然后运用过程性变式问题（铺垫）来帮助学生超越现有知识（锚定知识点），获得更高层次的知识。图14(1)中的脚手架（即过程性变式）不仅简单有效，而且能够帮助学生完成证明。作为中国课堂的一个主要策略，这些脚手架是逐步相互连接的。脚手架或铺垫是一种为促进学生学习而设计的教学工具。合理设计并使用脚手架，就可以使得教师成为学生学习的创新设计师、支持者和引导者。在中国，脚手架的有效设计通常要关注数学知识的发展进程和不同层次间数学知识的"核心联系"。

变式、学习轨迹和学生学习

从传统角度而言，变式教学主要关注学科知识结构和教师视角的教学策略。最近，一些研究者探索了变式教学如何有助于所关注学生的学习（Huang, Miller, & Tzur, 2015; Huang, Gong, & Han, 2016）。

黄及其同事（Huang 等人，2015）提出了一种分析学生在课堂上的学习机会的混合模型。此模型包括指导中国数学课堂教学的三个层次原则。变式教学（用于桥接）位于中观水平。宏观层面是假设的学习轨迹（HLT），微观层面是对活动效应关系的反映（Ref* AER）。在宏观层面，HLT（Simon, 1995; Simon & Tzur 2004）主要关注三个关键方面：(a)教师针对期望学生建构的概念，为学生设立的学习目标（活性效应关系）；(b)促进学生现有观念向预定方向转变的心理活动顺序（反思）；(c)任务设计和实施能符合并促进假设中数学（知识）从可用到有目的的重组。在中观层面，以变式教学为基础，提出了六个对有效数学教学至关重要的要素。它们是：(1)裁旧建新；(2)指定预期数学目标；(3)阐述心理活动顺序；(4)设计变式任务；(5)促使学生参与任务；(6)通过变式练习检验学生的进步。在微观层面，教师可以通过对活动影响关系进行系统性的反思，监控学生的学习，这些反思包括：(1)不断并自动比较学习者的目标和活动效果；(2)比较不同的活动-效果的记录被调用情况，这可以构建出一种理性的、符合预期的活动-效果关系的抽象模型。使用此框架，研究者对上海某中学一名经验丰富的教师连续的10节课进行了细致分析（Clarke 等人，2006），得出结论："对学习机会的分析结果表明变式教学能够深化

和巩固概念理解和提高过程的流畅性。”(Huang 等人,2015, p. 104)

此外,黄、巩、韩(Huang, Gong, & Han, 2016)探索了如何将变式教学以及学习轨迹的概念融入到教学中,作为设计和反思教学的原则,促进学生对分数除法的理解。在他们的研究中,采用了一种课例分析方法(Huang & Han, 2015):一群教师教育者(一线教研专家和大学教授)和数学教师共同合作,经过三次课程计划(讨论)、听课和课后汇报,在变式教学和学习轨迹的基础上开发出了分数除法的课程。并基于文献综述提出了一个关于分数除法的学习轨迹假设,作为课程设计的基础。数据由课程计划、课程录像、课后测验、课后讨论和教师反思报告组成。本研究发现,应用学习轨迹并策略性地使用变式任务,学生对知识的理解、熟练程度和数学推理方面的能力都能得到提高。

这些研究综合表明,采用变式教学并结合学习轨迹(对学生学习的活动-效果关系的反思)能够加深学生对概念的理解并提高学习过程的流畅性。

解释、内涵和建议

在前面的部分中,我们讨论了变式教学的主要概念和原则,包括变式的两种类型、潜在距离、核心联系和铺垫(脚手架)。所有这些想法都通过探索一系列层次递进任务来设想学习的核心概念。本节从其他理论角度来阐释变式教学,并讨论变式教学对课堂教学的影响。

理论解释

顾泠沅等人(Gu 等人,2004)从多个理论角度探索了对变式教学的理论解释。首先,从有意义学习的角度(Ausubel, 1978),强调在学习者的先验知识和新知识之间建立非随机的、实质性的联系,他们认为概念性变式可以帮助学生理解概念的本质,并产生实质性的联系。同时过程性变式可以帮助学生在不同类型的知识之间建立结构良好的知识体系和非随机的联系。其次,数学学习的二元性概念(Sfard, 1991)认为:数学概念可以从结构上(作为对象)和操作上(作为过程)两种完全不同的方式来感知。顾泠沅等人(2004)认为两种变式类型可以提高学生对数学对象的两个方面的理解:操作过程和结构对象(数学对象的这两个方面是互补的)。第三，顾泠沅等人(2004)也讨论了脚手架(Wood 等人，1976)与铺垫(即过程性变式策略)之间的异同。虽然脚手架和铺垫都强调帮助学生在最近发展区内实现更高的学习目标(Vygotsky, 1978)，但是铺垫更加注重核心联系和层次推进。第四，顾泠沅及其同事还讨论了迪尼斯理论(Dienes, 1973)、马顿变异理论(Marton & Tsui, 2004)和变式教学理论(顾泠沅等，2004)之间的关系。迪尼斯(Dienes)强调"数学化变异"和"知觉变异"，而马顿(Marton)强调变什么和不变什么的模式。这两种理论都主要关注概念变异。因此，顾泠沅等人通过说明过程性变式是以注重培养问题解决能力和建构具有良好结构的知识体系为基础，进一步完善了变式教学的概念。在下一节中，将讨论变异教学中一个额外的维度，即变异的维度。

变异的维度。以往，数学教学常常受到批评。例如，在 20 世纪 40 年代，著名数学家柯朗(Courant)和罗宾斯(Robbins, 1941)批评了数学教学注重简单的程序化练习，这可能会培养学生的形式化操作能力，但对深刻理解数学毫无帮助。事实上，精确理解数学概念是学好数学的基础，而有效地解决问题是数学的核心。中国的变式教学注重两个基本方面：通过概念性变式从多角度理解概念、通过精心选择的过程性变式培养问题解决的能力和建构结构良好的知识体系。

变异教学(层次递进教学)的机制和原则包括：(1)已有知识(锚定知识点)与新知识或新问题之间有可测量的、合理的潜在距离；根据教学目标和学生学习准备度调整潜在距离非常关键。(2)概念性变式和过程性变式都应该反映出已有知识和新知识之间的核心联系，并且变式问题的设计应该围绕着核心联系。通过应用围绕核心联系的过程性变式问题来缩短潜在距离，提高学习者的思维能力。

通过对近 30 年来课堂教学改革与实践的研究，研究者们确定了"核心联系"的三个关键方面：(1)情境与应用。这方面涉及数学发现与发展的背景和意义。应该指出的是，背景和应用不应被视为简单的附加信息，而是应该从数学必要性和促进学习者理解的角度慎重考虑。例如，图 11 中的线段示意图展示卡车和桥之间的关系似乎很简单，但它反映了必要的定量关系，这些定量关系可以用于确定卡车和桥之间的位置关系和进一步转移到两圆之间的位置关系。(2)计算与推理。计算和推理是形成数学思维体系的两种基本的数学思想方法。数学思维方法反映了在不同背景或情境下逻辑联系的简洁性和方便性。例如，图 7 中关于等腰三角形的变式练习从问题解决的角度提供了一个展示逻辑系统中核心联系的例子。(3)学生认知水平。最重要的是,所有的决定必须以学生的学习为焦点。在设计问题或背景时,要着重考虑是否能激发学生的学习热情,是否有利于学生认知和思维的发展。图 14 中,给出若干直角三角形作为脚手架(图 14(1))是为了帮助学生发现毕达哥拉斯定理(勾股定理);设计的另一个支架(图 14(2))是用来通过用完全平方和公式计算面积来发现证明毕达哥拉斯定理的方法。这些是基于已有知识和新知识之间的核心联系来设计脚手架(铺垫)的典型例子。

综上所述,情境与应用、计算与推理、学生认知水平是三个相对独立的维度,构成了一个综合的变异空间。在设计一个特定的课程时,我们可能会关注一个或几个维度,并在这些选定的维度上设计非常细致的变异。尽管构建变异问题应该是开放的,但它应该关注本质目标:从知识背景中获得新知识;复杂问题与简单问题的转化;消除死记硬背;掌握一般而强有力的方法。

课堂教学改革的启示

在中国,变式教学的传统已经发展了很长一段时间。为取得进一步发展,应集中注意以下两个问题。

围绕核心联系进行变式。变式并不意味着“越多越好”,也不意味着“越难越好”。有句老话说得好,“万变不离其宗”。变式的原则是促进学生的数学学习。有效地变式教学需要解决学生的学习差异。为了实施差异化教学,多元形成性评价可以帮助教师理解学生的学习,并采用合适的教学策略进行变式教学。这些形成性的评估包括学生课堂作业和课后作业。这些作业是根据单元或课程教学目标设计的,通过讨论课堂上的主要问题、设计和利用课后作业以诊断和消除学习障碍。

此外,在设计过程性变式时,要注重识别和利用不同内容的核心联系。下面以 2012 年 PISA 测试中的一道题目为例(图 15)来加以说明。

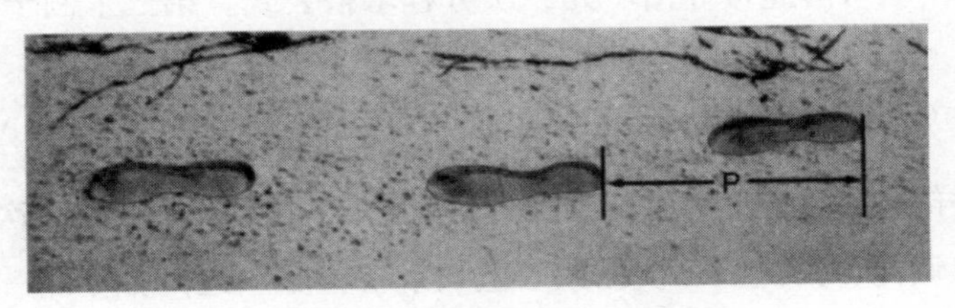

图 15　2012 PISA 测试中的步行问题

如图15，这张照片中展示了人走路留下的脚印，步长 p 是两个连续脚印之间的距离。

对于男性而言，公式 $\frac{p}{n}=140$，给出了 n 和 p 之间的大致关系，其中 $n=$ 每分钟的步数，$p=$ 步长（单位是米）。

问题1：如果这个公式适用于Heiko的行走，且Heiko每分钟走70步，那么Heiko的步幅是多少？写出计算过程。

问题2：Bernard知道他的步幅是0.80米，且上述公式适用于Bernard的行走，计算Bernard的行走速度（以米每分钟或千米每小时为单位）。写出计算过程。

问题1能够测试出参与者是否理解此公式，而且也是解决问题2的基础。问题2能够检验出参与者使用此公式或在日常生活中运用此公式理解距离、时间和速度之间关系的灵活性。每个问题都清晰地展示了锚定知识点与新问题之间的核心联系。

代数中的*核心联系*无处不在。例如，关于多项式的运算，基本概念和技能包括系数和同类项。然而，同类项可以根据不同的目的合并或拆开。利用变式问题练习主要目的不是为了推导一个特定的乘法公式，或拆分、合并公式或分解公式，而是为了促进核心思维方法的理解，即转化应用多项式运算原理。比如，第一个例子中乘法展开和因式分解之间的转化，即 $(x-1)(x-12)=x^2-13x+12$。从左边到右边运用的是乘法展开（合并同类项），反过来是因式分解（包括裂项）。再举一个例子，通过比较两个二次方程 $x^2+px+q=0$ 和 $(x-a)(x-b)=0$（在这里，a 和 b 都是方程的根），那么根与系数之间的关系可以描述为：$a+b=-p$，$ab=q$，即韦达定理（Vieta's Theorem）。$x^2+px+q=0$ 可以转化为 $\left(x+\frac{p}{2}\right)^2=A$，其中 $A=\frac{p^2-4q}{4}$，由此可导出一元二次方程求根公式。第三个例子，二次函数 $y=x^2+px+q$ 可以转化为 $y=\left(x+\frac{p}{2}\right)^2-A$，因此当 $x=-\frac{p}{2}$ 时，y 取到函数的最小值。这样一来，乘法运算、因式分解和平方运算能够将一元二次方程根与系数的关系、单调性、对称性、二次函数最值联系在一起。这是数学中一个通过使用核心联系派生出新概念的典型例子。

变式能够促进自我探索。 在教学中使用变式的一种可能拓展是直接讲授。从表面上看，利用变式知识最终会得出严谨而繁琐的公式。改善数学教学的最终目标是培养学生自我探究的学习能力和自学能力。因此，有必要建立一种师生关系和谐的课堂新生态。以讲授毕达哥拉斯定理为例来说明理想的课堂生态：虽然毕达哥拉斯定理的严格证明学生很难理解，"测量与计算"或"剪切与粘贴"方法直观有趣，但老师通常直接给出结果。下面是勾股定理自我探索学习的一个例子(Bao 等，2005)。

如图 14 所示，学生需在下列几种情况下通过计算正方形的面积进行推断(图 16)。

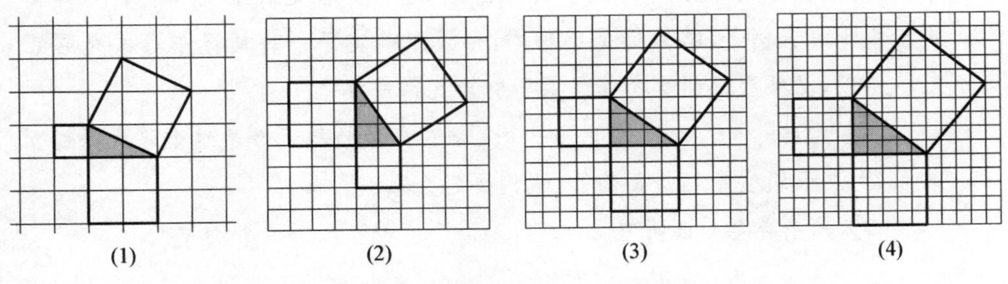

图 16　通过计算正方形面积进行猜想

在课堂上，通过计算图 16(1)～(4)网格中正方形的面积，学生得出了如表 1 所示的一组数据。

表 1　根据选定图表收集的数据

面积	图(1)	图(2)	图(3)	图(4)	
a^2	1	4	9	16	…
b^2	4	9	16	25	…
$2ab$	4	12	24	40	…
c^2	5	13	25	41	…

学生要根据这些数据做出推测(正确的或预期之外的推测)。下面是一段关于证明和反驳的摘录：

[1] 生 1：根据表 1 中的数据，我发现 $c^2=2ab+1$。

[2] 师：（惊讶！难以相信）你是如何得出此推测的？此推测合理吗？

[3] 生 2：我发现当 $a=2$，$b=4$，$2ab=16$，$c^2=20$ 时，$c^2\neq 2ab+1$。

[4] 师：他用一个反例推翻了你的观点，$c^2=2ab+1$ 这个结论不成立。

[5] 生 3：老师，我发现当 a 和 b 相差 1 时，$c^2=2ab+1$ 这个结论是成立的。

[6] 师：（在脑中想了一下：当 $b-a=1$ 时，$c^2=(a-b)^2+2ab$，$c^2=2ab+1$）这是正确的，而且这是一个条件方程。很好，我们检验一下你们推断出的其他方程：$a^2+b^2=c^2$。

[7] 生 4：对于给定的四个数和图形，这个方程是成立的。我认为即使再检查 100 个例子，结果仍是正确的，可我不确定下一种情况中等式是否正确。所以，必须要证明这个等式对所有情况都成立。

[8] 师：$a^2+b^2=c^2$ 是不是一个定理？即使检验无数次这个等式是成立的，也无法证明它永远是正确的，我们要怎么做？

[9] 所有学生：证明它。

前面的对话说明学生积极参与了数学推理活动，如猜想(1)、反驳(3～5)、论证(7～9)等。老师是引导学生探索的促进者。

变式和学习轨迹。正如本章所讨论的，变式教学的核心思想是通过使用围绕不同知识间的核心联系，设计层次递进的变式问题，帮助学生建构结构良好的知识体系，从而帮助学生深刻理解数学概念，并提高解决问题的灵活度。关注学生已有认知水平和发展也是核心联系的一个关键维度。然而，在教师如何关注和引导学生思维方面并没有具体的建议。为此，黄(Huang 等人，2016)的探索性研究给出了一种可供选择的方案，也就是将学习轨迹的概念和变式教学结合起来。黄(Huang 等人，2016)发现，通过将两种理论视角结合，教师能够在课堂上和课后反思中将注意力转移到学生的思维和解题方法上，这有助于促进学生的深度理解。他们进一步认为，变式教学强调逐步使用系统性任务的具体策略（以内容为中心），但没有明确关注学生的学习轨迹。因此，这两种观点的结合可以为课程设计和授课提供有效的工具——利用变式教学可以帮助教师根据学生的学习轨迹战略性地设计和实施教学。

结论

本章论述了变式教学的文化和历史渊源。传统的文化价值观和古代数学学习观念已经包含了数学变式教学,应试教育体系更进一步强化了这一理论。在经验和实证研究的基础上,我们提出了变式教学的核心概念和主要机制。变式包含两种类型:概念性变式和过程性变式。前者侧重于建立已有知识与新知识之间的本质联系,以从多个角度对数学概念进行深刻理解。后者旨在培养学生问题解决的能力,并形成一个相互联系的知识结构。潜在距离和铺垫通过存在于已有知识(锚定知识点)和新知识或新问题之间的核心联系而产生。教师应考虑潜在距离和铺垫之间的关系,设计出层次递进的变式问题并加以实施,以实现教学目标。适当地实施变式教学能加深学生对概念的理解和提高学习过程的流畅性。然而,从理论上讲,需要更多的实证研究来定义和测量潜在距离,并定义和识别不同类型知识之间的核心联系。此外,如何结合相关理论视角比如学习轨迹(Simon, 1995)和数学教学实践(NCTM, 2014)发展变式教学理论是一个值得探索的新课题。从实践角度讲,有效地实施变式教学要求教师对内容知识有深刻的理解并掌握丰富的教学专业知识,因此需要有针对性的教师专业发展项目来支持。

注释

1 在本章中,通过变异教学与变异教学或变式教学是可以互换的。

参考文献

An，S.，Kulm，G.，& Wu，Z.（2004）. The pedagogical content knowledge of middle school mathematics teachers in China and the U. S. *Journal of Mathematics Teacher Education*，*7*，145 - 172.

Ausubel，D. P.（1978）. *Educational psychology*：*A cognitive view*（2nd ed.）. New York，NY：Holt McDougal.

Bao，J.，Huang，R.，Yi，L.，& Gu，L.（2003a）. Study in bianshi teaching [In Chinese]. *Mathematics Teaching* [*Shuxue Jiaoxue*]，*1*，11 - 12.

Bao，J.，Huang，R.，Yi，L.，& Gu，L.（2003b）. Study in bianshi teaching [In Chinese]. *Mathematics Teaching* [*Shuxue Jiaoxue*]，*2*，6 - 10.

Bao，J.，Huang，R.，Yi，L.，& Gu，L.（2003c）. Study in bianshi teaching [In Chinese]. *Mathematics Teaching* [*Shuxue Jiaoxue*]，*3*，6 - 12.

Bao，J.，Wang，H.，& Gu，L.（2005）. *Focusing on the classroom*：*The research and production of video cases of classroom teaching* [In Chinese]. Shanghai：Shanghai Education Press.

Biggs，J. B.，& Watkins，D. A.（2001）. Insight into teaching the Chinese learner. In D. A. Watkins & J. B. Biggs（Eds.），*Teaching the Chinese learner*：*Psychological and pedagogical perspectives*（pp. 277 - 300）. Hong Kong/Melbourne：Comparative Education Research Centre，the University of Hong Kong/Australian Council for Education Research.

Brown，A. L.（1992）. Design experiments：Theoretical and methodological challenges in creating complex interventions in classroom settings. *Journal of the Learning Sciences*，2(2)，141 - 178.

Cai，J.，& Nie，B.（2007）. Problem solving in Chinese mathematics education：Research and practice. *ZDM*：*The International Journal on Mathematics Education*，*39*，459 - 473.

Chen，X.，& Li，Y.（2010）. Instructional coherence in Chinese mathematics classroom — A case study of lessons on fraction division. *International Journal of Science and Mathematics Education*，*8*，711 - 735.

Clarke，D. J.，Keitel，C.，& Shimizu，Y.（2006）. *Mathematics classrooms in twelve countries*：*The insider's perspective*. Rotterdam，The Netherlands：Sense Publishers.

Courant，R.，& Robbins，H.（1941）. *What is mathematics*? New York，NY：Oxford University Press.

Doenes，Z. P.（1973）. A theory of mathematics learning. In F. J. Crosswhite，J. L. Highins，A. R. Osborne，& R. J. Shunway（Eds.），*Teaching mathematics*：*Psychological foundations*（pp. 137 - 148）. Ohio，OH：Charles A. Jones Publishing.

Fan, L., & Zhu, Y. (2004). How have Chinese students performed in mathematics? A perspective from large-scale international comparisons. In L. Fan, N. Y. Wong, J. Cai, & S. Li (Eds.), *How Chinese learn mathematics: Perspectives from insiders* (pp. 3 – 26). Singapore: World Scientific.

Fan, L., Wong, N. Y., Cai, J., & Li, S. (2004). *How Chinese learn mathematics: Perspectives from insiders*. Singapore: World Scientific.

Fan, L., Wong, N. Y., Cai, J., & Li, S. (2015). *How Chinese teach mathematics: Perspectives of insiders*. Singapore: World Scientific.

Gu, L. (1981). *The visual effect and psychological implications of transformation of figures on teaching geometry* [In Chinese]. Paper presented at annual conference of Shanghai Mathematics Association, Shanghai, China.

Gu, L. (1994). *Theory of teaching experiment: The methodology and teaching principles of Qingpu* [In Chinese]. Beijing: Educational Science Press.

Gu, L., Huang, R., & Marton, F. (2004). Teaching with variation: An effective way of mathematics teaching in China. In L. Fan, N. Y. Wong, J. Cai, & S. Li (Eds.), *How Chinese learn mathematics: Perspectives from insiders* (pp. 309 – 348). Singapore: World Scientific.

Gu, M. (1999). *Education directory* [In Chinese]. Shanghai: Shanghai Education Press.

Huang, R. (2014). *Prospective mathematics teachers' knowledge of algebra: A comparative study in China and the United States of America*. Wiesbaden: Springer Spectrum.

Huang, R., & Bao, J. (2006). Towards a model for teacher's professional development in China: Introducing keli. *Journal of Mathematics Teacher Education*, *9*, 279 – 298.

Huang, R., & Han, X. (2015). Developing mathematics teachers' competence through parallel Lesson study. *International Journal for Lesson and Learning Studies*, *4*(2), 100 – 117.

Huang, R., & Leung, F. K. S. (2004). Cracking the paradox of the Chinese learners: Looking into the mathematics classrooms in Hong Kong and Shanghai. In L. Fan, N. Y. Wong, J. Cai, & S. Li (Eds.), *How Chinese learn mathematics: Perspectives from insiders* (pp. 348 – 381). Singapore: World Scientific.

Huang, R., & Leung, F. K. S. (2005). Deconstructing teacher-centeredness and student-centeredness dichotomy: A case study of a Shanghai mathematics lesson. *The Mathematics Educators*, *15*(2), 35 – 41.

Huang, R., Mok, I., & Leung, F. K. S. (2006). Repetition or variation: "Practice" in the mathematics classrooms in China. In D. J. Clarke, C. Keitel, & Y. Shimizu (Eds.), *Mathematics classrooms in twelve countries: The insider's perspective* (pp. 263 – 274). Rotterdam, The Netherlands: Sense Publishers.

Huang, R., Miller, D., & Tzur, R. (2015). Mathematics teaching in Chinese classroom:

A hybrid-model analysis of opportunities for students' learning. In L. Fan, N. Y. Wong, J. Cai, & S. Li (Eds.), *How Chinese teach mathematics: Perspectives from insiders* (pp. 73 - 110). Singapore: World Scientific.

Huang, R., Gong, Z., & Han, X. (2016). Implementing mathematics teaching that promotes students' understanding through theory-driven lesson study. *ZDM: The International Journal on Mathematics Education*, *48*(3).

Leung, F. K. S. (1995). The Mathematics classroom in Beijing, Hong Kong and London. *Educational Studies in Mathematics*, *29*, 197 - 325.

Leung, F. K. S. (2005). Some characteristics of East Asian mathematics classrooms based on data from the TIMSS 1999 video study. *Educational Studies in Mathematics*, *60*, 199 - 215.

Li, S. (1999). Does practice make perfect? *For the Learning of Mathematics*, *19*(3), 33 - 35.

Li, X., Li, S., & Zhang, D. (2015). Cultural roots, traditions, and characteristics of contemporary mathematic education in China. In B. Sriraman, J. Cai, K. H. Lee, L. Fan, Y. Shimizu, C. S. Lim, & K. Subramaniam (Eds.), *The first sourcebook on Asian research in mathematics education: China, Korea, Singapore, Japan, Malaysia, and India (China and Korea sections)* (pp. 67 - 90). Charlotte, NC: Information Age.

Li, Y., & Huang, R. (2013). *How Chinese teach mathematics and improve teaching*. New York, NY: Routledge.

Ma, L. (1999). *Knowing and teaching elementary mathematics: Teachers' understanding of fundamental mathematics in China and the United States*. Mahwah, NJ: Erlbaum.

Marton, F. (2015). *Necessary conditions of learning*. New York, NY: Routledge.

Marton, F., & Pang, M. F. (2006). On some necessary conditions of learning. The *Journal of the Learning Sciences*, *15*, 193 - 220.

Marton, F., & Tsui, A. B. M. (2004). *Classroom discourse and the space of learning*. Mahwah, NJ: Erlbaum.

National Council of Teachers of Mathematics. (2014). *Principles to actions: Ensuring mathematical success for all*. Reston, VA: Author.

OECD. (2010). *PISA 2009 Results: What students know and can do: Student performance in reading, mathematics and science* (Vol. I). Paris: OECD Publishing.

OECD. (2014). *PISA 2012 Results in focus: What 15-year-olds know and what they can do with what they know*. Paris: OECD Publishing.

Paine, L. W. (1990). The teacher as virtuoso: A Chinese model for teaching. *Teachers College Record*, *92*(1), 49 - 81.

Qingpu Experiment Group. (1991). *Learn to teaching* [In Chinese]. Beijing: Peoples' Education Press.

Sfard, A. (1991). On the dual nature of mathematical conceptions: Reflections on processes and objects as different sides of the same coin. *Educational Studies in Mathematics*, *26*, 114 - 145.

Shao, G., Fan, Y., Huang, R., Li, Y., & Ding, E. (2013). Examining Chinese mathematics classroom instruction from a historical perspective. In Y. Li & R. Huang (Eds.), *How Chinese teach mathematics and improve teaching* (pp. 11 - 28). New York, NY: Routledge.

Simon, M. A. (1995). Reconstructing mathematics pedagogy from a constructivist perspective. *Journal for Research in Mathematics Education*, *26*, 114 - 145.

Simon, M. A., & Tzur, R. (2004). Explicating the role of mathematical tasks in conceptual learning: An elaboration of the hypothetical learning trajectory. *Mathematical Thinking and Learning*, *6*(2), 91 - 104.

Song, X. (2006). The Confucian education thinking and Chinese mathematical education tradition [In Chinese]. *Journal of Gansu Normal College*, *2*, 65 - 68.

Sriraman, B., Cai, J., Lee, K. H., Fan, L., Shimizu, Y., Lim C. S., & Subramaniam, K. (Eds.). (2015). *The first sourcebook on Asian research in mathematics education: China, Korea, Singapore, Japan, Malaysia, and India (China and Korea sections)*. Charlotte, NC: Information Age.

Stevenson, H. W., & Lee, S. (1995). The East Asian version of whole class teaching. *Educational Policy*, *9*, 152 - 168.

Stevenson, H. W., & Stigler, J. W. (1992). *The learning gap: Why our schools are failing and what we can learn from Japanese and Chinese education*. New York, NY: Summit Books.

Sun, X. (2011). "Variation problems" and their roles in the topic of fraction division in Chinese mathematics textbook examples. *Educational Studies in Mathematics*, *76*, 65 - 85.

Wang, T., & Murphy, J. (2004). An examination of coherence in a Chinese mathematics classroom. In L. Fan, N. Y. Wong, J. Cai, & S. Li (Eds.), *How Chinese learn mathematics: Perspectives from insiders* (pp. 107 - 123). Singapore: World Scientific.

Wong, N. Y. (2008). Confucian heritage culture learner's phenomenon: From "exploring the middle zone" to "constructing a bridge". *ZDM: The International Journal on Mathematics Education*, *40*, 973 - 981.

Wong, N. Y., Lam, C. C., Sun, X., & Chan, A. M. Y. (2009). From "exploring the middle zone" to "constructing a bridge": Experimenting in the Spiral *bianshi* mathematics curriculum. *International Journal of Science and Mathematics Education*, *7*, 363 - 382.

Wood, D., Bruner, J. S., & Ross, G. (1976). The role of tutoring in problem solving. *Journal of Child Psychology and Psychiatry*, *17*, 89 - 100.

3. “变式”与学习变异理论：数学教学中的变与不变的两大框架的阐释

彭明辉[1] 鲍建生[2] 祁永华[3]

引言

在过去 20 年关于数学教育的跨文化研究中，在数学教学中使用变异和不变性是一个广受欢迎的要素（例如，Häggström，2008；Sun，2011；Watson & Mason，2005；Wong 等，2009）。根据顾、黄和马顿（Gu，Huang，& Marton，2004）的说法，华人教师系统地列举了重要方面的不同例子、任务和问题，以帮助学生更深入地理解有待学习的数学内容。两组研究人员，一组在瑞典和香港，由费兰伦斯·马顿（Ference Marton）领导，另一组在上海，由顾泠沅领导，他们在数学课堂实践分析中，对变异和不变性的运用有着相似的见解。前者由马顿的小组发展，被称为学习变异理论（Marton & Booth，1997；Marton & Tsui，2004；Marton & Pang，2006；Marton，2015；Pang & Ki，2016）；后者由顾的团队开发，被称为变式教学（通过变异教学；例如，Bao，Huang，Yi，& Gu，2003；Gu，1991；Gu，Huang，& Marton，2004）。这两种理论在下面的章节中被称为 VT 和 BS。

这两种理论都侧重于差异和同一性（或变化性和不变性）在教学中的重要性，而本研究的目的在于更好地理解这两者之间的差异，探讨两者是矛盾的、独立的还是互补的，并对这两种理论的静态描述进行比较。我们仔细考察了上海一位经验丰富的数学教师的课堂实践，他受到 BS 框架的启发，系统地运用了变和不变。

① 彭明辉，香港大学教育学院。
② 鲍建生，华东师范大学数学系。
③ 祁永华，香港大学教育学院。

我们邀请上述两个研究小组的研究人员根据各自的理论对同一节课中变和不变的模式进行分析和评论。

显然，我们不能把课堂看作是BS框架的直接和完全规范的表示。尽管如此，通过比较两种理论研究者对同一节课的解释，可以在这两种理论视野之间进行一些有益的比较和联系，并使得教育理论与实践之间关系的一些方法论问题得以明确。

理论框架

本文的出发点是上述两个独立发展的框架所体现的具体猜想。该猜想暗示在教学单元内部和教学单元之间存在变化和不变的模式，如问题、任务、例子或图示，在师生之间的互动中，对学生可能学到的东西有很大的影响。第一个框架VT旨在不同学科领域发展学习和教授的强有力的可见方式，它是由费兰伦斯·马顿(Ference Marton)和他在香港和瑞典的同事特别开发的(Marton & Booth, 1997; Marton & Tsui, 2004; Marton & Pang, 2006; Marton, 2015; Pang & Ki, 2016)。第二个框架BS旨在注意到和弄明白中国数学教学中的良好实践，该框架由顾泠沅命名并编撰(Bao等人，2003; Gu, 1991; Gu等人，2004)。首先我们简单地描述一下这两个框架。

由于起源于现象图式学，VT认为我们通过对比突出事物在某些方面的不同之处，并忽视其他方面的共同之处，从而识别出新的含义，并使其为我们自己所接受。例如，这意味着，如果我们看到乘法与除法的区别，而不是只看到不同的乘法任务是如何相似的，那么乘法就能被更好地理解。同样，如果我们看到加法与减法的区别，我们就能更好地理解加法(例如，Marton & Pang, 2013; Pang & Marton, 2013)。

根据马顿和彭(Marton & Pang, 2006)的观点，VT关注的是如何让学习者以强有力的方式处理新的情况。最重要的是，学习者在决定如何在新的情况下实现目标时，需要培养辨别哪些层面或特征需要被考虑的能力。辨别这些关键的层面或特征，就要求学习者能够注意到某一特定情况(问题、任务或现象的实例)与其他情况的不同之处。例如，在写作中使用适当笔调的能力取决于区分需要使用不同笔调的情况或实例的能力；金融分析师作出良好判断的能力取决于区分不同经济数据和指标模式的能力；而一个孩子解决简单算术文字题的能力，就是在特定的问题情境中分辨出各个部分和整体以及它们之间的关系的能力。在这方面，VT不同于其他学习理论，因为它关注的是导致学习差异的缘由。

有趣的是，VT还强调了不变性（相似性）在提供差异识别方面的重要作用。根据马顿和徐（Marton & Tsui, 2004）的说法，为了识别和关注现象的关键方面（或变异的维度），学习者必须在不变的背景下体验这些方面的变化。他们建议使用"对比"、"分离"、"融合"和"归纳"四种模式来组织学习实例。正如彭和祁（Pang & Ki, 2016）所解释的，当一个关键方面发生变化，而其他方面保持不变时，这种模式被称为"分离"。要改变的方面需要从知觉上与现象的其他方面分开，成为学习者的突出特征。相反，当这一现象的两个或多个关键方面同时发生变化，并同时被学习者所认识到时，这种模式被称为"融合"。它帮助学习者识别和关注多个关键方面的变化之间的联系或联合和/或独立的工作。变化和不变的另外两种模式更多地致力于观察现象的不同实例和非实例之间的相同和差异。例如，要掌握正方形的概念，就必须将它与非正方形的东西进行对比。如果一个人毕生所见的每一个形状都是正方形，那么"正方形"将是形状的同义词，也不会有它自己独特的意义，更不用说对它的重要特征的识别和关注了。此外，为了"概括"一个正方形的概念，人们必须看到不同的方块之间的相同之处，例如相同的特征集（其各个方面的重要特征以及它们之间的关系）。

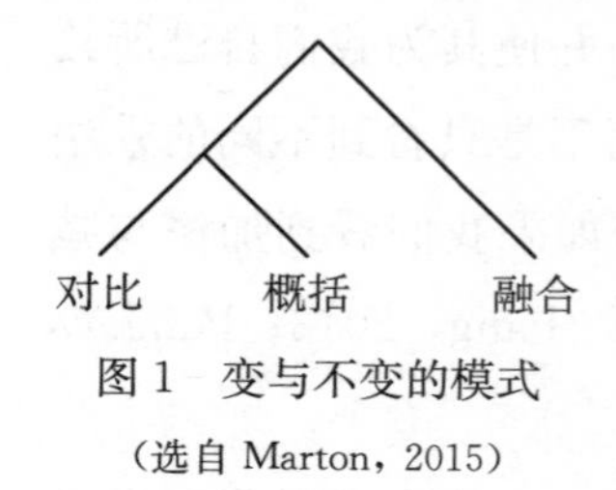

图1　变与不变的模式
（选自 Marton, 2015）

在这四种模式中，马顿（Marton, 2015）进一步提出了一种新的逻辑结构，其中只有三种变与不变的模式是学习者所看到的基本模式（即对比、概括和融合，见图1）。根据马顿（Marton, 2015）的说法，"对比和概括都将它们各自的方面和彼此的方面分开。通过对比，我们试图找到学习对象的必要方面，然后定义它。通过概括，我们希望将可选方面与必要方面分开"（p. 51）。这里的"必要方面"指的是有针对性地学习一种特定的观察现象的方法所必需的方面。

我们再把目光放到"分离"和"融合"上，而"分离"也有"对比"和"概括"两种。因此，从逻辑上讲，这意味着"分离"的层次高于"对比"和"概括"的观察范畴。这里的“观察”主要是指从观察者的角度来看，实例被客观地并列呈现(Marton, 2015)。让这一切变得有点复杂的是“融合”既属于较低的观测层次，也属于“对比”和“概括”这类更高的层次，并伴随着“分离”(与 Ference Marton 的私人交流，2016)。关于“分离”与“对比”和“概括”的关系，以及这些模式在层次上的差异，图 2 可以用来说明最初马顿和徐(Marton and Tsui, 2004)描述的四种模式之间的逻辑关系。

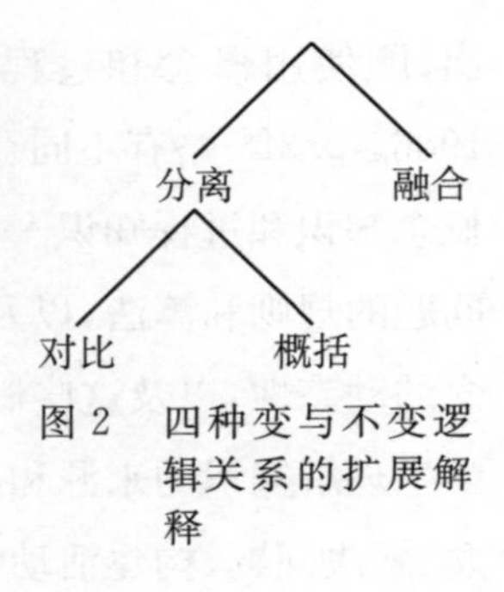

图 2 四种变与不变逻辑关系的扩展解释

VT 的目的是要成为一个关于人们如何体验和学习处理某些现象的一般理论。它已应用于不同学科和教育水平的许多具体学习主题(例如：Pang & Marton, 2003、2005、2007、2013，经济学；Lo、Chik, & Pang，科学；Ko, 2013，语言；Kullberg, Martensson, & Runesson, 2016，数学)。相反，顾(1991)解释的 BS 框架试图对华人课堂中有效的数学教学实践进行理论化，并拓展华人课堂变式教学理论。

鲍、黄、易、顾(Bao, Huang, Yi, & Gu, 2003)提到，华人课堂上传统的变式是用来学习概念的，而变式教学(教学意味教与学，变式指形式或运动上的变化)，参考《教育词典》(顾，1999)，指的是使用直观的材料或不同形式的例子，或者改变事物的非定义性特征来突出定义特征，这样学习者就可以区分哪些特征与事物的性质有关。在 BS 框架的开发中，顾(Gu, 1994)对数学课堂实践中这类变化的教学原则进行了系统化和描述性的明确分类，包括使用标准示例、非标准示例和反例。BS 框架的这一部分称为“概念性变式”。顾等人(Gu 等人，2004)还指出，通过运用概念性变式，学生可以从多个实例学习数学概念——从具体到抽象，从特殊到一般，通过初步排除(后来还包括)对象的背景和非本质特征的干扰来强调概念的本质特征，澄清概念的内涵。因此，概念性变式可以帮助学生理解概念的本质，建立概念之间的实质性联系。

鲍等人(Bao 等人，2003)还认为，BS 框架扩展了传统的变式概念，遵循了“过程性变式”的思想。他们提到，概念性变式涉及数学对象的静态方面，承载它们的不同含义及其相互关系；而过程性变式则涉及对象的动态方面，例如理解概念在人类历史及个体心理上的演进方式，以及解决问题和求解答案的方式。应当指出，顾使用概念和过程两词的方式与希伯特和勒夫威尔（Hiebert & Lefevre, 1986, p. 3ff）略有不同。希伯特和勒夫威尔（Hiebert & Lefevre）用这些词来区分概念知识和过程知识——前者更多地关注概念理解和解释，后者更关注解决数学问题的规则和算法，以及两者之间的联系。然而，顾的过程性变式概念强调了概念的动态性，以及这些概念是如何演变和适用于新情况的。过程性变式可以帮助学生理解知识的来源和应用，从而构建结构良好的知识。它可以帮助学生形成概念、解决问题、构建活动体验体系，并将知识的不同组成部分理解为新知识与先验知识之间非人为关系的结构。

根据顾等人（Gu 等人，2004）的说法，将 BS 中的过程性变式的思想扼要概括为“逐步展开数学活动”的手段，包括：(1)从具体事物的操作到符号操作的概念形成；(2)将新问题逐步转化为已知问题，然后在已知问题解的基础上推导出新问题的解；(3)通过增加活动内部和活动之间的不同路径和层次（多层次）联系，建立“数学活动体验系统”，这可以通过扩展问题解决活动来实现，包括问题的变化、问题的不同解决方案、适用于不同问题的同一种解决方案。

以上(3)表明，BS 的过程性变式是基于学习者认知结构由两部分构成的观点。第一种是数学概念和命题的客观逻辑结构的反映；第二种是学习者具体的、主观的问题解决的经验。两者相结合，形成了学习者的整体数学认知结构。

顾(1994)提出的其他重要 BS 概念包括“潜在距离”和“铺垫”。潜能的差异是学习者已经知道的与他或她能够（或需要）转移和应用知识的新情况之间的区别。过程性变式可以被看作是引入了一个物理或概念上的工具，学习者可以用它来弥合这一距离（顾等人，2004, p. 126），这些工具可以包括学习材料、活动、任务或问题。这种过程性变式在汉语中被称为铺垫，在英语中经常被翻译成“脚手架”[如上文(1)和(2)]。然而，在汉语中，这个词的字面意思是“加垫子”，意思是将某物提升到更接近目标水平的水平。毫无疑问，“潜在距离”和“铺垫”的概念带有维果茨基（Vygotsky）和戴维多夫（Davydov）作品的明确含义（例见 Davydov, 1990; Vygosky, 1986）。戴维多夫（Davydov）的方法是建立在丰富的现实世界经验的基础上的，它引导学习者以科学的方式理解数学概念。科学的概念并不是自发地从经验中产生的，但是学习者可以通过回顾足够丰富的预备经验来引导他们进行科学地思考。

本研究

描述了VT和BS的概念，强调了在教学中使用变异和不变性的重要性，一个问题是：这两个理论视野在分析或改进课堂实践时有什么相似之处和不同之处？我们相信，通过在同一堂课的背景下将它们并列，我们可以更好地理解教学活动单元内部和单元之间的变和不变的模式，以及师生互动中使用的问题、例子和概念是如何影响学生从这种互动中体验学习内容的。其所要解决的研究问题是：(1)能否根据VT和BS两种理论来区分教师的实践？(2)当VT和BS两种理论被用来解释同一堂课时，他们的观点能区分开来吗？彭、马顿、鲍和祁(Pang, Marton, Bao, & Ki, 2016)在研究中提出了第一个研究问题，研究发现这两个框架并没有区分它们应该采取的做法。尽管它们共同强调变和不变的重要性，但并不意味着什么都应该保持不变，哪些应该变化因具体的学习对象而有所不同。

在本研究中，我们重点研究了第二个问题。为此，在上海开设了一次由变式框架规划的数学课，并根据这两个框架进行了分析。因此，对这些分析的比较集中在两个框架所支撑的一节生动的二年级课(关于三位数的加法)的各个方面。通过阐明这两种变和不变框架的异同，旨在为二者的结合开辟道路。

参与的老师。负责授课的老师是上海的一名一级教师，在数学教学领域颇有名气。她在小学阶段有14年的数学教学经验，并获得了数学教育硕士学位。

该老师被邀请在指定的数学主题和BS框架下，根据她对课的理解设计教案。她跟随一位经验丰富的数学教师教育者和专家型的"教练"，学习了这个BS框架。在课的规划过程中，教练只是充当顾问或提供帮助，并不积极影响教学设计或尝试确保本课的专门设计必须遵循BS框架。如果教师有任何有关BS框架及其运用的问题可以要求教练提供理论和教学的支持。教练认为该教师对BS框架的理解有较好的水平。

参与学校和学生。参与这项研究的学校在收集数据时只成立了两年。它位于上海一个新开发的郊区，那里有两所著名的大学和一个科技园。学校的学生主要来自这三个大机构的教职员工的家庭，该校学生的学习能力高于上海平均水平。

选择的数学主题。课题"三位数加法"被选入研究课，考虑因素如下：(1)它是上海市数学二年级课程中规定的数学课题之一；(2)参与教学的教师认为该课题对大多数学生来说是中等难度的；(3)本课题在学校的教学日期与本研究的数据收集时间表吻合较好。

分析。同时参照这两种理论(BS和VT)，分析了变异和不变性在课堂教学中的系统运用。值得注意的是，要分析的课并不打算成为直接和完整地应用了BS框架的一个示例性的课。

这两种理论的研究者在上海一起观察了这一课。在录像的基础上，研究人员利用各自的变式/异理论分别进行了第一轮的分析，并在此基础上交换了意见。他们讨论了各自在课堂某些教学环节中所感知到的相似或不同的问题以及他们对如何使用变式/异理论所作的解释。

在下一环节中，由于课是以BS框架为基础的，本文首先用BS框架从教学片断的角度对其进行了描述和分析。这将使我们能够很好地理解教学设计背后的理论基础，并能清楚地描述课堂上真实发生的事情。为了减少课堂内容的重复，接下来只用VT框架对同一课题进行了分析，最后根据这两种理论和实践得出结论。

结果和发现

基于BS框架的上海三位数加法课的结果分析

片段1。老师布置一些两位数的加法任务开始上课(见图3)。学生们用心算或口算很流利地完成了这些任务(也就是说，大声地说出他们在头脑中计算出来的内容)。

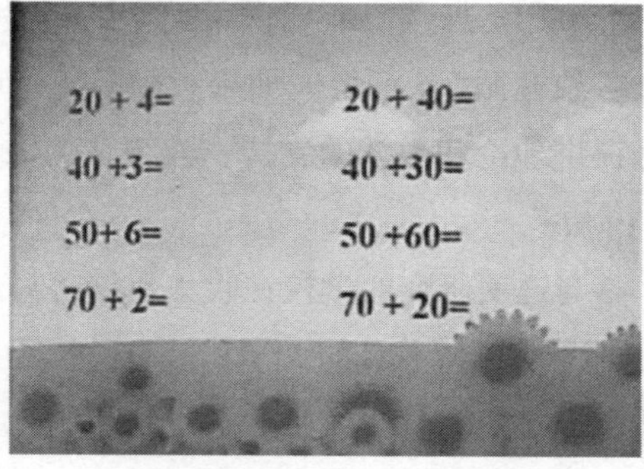

图3　片段1中的加法任务

老师问学生们，在这两栏任务中他们能看到哪些不同。学生回答说，第一栏是整十数加上一位数，第二栏是整十数加整十数，在十位列中的数字需要加在一起。在此基础上，她问他们遇到了哪些其他更普遍的加法模式。一名学生以 35 + 35 为例，解释说这涉及十位和个位的数都要加，要取得结果，便要将十位数相加(3 + 3) 才可得到 6 个 10，再将个位相加(5 + 5) 才可得到 10，所以总数是 7 个 10，即 70。

上述相互作用中涉及两种变异。(1)相同数出现在不同位置，巩固了位值的概念。例如，在 20+4 中，4 在个位位置，而在 20 +40 中，4 在十位。这是一种概念上的变异。老师还介绍了一个过程性变式 —— 铺垫(脚手架)，它为三位数加法铺平了道路，其中他们还需要注意与数字相关的位值。(2) 学生们以前学过的两位数加法中，有些情况下他们需要完成从个位到十位，或从十位到百位的运算，如 50 + 60。在后面的课中，有更多的例子，从数十到数百，并进一步扩展想法，完成从数百到数千的运算。

片段 2。在完成对两位数加法的复习后，教师开始进入课的主题，即三位数加法。在教三位数相加之前，老师给出了让学生用心算或口算解决的一些问题(图 4)。

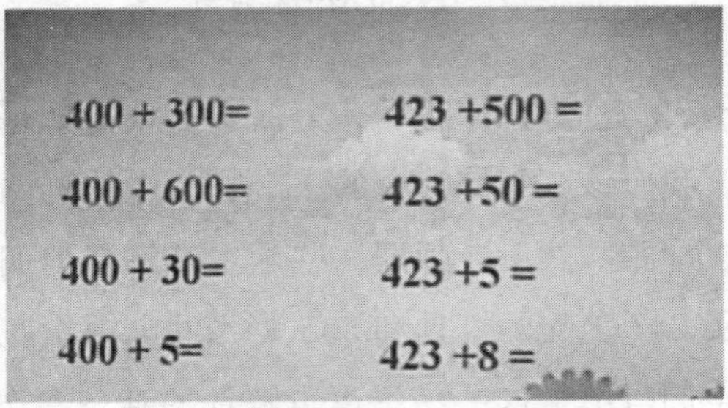

400 + 300=	423 +500 =
400 + 600=	423 +50 =
400 + 30=	423 +5 =
400 + 5=	423 +8 =

图 4　片段 2 的加法任务

这些任务可以看作是三位数加法的特例。第二个加数是整百、整十或仅仅是个位；左列的第一个加数总是相同的整数(400)，在右列中有一个稍微复杂的数(423)。由于第二个加数相对简单，学生们能够相当快地得到答案，但当他们算到最后一个问题(423+8)时，他们花费了更多的时间，计算这个问题他们需要继续学习。在片段 1 中，老师问学生们等会他们希望看到的其他三位数加法的一般模式是什么？学生们回答说，可能会有一个加法里同时涉及百位、十位和个位数一起参与运算，这是它可能包括的所有情况。

这些任务还为更一般的三位数加法起到了铺垫的作用。几乎所有的这些任务都可以根据学生们在两位数加法中学到的必须根据数字所处的位值相加的规则来解决。在多位数加法中，无论有多少位数，基本运算思路都是相同的：具有相同位值的数字对彼此相加。几乎所有的题目都直接应用了这一想法，除了 423＋8，这导致了下一个进位的问题。

片段 3。老师在介绍更复杂的三位数相加的过程之前，她请学生回忆生活中所涉及的三位数及其加法的日常经验，然后提出了基于可能的真实生活情况的估算任务（见图 5）。

图 5　片段 3 的估算任务

她说："我在一个新的超市里看到了一个促销活动。如果购买金额超过 500 美元，就给优惠礼券。我应该买幻灯片中的三个物品中的哪两个呢？"学生们两人一组主动地讨论了这个问题，然后老师请一些学生来解释他们的答案。该班能够得出正确的回答（购买 247 美元的灯具和 335 美元的电饭煲花费 500 美元以上）。在老师的提示下，学生们得出了这一易于逻辑解释的唯一答案：计算百位数的总和以获得第一估计，然后看看剩余的两位数字部分，以查看它们相加是否可能"超出 100"。在 161 ＋ 335 的情况下，百位数字相加仅为 4，61 和 35 相加没有达到 100，因此161 ＋ 335 不是正确的选择。

本任务还为学生提供了学习三位数加法所作的铺垫：（1）它给学生一个三位数加法的初步经验；（2）它给学生一些初步的认识：虽然超过 500 的总和取决于几个百位的数字，但结果并不仅仅与百位的两个数字有关，它还与十位中的数字有关（因为它们的和可能产生进位），也与个位中的数字有关。因此，这个问题为教学片段后面的重点起到了铺垫的作用，即在做竖式相加时，最好从个位列开始。

这一任务也贴合过程性变式的概念，即将一个新的复杂问题转化为一个学生已经解决的更简单的问题。通过这堂课的讨论，关于三位数加法的新问题又回到了之前更简单的关于两位数加法的问题上。通过把分离的整百数字加起来（看看这百位数是否加到 5），剩下的实际上是学生们以前学过的问题，即两位数加法，以及它是否会进位到百位。

片段 4。接着，老师问全班学生："你能帮我计算一下我实际付了多少钱（即 247＋335）吗？"学生们还没有正式学习如何做三位数的加法。老师让学生们在练习本上写出他们的想法，然后写在黑板上与全班同学分享。很快许多关于计算的表述就呈现在黑板上。有一个位值图（图 6），但更多的例子用数值或箭头形式表示，以不同方法分解为易于处理的加法部分和过程（图 7）。

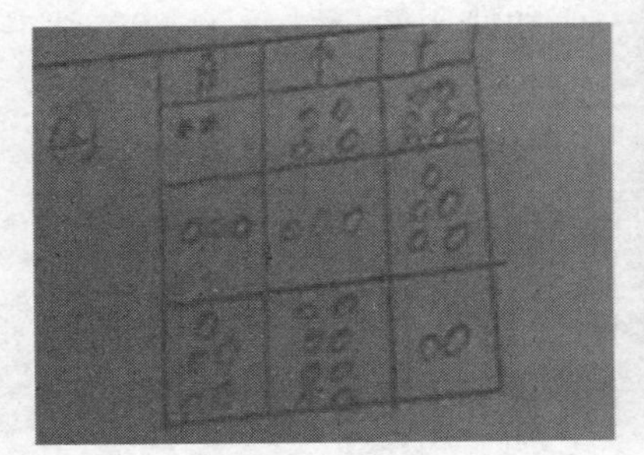

图 6 一位同学用位值表法计算

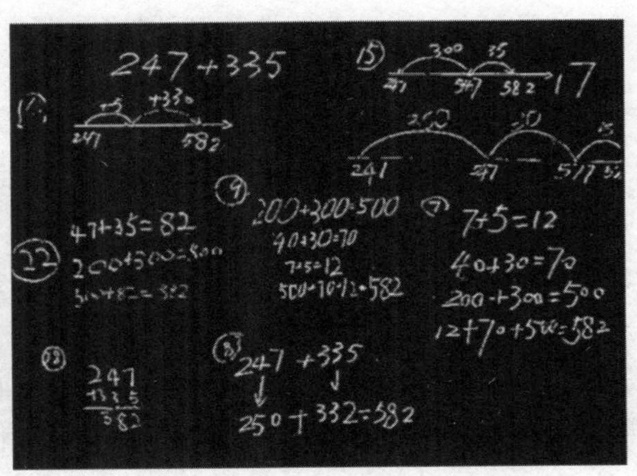

图 7 其他同学的不同方法

在图 6 中，学生使用了一个类似算盘的工具来"具体地"表示三位数加法的计算过程。这是一个概念上的变化，但也可以看作是一个过程的变化，因为计算本身是程序性的。我们可以参考戴维·泰尔（David Tall，1991）提出的"过程"（Procept）概念。作为一种概念性变式，它允许学生看到三位数加法的不同表示形式；作为一种过程性变式，它的目的是提供一种更具体的模式，就像使用铺垫来确立一种更抽象的方法一样。图 7 中的不同表示和操作都为概念性和过程性变式提供了帮助。

给学生们时间与同桌讨论，以确定他们是否理解黑板上的方法，并将类似的方法归类在一组。老师问他们自己的方法是否属于这些组中的某一个，并通过全班的课堂讨论，确定了三种主要途径。

（1）数轴上的跳动

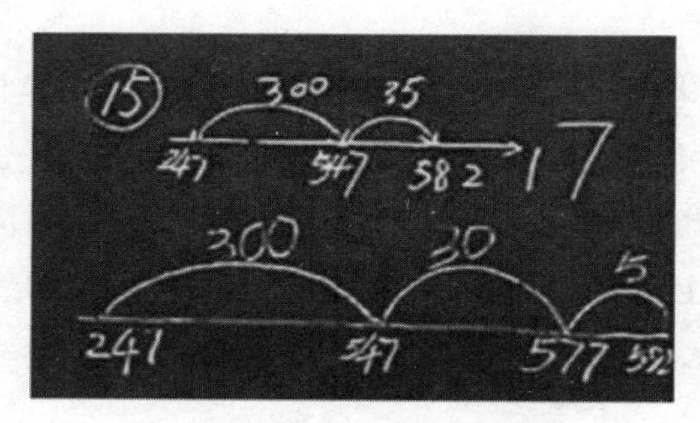

图 8 利用数轴上的跳转来计算

图 8 中的两种方法本质上是相同的，也就是说，它们涉及从第一个加数开始加。有趣的是，班级同学们使用了一些不同的方法，例如使用两个跳跃（+300，然后+35）、（+5，然后+330），以及（+330，然后+5）；三个跳跃（+300，然后+5，然后+30）、（+300，然后+30，然后+5）等等。经过讨论后，大家都认为同样的将加数分解的理念使得加法变得更简单、更易于对部分的运算管理；次序并不重要，但（+35）在思维上是有一点复杂难懂的，因此被进一步拆分。然后，学生们认识到在一些情况下也能够将类似的想法用于数值表达式（例如 247 + 300 = 547，然后 547 + 30 = 577，再然后 577 + 5 = 582），并且这些方法也应包括在此组中。

（2）相同位值的数字的加法

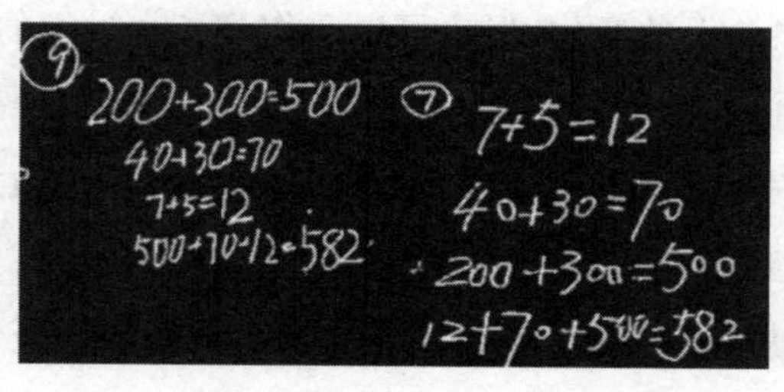

图 9 类似于百位，或十位，或个位的加法

学生们在图 9 中看到这两个求解方案是一样的，虽然顺序颠倒了，但他们都把“相同的数位”加在一起，然后合并了结果。这种方法被判断为不同于先前的方法，因为这里两个加数都被拆分了。一些学生指出这与竖式加法思想（图 10）和位值图表法相同（图 6）。接着，教师引导学生观察在列横式和竖式计算两种情况下是如何完成的。这样教的目的是为了让学生理解这两种方法的计算过程。它为今后进一步发展竖式计算作了个铺垫。

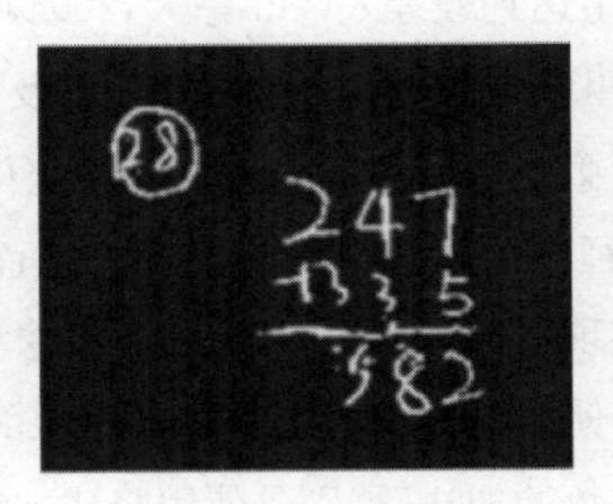

图 10　相同列的数相加

（3）数的转换（化为整十或整百）

班上有位同学还注意到另一个聪明的方法（图 11），也可以给出同样的正确结果。老师指导该学生总结了这个方法并解释了它。

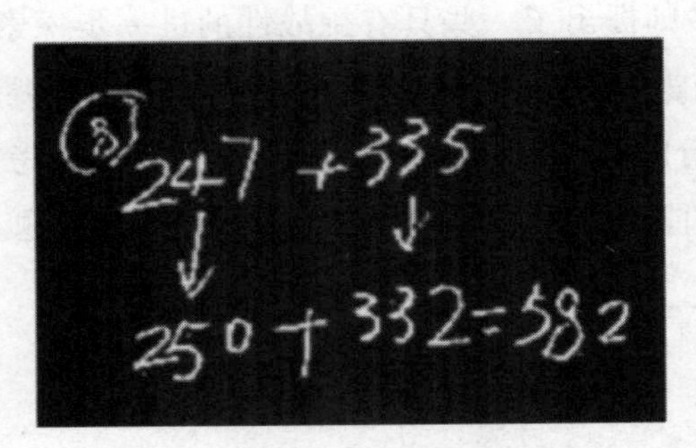

图 11　将数转换为整十或整百

学生：我首先把 247 变成 250。这里加了 3。然后将 335 减 3 等于 332。他们加在一起得 582。

老师：同学们认为他为什么要做这个改变？为什么这种改变会有助于求和？

学生：它把数四舍五入成为整十的。

老师：就像把东西从我的左口袋里拿出来放进我的右口袋吗？
学生：加 3 减 3。
老师：是的。我的小口袋里的东西总和变了吗？
学生：没有。
老师：这个方法很聪明！你们(全班)已经展示了许多聪明的方法。

上述活动，除了引导学生达到顾等人(Gu 等人，2004)提出的过程性变式的前两个目的之外(即作为从具体事物到概念形成的铺垫，以及通过将新问题转化为旧问题来解决新问题)，也实现了第三个目的，即“为扩展而变化”——通过提出问题的不同解决方案，增加不同的路径和层次(多层次)联系。然而，开放不同的解决方案也要求教师在变式的基础上实现有效的趋同或封闭。在这里，第三种方法(通过巧妙的计算)虽然有趣，但可能会使能力较弱的学生失去对课的主要目的的关注，这一主要目的就是从两位数到三位数的加法，特别是使用竖式加法，需从个位数相加开始。

经过这次讨论后，老师提供了另外两个三位数的加法问题以巩固已讨论的内容。这两个问题是 (a)534 + 321 和(b)259 + 198，两者均可通过其他好方法来处理。从(b)可以看出老师实际上把巧算作为她教学中的一个目标，从以前的两位数的加法拓展到当前三位数加法的教学内容。

片段 5。然后，教师提出了一些具有挑战性的进一步探索问题(如图 12、13 和 14 所示)。这些问题中的一些数字是隐藏的，因此学生需要识别加法过程中的依赖关系，即不同部分的值如何影响最终结果。学生们需要考虑数的可能值和它们可能产生的进位，并按照这些思路进行前后推理以解决问题。

图 12　片段 5 的一个探究性问题

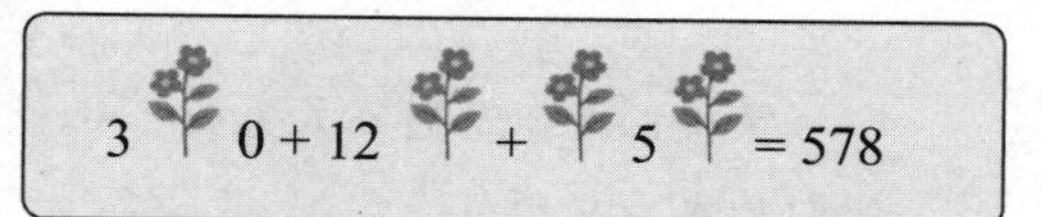

图 13　片段 5 的另一个探究性问题

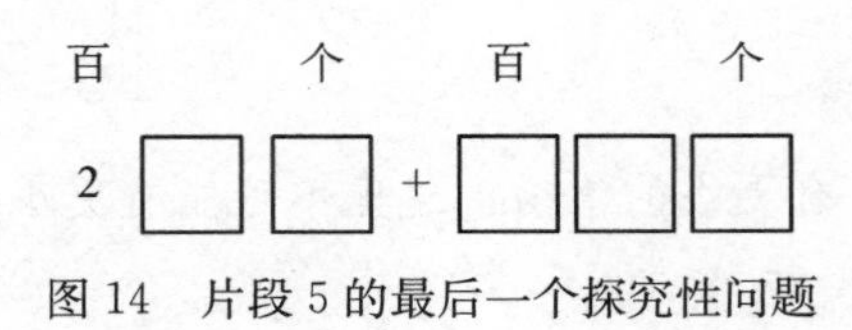

图 14 片段 5 的最后一个探究性问题

最后一个问题(图 14)用于总结这节课。问题如下:“有两个三位数,一些数字被卡片覆盖。若要确定结果是否为四位数,是否需要揭开部分或全部覆盖的数字? 这个数是由什么原因造成这样的差异呢?”

这个问题的目的是“拓展性变式”,它在计算过程中增加了数学推理。这一推广活动使学生能够更完整和动态地理解位值的概念和进位过程。学生们也从中学会了适应变化,并认识到它的不变性。在变化的情境中寻找这种不变性是数学中的一种基本思维方式。图 14 中对这个问题有 7000 多个不同的答案。根据不同的思想路径,得出了相加数之和一定是四位数的条件:(1)如果第二个数的百位数字为 8 或 9,则这两个数的和必为四位数;(2)如果第二个数的百位数字为 7,并且两个三位数的十位数字之和超过或等于 10(例如,在 28□+73□、24□+76□ 等情况下),则这两个三位数的和必是四位数;(3)如果第二个数的百位数字是 7,而两个三位数的两个十位数字之和只有 9,那么我们需要两个三位数的两个个位数字之和超过 10,这样两个三位数的和将是一个四位数。关于这个问题的课堂讨论如下。

老师:到目前为止,三位数的加法问题的和还没有超过 1000。你认为用两个三位数来产生一个四位数是不可能的吗?

学生:可能。

学生:例如,999+100 将超过……

老师:非常好。(显示图 14 中的问题)我想问,如果我想判断和是否可以达到 1000,我应该先拿走哪张卡片? 是先从个位的位置还是百位位置开始?

学生:百位位置。

老师:好的,假设我遵照你的指令。现在这个(第一个加数的百位数字)是 2。为了达到 1000,这个百位数字(第二个加法)是什么?

学生：8。

学生：9。

老师：8和9，有更小的值吗？这里不可能有更小的值吗？

学生：有可能。7也可以……

学生：可以有进位。

老师：哪里可以有进位？

学生：十位。

老师：所以如果十位满了，就会进位到百位，对吗？

老师：所以这里的2(第一个加数的百位数字)的命运也可能取决于个位的可能进位(从十位和个位相加)。那么，这个数字(第二个加数的百位数字)可能是什么呢？

学生：7。

老师：只有十位才能把这个进位到百位？

学生：个位也可以这样做。

老师：有时候，个位数字也可以，对吗？

学生：假设是299，我们可以增加1……或者增加……

由于课堂时间不多了，基于最后一个问题，老师布置给学生一个带回家的任务："创建一些三位数的加法，在加数的某个位置改变一个数字可能会对结果的百位产生影响，甚至影响千位。"

过程性变式的想法再次出现在带回家的任务中，学生们被要求将他们的想象力扩展到其他可能的问题情境中，这些情境可以用他们所学到的原理或方法来解决。这些任务也为注意进位的可能方向铺平了道路，因此，在进行竖式加法时，通常从个位数字相加开始，然后进行十位数字相加，依次升序进行。虽然这些任务是过程性变式，但它们也涉及概念性变式，并按照概念性变式的原则工作：问题最初是基于更熟悉的情况和学生自己的想象，然后在下一课中才介绍一些熟悉和不熟悉的任务和例子。

总体评论。这节上海数学课是根据老师对BS框架的理解，特别是概念性和过程性变式来设计的。在第一和第二片段中，学生在熟悉的两位数加法内容中明确了相关概念，然后在新的内容中使用相对简单的三位数加法示例，最后在本课后面进行更一般的示例演算。这既可以看作是概念上的变式，也可以看作是铺垫的过程性变式。通过突出锚定知识（两位数加法中的某些特征），教师使用脚手架将学生的这些概念扩展到新的问题（三位数加法任务比学生以前遇到的更复杂和更深远）。

在这堂课中使用过程性变式是非常明智的。这些任务的设计是为了在从一个任务转移到另一个任务时提供越来越高水平的挑战，将概念的使用范围从最初的示例扩展到更远的地方，并且每个任务都充当后续任务的铺垫。另一种过程性变式是为了让学生们分享相同加法的不同的运算方式，并在它们之间建立联系，使他们能够对所涉及的概念和过程以及表面上看来不同的各种方法所包含的共同原理有更深刻和更完整的理解。第三种过程性变式与铺垫不同，似乎是课末的"拓展性变式"。为了处理更开放的情况，学生们还需要根据他们所学到的知识进行归纳推理和假设推理。

从 VT 视角解读同一课

在上一节中，介绍了三位数加法的课，并根据 BS 框架进行了解释。我们邀请了 VT 理论的研究人员对同一课的变与不变进行分析和评述。这允许我们：(1)观察一个理论中使用变化和不变性的任何一种实践是否与其他理论相反；(2)注意这两种理论如何描述或解释相同教学的任何差异。

学习对象。BS 和 VT 都有一个相似的目标，即加深学生的理解，这样学习不仅涉及所教的具体内容，而且涉及其中所包含的一般原理，这些原理可以扩展到学生将来会遇到的新情况。从 VT 的角度看，上海课的学习对象（即学生应该学到的东西）显然是针对这样一个层次的，因为它不仅关注三位数加法算法的正确性，而且还关注不同的方法。间接学习的目的是将处理两位数加法的不同方法扩展到三位数加法，并使用在两位数加法中可以看出的某些原理。

在课堂中突出的关键方面（变异的维度）超出了基本问题，如值和位置的变化，以及按照算法进行的传递。这堂课考察了不同方法之间的差异，例如在计算过程中寻找可能的拆分和重组数量的方法或序列的不同方式，以及在不同的条件下，一个位置的进位值可能会影响另一个位置的进位值。通过开放这样一套丰富的变异维度，这堂课的学习范围比只关注某一特定算法及其应用的课要宽得多。

在三位数加法的教学中，教师可以针对不同的关键方面，如数学对象和方法的最基本性质，或者这些数学对象和方法的形成和转化背后的重要数学思想。当然，教师应该选择适当的学习对象，依照学习的目标群体的特点创造一个最优的学习空间。在这节课中，课堂上的互动表明学习的对象与学生的水平非常接近，并且他们积极地参与了课堂学习。

涉及学生的能力水平似乎是好的，但有一件事值得注意，即在课中使用难度不同的任务范围较广。有些任务对学生来说是非常容易的，这很大程度上违背了一种民间观念，即好的学生可以挑战更多、更困难的问题。通过将学生的注意力转移到熟悉的领域（两位数加法）中一些看似非常简单的任务上，可以通过应用他们现有的概念和技能来观察它们之间的动态变化和不变性，从而更好地从这个角度来看待新的领域（三位数的加法）。有些任务是具有挑战性的，比如在教学生三位数相加之前，邀请他们估计两个数之和是否达到或超过 500，最后一个问题是，询问学生未知数字中的哪一个会对三位数之和是否变成四位数产生影响。在解决这些问题时，学生们利用他们能够同时识别的方面，通过推理和试错来进一步探讨它们之间的关系。因此，学生的能力水平是影响这节课能否成功的因素之一。然而，如何确定具体的任务和实例，并对学习空间的构成划分阶段，以便能够有序地识别出一般的数学思想是这门课能否成功的另一个决定性因素。

同一性、差异性和铺垫。 BS 和 VT 都强调在教学中系统地运用变异和不变性。然而，BS 似乎更强调同一性的功能，而 VT 则更强调差异的功能。上一节课很明显，在 BS 框架中，很多教学行为都可以用铺垫来解释，这是为了使学生更接近目标水平，从而使他们能够概括出基本的数学原理（原则），换句话说，他们可以看到他们所学到的东西和新的东西之间的相似之处。教学设计是以不同数学对象和情境之间的核心联系为导向的，即它们的相同或不变的数学结构。正是通过这种同一性，我们看到了数学的超越力量。在此 VT 以什么方式提供了不同的解释？

首先，VT 认为体验差异是有效学习的必要条件和基本条件，它开辟了新的理解意义的途径，使学习者能够更有效地处理未来的新情况。从 VT 的角度看，只有当学习者在相同的背景下经历不同的体验时，才会发生迁移。这一课说明了这一点，即新旧的区分首先要求迁移。如果学习者没有经历三位数加法（新的）和两位数加法(旧的)之间的差异(或差距),那么就不会有迁移,实际上也就没有必要教这节课了。如果没有这一课,两位数和三位数相加之间的差异(或差距)就不会得到认真处理,学生们就不太可能看到他们所学到的东西的超越性。

第二,VT认为被迁移的通常是学习者在最初情境中所经历的差异,或者她在最初情境中所做的对比或改变(因此对这些关键方面或变化维度具有敏感性)。这种差异、对比或变化的经验,以及对变化的相关维度的敏感性,有助于探索新形势下类似的区分、对比或变化方式。因此,对领域内差异的敏感性成为跨领域一致性、敏感性的基础。仔细观察这堂课的铺垫,不难看出,教师在学习领域提出了对比,以加强学生对关键方面的洞察力,然后将它们迁移到新领域。

图3提供了一个很好的例子,说明如何将这种对比用于铺垫。这个例子显然太容易被称为两位数加法的修正或练习;它是一个两位数加法的例子,目的是为了对比。第一行对比两个加法,提醒学生注意求和的不同方式。这两个加法在第二个加数中使用数字4,但在不同的位置(十位或个位),与之相应的计算方法也不同。变化和不变性的模式(使用40对4,而其他部分保持不变)的作用是:(1)突出位置方面的分离,(2)第二加数(4在十位或4在个位)的位值方面的融合;(3)第二加数的种类(不论是整十或只有个位)的融合,而第一加数中的正确部分(或位置)应加入第二加数的正确部分(或位置)。总之,对比有助于突出位值的含义和在正确的位置添加值的意义(十位数加十位数,而不是十位加到个位)。然后,同样的对比被逐行重复,数字改变为5,然后是6,然后是2。变化和不变性的模式有助于在不同行中使用特定数以外的一般化模式。

图4还提供了一个有趣的铺垫示例。它显示了一组特殊的三位数加法任务。对于图3中的两位数加法任务,它们是学生以前没有做过的新任务,但是,相对于后面的三位数加法任务,它们是铺垫。将图4中的左列式子与图3中的任务进行比较,会发现一个明显的区别:第一个加数从整十到整百(即从两位数变为三位数)。然而,也有一个明显的相似之处:在这两种情况下,第二个加数要么都是整百、整十,或者都是个位数,而不是不同种类的混合。明显的相似性和差异有助于迁移,或者,在BS术语中,图3和图4左边的潜在心理距离非常小。

从图4的两列算式来看,我们可以看到另一个对比——从一个更突出的情况到一个更模糊的情况(将分散注意力的细节集中到十位和第一个加数的个位)。

在BS术语中，一些无关属性的变化可以训练学习者专注于关键属性和感兴趣的对象。在VT术语中，这被称为“概括”（学习者区分了概念的本质和非本质方面）。虽然图4只是庞大的三位数加法任务的一小部分，但其变化和不变性的模式使得前面提到的两位数加法的关键方面和关系更加突出，并为学习者将来处理更多三位数的加法任务做好了准备。

因此，从数学的角度来看，铺垫的方向是由同一性驱动的，但实际的学习迁移（或发现不同例子之间的相同之处）只能通过巧妙地利用差异来实现。为了让学习者识别和关注迁移的重要方面，学习者需要经历：(1)要求迁移的新旧任务之间的差异（或差距）；(2)突出原始任务中的关键方面和有用联系的差异；(3)一组“循序渐近，脚踏实地”新任务的差异，这些新任务有助于检查迁移是否有效。因此，同一性和差异性都是必要的。

分离与融合。从VT的角度来看，本课还利用了分离和融合的变化-不变性模式来探索带来的累积效应，它可以来自多个位置（百位、十位和个位）。首先是分离（如图9和图10所示），只添加百位、十位或个位数的倍数。学生们只需把注意力集中在一个位置就可以了，如果有必要的话，也要跟着从那个位置往前走的结果。然而，当学生们遇到最后一个问题（图14）时，他们需要判定和是否会达到1000，其中许多数字未知，因此要多考虑进位。学生们需要注意不同位置的值可能发生的变化，找出一种有序处理的方法，并注意到来自一个位置的进位不仅会受到该位置的和的影响，而且还会受到较低位置的和的影响。

在本课中，除了相关方面的同时变化，VT可能进一步考虑到有效的融合通常需要更多的支持。第一，它可能需要一个有意义的问题或需要这样的融合的目的为学习者所理解；第二，它可能需要积极的问题解决过程或概念工具的协助，以应付复杂的情况；第三，可能需要某种约束的变异和不变的模式，以创造不复杂的融合的中间层次，从而使开放性能够保持在可控范围内。在这节课中，问题很好地解决了，满足了第一个要求；老师还指导学生使用前后向假设的数学推理，从而满足了第二个要求。老师也重视这种学习情况，因为它有助于数学思维。为了帮助学习者实现融合，教师给了一些不变的例子。例如，固定第一个加数的百位数字“2”有助于降低开放性。随后，老师请学生们临时假设，比如第二个加数的百位数分别是9、8或7，并在每种假设下分别探讨了可能减少的一组情境。这解决了第三个需求。

讨论和结论

很明显,BS 和 VT 框架之间存在一些关键的差异。首先,BS 对概念性和过程性变式的区分并不是在 VT 中进行的。这与 VT 的现象图式学起源有关,它试图理解人们的经验和从它们中产生的意义,即一切都是从某种角度描述的(这是任何描述的固有方面):研究者、教师或学习者。观众的行为方式总是与他或她的看法有关。此外,没有任何东西被归类为内在的静态或动态。在观察该现象的某一特定实例时,根据一个观看者打算改变(动态)的内容而可以被另一个观看者视为不变量(静态)。然而,BS 研究者对这一问题的分析表明,教学活动既可以涉及概念上的变化,也可以涉及过程上的变化;BS 并没有在这两者之间划出一个明显的界限。

这两个框架的另一个不同之处在于,VT 经常将正例和反例的比较放在教与学的早期,以便获取概念的整体含义。相反,BS 通常以标准示例开头,然后介绍非标准示例,最后介绍反例。如何将这两种观点并列在本课的分析中尚不清楚,因为这一课并没有引入新的概念或含义,而是对现有概念进行了提炼和扩展。尽管如此,教师显然会对比不同的观点,以促进学习。对于图 9 和图 10 中的任务,学生被邀请作出多个回答。同样,邀请学生就如何找到 $247+335$ 的和发表意见。因此,老师并没有简单地将自己的想法传达给学生;相反,她给出了空间,以便对其他想法进行对比或讨论错误(顺便说一句,尽管提供了空间,但在课堂上没有出现错误的反应)。例如,在课堂上的最后一个具有挑战性的问题中,老师实际上对第二个加数中的百位数字 8、9 或 7 进行了隐含的对比,并强调了 7 的有趣特征。

更根本的是,尽管 VT 和 BS 的研究人员都认为,当人们发现传统上被视为不同的事物之间的相似之处,或者传统上被视为相同的事物之间的差异时,就可以产生新的意义,但如果我们仔细研究这两种框架,显然它们在强调同一性和差异性方面有所不同。似乎 VT 框架更强调区别而不是相同的价值,而 BS 框架则更强调看到相同而不是差异的价值。这一区别可能来源于两个框架在背景和出发点上的差异,以及在两个框架中使用"相同"和"差异"的背景中的差异。

BS框架是由数学教育工作者开发的，旨在引导学生从数学的角度理解世界，在这个世界中，可以在不同的情况下使用相同的概念和关系。随着学生数学知识的发展，他们还需要了解不同数学表征和关系之间的联系，从而形成对有关知识的简明扼要的看法和对各种数学对象的灵活掌握。从这个意义上说，在这个知识空间中，看到大量实例之间的相似性是特别重要的。掌握核心概念和两者之间的核心联系，将有助于纠正当前学生过度死记硬背的趋势，因为人们相信，给予他们更多、更困难的问题，自然会使他们在考试中学习更好、表现更好。

然而，与VT相似的是，BS学者也认可使用差异，这就是为什么使用变式这个词的原因。这一教学框架并不是停留在提出"大思想"的角度，而是试图超越中国人强调同一性的传统，发展出一种主张运用变异的教学理论。因此，BS对于VT研究人员来说是一种特别有价值的思维刺激剂。同时，BS研究人员对使用VT作为一种理解概念的工具来对他们的变异导向的实践进行更近距离和更科学的分析感兴趣。

VT是由教育和心理学领域的研究人员开发的，他们不属于某一特定的学校和学科。VT起源于现象学研究，它的第一个目标是通过挑战被接受者的知识观，使教育更加有效。人们（包括老师）通常认为，他们看待世界的方式是真实的，也是唯一的，而其他人（包括学生）也以同样的方式看待世界。然而，对比人们看待同一现象的不同方式的现象学研究表明，人们同时关注现象的哪些方面，实际上存在着关键性的差异。研究人员合乎逻辑地认为，如果一个现象的某一方面，就他所经历的情况而言，从来没有变化过，那他为什么要关心它呢？这一猜想得到了经验性的支持：学生在课堂结束时能够看到的关键方面，与教学过程中产生的关键方面是相称的。因此，关键方面的变化以及它们间的联系与总体情况变化有关，反之亦然，这已成为有针对性地看待这一现象的关键。

因此，VT总是关注差异。然而与此同时，VT也一直存在着不变之处。为了发现某种不同之处，其他的东西需要保持不变。在现象图式学中，同样的现象必须用来揭示人们看待事物的方式的差异。在课堂上，在一堂课中各个方面同时改变显然会造成比学习更多的混乱。其他方面需要保持不变，以使不同的方面突出。此外，在比较事物以找出它们的差异时，提出了一些逻辑上隐含的假设：（1）进行这种比较（即它们是可比较的）是有意义的；（2）事物之间有一些共同的维度，在这些维度上，事物之间可以表现出不同的价值(即它们在某种程度上是不同的)。

虽然BS和VT强调的是相同和不同，但通过对这两种框架的使用所进行的分析表明，它们是高度兼容的。从VT的角度来看，BS启发的课程也被认为是一门高质量的课程，它既包含了同一性，也包括了差异，并以VT作为工具性的方式提供了识别、注意和转移。似乎很明显，相同或不同可以通过分析分离出来，但在现实中，它们是共存的，是相互依存的。对本课的分析表明，这两个框架是兼容的，而不是相互排斥的。

最后，这里讨论的两个框架之间似乎存在着一种互补的关系。在数学学习活动(任务)的设计方面，BS理论更为详细和明确。变和不变与数学理解的内在结构密切相关。此外，通过精细的变异和不变性步骤来帮助学生达到这种理解。VT是一种一般的学习框架，它可以帮助解释教学是如何设计来实现引导学习的，特别是强调用变和不变的模式来引导学生辨别和注意，从而形成新的意义和关系以及它们的迁移。

BS的过程性变式似乎强调从一种任务或情境到另一种任务或情境的铺垫，以及它们之间的联系，从而使学生在构成学习和思维空间时，最近发展的距离可以被控制。另一方面，VT的对比和分离强调了任务或情境中的差异，从而使人们在任务或情境中所看到的关键方面和可选意义能够被识别出来，从而为观察转移做好准备，并沿着正交方向以互补的方式工作。

用这两个变异框架分析同一课的方法对于发展VT和BS研究者之间的相互理解是非常有用的。在承认综合两个变异框架的潜在力量的同时，有必要反复说明实践和理论并不是彼此的直接产物，还需要更多的研究，以更清楚地证明使用这两个理论框架的联合分析能够为改进实践作出最佳贡献。

致谢

本章所报告的研究得到了香港大学的资助。

参考文献

Bao, J., Huang, R., Yi, L., & Gu, L. (2003). Study of '*Bianshi Jiaoxue*' [Teaching with variation]. *Mathematics Teaching*, 1-3.

Davydov, V. V. (1990). *Types of generalization in instruction*. Reston, VA: National Council of Teachers of Mathematics.

Gu, L. (1991). *Xuehui Jiaoxue* [Learning to teach]. Beijing, China: People's Education Press.

Gu, L., Huang, R., & Marton, F. (2004). Teaching with variation: A Chinese way of promoting effective mathematics learning. In L. Fan, N. Y. Wong, J. Cai, & S. Li (Eds.), *How Chinese learn mathematics: Perspectives from insiders* (pp. 309-347). Singapore: World Scientific.

Gu, M. Y. (1999). *Education directory* [In Chinese 教育大辞典]. Shanghai: Shanghai Education Press.

Häggström, J. (2008). *Teaching systems of linear equations in Sweden and China: What is made possible to learn?* Göteborg: Acta Universitatis Gothoburgensis.

Hiebert, J., & Lefevre, P. (1986). Conceptual and procedural knowledge in Mathematics: An introductory analysis. In J. Hiebert (Ed.), *Conceptual and procedural knowledge: The case of mathematics* (pp. 1-28). Hillsdale, NJ: Lawrence Erlbaum.

Ko, P. Y. (2013). Using variation theory to enhance English language teaching. *Transacademia*, *1*(2), 31-42.

Kullberg, A., Martensson, P., & Runesson, U. (2016). What is to be learned? Teachers' collective inquiry into the object of learning. *Scandinavian Journal of Educational Research*, *60*(3), 309-322. doi: 10.1080/00313831.2015.1119725

Lo, M. L., Chik, P. M. P., & Pang, M. F. (2006). Patterns of variation in teaching the colour of light to primary 3 students. *Instructional Science*, *34*(1), 1-19.

Marton, F. (2015). *Necessary conditions of learning*. London: Routledge.

Marton, F., & Booth, S. (1997). *Learning and awareness*. Mahwah, NJ: Lawrence Erlbaum.

Marton, F., & Pang, M. F. (2006). On some necessary conditions of learning. *Journal of the Learning Sciences*, *15*(2), 193-220.

Marton, F., & Pang, M. F. (2008). The idea of phenomenography and the pedagogy for conceptual change. In S. Vosniadou (Ed.), *International handbook of research on conceptual change* (pp. 533-559). London: Routledge.

Marton, F., & Pang, M. F. (2013). Meanings are acquired from experiencing differences against a background of sameness, rather than from experiencing sameness against a background of difference: Putting a conjecture to the test by embedding it in a pedagogical tool. *Frontier Learning Research*, *1*(1), 24 - 41.

Marton, F., Tsui, A. B. M., Chik, P. M., Ko, P. Y., Lo, M. L., Mok, I. A. C., Ng, F. P., Pang, M. F., Pong, W. Y., & Runesson, U. (2004). *Classroom discourse and the space of learning*. Mahwah, NJ: Lawrence Erlbaum.

Pang, M. F., & Ki, W. W. (2016). Revisiting the idea of "critical aspects". *Scandinavian Journal of Educational Research*, *60*(3), 323 - 336.

Pang, M. F., & Marton, F. (2003). Beyond "lesson study" — Comparing two ways of facilitating the grasp of economic concepts. *Instructional Science*, *31*(3), 175 - 194.

Pang, M. F., & Marton, F. (2005). Learning theory as teaching resource: Another example of radical enhancement of students' understanding of economic aspects of the world around them. *Instructional Science*, *33*(2), 159 - 191.

Pang, M. F., & Marton F. (2007). The paradox of pedagogy. The relative contribution of teachers and learners to learning. *Iskolakultura*, *1*(1), 1 - 29.

Pang, M. F., & Marton, F. (2013). Interaction between the learners' initial grasp of the object of learning and the learning resource afforded. *Instructional Science*, *41*, 1065 - 1082.

Pang, M. F., Marton, F., Bao, J., & Ki, W. W. (2016). Teaching to add three digit numbers in Hong Kong and Shanghai: An illustration of differences in the systematic use of variation and invariance. *ZDM: The International Journal on Mathematics Education*, *48*, 455 - 470.

Sun, X. (2011). 'Variation problems' and their roles in the topic of fraction division in Chinese mathematics textbook examples. *Educational Studies in Mathematics*, *76*(1), 65 - 85.

Tall, D. O. (1991). The psychology of advanced mathematical thinking. In D. O. Tall (Ed.), *Advanced mathematical thinking* (pp. 3 - 21). New York, NY: Springer.

Vygotsky, L. S. (1986). *Language and thought*. Cambridge, MA: MIT Press.

Watson, A., & Mason, J. (2005). *Mathematics as a constructive activity: Learners generating examples*. Mahwah, NJ: Lawrence Erlbaum.

Wong, N. Y., Lam, C. C., Sun, X., & Chan, A. M. Y. (2009). From "exploring the middle zone" to "constructing a bridge": Experimenting the spiral *bianshi* mathematics curriculum. *International Journal of Science and Mathematics Education*, *7*, 363 - 382.

4. 基于工具的数学教育学中的变异
——以动态虚拟工具为例[1]

梁玉麟①

前言

数学知识获取过程中的一个特点是处理变化与不变性的双重关系。数学活动可以认为是寻找定义/描述一个数学场景的多个层面上的不变量，或是寻找在不同的情况下同一数学概念的应用。另一种确定这种二重性的方法是借助两个能够让人们体验到数学知识的领域：一个是由文化产物（例如算盘或动态几何学软件等数学工具）产生的可感知、可观察变量现象的领域；另一个是认知不变的数学模式领域（例如抽象的数学公式或理论）。策略性地使用变异可以作为连接这两个领域的过渡手段。本章讨论了在数学教学中如何利用变异作为教学工具，特别是在使用动态虚拟工具进行这种认识论联系的时候。梁（2014）提出的一套获取不变的原则是对马顿变异理论（Marton's Theory of Variation）中变异模式的补充，它将在基于工具的学习环境下被进一步探讨。

背景

变异理论

马顿的变异理论是一个关于学习和意识的理论，它提出了一个问题：什么是识别和学习的有力方法？（参见：Lo & Marton，2012；Marton，2015；Marton & Booth，1997）"变异理论"从一种被认为是理所当然的观察开始：没有什么仅仅是

① 梁玉麟，香港浸会大学教育研究院。

孤立的，每一种东西都有许多特征。在这一理论中，辨别是指如何从对一种现象的整体体验（例如观察一片森林），深入到将该现象中的不同特征（例如观察一棵树）分开。它涉及如何借助我们的感官获得有意义的经验，以及在同时被关注下得出的相似性和差异性之间的关系中产生了何种意义。特别是，从不同到相似有序的识别。也就是说，学习和知觉首先要注意差异，然后才能观察到相似之处。假设我只有在某些情况下才能感觉到“灰色”，那么即使你给我看一把灰色的椅子、一辆灰色的汽车或一个灰色的杯子，“灰色”对我也没有任何意义，只有当我能感觉到“灰色”之外的其他东西时，“灰色”才会对我有意义。因此，在识别方面，对比（寻找侧重于差异的反例）应该放在概括之前（这可以被看作是一个侧重于相似性的归纳过程）。变异理论的一个基本思想是同时性。当我们同时意识到（有意将我们的注意力集中在）某一现象的不同方面时，我们注意到了不同之处和相似之处。通过策略性地观察差异、相似点及其相互关系的变化，可以揭示出这一现象的关键特征。马顿提出了四种变化模式作为策略手段：对比、分离、归纳和融合（Marton 等人，2004；关于这些模式的描述，见表 1）。变异理论的一项主要任务是研究如何根据这些变化模式以强有力的方式组织和解释教学活动（lo & Marton，2012）。

变异理论在数学知识获取中的应用

在动态几何拖曳探索的背景下，首次讨论了变异理论中四种变异模式在数学教育学中的应用（梁，2003）。在此基础上，利用四种变异模式对动态几何构造问题中的拖曳模式进行解释，探索实验推理和理论推理。这开启了梁的一个长期研究方案，在随后的工作中，这四种模式被当作认知函数、分析数学证明和数学概念的发展过程（例如，请参见：Leung，2008；Leung，2012；Leung 等人，2013）。一种做数学的认知活动是识别数学情境中的关键性特征（或模式）。当这些关键特征被给出解释时，它们可能成为不变量，可以用来概念化数学情境。梁（2012）以平面图形分类为例，建立了一种基于变异的教学模型。该模型由一系列识别单元组成，其中使用不同的变异策略来揭示平面图形的不同特征类型：直观视觉类型、几何属性类型和等效几何属性类型。每个识别单元包含一个数学概念的发展过程，这个过程通过对比和借助分离的归纳而融合在一起。这个序列代表了一个数学概念不断完善的过程，即从一个原始概念逐步演变为有条理且具有数学意义的正式概念。莫洛洛(Mhlolo，2013)后来使用这个模型作为一个分析框架来解释一系列设计丰富的、讲授数列的概念和发展的数学课。其结果是从变化的角度看数学概念可以通过策略观察和相互作用的变化来发展，如对比与比较、分离关键特征、转移注意力(参见：Mason，1989)和将各种特征结合起来寻找不变模式的出现。变异互动是"运用变异的策略与数学学习环境互动，以实现对数学结构的识别"(Leung，2012)。它也是观察一种侧重于变化性和同时性的现象的一种策略手段。这里的"相互作用"被解释为观察行为可能涉及对研究中的"数学对象"(可能是一种工具)的直接或间接的操纵。

不变性获取原理

同时性是认知变异的关键所在。马顿的变异理论中的四种模式是不同类型的同时聚焦，以此感知差异和相似之处，从而揭示了所观察到的事物的关键性特征。在变化中寻找不变量，用不变量来处理变化是数学概念发展的关键。一个数学概念实际上是一个不变的概念。例如，数字"3"的基本概念是从"3"的无数表示中认识到的不变概念。因此，在获取数学知识时，感知和理解变化中的不变量是一个中心的认知目标。梁(2014)提出了一套获得不变性的四项原则，这是对马顿(Marton 等人，2004)数学概念发展背景下的四种变化模式的补充。

异同原则

对比差异并比较相似之处，以感知或概括可能的不变特征。

筛选原则

在规定的约束或条件下分离，以揭示或意识到关键不变特征或关系。

转移原则

在不同的时间或情况下，将注意力转移到一个现象的不同或相似的特征上，以识别广义不变性。

协变原则

同时协同变化或融合多个特征,以便感知可能出现的模式或特征之间的不变关系。

这四项原则与四种变化模式协同工作。这四条原则就像这四种模式一样,都是同时性和反差的不同方面。它们是"知觉-认知"活动,其主要职责是寻找数学不变量,从而发展数学概念。异同原则是关于对比和概括如何让我们认识到知觉不变特征的;筛选原则是对隐藏的不变特征的感知,当只允许该现象的某些方面发生变化时,这些特征可以在变化的情况下被分离出来;转移原则是关于探求现象变化的(跨时间)同时导致可能的归纳,特别是在数学猜想的制定过程中;协变原则是指在数学概念形成过程中,同步(同时)导致关键特征的融合。这四个原则都是学习者驱动的,可以在认知上进行混合和嵌套。在不同的交互过程中,学习者可以不同的权重和透明度应用这些原则。表1是获取不变性原则(PAI)与变化模式之间关系的总结。

表1　获取不变性原则与变异模式的关系

马顿的变异模式(Marton, Runesson, & Tsui, 2004)
对比:为了体验某事物,必先比较后再体验。
分离:为了体验事物的某一方面,以及从其他方面分离出这一方面,必先在其他方面不变的情况下变化它。
概括:为了完全理解"3"是什么,我们必先体验"3"的不同呈现。
融合:如果有几个不得不同时考虑的关键方面,那就得同时体验(限时的和历时的)。

获取不变性原则(PAI)	变异方式的主要联系
异同	比较、概括
筛选	分离
转移	融合(历时性同时)
协变	融合(限时性同时)

基于工具的数学教育学

工具/作品调解了数学知识的表达和讨论,扩大了学生对数学知识的理解和体验的探究空间(参见 Leung & Bolite-Frant, 2015)。事实上,"工具/作品所起的作用远远不止于中介调解：它们是思维和感知的组成部分"(Radford, 2013, p. 8)。有两个教学视角来查看工具/作品。工具起源理论(Rabardel, 1995)阐述了学习者是如何为解决问题运用特定工具开发利用方案的,这些方案可以附加在工具上,使其成为教学工具。维果茨基(Vygotsky)学派则将作品视为通过社会符号学过程进行社会和文化互动的内化心理工具(Vygotsky, 1978, 1981)。

数学任务是数学课堂教学的重要组成部分。在工具存在的情况下,数学任务的设计应该充分利用工具来发掘认知潜能。一个基于工具的数学任务是:

> 教师/研究人员设计的目的是去做或行动,以便学生激活一个基于交互工具的环境,在这个环境中,教师、学生和资源在产生数学经验时相互交流丰富体验。在这方面,这种类型的任务设计在很大程度上依赖于工具中介、教学和学习以及数学知识之间的复杂关系。(Leung & Bolite-Frant, 2015, p. 192)

资源包括工具、物理操作或虚拟操作,以及在数学知识建构过程中与之相关的手段。工具具有可承受性和约束性,它们为数学课堂中的变化及交互提供了潜在的可能性。可承受性是指一个工具丰富的环境与学习者之间承担为学习者提供了进行行动的机会(参见 Gibson, 1977)。在这里,工具的约束被解释为工具的使用与要学习的数学内容之间的界限。它还为学习者提供了使其能够解决因使用该工具而产生的问题的机会。

基于工具的任务设计特点

梁和博利特-弗兰特(Leung & Bolite-Frant, 2015)在考虑了以下几个因素的情况下讨论了基于工具的任务设计:

(1) 利用基于工具环境中的策略反馈,为学生创造学习机会。

(2) 设计活动,在工具所创造的现象与所要学习的数学概念之间进行联络。

(3) 利用工具的提供和限制来设计学习机会。

(4) 在不同的数学表示或工具之间切换。

这些基于工具的设计功能是通用的、相互关联的,基于工具的任务设计特性具有为学习者创造行动机会，并重塑工具使用与数学概念形成之间的界限的教学潜力。以工具为基础的数学教育学的变化探索了这些特征和研究了获得不变性原则如何在基于工具的环境中结合在一起，以便学习者获得数学知识。特别是，基于获取不变性原则的变化策略可以利用特定工具的特性来设计相关的变式策略。

基于工具的任务设计知识模型

探索、建构和解释是数学知识获取的三个重要方面。这些应构成基于工具的任务设计指导原则的核心。学习者应该在一个渐进的认知序列中，参与到将这些方面融合在一起的活动中，这有利于工具任务的目的达成和效用提升。在这方面，梁(Leung, 2011)提出了基于工具任务设计的嵌套认知模型，它由三种活动认知模式的嵌套序列组成。该模型被认为是基于工具的教学设计的原型。

实践模式：与工具上的反馈进行互动，形成基于技巧的路线、行为模式和情境讨论模式。

关键性识别模式：观察、记录、识别和重新呈现(重构)工具上的不变性。

情境讨论模式：将工具对话发展为理性的不变量感知，从而产生广义的数学思想(如数学猜想)，并寻求用形式化的数学方法进一步解释这些思想。

这些模式嵌套在关键性识别模式上，是实践模式的认知延伸，情境对话模式位于关键性识别模式的认知延伸的意义上，随着序列的发展，为学习者打开了一个探索空间，其中实践逐渐演变为识别，而识别又演变为对话。在每一种模式中，认知活动均可以通过变异交互和工具启发来组织。因此，可以结合认知模式、基于工具的设计特征和获取不变性的原则来设计基于工具的教学序列。这个序列呈现了一个进化的过程(不一定是线性的)，当使用一个挖掘主要的概念理论的"思维"工具时，它逐渐从感知性的经验"思维"发展而来。

总结：**基于工具的数学教育学是一种教学方法，它在嵌套的认知模式下，战略性地组织获取不变性和基于工具的设计特征的原则，为学习者创造一个以工具为基础的学习数学知识的环境**(图1)。

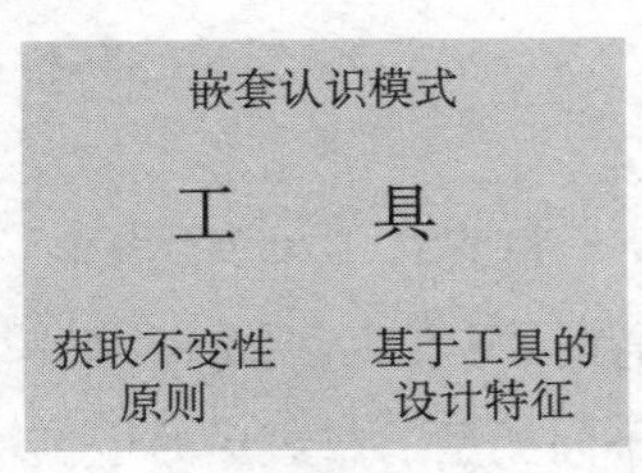

图1 工具型数学教育学中的变异

一个动态几何的例子

下面是一个使用认知模型和基于工具的数学教育学中获取不变性原则的任务序列的例子。它的概念化和基于一个学生 DGE（动态几何环境）的探索研究在梁、巴卡利尼-富兰克和马里奥蒂（Leung，Baccaglini-Frank，& Mariotti，2013）指导下设计使用。

任务 1：构造

实践模式：DGE 建构

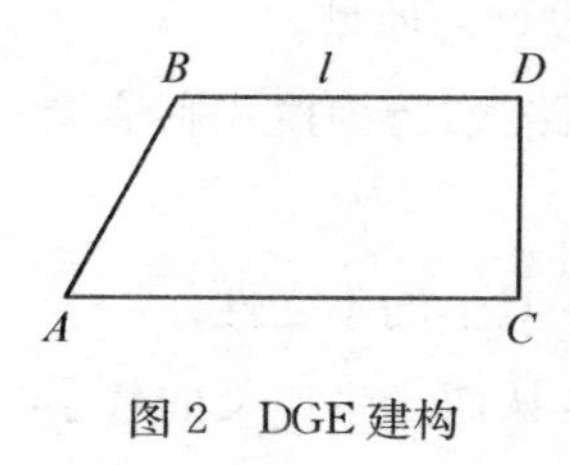

图 2　DGE 建构

屏幕上取 A、B 和 C 三点，连结 AB、AC。过 B 点作与 AC 平行的直线 l，过 C 点作垂直于 l 的直线，记这两条直线的交点为 D，得到四边形 $ABCD$（见图 2）。在第一个任务中，学习者练习如何使用 DGE 进行几何构造，并开始寻找能让自己更熟练地使用 DGE 的方法。并探讨了 DGE 软件的性能和约束条件。

任务 2：对比、比较

实践模式和异同原则：使用变异任务来提高对 DGE 现象中不同和相似方面/特征的认识，从而产生可观察的不变量。

2.1　把 A、B、C 拖到不同的位置，使之形成不同的四边形。

2.2　你能做多少不同或相似类型的四边形 $ABCD$？

2.3　描述你如何拖动一个点使它变成不同类型的四边形问题。

问题 2.1 和 2.2 要求学习者对比和比较 A、B 和 C 这些顶点被拖动到不同位置时，观察其会形成多少不同类型的四边形。问题 2.3 要求学习者思考用于获得不同类型的四边形的拖曳策略，从而激励学习者发展拖曳技能和策略，将策略反馈与拖曳行为联系起来，并开始基于 DGE 的推理来感知 DGE 不变量。图 3 显示了A的不同位置的两个快照,其中B和C是固定的。只有两种可能的四边形:直角梯形和矩形。这是利用异同原则得到的。

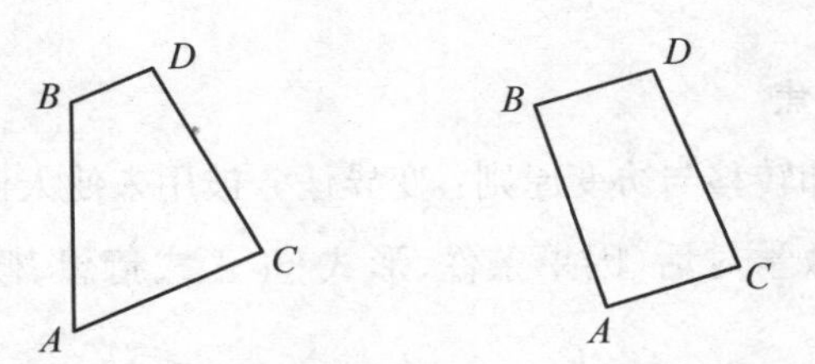

图3 A的不同位置的两个快照,其中B和C是固定的

任务3:关键特征的分离

关键识别模式和筛分与转移原则:使用变异任务来提高观察到的不变量之间的关键(因果)关系的意识。

3.1 激活A点的跟踪功能,拖动A的同时保持B和C的固定,使$ABCD$看起来像一个矩形。

3.2 描述你的经历和你观察到的情况。

3.3 猜测A所走路径的几何形状,同时限制BCD,使其看起来像一个矩形。你怎么猜出来的?将此猜测称为维护路径(参见Leung等人,2013)。

问题3.1要求学习者在DGE中使用一个特殊的功能来记录A点的轨迹,因为它被拖动以保持$ABCD$看起来像一个矩形。使用矩形作为感知不变量来约束拖动以控制另一个感知不变量的出现使其变得可见:A的跟踪标记看起来具有几何形状(见图4)。这就导致了拖放和跟踪工具所造成的不确定性。猜测和痕迹命名促使学习者参与DGE对话,从而利用筛分原则。

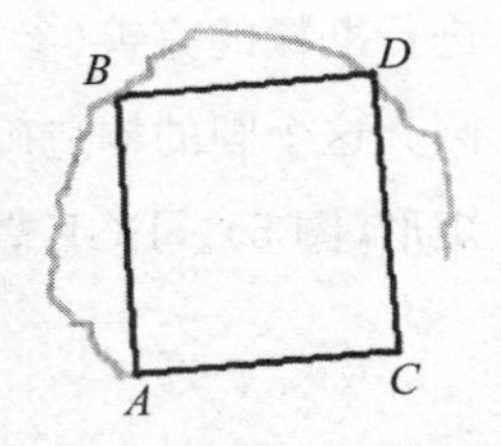

图4 追踪A所走路径的几何形状

在问题3.2和3.3中,通过要求学习者描述他/她的拖拽经历和猜测被追踪路径的几何形状,学习者的认知模式正从观察DGE现象转变为识别可能导致概念形成的关键特征。特别是,当学习者在拖拽过程中将注意力转移到两个感觉不变

量(矩形 $ABCD$ 和保持路径)上时，注意可能会发现这两个不变量之间潜在的因果关系。这是侧重于实用-认知连续性的转换原则。

任务 4：同时聚焦

情境对话模式和转移与协变原则：变异任务被用来使人们意识到所观察到的关键关系与可能的数学对话(因果条件、形式/非正式猜想、概念、模式、数学证明等)之间的联系。

4.1 当 A 被拖动时，顶点 B、C 和 D 的位置因此而变化或不变。当 A 的位置变化时观察 B、C 和 D 的行为，同时限制 $ABCD$ 使其看起来像一个矩形。

4.2 寻找一个可能的条件，将 A 的跟踪路径与 B、C 和 D 的可变位置联系起来。

4.3 使用 4.2 中的条件来构造一个被维护的路径。

问题 4.1 和 4.2 是问题 3.3 的延续。转移原则继续增加了对顶点 A、B、C 和 D 的相应运动的关注，并且协变原则生效。在这个过程中，学习者建立了一个用于几何推理和构造的 DGE 对话。问题 4.3 是对使用 DGE 软件建模这一形式进行勘探的完善(参见 Healy, 2000)。保持路径的形式是以 BC 段中点为圆心的圆。这个圆的构造确保 D 位于圆周上，当 A 沿着圆周被拖动时，$ABCD$ 变成一个矩形(图 5)。DGE 软件建模利用差异来探索几何对象的性质和关系。

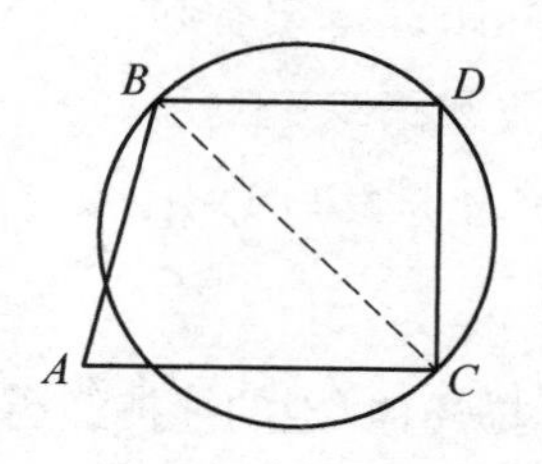

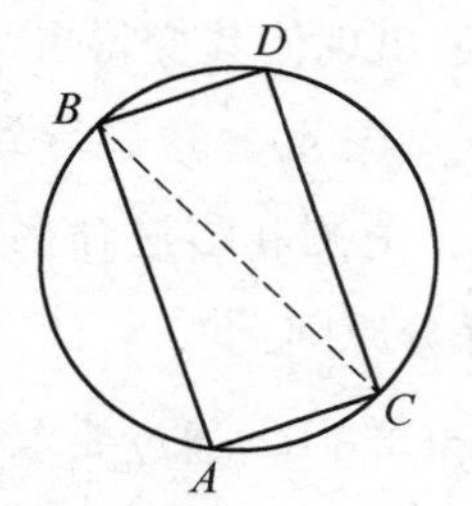

图 5 当 A 在圆上，四边形 $ABCD$ 为矩形

任务5：假设和证明(理论推理的发展)

情境对话模式和协变原则：发展DGE对话，将实验推理和理论推理联系起来。

5.1 根据给定的DGE结构形式，编写一个关于你所发现的内容的猜想：

如果(在拖动过程中保持某种条件)，

那么(在拖动过程中似乎保持某种配置)。

5.2 沿构造的跟踪路径拖曳A。观察图形的不同方面是如何在一起变化的。解释你所观察到的，并提出一个逻辑的论点来解释/证明你的猜想。

问题4.3(图5)是一个猜想的DGE表示，问题5.1要求学习者以DGE环境的条件语句的形式来写出这个猜想，例如：

给定任务1中构造的四边形$ABCD$，如果A沿着以BC线段中点为圆心的圆周拖动，则$ABCD$始终是一个矩形。

问题5.2要求学习者对刚刚形成的猜想作出解释(甚至证明)。读者可以探究这一话语，看看获取不变性的原则是如何嵌入到推理过程中的。

设计实例

将ICT(信息和通信技术)融入数学教学的一个强大之处是ICT以连续的动态形式构造和呈现视觉-数值信息的能力，使学习者能够捕捉不变的关系(如上面的动态几何示例所示)。ICT另一个强大的方面是设计和构建同步的多种表示的可能性。在设计利用ICT这两个特性的工具时，获取不变性原则在组织和概念化设计时是很有帮助的。ICT给出的约束下动态变化和共时共变的可能性是应用获取不变性原理的潜在前提条件。在下面的段落中，一个设计Geogebra小程序的例子被用来说明获取不变性设计的原则，该原则包含了适当的基于工具的任务设计特性。

假设我们想为小学高年级(四到六年级)数学课堂设计一个ICT小程序，以探讨矩形的面积和周长之间的关系。这个探究的目的是找出一个给定周长的矩形，并使得这个矩形的面积最大。以下两个特性及其蕴涵的获取不变性原则，被假定为小程序的设计框架：

(1) 周长是一个独立变量。矩形的两边是依赖于周长的变量，而面积变量则取决于矩形的两边。这些变量将用于区分差异和相似性，并利用（自变量和因变量之间的）依赖关系设计筛选（分离）出不变量。

(2) 三个动态交互窗口：二维（2D）图形、电子表格数字表、三维（3D）图形。这三个窗口中的元素/对象应该根据(1)中的变量共同变化。注意转移和协变是这些具有几何、数值和图形表示窗口的主要交互变化。

该交互式 Geogebra 小程序由三个动态可视窗口组成。左边是一个包含主要几何问题的 2D 图形窗口。中间窗口是一个动态数字窗口，它与 2D 图形窗口链接，而右边窗口是一个 3D 图形窗口，它也与 2D 图形窗口链接。图 6 是这样一个 Geogebra 小程序示例的快照。

2D 图形窗口

上滑块固定/调整矩形的周长（10 到 40 个单位）。它下面的滑块调整矩形的一边（A 边）（从 1 单位开始，每次增加 1）以选择周长，只使用整数值。矩形是由两个滑块的数值信息构造而成的，并且随着滑块值的变化，矩形也随之变化。A 边滑块的颜色和相应矩形边的颜色匹配，以便于视觉识别。

动态数值窗口

作为 2D 图形窗口中的矩形，当滑块的值被拖动改变时，矩形的两边及其区域（A、B 边长和面积）的长度或大小值将被记录在电子表格中。当矩形移动时，电子表格将相应更新以记录这三个变量的数值变化。通过点击位于电子表格列顶部的变量的记录按钮，任何一个变量的记录都可以随时停止。

3D 图形窗口

在 2D 平面图形窗口中自动嵌入矩形，通过拖动运动可以很容易地改变 3D 透视图。显示 A 边长、B 边长（分别用红色、蓝色线段标出）和面积之间关系的点以

3D形式绘制，并打开跟踪功能。当2D图形窗口中的矩形发生变化时，点会跟踪显示这三个变量之间关系的路径。

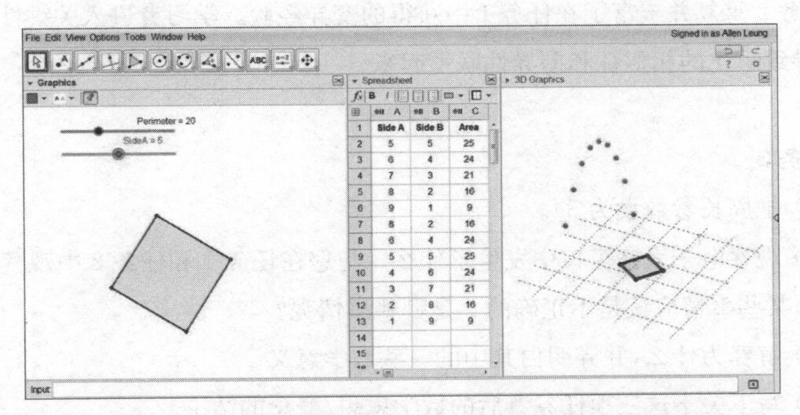

图 6　用 GeoGebra 小程序来探索这个矩形的周长和面积之间的关系

学生们将如何使用这个小程序来学习呢？活动任务可以在同时体现基于工具的设计特性与获取不变性原则的情况下设计。例如：

任务 1

(1) 固定周长值(例如16)。

(2) 将边 A 的长度拖到不同的值。

(3) 观察三个窗口中的对象是如何同时变化的。

(4) 电子表格窗口中是否出现数字规律？

(5) 写下你发现的东西。

任务1从筛选开始(固定一个值并观察其他部分的变化)，由此产生的视觉反馈开启了学习者对连接小程序所创造的现象世界和小程序中嵌入的数学思想的认知过程。学习者将处于实践模式中，体验着如何在不同的视觉动态表征之间转移注意力。

任务 2

(1) 将周长更改为其他值，如20、24、36和40(均可被4整除)。

(2) 在所有这些情况下都观察到类似的特征。

(3) 把你的发现写下来，做个推测。

任务 2 重复并丰富了在任务 1 中获得的变异经验。学习者进入关键性识别模式，把导致泛化的相似性和差异性联系起来。

任务 3

(1) 把周长参数设为 34。

(2) 观察电子表格窗口中发生了什么。与您在任务 1 和任务 2 中观察到的内容相比，某些事情应该是不正确的。是哪些事情呢？

(3) 解释为什么，并弄明白其中的一些数学意义。

(4) 写下关于这三项任务背后的数学思想/概念的结论。

该面积的最大值(成对)出现在电子表格窗口中，并不对应于正方形。这与在任务 1 和任务 2 中观察到的不一致。学习者需要根据使用这个小程序(情境话语模式)所经历的事情来解释发生了什么。这种差异是有意在小程序中设计时做出的(只允许整数输入)，导致了不确定性，这要求学习者从屏幕上看到的冲突过渡到这个现象背后的数学概念。

从这个设计实例中，获取不变性的原则作为 ICT 应用程序调解和表示数学知识的设计指南，为探索性教学法创造一种不确定因素，这种不确定性要求学习者进行数学推理，并组织数学任务。实际上，这三个领域是在获取不变视角的相同原则下联系在一起的(图 7)。因此，获取不变性原则管理和维护着数学和教学现实之间的界限。

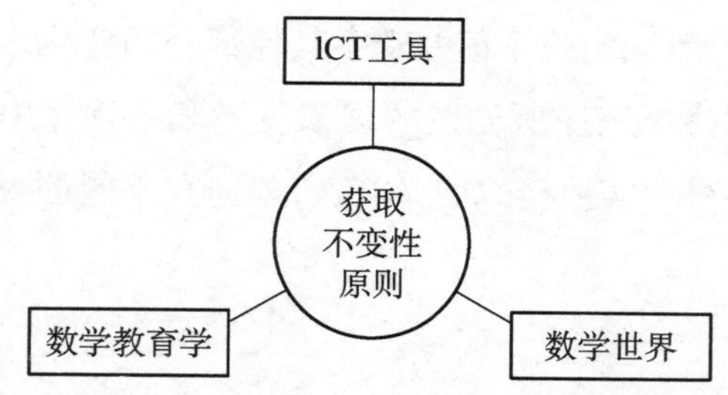

图 7　以获得不变性的原则为元视角保持三个知识领域的连接：工具、教育学和数学

讨论

在上述两个实例中，将获取不变性原则、认知模式和基于工具的设计特征结合起来，探讨 ICT 环境下从实验观察到抽象识别的数学概念形成过程。知识网络的嵌套是一个复杂的设计过程，它依赖于工具的选择、教师的知识、任务设计方法和教学方法的选择以及课堂文化等多种因素。关于这种网格划分的第一个注意事项是，这些不同的框架形成一个嵌套的网络，而不是遵循线性层次结构。在探索过程中的任何一个实例中，任何一个原则、模式和基于工具的设计特性都可以占据主导地位。这些认知活动在很大程度上是由学习者驱动的，但在设计数学任务时，设计者可以引导学习者更多地关注特定的特征，而其他特征则可以放在认知背景中。第二个注意事项是，本章讨论的教学方法是试图形成一个可能的过程来弥合信息和通信技术背景下的实验-理论的差距。具体而言，使用变异和不变性的结果是驱动一个看起来像这样的认知序列：约束—模式观察—可预测性—因果关系的出现—概念形成—解释/证明。

本章试图丰富关于数学教育中使用变异的现有研究文献，并提出一个侧重于数学知识获取不变性的观点。

注释

1 本章是 PME 38 研究报告“数学任务设计中获取不变性原则：动态几何示例”的扩展(Leung，2014)。

参考文献

Gibson，J. J.（1977）. The theory of affordances. In R. Shaw & J. Bransford（Eds.），

Perceiving, acting, and knowing: Toward an ecological psychology (pp. 67 - 82). Hillsdale, NJ: Lawrence Erlbaum.

Healy, L. (2000). Identifying and explaining geometrical relationship: Interactions with robust and soft Cabri constructions. In T. Nakahara & M. Koyama (Eds.), *Proceedings Of 24th Conference of the International Group for the Psychology of Mathematics Education* (Vol. 2, pp. 103 - 117). Hiroshima: Hiroshima University.

Leung, A. (2003). Dynamic geometry and the theory of variation. In N. A. Pateman, B. J. Doherty, & J. Zilliox (Eds.), *Proceedings Of 27th Conference of the International. Group for the Psychology of Mathematics Education* (Vol. 3, pp. 197 - 204). Honolulu, HI: PME.

Leung, A. (2008). Dragging in a dynamic geometry environment through the lens of variation. *International Journal of Computers for Mathematical Learning*, *13*, 135 - 157.

Leung, A. (2011). An epistemic model of task design in dynamic geometry environment. *ZDM Mathematics Education*, *43*, 325 - 336.

Leung, A. (2012). Variation and mathematics pedagogy. In J. Dindyal, L. P. Cheng, & S. F. Ng (Eds.), *Proceedings of the 35th Annual Conference of the Mathematics Education Research Group of Australasia* (pp. 433 - 440). Singapore: MERGA.

Leung, A. (2014). Principles of acquiring invariant in mathematics task design: A dynamic geometry example. In P. Liljedahl, C. Nical, S. Oesterle, & D. Allan (Eds.), *Proceedings of the 38th Conference the International Group for the Psychology of Education and the 36th Conference of the North American Chapter of the Psychology of Mathematics Education* (Vol. 4, pp. 89 - 96). Vancouver, Canada.

Leung, A., Baccaglini-Frank, A., & Mariotti, M. A. (2013). Discernment in dynamic geometry environments. *Educational Studies in Mathematics*, *84*, 439 - 460.

Leung, A., & Bolite-Frant, J. (2015). Designing mathematics tasks: The role of tools. In A. Watson & M. Ohtani (Eds.), *Task design in mathematics education: The 22nd ICMI study* (pp. 191 - 225). New York, NY: Springer.

Lo, M. L., & Marton, F. (2012). Towards a science of the art of teaching: Using variation theory as a guiding principle of pedagogical design. *International Journal for Lesson and Learning Studies*, *1*(1), 7 - 22.

Marton, F. (2015). *Necessary conditions of learning*. New York, NY: Routledge.

Marton, F., & Booth, S. (1997). *Learning and awareness*. Mahwah, NJ: Lawrence Erlbaum Associates, INC, Publishers.

Marton, F., Runesson, U., & Tsui, A. B. M. (2004). The space of learning. In F. Marton & A. B. M. Tsui (Eds.), *Classroom discourse and the space of learning* (pp. 3 - 40). Mahwah, NJ: Lawrence Erlbaum Associates, INC, Publishers.

Mason, J. (1989). Mathematical abstraction as the result of a delicate shift of attention. *For the Learning of Mathematics*, *9*(2), 2 - 8.

Mhlolo, M. (2013). The merit of teaching mathematics with variation. *Pythagoras*, 34 (2),8. doi: 10.4102/pythagoras.v34i2.233

Rabardel, P. (1995). *Les homes et les technologies, une approche cognitive des instruments contemporains*. Paris: Armand Colin.

Radford, L. (2013). Sensuous cognition. In D. Martinovic, V. Freiman, & Z. Karadag (Eds.), *Visual mathematics and cyberlearning* (pp. 141 - 162). New York, NY: Springer.

Vygotsky, L. S. (1978). *Mind and society*. Cambridge, MA: Harvard University Press.

Vygotsky, L. S. (1981). The instrumental method in psychology. In J. V. Wertsch (Ed.), *The concept of activity in Soviet psychology* (pp. 134 - 144). Armonk, NY: M. E. Sharpe.

5. 变异教育学中各种概念的综合

安妮·沃森(Anne Watson)①

前言

在过去 10 年里，关于数学教育中变异理论的潜力出版物逐渐增多。数学概念往往是学习者通过实例遇到的，他们通过结构上有一定相似性的例子所经历的变化概括出数学对象的性质或它们之间的关系(Michener, 1978)。因此，"变异"这个词引起了人们对数学教学和设计任务中可能被操纵的变量的思考。

任务设计总是有关于教育学的明确或含蓄的假设，一个基本的观念是学习者会从不同方面之间的模式和关系中注意并概括哪些方面是不变的(例如 Mason, 2000)。通过使用历史实例，在 2013 年 ICMI 数学教育任务设计研究会议(2013, Margolinas)上我提出了反思变异理论对我们理解数学教育学所做贡献的实例。通过这些例子，我探索了数学教学中变化是如何表现出来的，并提出了数学中不变的"依赖关系"的概念，这通常是学习的最初目标。我观察了通过使用变式来引起人们对这些不变量的注意的各种方法，并编写了一些术语，这些术语扩充了数学教育中的变异理论。最后，我演示了如何谨慎地使用变异得出从概括到新思想的抽象过程。ICMI 研究提供了当前任务设计实践的快照，并给出一组关于当前设计任务和教学中使用变异的专题介绍。不过，我将先从较早前的教育学例子中找出一些线索。

数学变异教学——从一些过去的教科书开始

我从 20 世纪初的一本用英语出版的典型代数教科书中随机选出一些问题

① 安妮·沃森，英国牛津大学教育系。

(Paterson，1911，p. 120)开始研究：

(1) $(2x)^3$；　(2) $(-2x)^3$；　(3) $(-2x)^6$；　(4) $(2x)^6$；

(5) $(2x^2)^3$；　(6) $(-2x^2)^3$；　(7) $(-2x^2)^6$；　(8) $(2x^2)^6$。

这个练习伴随着字母、幂和结构的改变而做了更多的变化，但是前 8 个问题为使用代数表示的实践提供了更多的素材。这些例子是精心构造的，目的是提醒人们注意学生什么该变，什么不该变，以及他们可能会产生的误解或者可能犯的错误。作者接着说：学生将会发现以下运算法则：(i)负数的偶次幂为正数，负数的奇次幂为负数；(ii) $(x^p)^q = x^{pq}$ ……(p. 120)

接下来是其他几条“法则”，这些法则是从练习的答案中归纳出来的。帕特森(Paterson)明确地指出了他的任务结构的假设，即在实验中将学习者引导到一个必须克服的困难，比如在正式引入负数之前遇到“3－5”(p. A2)并注意到这个例子和其他例子之间的区别。这种视觉上显而易见的变异用法在他的书中并不经常出现。更常见的是帕特森使用了各种各样的问题集合，其中一个子序列中的问题具有特定的相似性，然后在一个新的子序列中被中断。这两种变异的使用——无论有没有视觉上的相似性——都在那个时代的大多数代数教科书中使用。20 世纪中叶由教师团队编写在英国出版的一些课本中，也出现了关于谨慎运用变异的有价值的知识。米德兰(Midlands)数学实验教材是以新数学教学大纲为基础的，它通过改变 $L_1=\{x, y: y=x\}$ 引入直线，给出：

$$L_2=\{x, y: y=x+1\};\quad L_4=\{x, y: y=x-1\};$$

$$L_3=\{x, y: y=x+2\};\quad L_5=\{x, y: y=x-2\}。$$

然后问：“你注意到 L_1、L_2、L_3、L_4、L_5 这些直线有哪些异同点?”(Mme，1970，p. 53)。同样，它的目的是提供不变背景下的变化，隐含的教学意图是让学习者猜测代数表达式的变化与点集图形描述的差异之间的关系。在这种情况下，选定的一组直线暗示了对例子中一些类似的变化(如改变常数项)所带来的影响(如直线向上或左平移)的理解，但与帕特森时代不同的是，无论是否在视觉上显而易见，20 世纪后期的教科书中都很少出现这种变异，目前也是如此。

以上两套教科书都假设教师会鼓励学习者进行适当的反思，而不仅仅是匆忙地学习下一个思想或技巧，以及解决下一个问题。在我给出的例子中，变化不是随机的，而是与正在引入的概念或惯例密切相关的。在上述每一个例子中，通过使用相似的符号来直观地表示变化，以便结果的差异可以与视觉上的差异以及数学意义上的差异联系起来。然而，帕特森的书中的其他练习都关注结构和复杂性的变化，而**没有**视觉上不变的背景。例如(p. 125)：

求下列每个表达式的平方：

$$a+b-c;\quad x-y-z;\quad -x-y-z;$$
$$2a+3b+1;\quad 2x+3y-4z;\quad 3y-4z+2x。$$

显然，这里有一个为聪明的教师或学生准备的进行比较的机会，但是在这些例子中使用 a、b、c 和 x、y、z 带来了一个进一步的变化，虽然它对于精通和胜任代数教学是必要的，但是如果没有老师的干预，对所有例子进行比较的可能性就会降低。马顿将其描述为“融合”(2015, p. 51)，学习者必须通过融合字母、系数和符号的变化来理解基本的数学概念(完全平方三项式)，以便无论字母、数字和符号的组合是什么，他们都能识别出这个概念。这样的变化可能是分开的，然后被聚集在一起，融合在一起。我们可以说，如果每一个数学思想都被打破，那么学习者就必须分别研究每一个可能的变异维度，那么学习数学的整个过程将需要几十年的时间。然而，在一些早期的代数教科书中，依赖于从不同的例子中进行概括是很明显的。例如，戈弗雷(Godfrey)和西顿(Siddons, 1915, p. vi)建议将“粗略归纳”作为接近代数定律的一种“明智的”方式。

当前变异理论的“传统”

在最近的理论阐述之前，数学教学中已经有目的地使用了变异，现在我从2013年ICMI任务设计研究会议中举出两个例子来说明一些当前的想法。这些方法使用了现有文献中关于变异理论的两种主要方法：一种是库尔伯格(Kullberg, 2013)所代表的瑞典方法；另一种是孙(Sun, 2013)在本文中代表的中国方法。

瑞典的“传统”

瑞典的方法起源于对学习的现象图式学分析，使研究人员/开发人员/教师能够确定正在学习的概念的一个关键方面。这些方面体现在学生的各种反应中，而不是在对概念的分析中。马顿提出的理论（例如：Marton & Pang，2004；Marton，2015）认为，除非这一关键方面在不变的背景下发生变化，否则学生不会注意到这一点，因此它的变化就成为教师的设计要务。然而，这一思想在课堂环境中的应用表明，学生不仅通过书面任务，而且通过引发注意这一变化的教学行为而经历变化（Al-Murani，2006；Kullberg，Runesson，& Måtensson，2013）。

库尔伯格和她的同事与一小群教师开展合作完成了三个完整周期的研究（Kullberg 等人，2013）。我将要研究的部分仅仅集中在除法的关键方面，当分母或除数小于1(但仍为正)时，商将大于除数。这是预定的学习对象。对于一些关于除法的理解来说，这种观点是违反直觉的，因为日常生活中的除法往往涉及缩小事物的大小，或在人与人之间分享数量。在本研究中，从教师对困难学生的认识中选择了除法的"关键方面"。然而，这个同样的关键方面也可能是分析学生在某一特定任务上的工作，或者从临床心理学研究儿童理解所得的结果。因此，建议改变除数，将其商与除数大于1的情况进行对比，让学生们注意到当它小于1时所发生的事情。

学习被描述为"通过体验你以前没有经历过的方面，以一种新的角度看待事物"（Kullberg 等人，2013，p. 616），而这是通过在不变的背景下改变学习对象的一个关键方面来实现的，从而产生了一些需要注意的东西——在这个案例中除数与商的关联性。因此，教师们共同规划了将在本课程中使用的以下示例集（见图 1）。

$100 \cdot 20=2000$ $\quad$ $\frac{100}{20}=5$

$100 \cdot 4=400$ $\quad$ $\frac{100}{4}=25$

$100 \cdot 2=200$ $\quad$ $\frac{100}{2}=50$

$100 \cdot 1=100$ $\quad$ $\frac{100}{1}=100$

$100 \cdot 0.5=50$ $\quad$ $\frac{100}{0.5}=200$

$100 \cdot 0.1=10$ $\quad$ $\frac{100}{0.1}=1000$

图 1　一节除法课的示例（节选自 Kullberg 等人，2013，p. 617）

我随后将这个示例集展示给了一批老师和学生观众，以了解他们对视觉布局的反应。大多数人通过视觉感知注意到的第一件事是"有很多整百数"，或者每一行都以 100 开头。过了一段时间，他们可能会说，在每行上都有一个分数，顶部是 100。

第一列等式显示乘法，答案变小；第二列显示除法，答案变大。这些相似和差异很容易被注意到的原因是因为布局，所以当你对空间结构有视觉上的反应，你可以说布局的行和列有相似之处。这些相似点与抽象的数学相似点完全匹配，由数字示例化并由数字符号表示。通过该案例，我想说的用表面相似的数列向下或向上扩展等式序列，也可以保持乘法和除法之间的水平关系。视觉表示的形式和结构与基础数学的形式和结构相匹配。从数学上讲，这些除法示例的目的是保持被除数(100)不变，同时改变除数，使预期的学习对象表现为除法的各种行为。当预期的学习对象是有依赖关系的行为时，就像这里一样，必须有至少两个特征的变化：至少一个输入特征变化，由此输出特征也变化。这种关系本身必须通过识别其行为的影响来推断，因此，显示行为上可能存在的差异显然是一件明智的事情。库尔伯格等人(Kullberg 等人，2013)在马顿、鲁内松和徐(Marton, Runesson & Tsui, 2004)提出的对比、概括、融合和分离四种可能的变异模式之后，将其归类为"对比"。

变异理论及其在教学设计阶段的使用也可以用来分析什么是可用于教学并伴随着任务设计的。通过寻找该设计使用方式的变化来分析从这个共享设计中得到的教训，这就是教师吸引学习者去关注深层关系的方式。研究表明，学习环境的许多方面，如教师和学生的语言互动和手势、通过提请注意示例中各要素之间的可能关系，都对可以学习的内容产生了影响。作者绘制了显示不同的教师如何在示例中指出不同的联系的示意图(图 2)。

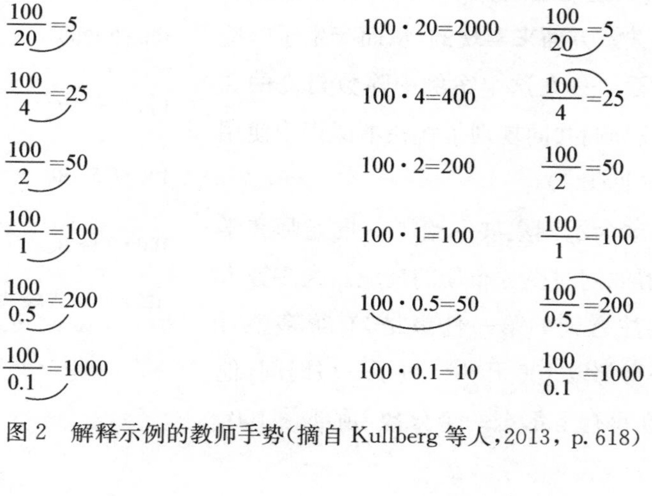

$\frac{100}{20}=5$

$\frac{100}{4}=25$

$\frac{100}{2}=50$

$\frac{100}{1}=100$

$\frac{100}{0.5}=200$

$\frac{100}{0.1}=1000$

$100\cdot 20=2000$ $\frac{100}{20}=5$

$100\cdot 4=400$ $\frac{100}{4}=25$

$100\cdot 2=200$ $\frac{100}{2}=50$

$100\cdot 1=100$ $\frac{100}{1}=100$

$100\cdot 0.5=50$ $\frac{100}{0.5}=200$

$100\cdot 0.1=10$ $\frac{100}{0.1}=1000$

图 2　解释示例的教师手势(摘自 Kullberg 等人，2013，p. 618)

在左边的部分版本中，老师把除数和商数联系起来，这可以强调："除数越小，商数越大。"但是也有可能转而专注于老师所说的它们的积总是100。在右边的例子中，老师对乘法和除法之间的关系没有那么系统地阐述，而是指出了基本关系的各个方面，将除数>1的例子与除数<1的例子作了对比，并且也谈到了这种对比。这对于数学教育领域中变异理论的理解是非常重要的，因为从表面上看，它可能意味着应用于设计的理论纯粹是认知的，只关注向学习者展示的内容，以便他们通过归纳推理来单独构建意义。教师的手势和言语的加入表明，也需要考虑注意力和学习者的性格，以辨别什么是意图。

在本文中，库尔伯格对变异的使用虽只集中在可供学习的内容上，但我们可以推测学生所关注的是什么。可以说，在不同情况下，相同(而不是变化的)手势可能有助于儿童了解基本结构，因为它提供了另一种表现形式；一些作者认为重复的行动、手势、节奏和言语是学习结构化知识的一个重要方面(Hewitt, 2006)。最左边的示例手势与讲话一起，强调了通过不变手势进行除法和乘法的互补性；最右边的示例手势选择了两个对比示例，并与讲话一起提请注意预定的学习对象。从本研究中，我们可以看到改变关键方面的价值，从而可以引起学习者的注意，也可以看到背景不变结构引起人们注意到布局、言语和手势的价值。在上面的一些教科书例子中，"引起注意"是通过作者的反思性问题和评论来实现的。

中国的"传统"

我现在举例说明中国关注变化的传统。孙(Sun, 2013)指出了任务设计的两个关键特征：OPMS(一题多解)和OPMC(一题多变)。在她给出的例子中，我对"多重变化"的解释是这些变化可以是布局的转换和不同的表示。同样在页面的底部，数字被改变了，但是问题的基本结构是一样的，这是类似的结构，因此也是同样的认知。比较和联系这些不同的经验被认为是一种基本的心理活动。孙(Sun)用变异作为分析手段来描述官方中文数学教科书将加性关系描述为学习对象的方式(另见Marton, 2015, p. 249)。

中文数学教科书的这一页(图3)首先显示了10、3和13之间关系的四个符号转换。它还展示了使用物理材料可以得到的一些在11、2和13之间存在的事实。

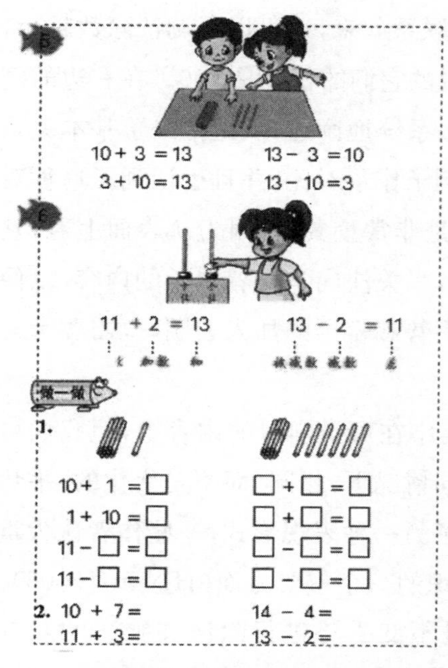

图 3　中国教科书的一页(小学数学教材开发小组,2005)

它通过提供必须插入某些数字间的各种符号的变化来引起人们对符号的注意。这说明了 OPMC 的两种用途。首先,孙给出了"一题的多种表示",每个表示都会导致不同的解决方法(OPMS)。其次,她给出了"一个参数不同的问题",它需要保持与上面相同的求解方法,但用不同的数字实例化。对比这种方法和瑞典的方法,我们可以问:学习者是否应该学习表征,因为这些是不同的东西?学习者是否应该学习不同的解决方法,因为这些方法是不同的?这种变化被用来支持多种方式,学习者可以制定和记录基本的部分——整体关系、加性关系,其中包括加法和减法作为 10、3、13 之间的关系。学习者必须了解关系而不是学习一个不同的关键方面。是否学习者应该只学习有关 10+3 等于 13 的知识,因为这是不变的东西吗?当然不是这样,尽管这种特殊的关系是不变的。所隐含的基本原则比这些问题的应用更为复杂和持久。

在这一页上,动作和符号是一种基本关系的具体规定,在儿童对数字的早期学习过程中,这种关系将一次又一次地出现。有意和计划的变化是显而易见的,但核心思想——加减之间的关系在书的几页中一直是不变的。它关于相加关系的不变性质,这是预期的学习对象,我们可能以不同的方式来认识它。孙(Sun)描述并论证了学习的空间是通过并列问题、例子、插图来融合变化和不变性的模式,这些问题在某些方面是相似的,但在另一些方面却是不同的,这样学习者就有了一些可以辨别的东西。

我对库尔伯格和孙所提出的观点的理解是,在数学中直观地呈现的变化使我们可以直接获得围绕核心概念的重要变化:在库尔伯格给出的例子中,视觉布局可以用来提醒人们注意导致输出变化的数学结构,并关注输出本身的变化;在孙给出的例子中,视觉布局还提供了使用包含数学结构的各种观点材料的行动，以及记录这些行动中嵌入的关系符号。在孙的例子中，预期的学习对象是一个不变的关系，而在库尔伯格的例子中，预期学习的对象是潜在关系的一个特殊变化的特征。

不管怎样，数学并不仅仅是示例归纳推理的产物，所以提供了细致多样的例子，希望引导注意力使学习者能够归纳出以往经验所不能提供的、完整的数学学习经验。在孙的研究工作中，不只是归纳、概括和细致地洞察，也不只是对比和融合(用马顿的话)，而是从这些过程中抽象出相加关系的某种认知工作。顾、黄和马顿(Gu, Huang, & Marton)用示例识别内隐关系所涉及的认知工作被梁、巴卡林尼-弗兰克和马里奥蒂(Leung, Baccaglini-Frank, & Mariotti)描述为“概念性”，而梁、巴卡林尼-弗兰克和马里奥蒂(Leung, Baccaglini-Frank, & Mariotti, 2013)将其描述为对第2级不变量的识别，即必须通过经历不变关系的基本变化来识别不变量。蔡和聂(Cai & Nie, 2007)讨论了MPOS(一种通用解决方法解多个问题)，并指出不同的问题可能是同一依赖关系的表现形式。

学习者必须能够辨别和阅读，什么在视觉上表现为一个部分的集合——马顿所谓的“分离”(2015, p. 25)，也可以被称之为“分析”(Huang, Mok, & Leung, 2006)。我们知道的数学知识越多，就越有可能读懂一页数学书，或者一个数学表达式。我们可以超越视觉上的相似和差异，特别是在教学的帮助和指导下。也可以超越归纳法，建立关于还没有遇到的对象和关系的猜想；此外我们知道的数学知识越多，就越有能力把一个特定的例子看作是所了解的事物的一个更一般的例子，并且能够对它的性质进行推理。许多教科书往往混淆这些，只提供了非常多样的例子集合，很少归纳或推断，其目的是演练解题流程。困难是随着不同的数、标志和安排逐步提升的，而不是如华人课堂的例子展示的那样用脚手架增进的概念理解。

动态几何学的变化

在学习变化的特征和识别潜在的不变关系之间建立了对比，我现在从梁和李(Leung & Lee, 2008)的工作中转到ICMI研究中提出的一个几何例子。在几何学中，我们期望视觉表示与所表示的关系密切相关，而梁已经做了大量的工作来将动态行为与底层关系联系起来。任务在动态几何环境中呈现，使得学生可以使用“拖动”的动作来改变图表的特殊特征，同时将他们的注意力转移到探索对象各个部分和整体之间的关系，这与通过变化识别概念的观点是一致的。然后通过观察变化模式，配置中的不变模式可以被“分离出去”。

正是这种对数学中受控变异的运用，最初吸引了我对变异理论的研究，因为它提供了数学固有的结构、学习环境的组成部分和学生学习中看似合理变化之间的联系。

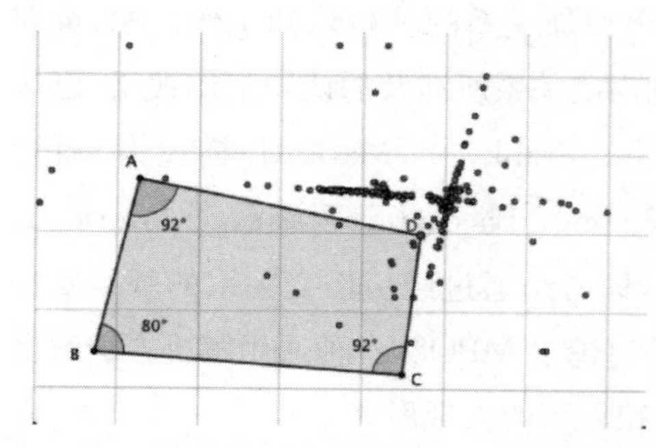

图 4　学生拖动得到解的图形记录（摘自 Leung & Lee，2008）

在梁的几项研究中，保留了大量学生在几何背景下所做工作的数字记录（例如，Leung，2008，2011，2013）。在我这里使用的例子中（Leung & Lee，2008），要求学生通过拖动给定的四边形 $ABCD$ 中的点 D，使得该四边形有至少一对平行的边。可以通过应用完全几何推理，得出几个可能的正确答案，数字记录学生的答案之间的变化提供了一个此刻的“现象图式学”的结果（图 4）。从这张图可以推断出学生正在使用适当的几何属性的子集。

所发生的事情是，学生们以数字化方式拖动 D 点，并把它放在新的地方。点簇显示了两种不同的模式：一种模式使 AD 与 BC 平行，另一种模式使 CD 与 AB 平行。在这些交叉处，还有一个使两对直线都平行的点簇。还有几点表明对这项任务可能存在误解或其他解释。因此，数字化记录为了解图表、任务和他们的知识和能力之间的关系提供了一个窗口。我们观察到这一点，用梁的话说，是“从策略上对比、分离关键特征、转移注意力和变化特征，以确定是否出现不变模式”（2013，p. 7）。动态数学软件可以使用他所说的“筛选”原则，即筛选和显示依赖关系的某些关键不变特征。

在这一任务中，直接知觉的运用有两种方式：第一种是学生试图实现对“平行”的理解；第二种是研究者试图描绘出可能的理解范围。这两种感知行为都导致了经典的几何特性，这些几何特性可以被直观地看到和描述，例如平行四边形的特性，其中两组对边是平行的。梁使用的短语“不变模式”并不是指视觉的模式，而是指依赖关系作为二级不变量，通过变化的行为表现出来。相反，库尔伯格和孙的例子都是关于数学性质的，不能直接看到，而只是体现了变化例子的特征之间不变的联系。

虽然梁和李在这里描述的工作是研究学生做什么，这是好的数学教育学的一个关键方面，但这些见解也与思考几何关系有关。动态几何软件提供了一个即时、准确的探索工具，用于进行猜想和验证几何对象元素之间的关系。正如上文中的库尔伯格和孙一样，如果向学生展示了各种不同的例子，以便产生和测试猜想，并体验到这种关系的行为和领域，我们就可以了解希望学生了解的依赖关系。到目前为止，我们已经看到了不同的交流领域：视觉、符号、动态、手势和语言的变化，以及它们如何结合在一起，使我们能够获得依赖关系，而这种依赖关系构成了例子中表面变化的基础。

什么在变化和变化有多大？

我现在转到一个在教育学中使用变异的例子，在这个例子中，对变化的维度和范围的考虑成为中心。考曲（Koichu）和他的同事们借鉴了一个学习空间的概念，作为教学决策的一个领域，来考虑预期的学习目标和践行的学习目标之间的关系。他们的研究是“运用变异理论设计一项任务，目的是提高学习者对数学作为一个相互关联的研究领域的认识……将数学作为一个相互关联的研究领域的认识是一个预定的学习目标”（Koichu, Zaslavsky, & Dolev, 2013, p. 461）。在这里知觉意味着辨别，他们通过在不同的表征之间辨别的能力和倾向方面设计了一项分类任务，其双重目标是：(a)完成分类；(b)进行分析推理以进行分类。本研究有三个层次：任务设计作为学习异同的工具、学习者在思考过程中要意识到未来的异同，以及设计过程本身。来自任务结果的证据、参与者在讨论中的评论以及他们的工作记录，让我们洞察了他们是如何完成任务的（在三个大致相等的队列中，有53个主题）。这项任务的设计是基于对被试典型教科书的学科先前经验的假设，以及需要控制一组对象的变化，学习者从中“可以观察规律和差异，发展期望，进行比较，在练习中有惊讶、测试、适应和确认他们的猜测”（Watson & Mason, 2006, p. 109）。

在预期的任务设计中引入了三种受控变化（图5显示了要分类的最初24项中的14项）：要分类的数学对象；表示，包括口头描述和指令；实现分类所需的先验知识。虽然这些变化似乎具有教学意义，并为制造重要对比提供了材料，但在设计阶段，人们并不知道预期学习目标的关键方面。

在第一个队列中，学习者可以通过将注意力集中在代数操作上，然后根据表面特征对项目进行分类，而不是使用它们之间的数学联系来连接不同的表示，从而实现预期的分类。分析推理并没有实现分类，而只是预期意识的证据。对于第二个队列，被代数化处理的项目被忽略了，并且队列没有花那么多时间在表面相似性上。然而，视觉表征的表面特征似乎给理解语言描述带来了障碍。根据这些意见，决定第三版应排除妨碍任务完成的变异范围，并侧重于对每个轨迹的主要生成要素的口头说明以及在早期分类中作为关键方面出现的其他表述（例如，见图 5 中的项目 4 和 13）。

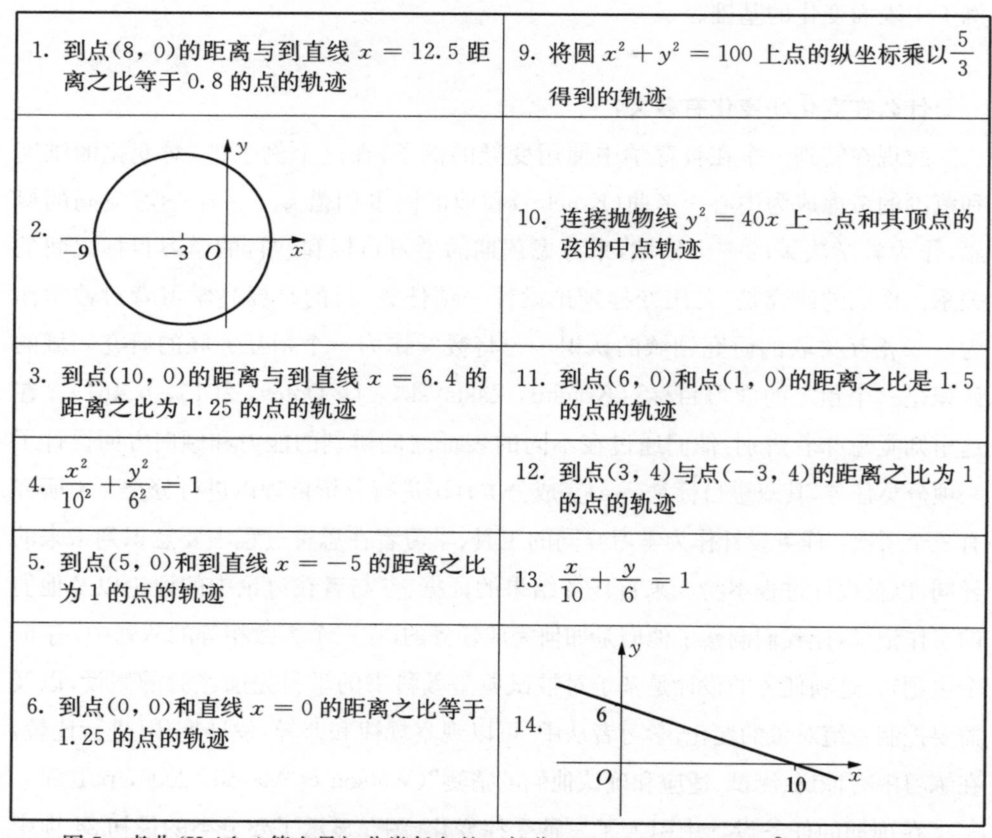

1. 到点(8, 0)的距离与到直线 $x=12.5$ 距离之比等于 0.8 的点的轨迹	9. 将圆 $x^2+y^2=100$ 上点的纵坐标乘以 $\frac{5}{3}$ 得到的轨迹
2.	10. 连接抛物线 $y^2=40x$ 上一点和其顶点的弦的中点轨迹
3. 到点(10, 0)的距离与到直线 $x=6.4$ 的距离之比为 1.25 的点的轨迹	11. 到点(6, 0)和点(1, 0)的距离之比是 1.5 的点的轨迹
4. $\frac{x^2}{10^2}+\frac{y^2}{6^2}=1$	12. 到点(3, 4)与点(−3, 4)的距离之比为 1 的点的轨迹
5. 到点(5, 0)和到直线 $x=-5$ 的距离之比为 1 的点的轨迹	13. $\frac{x}{10}+\frac{y}{6}=1$
6. 到点(0, 0)和直线 $x=0$ 的距离之比等于 1.25 的点的轨迹	14.

图 5　考曲(Koichu)等人最初分类任务的一部分(Koichu, Zaslavsky, & Dolev, 2013)

这一任务与变异理论之间的关系是复杂的。学习的目的是“意识”，虽然可以从现象图式学上看出学习者的意识(Marton & Booth, 1997)，但它不能在提出的任务中直接改变，因为它是学习者的属性，而不是数学项目的属性。“意识……连通域……”这可能意味着连接本身是不同的，但由于数学是一个相互关联的领域，很难想象作为一个概念的连通性是如何变化的。然而，意识是数学教学的一个合理目标，事实上，梁在他的作品中指出了一种“意识的进步”，将马顿的四种变异与拖曳模式联系起来(Leung, 2008, p. 153)，最后以融合作为最终的意识水平。然而，变异是考曲等人任务设计的一个关键组成部分，因为它已经被用来生成要分类的示例，并且它们的分类是通过识别示例集中的异同来实现的。此外，设计者将集合缩小为只包含那些导致学习者表现出预期的连通性意识特征变化的集合。这些例子中所提供的参数和条件的变化似乎足以引起有关的认识。消除分散注意力的变异会带来成功。考曲和他的同事曾希望学习者在分类过程中能“融合”代数形式、图形和单词所产生的理解，但变化必须依次局限于表示中的变化，而不是表示的变化，这样嵌入数学的意识才是真正的学习经验。

数学教育学和变异理论

这些报告揭示了在数学中体现变异理论和在早期教材中使用变异的一系列问题。故意控制情境中变化与不变性之间关系的决定是教育学的，因此变异理论是在教育领域里而不是数学本身，而数学本身的变化关系是固有的。我所描述的例子引发了一些观察，在数学教育的背景下拓展了变异理论，从而认识到依赖关系在数学中的重要性：

- 预期的学习对象往往是一种抽象的关系，只能通过实例来体验；只有通过观察两个不同方面之间的关系，才能体验和理解不变的关系。所谓“关系”，我指的不仅是因为两个变量在背景中共存的融合，而是一种依赖关系，在这种关系中，当一个变量与另一个变量相关时，一个变量的变化会导致另一个变量的变化。例子中包括加减之间的不变量关系(上一节的 Sun)或拖动以改变形状的特性的行为(上一节的 Leung)，或者当除数＜1 或＞1 时意味着数量的增加或减少(上一节的 Kullberg)。

- 一段关系的特征可能因不同的输入而不同，因此，虽然不同输入的关系行为不同，但关系本身没有变化(Kullberg)。
- 学习者的行为可能不是一种深思熟虑、慎重的行动，如果更容易运用直觉的思维习惯的话，这种行为可能是有意的(Koichu)。
- 当预期的学习目标是意识时，很难确定合适的变异维度，因为意识是学习者的特征，而不是例子的特征(Koichu)。
- 适当尺寸的变化有时可以直接可见，例如通过几何或页面布局(显式)，但往往需要对符号形式进行有意义的解释(隐含)。到目前为止，所有的例子都说明了这一区别的各个方面。考曲(Koichu)等人的工作证明了限制变异维度的价值，在他们的工作中用限制表征中的变化来关注意义。
- 教师的角色或其他一些方法在提请注意所列举的例子中起着联系、相似和差异方面的作用，介绍了实施学习对象中的其他变化维度(Kullberg, Sun, Leung, Koichu)。

希望我在上文已经表明，如果学习的对象是依赖关系，则通过变量的操纵来揭示，那么通过教学关注变异和控制变异的维度就可以达到更高的概括水平。对变异理论在数学教育学中应用的一个可能的批评是归纳推理不能导致更高层次的抽象。学生是否可以在一个更高的抽象层次上工作，而不是通过对给定的例子进行比较和概括来提供？所谓“抽象”，我指的不仅仅是数学关系的概括——这里不是只谈论不变的背景关系。在我的思想中“抽象”意味着依赖关系本身成为一种数学概念，例如线性函数可以被理解为两个变量之间的某种特定类型的依赖关系，或者被理解为具有其自身的变化维度、允许范围、操作、属性等对象的变化(Watson & Mason, 2004)。一般来说，这些层次的数学概念只有通过语言和数学符号才能提供给我们。例如，我们不能指出比率的概念；只能指出比率是对象之间的关系的情况，以及比率的特定数值实例化，然而比率作为一种概念有其存在、定义、变化等等含义。关于这一重点变化的文献可分为两个不同的阵营：认知变化是通过同化、顺应和平衡的过程发生的；或者新的物体可以通过语言和封闭过程带入可交流的世界。对我来说，变异理论为描述这些过程的组合提供了知识桥梁的一部分，也为学习环境的设计提供了信息。但是，数学教学和近乎同时出现的例子是按照变异理论的思路构造的，也需要适当的变异/不变的语言形式和适当的变异/不变的表示形式。到目前为止,我们已经在示例中看到了这方面的一些内容,但在此我将演示这些在实现向更高抽象级别转移方面重要的想法。

任务序列:通过抽象层次来表示一个轨迹

在下列任务序列中,变化维度的控制方式是通过对已被举例的依赖关系的概括,然后通过提问将概括转化为一个新的对象,从而实现关系的层次结构。在与学生、各级教师和教师教育者的研讨会中,我发现这些任务几乎是普遍有效的,可以让学习者体验到在不依赖于高等学校数学课程知识的背景下的思想,比以前抽象的思想更加强大。

第一项任务是从所有可能的“四方联”集合中选择一个所谓的“四方联”。通过对这些形状的分析,人们得出了正确的定义,即四个在边缘相连的全等正方形。用马顿的话说,学习者为自己提供了“学习的必要条件”,也就是说,他们意识到其他数量的方块以及其他连接它们的方式是可能的。

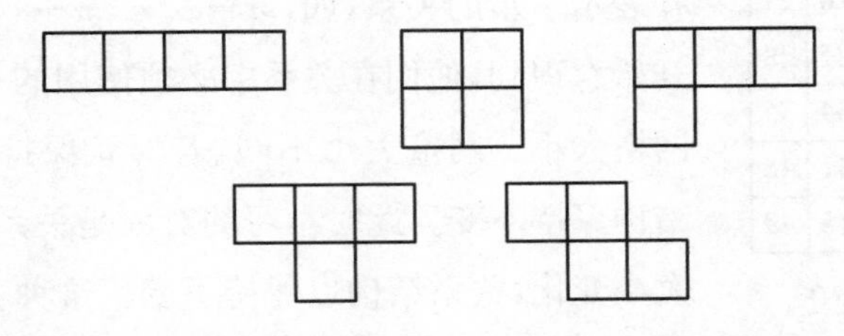

然后给参与者一个数字网格来放置他们的四方联(图 6),并要求他们确定他

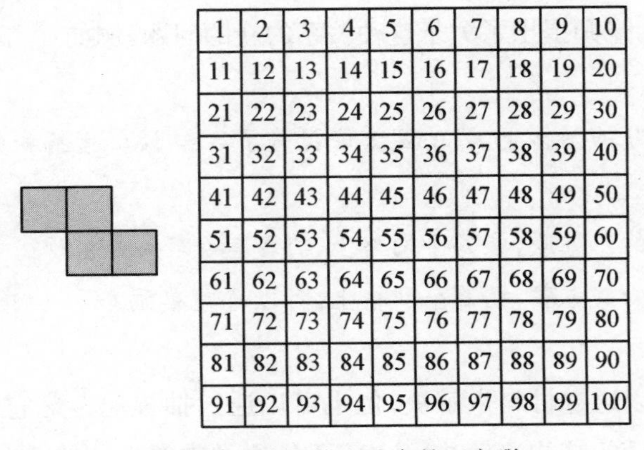

图 6 第一个网格和选定的四方联

们所覆盖的四个数字之间的关系。因此，到目前为止，所覆盖的数字在形状和变化方面都有变化。它们实现了两个不同的目的：第一个是教学目的，这样学生就不能使用相同的形状就以后表达共性的不同方式以及它们与形状本身的关系进行对话；第二个是基于我们从例子中学习的理论，而这些例子的变化通过比较它们和/或从它们中归纳推理，使我们注意到它们有什么共同之处。

然后，他们会发现，无论他们在网格上为他们的四方联选择了什么位置，这四个数字之间的关系是相同的，但与其他四方联下的关系不同。这种关系可以用一般的术语来表示，例如，$n-1$、n、$n+10$、$n+11$。这种关系取决于它的形状和位置。然而，我们表达这种关系的方式也会有所不同。同样的关系可以通过改变被描述为 n 的那个单元，对应的其他几个数表示为 n、$n+1$、$n+11$、$n+12$。学生可以比较形状相同的表达式；不同形状的则可以比较关系。

1	2	3	4	5	6	7
8	9	10	11	12	13	14
15	16	17	18	19	20	21
22	23	24	25	26	27	28
29	30	31	32	33	34	35
36	37	38	39	40	41	42
43	44	45	46	47	48	49

图 7　方格图的变化

网格内容随后发生变化（图 7），但在结构上与以前的网格相似，即由连续的整数组成。该任务是重复的，并表示了新的关系，如，$n-1$、n、$n+7$、$n+8$。参与者开始意识到，他们在关系中必须使用的一些数字取决于网格大小。网格大小不同，若形状保持不变，则关系的结构保持不变。此时学习的对象是关系结构，即使网格大小变化，关系结构也保持不变。这种变化的使用证实了我们不只是了解不同的方面，而是通过在不同的例子中了解相似的结构来了解潜在的关系，正如孙所描述的（上一节）。

在这一点上，老师提出了关于这种关系的新的问题，例如：

在 9 乘 9 的网格上，我的四方联覆盖了 8 和 18。猜猜我的四方联是什么形状的？

什么样的四方联，在哪个网格上，将覆盖数字 25 和 32？

什么样的四方联，在哪个网格上，可以覆盖单元 $(m-1)$ 和 $(m+7)$？

这些问题可以通过材料来解决，但也可以通过抽象地考虑它们之间的关系，通过观察不同概括的结构来解决。它们不是通过重复不同输入的原始动作就可以轻易回答的问题，除非一个试验和调整过程是成功的。新的推理形式引起了人们对这种关系的关注，而不是最初的表现形式；这种特殊的关系是不同的，但它的结构却并非如此。这种方法可以应用到其他类型的网格，例如二元网格，我将在这里不再进一步考虑。

对于每一个连续的任务，我故意改变一个变化的维度，然后将其本身变成一个新任务的参数(一个结构特性)，在网格和形状之间创建一种关系，我们可以称之为"网格形状"对象。这个新的对象是网格和形状之间的抽象连接，接着可以讨论，并提出新的问题，即为脚手架抽象。任务序列举例说明：变异作为选择、比较和概括的范例生成器；将概括结果作为可以自己改变的新对象使用；需要对新对象进行提出变异和提出新问题的双重演绎推理。

我提出将这个任务序列作为一个例子，说明如何关注变化可以提供教学策略和途径，以理解更高层次的抽象的数学思想，这是一个角色的变化，但尚未得到充分的研究。这在马顿的融合思想中曾被暗示过，但融合的结果需要被看作是一个具有自身行为和性质的对象，也就是梁关于二级不变性的概念，不变思想本身又必须成为一个对象。

结束语

在本章中我汇集了大量的数学任务和报告，这些任务和报告在某种程度上依赖于隐式或显式使用变异理论来产生学习和/或揭示学习者的理解范围。在这样做的过程中，我从教科书中列举了一些例子，表明变异是教科书设计以及更广泛的任务设计和教育学的一个问题。

在我给出的所有例子中，不仅仅是要求学习者对学习对象的一个关键方面采取不同的行动。所有的例子都解决了一些关于学习潜在依赖关系的更困难的问题，这通常是数学教学的目标。这可能是通过额外的反思任务，示例中的对比行为，教学语言和手势，OPMS、OPMC 和 MPOS 示例的并列，行动、视觉布局和关系之间的直接联系，限制变化的维度以及避免表面上可以处理的变化。这些变化本身有助于归纳推理。就其本身而言，这种形式的推理不太可能导致更高层次的抽象和意外的归纳概括，但也可能导致对依赖关系的有用猜测。当一个变化周期中确定的关系本身成为下一个周期的可变对象时，我还演示了可以通过受控的变化实现更高层次的抽象。在所有这些观察中，不变的品质和变化一样重要，无论是背景，还是限制因素，乃至经常关系到学习数学的目的。

参考文献

Al-Murani, T. (2006). Teachers' awareness of dimensions of variation: A mathematics intervention project. In J. Novotna (Ed.), *Proceedings of the 30th Conference of the International Group for the Psychology of Mathematics Education* (Vol. 2, pp. 25 - 32). Prague: Charles University.

Cai, J., & Nie, B. (2007). Problem solving in Chinese mathematics education: Research and practice. *ZDM: International Journal on Mathematics Education*, *39*, 459 - 473.

Godfrey, C., & Siddons, A. W. (1915). *Elementary algebra volume Ll*. Cambridge: Cambridge University Press.

Gu, L., Huang, R., & Marton, F. (2004). Teaching with variation: An effective way of mathematics teaching in China. In L. Fan, N. Y. Wong, J. Cai, & S. Li (Eds.), *How Chinese learn mathematics: Perspectives from insiders* (pp. 309 - 348). Singapore: World Scientific.

Hewitt, D. (1998). Approaching arithmetic algebraically. *Mathematics Teaching*, *163*, 19 - 29.

Huang, R., Mok, I., & Leung, F. (2006). Repetition or variation: Practising in the mathematics classrooms in China. In D. J. Clarke, C. Keitel, & Y. Shimizu (Eds.), *Mathematics classrooms in twelve countries: The insider's perspective* (pp. 263 - 274). Rotterdam: Sense Publishers.

Koichu, B. (2013). *Variation theory as a research tool for identifying learning in the design of tasks*. Retrieved August 8, 2014, from http://www.mathunion.org/icmi/digital-library/icmi-studyconferences/icmi-study-22-conference.

Koichu, B., Zaslavsky, O., & Dolev, L. (2013). Effects of variations in task design using different representations of mathematical objects on learning: A case of a sorting task. In C. Margolinas (Ed.), *Task design in mathematics education*, *Proceedings of the ICMI study 22* (pp. 467 - 476). Retrieved August 8, 2014, from http://hal.archives-ouvertes.fr/hal-00834054.

Kullberg, A., Runesson, U., & Måtensson, P. (2013). The same task? — different learning possibilities. In C. Margolinas (Ed.), *Task design in mathematics education*, *Proceedings of the ICMI study 22* (pp. 615 - 622). Retrieved August 8, 2014, from http://hal. archives-ouvertes. fr/hal-00834054.

Leung, A. (2008). Dragging in a dynamic geometry environment through the lens of variation. *International Journal of Computers for Mathematical Learning*, *13*,135 - 157.

Leung, A. (2011). An epistemic model of task design in dynamic geometry environment. *ZDM: The International Journal on Mathematics Education*, *43*,325 - 336.

Leung, A. (2013). *Thoughts on variation and mathematics task design*. Retrieved August 8, 2014, from http://www. mathunion. org/fileadmin/ICMI/files/Digital _ Library/Studies/Thoughts_on_Variation_and_Mathematics_Pedagogy. pdf.

Leung, A., & Lee, A. (2008, July). *Variational tasks in dynamic geometry environment*. Paper presented at the Topic Study Group 34: Research and development in task design and analysis ICME 11. Monterrey, Mexico.

Leung, A., Baccaglini-Frank, A., & Mariotti, M. A. (2013). Discernment in dynamic geometry environments. *Educational Studies in Mathematics*, *84*,439 - 460.

Margolinas, C. (Ed.). *Task design in mathematics education*, *Proceedings of the ICMI study 22*. Retrieved August 12, 2014, from http://hal. archives-ouvertes. fr/hal-00834054.

Marton, F. (2015). *Necessary conditions of learning*. London: Routledge.

Marton, F., & Booth, S. A. (1997). *Learning and awareness*. London: Psychology Press.

Marton, F., & Pang, M. F. (2006). On some necessary conditions of learning. *The Journal of the Learning Science*, *15*,193 - 220.

Mason, J. (2000). Asking mathematical questions mathematically. *International Journal of Mathematical Education in Science and Technology*, *31*(1),97 - 111.

Mathematics Textbook Developer Group for Elementary School. (2005). *Mathematics*. Beijing: People's Education Press.

Michener, E. R. (1978). Understanding understanding mathematics. *Cognitive Science*, *2*,361 - 383.

MME, Midlands Mathematics Experiment. (1970). *CSE vol II part A*. London: Harrap.

Paterson, W. (1911). *School algebra*. Oxford: Clarendon Press.

Sun, X. (2011). Variation problems and their roles in the topic of fraction division in Chinese mathematics textbook examples. *Educational Studies in Mathematics*, *76*,65 - 85.

Sun, X. (2013). *The fundamental idea of mathematical tasks design in China: the origin and development*. Retrieved August 12, 2014, from http://www. mathunion. org/fileadmin/ICMI/files/chinese _ variation _ theory-final-short-final. pdf.

Watson, A., & Mason, J. (2004). The exercise as mathematical object: Dimensions of possible variation in practice. In O. McNamara (Ed.), *Proceedings of 24th Conference of The British Society for Research into Learning Mathematics* (Vol. 2, pp. 107 - 112). London: British Society for Research into Learning Mathematics.

Watson, A., & Mason, J. (2006). Seeing an exercise as a single mathematical object: Using variation to structure sense-making. *Mathematical Thinking and Learning*, *8* (2), 91 - 111.

/第二部分/

从教育学视角看中国课堂教学中的变式

引 言

约翰·梅森(John Mason)[①]

将变式作为一种有效的教学工具，可追溯到上世纪 80 年代由顾泠沅在上海进行的一项教学实验，该实验在《学会教学》一书(Gu, 1991，也见 Gu, 1994)中作了报道。顾泠沅、黄荣金和马顿(Gu, Huang, & Marton, 2004)总结了变式教学的教学理论，区分了变式的两种类型或用途：概念性变式和过程性变式。顾的变式教学理论的实质是"通过展示不同形式的视觉材料和实例来说明本质特征，或通过改变非本质特征来突出概念的本质"(Gu 等人，2004, p. 315)。

本部分的章节提供了涉及代数和几何主题的课例，以说明和突出不同形式的变异，以及可以为教学选择提供信息的不同变异方式。在每一种情况下，作者都在借鉴东西方理论背景下确定课题。每一种方式都会让读者质疑概念性和过程性变式在理论上是否有用，但最重要的是关心它们能否为教师提供借鉴(参见 Watson, 2017)。

当我反复阅读这些章节时，我意识到那些变异本身所提供的，用马顿(2015)的话来说就是"什么是可供学习的东西"，但并没有告诉我们实际学到了什么。其中有几章费尽心思将课的教学结构与学习者的熟练程度和学习者对课本身的反思联系起来，以证实学生无论是在改变背景、格式、表示形式或重要的数学参数方面，确确实实在所使用的变式中进行了学习。

在一些报告的表面之下以及在另一些报告的明确部分中，有一些微妙的有待实施的教学行动的选择。尽管这些策略在许多有效教学的课堂上都能被认可，但作为一本备忘录的变式强调了它们的重要性，并为强调它们提供了一个框架。我想将其称之为**变式教学法**。

---

① 约翰·梅森，英国开放大学。

每一章都有不同的特点，因此读者应该留意所提供的例子，看看是否在自己的经验中认识到它们这些特点，并考虑是否有与这些特点相关联的有用的教学行动，以便在未来认识到这种特点，无论是在规划时还是在教学时，将行动带到表面使之可供实施是可以推定的。这是一个通过意识的教育来使用**注意的训练**(Mason, 2002)的例子(Mason, 1998)。

在这些章节中值得注意的一个重要特征是标识事物的习惯，以在多个背景中帮助识别。在这些章节中可以看出世界各地的教师都这样做，只不过各自采用一种特别有效的标记和利用标记来引导注意力的方式。标记的习惯也适用于教学活动，例如使用**铺垫**标签的意思是预示和提供脚手架。标签有助于提供以便识别细节的词汇，使人敏感地注意到机会和可能性，并使同事之间无论是在数学专题上还是在课程的教学中心方面能够进行有意义的讨论(Mason, 1999)。

在序言中，引用不同章节的具体细节是不恰当的，因此，我建议读者在阅读这些章节中关于变式的描述时，应注意具体的教学行动或正在实施的行动。笔者认为，仅仅说"教师引导的讨论"或"教师引导学生分析"是不够的，因为这些概括性的话忽略了学生的实际行动和真实体验，而在师生的真实体验中，我们才能找到支持和利用所提供的变式的行动。我建议读者自我提问以下几个问题，比如：

"在这节课上，学生们在注意什么？"

"他们是怎么处理的？"(见以下问题)

"老师做了什么来引导学生注意到这一点，并引导学生以这种方式参加？"

"学生们什么时候才能专注于凝视，把握整体，然后才能把注意力转移到细节上去呢？"

"在这节课的这一点上，要求学生们去辨别什么？"

"老师在本课中这一点上提供的变式促使了什么关系被认识和强调？"(例如，在两次介绍或表述之间、不同的例子或问题或练习之间的关系)

"在本课中的这一点上哪些属性被学生所感知并被实例化？"(例如，什么共性被表述和实例化)

"在课的这部分中，哪些属性是可合理接受的？"

我的问题是基于一个框架，我发现这个框架在观察一堂课时非常有用，无论是作为实时观察者，还是作为研究人员处理视频、音频甚至现场笔记(Mason,

2003)。简单地说，它与范希尔理论(van Hiele，1986，也见 van Hiele-Geldof，1957)，以及 SOLO 分类法(Biggs & Colis，1982)保持一致，但与这两种不同的水平严格比较是不适宜的，因为注意力就像一只嗡嗡鸣叫的蜂鸟。它这会儿可以悬停着，过会儿它可以以不同的形式很快地飞到另一个地方。在我看来，注意力可以采取各种形式，包括：把握整体(凝视，在识别具体细节之前)；识别细节；识别特定情况下的关系；将属性视为在特定情况中的实例化；根据认可的属性进行推理。他们的想法是，如果老师和学生没有注意到相同的"事情"，那么他们之间的交流很可能是无效的。但是，即使他们是在关注同一个方面，他们也可能会在不同时间参与，这也将使沟通困难。

在我的评论这一章中，我提出了几个可能值得探究的变式问题，以便为教师的教学选择提供信息，并使教师之间能够进行详细地讨论。然后，我详细阐述了在阅读这些章节时引起我注意的主要问题，即不仅要注意教师和学生所关注的问题，而且要注意他们如何注意这些问题，这可能有助于阐述教学中可能需要的步骤，以便有效地利用课堂上的变式。

参考文献

Biggs，J.，& Collis，K. (1982). *Evaluating the quality of learning*：*The SOLO taxonomy*. New York，NY：Academic Press.

Gu，L. (1991). *Xuehui Jiaoxue* [Learning to Teach]. Hubei：People's Press.

Gu，L. (1994). *Teaching experiment*：*Research on methodology and teaching principle in Qingpu experiment*. Beijing：Education Science Publisher.

Gu，L.，Huang，R.，& Marton，F. (2004). Teaching with variation：An effective way of mathematics teaching in China. In L. Fan，N. Y. Wong，J. Cai，& S. Li (Eds.)，*How Chinese learn mathematics*：*Perspectives from insiders* (pp. 309 - 347). Singapore：World Scientific.

Marton，F. (2015). *Necessary conditions for learning*. Abingdon：Routledge.

Mason，J. (1998). Enabling teachers to be real teachers：Necessary levels of awareness and structure of attention. *Journal of Mathematics Teacher Education*，*1*，243 - 267.

Mason，J. (1999). The role of labels for experience in promoting learning from experience among teachers and students. In L. Burton (Ed.), *Learning mathematics: From hierarchies to networks* (pp. 187 – 208). London: Falmer.

Mason, J. (2002). *Researching your own practice: The discipline of noticing*. London: Routledge.

Mason, J. (2003). Structure of attention in the learning of mathematics. In J. Novotná (Ed.), *Proceedings of international symposium on elementary mathematics teaching* (pp. 9 – 16). Prague: Charles University.

van Hiele, P. (1986). *Structure and insight: A theory of mathematics education*. London, UK: Academic Press.

van Hiele-Geldof, D. (1957). The didactiques of geometry in the lowest class of secondary school. In D. Fuys, D. Geddes, & R. Tichler (Eds.), 1984. *English translation of selected writings of Dina van Hiele-Geldof and Pierre M. van Hiele*. Brooklyn, NY: National Science Foundation, Brooklyn College.

Watson, A. (2017). Variation: Analysing and designing tasks. *Mathematics Teaching*, *252*, 13 – 17.

6. 中国数学问题解决教学的特点
——从变式的角度分析一堂课

彭爱辉[①] 聂必凯[②] 李静[③] 李衍杰[④]

引言

过去20年的研究已经暗示出每个国家的数学教学模式有其国家的特点(Stigler & Hiebert, 1999)。例如,特威德和雷曼(Tweed & Lehman, 2002)指出,东西方课堂有明显的区别。研究人员还发现,有证据表明,教学方法在特定国家有不同的演变。尽管中国、日本和韩国的教学方法都来源于中国儒家传统文化,但中国似乎发展了一种不同于日本和韩国的教学方法(Givvin, Hiebert, Jacobs, Hollingsworth, & Gallimore, 2005; Park, 2006)。

近年来,越来越多的人想要解开中国学生在国际学习活动中数学学科取得优异成绩的谜团(参见 OECD, 2010,2013)。大量的研究集中在中国数学教育的特点上,这些研究中指出"变式教学"是中国促进有效数学学习的一种方式(Gu, Huang, & Marton, 2004; Wong, 2014; Wong, Lam, Sun, & Chan, 2009)。变式教学几乎是中国数学教师的教学惯例(Marton, Runesson, & Tsui, 2004),长久以来被自觉或不自觉地运用着(Li, Peng, & Song, 2011)。

而且,问题解决一直是学校数学教学的主要内容(Stanic & Kilpatrick, 1988)。在中国,注重将问题解决融入学校数学教学由来已久(Siu, 2004; Stanic & Kilpatrick, 1988),而且这一传统一直延续到现在(Cai & Nie, 2007)。多年来,发展学生解决问题的能力一直是学校数学教学的基本目标之一。问题解

① 彭爱辉,西南大学教育学院。
② 聂必凯,美国得克萨斯州立大学数学系。
③ 李静,廊坊师范学院数学与信息学院。
④ 李衍杰,河北省邯郸市新世纪学校。

决是一种不同于其他数学学习领域(如数学概念、算法和定理)的数学活动。

研究者在中国变式教学理论的研究中发现了数学概念教学的一些特点。例如,研究表明,在数学课堂中学生接触到一系列数学问题,在这些数学问题中数学概念的本质特征保持不变,而非本质特征发生了变化(Li 等人,2011)。黄和梁(Huang & Leung, 2004)发现,变式教学帮助学习者逐步获得知识,逐步发展解决问题的经验,并形成结构良好的知识体系。然而,如何根据变式教学理论教授问题解决还不清楚。鉴于问题解决在数学教学中的重要性,缺乏对此类问题的研究将限制我们对中国数学教学的整体认识。本章旨在通过分析一节九年级解直角三角形的数学课来填补这一空白,并做出一些贡献。

理论框架

顾泠沅(1994)指出,变式教学是一种重要的教学方法,使用此方法能使学生更容易理解相关数学概念。而且,变式教学通过使用不同形式的视觉材料来说明本质特征,有时通过改变概念的非本质特征来突出其本质特征。变式教学的目的是帮助学生理解对象的本质,并通过消除非本质特征的干扰形成概念的正确理解。在一系列纵向数学教学实验的基础上,顾泠沅(1994)系统地综合并分析了变式教学的概念。他发现并说明了变式的两种形式,即"概念性变式"和"过程性变式"。"概念性变式旨在为学生提供理解数学概念的多种视角和经验。过程性变式的目的是为概念的逐步形成提供一个过程,使学生解决问题的经验表现为各种问题的丰富性和迁移策略的多样性"(Gu 等人,2004)。

具体来说,顾泠沅等人(2004)确定了变式的三种类型:(1)改变问题条件:通过改变条件、改变结果和推广来扩展原问题;(2)改变解题方法:用不同的方法解决同一个问题;(3)改变解决方法的应用情境:将同一方法应用于一组相似的问题。同样的,蔡和聂(Cai & Nie, 2007)也发现了中国数学教育实践中的三种变异问题:一题多解、多题通解、一题多变。

从更理论和更根本的角度来看,马顿和彭(Marton & Pang, 2006)以及马顿和徐(Marton & Tsui, 2004)的研究表明了关于变异理论的以下观点:学习是学习者发展某种观察能力或体验方式的过程;学生只有确定对象的具体特征,才能以某种方式进行观察。体验变异对于辨别是必不可少的，因此变异对于内容学习也很重要。马顿等人(2004)认为关注学习情境中什么是变化的、什么是不变的非常重要。

基于马顿等人(2004,2006)的观点，沃森和梅森(Watson & Mason, 2006)也认为，由于问题的某些特征不变，而另一些特征变化，学习者要能从特殊中看到一般，要学会归纳和体验特定的事物。正如蔡和聂(Cai & Nie, 2007)所指出的，变式教学通过呈现一系列相互关联的问题，可以帮助学生理解概念，掌握解决问题的方法，从而发展学生的数学知识。

此外，沃森和梅森(Watson & Mason, 2006)认为对某关系中可能变化的感知是概括，将特殊情境中的关系转移到相似情境中的潜在性质被视为抽象。

在这项研究中，我们将依据变式的三种类型(Gu 等人，2004)和变异理论中三个因素分析一节课，这三个主要因素包括：变、不变和识别(Marton 等人，2004,2006)。而且，我们使用"概括"作为研究视角来检查学生的学习(Watson & Mason, 2006)。

方法

思考：为什么选这节课？

目前研究中所包含的数据是一节录像课。这节课的主题是解直角三角形。解直角三角形属于九年级锐角三角函数这一章，这一章分为两部分：第一部分介绍了包括正弦、余弦、正切在内的锐角三角函数的定义；第二部分介绍了如何解直角三角形。在这节课之前，学生学习过勾股定理、锐角三角函数的定义，以及如何求直角三角形的边长或角的方法。

本研究所选的这节课是中国当前数学课程改革背景下一节典型的数学课。它包括中国数学教学模式的六个典型阶段(Peng, 2009)：第一步，设置一个情境来引出本节课要讨论的数学问题；第二步，导入新的数学知识，在此过程中让学生相互合作，进行探究性学习；第三步，简单概括小结；第四步，做练习巩固新知；第五步，学生反思本节课的收获；第六步，布置作业。这节课总共 45 分钟。选择这节课的另一个原因是，这节课不仅包括三角、几何和代数等重要内容，还包括问题解决。

数据：本节课的录像

这一课是由实习教师李老师教的。在她大学导师的指导下，设计了本节课。在大学 4 年的最后一年里，她在多媒体教室使用投影仪、电脑和数学教具(包括正方形和量角器)，运用讲授、学生探究和自学等方法执教了本节课。图 1 展示了教师和学生讨论问题的数学课堂情境。

图 1　老师和学生讨论问题

与 6 个阶段相对应，本节课包括以下活动：

活动 1：问题介绍。这节课一开始，教师问了一个开放性问题："你如何运用解直角三角形的知识来解决现实生活中的问题?"接下来，老师展示了一个现实生活中的问题情境，并给出 5 组已知条件，问："哪组数据可以用来找到被折断的树的原始高度?"(图 2)。这 5 组已知条件包括的数据有：(折断在地的)树梢和树根之间的长度为 4 米、树梢与地面之间的角度为 37°、断树顶部和地面之间的长度为 3 米、树梢和原树干成 53°。

数据	条件
数据1	树梢到树根的距离(4米)
数据2	树梢与地面的夹角(37°)
数据3	树梢到树根的距离(4米)
	断的树顶到地面的距离(3米)
数据4	树梢到树根的距离(4米)
	折断的树梢与地面的夹角(37°)
数据5	折断的树梢与垂直树干构成的角(53°)
	折断的树梢与地面的夹角(37°)

图 2　关于如何求折断树的原始高度的问题

活动 2：问题分析。老师带领着学生分析问题并引入本节课的主题——“解直角三角形，即利用直角三角形中的已知条件求解未知量的过程”。这一分析将现实生活中的问题转化为如何解直角三角形这一严格的纯数学问题。老师又重复了这个问题：“这 5 组数据中，哪一组能求出这棵树的原始高度？”并要求学生仔细、独立地思考这个问题。接下来一段时间，学生在解直角三角形的知识框架下分组分析这 5 组数据，并探索如何用解直角三角形的方法求出树的高度。图 3 展示了学生小组合作中根据 5 组已知条件画出的示意图。在图 3(a)、3(b)和 3(e)中，三条斜边展示出了学生的不同尝试。在图 3(a)中，如果只给出树梢与树根之间的长度(4 米)，就不可能求出被破坏的树的原始高度。对应于求解直角三角形的情况，意味着，只给出一条边的长度，求不出未知量。在图 3(b)中，若只给出树梢和地面之间的角度(37°)，也不可能算出断树的原始高度。对应于求解直角三角形，意味着，只给出一个角度的大小，求不出未知量。在图 3(c)中，若给出树梢与树根之间的长度(4 米)和断树顶部与地面之间的长度(3 米)时，能算出断树的原始高度，它等于 $\sqrt{3^2+4^2}+3=8$。若给出直角三角形的两边，利用勾股定理能算出未知量。在图 3(d)中，若给出树梢和树根之间的距离(4 米)和树梢与地面之间的夹角(37°)，断树的原始高度就等于 $\frac{4}{\cos 37^\circ}+4\tan 37^\circ\approx 8$。对应于直角三角形，意味着，若给出一条边和这条边与另一边所成的夹角，能解出三角形中的未知量。在图 3(e)中，若给出树梢与树干

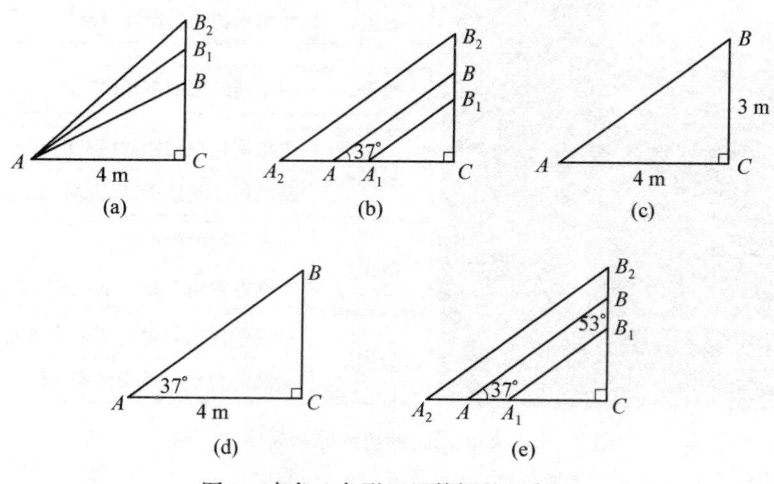

图 3　直角三角形 5 组数据的示意图

的夹角(53°)和树梢与地面之间的夹角(37°),算不出树的原始高度。对应于求解直角三角形的情况,即只给出三角形的两个角的大小,不能求解出未知量。

活动 3: 问题解决的概括。老师和学生一起归纳了关于如何解直角三角形的结论(图 3)。老师说:"三角函数最重要的一个应用就是'解'直角三角形。直到目前,同学们应该知道每个直角三角形有 5 个度量值: 三条边的长度和两个锐角的角度。解直角三角形意味着根据已知条件求出未知量。如果给出了相关条件,就可以使用三角函数求解直角三角形。有谁想总结一下要解直角三角形需要给出哪些条件吗?"学生们回答说:"一边的长度和一个锐角的大小,或者两边的长度。也就是说,如果我们知道直角三角形中 5 个元素中的 3 个的值(除了直角,至少要包括一条边),我们就可以用三角函数的比值来求剩余未知量的值。"

活动 4: 将所学知识应用于同一问题的各种情况。这里举两个这样的例子。第一个是一个关于解直角三角形的纯数学问题,如下所示:

在 $\mathrm{Rt}\triangle ABC$, $\angle C=90°$,若 $a=\sqrt{6}$, $b=\sqrt{2}$,解此直角三角形。

第二个例子是基于老师提出的问题:"如果树没有折断,如何计算出树的高度?"具体来说,可以陈述为:"小明想知道一棵大树的高度,这棵大树在校园里垂直生长。他站在离树根 10 米远的地方,他的位置和树梢所成的仰角用测角仪测出为 50°,他的眼睛和地面之间的距离是 1.5 米。你能求出树的高度吗?"。图 4 给出了此问题的示意图。学生经过小组讨论,达成一个共识,即可以通过构造直角三角形来解决此问题。学生们提出了一些有趣的解决方案,但这些方案将在下一部分讨论变式解题方法时给出。

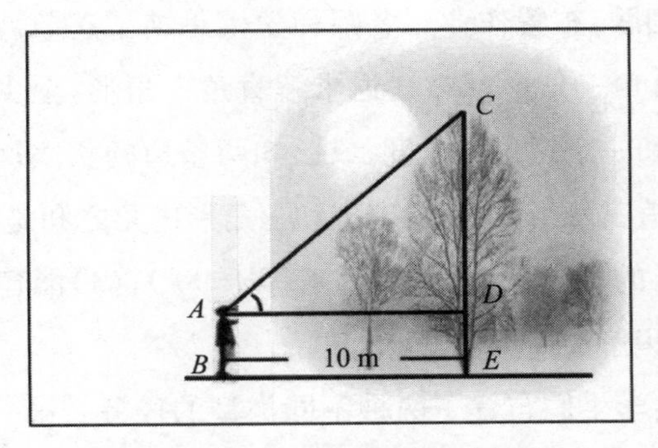

图 4　第二个应用问题的示意图

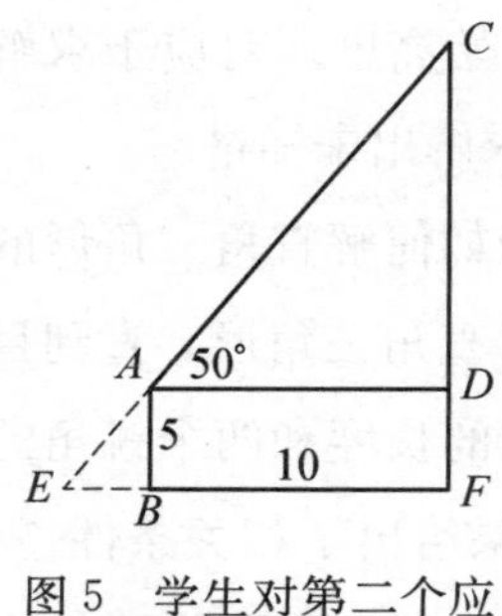

图 5　学生对第二个应用问题的绘图

老师鼓励学生用多种方法来解决此问题。下面给出学生解题策略的两个例子。

学生 1："根据问题我画了一个示意图(如图 5 所示)，我发现连结点 A 和点 D 会得出 $\mathrm{Rt}\triangle ADC$。自然而然，用解直角三角形的知识我就能解出这个问题。"

在 $\mathrm{Rt}\triangle ADC$ 中，$\angle CAD=50°$，$AD=BF=10\ \mathrm{m}$。因为 $CD=AD\times\tan 50°\approx 10\ \mathrm{m}\times 1.192=11.92\ \mathrm{m}$，$AB=DF=1.5\ \mathrm{m}$，所以树的原始高度 $CF=DF+CD=1.5\ \mathrm{m}+11.92\ \mathrm{m}=13.42\ \mathrm{m}$。

学生 2："我们可以构造直角三角形来解决这个问题。延长线段 CA 与 FB 的延长线相交于点 E，形成 $\mathrm{Rt}\triangle CEF$。由于线段 AB 的长度已知，可以很容易地求解 $\mathrm{Rt}\triangle AEB$，然后求解 $\mathrm{Rt}\triangle CEF$(见图 5)，这样就能求出树的高度。"下面给出该学生的解题过程：

在 $\mathrm{Rt}\triangle ABE$ 中，$AB=1.5\ \mathrm{m}$，$\angle AEB=50°$，$EB=\dfrac{AB}{\tan 50°}\approx\dfrac{1.5}{1.192}=1.258$。

在 $\mathrm{Rt}\triangle CEF$ 中，$EF=EB+BF=1.258+10=11.258$。

$$CF=EF\cdot\tan 50°\approx 11.258\times 1.192=13.419\approx 13.42。$$

我们计算出树的高度是 13.42 米。

然后学生分小组讨论这些方法。在老师的指导下，学生比较了多种方法。最终，总结出了用解直角三角形的知识解决实际问题的具体步骤和要点。

活动 5：复习回顾，布置作业。老师和学生总结了这节课的主要内容，包括：(1)理解什么是解直角三角形；(2)知道求解直角三角形，至少要已知下列两种情况：一条边的长度和一个锐角的角度，或已知两条边的长度；(3)掌握解直角三角形的三个工具：锐角三角函数、勾股定理和三角形内角之和是 180°(或在直角三角形中，两锐角是互补的，即两个锐角加起来等于 90°)；(4)能建立数学模型并运用解直角三角形的知识解决简单的实际问题。

接下来，老师给学生们布置了两种不同类型的任务。第一个任务很基础：在 $\mathrm{Rt}\triangle ABC$ 中，$\angle A=90°$，根据以下已知条件解直角三角形：

(1) 已知 $a=30$，$b=20$；

(2) 已知 $\angle B=72°$，且 $b=14$。

第二个是应用型的任务：两位同学合作，测出校园里旗杆的高度。

发现

通过分析本节课中实施的活动，我们有以下发现。

改变问题的条件或背景

从对活动 1 和活动 2 的介绍和分析中可以看出，问题的条件在改变。通过改变直角三角形不同的已知条件，学生能够掌握解直角三角形至少需要哪些条件，从而了解解直角三角形的本质。学生根据 5 组已知条件绘制的示意图表明，学生的数学推理具有较高层次的思维能力，而且知道解决此问题需要密切关注两线段之间的夹角和边的长度。通过保持问题情境不变而改变已知条件和示意图，学生能够辨认出学习对象。直角三角形给出不同的已知条件，解的个数可以是 0、1 或无数多个。表 1 显示了此变异的三个组成部分。

表 1　改变活动 1 和活动 2 中问题的已知条件

不变	变	识别
背景：破损的树干 数量：边和角的度量	条件类型：边或角 条件数	在什么条件下，直角三角形是可解的

从活动 4 中，我们发现老师通过改变断树干问题的条件和情况，给出了两个例子。表 2 显示了此变异的三个组成部分。

表 2　改变问题的条件和情境

不变	变	识别
直角三角形	条件：边和角背景	解直角三角形

对问题解决的概括

概括是识别的结果或提炼。在活动 3 中，通过比较什么发生了变化（学生提供的不同条件）和什么保持不变（相同情况下），学生就能辨认出学习对象。在直角三角形中，不同的已知条件（已知的边或角）导致解三角形的方法不同（可能有一个解、无数解，或者没有解）。如图 6 所示，老师和学生概括出了解直角三角形的思路。

a	b	c	$a^2+b^2=c^2$
$\angle A$	$\angle B$	$\angle C$	$\angle A+\angle B=90^\circ=\angle C$
$\sin A=\frac{a}{c}$ $\cos A=\frac{b}{c}$ $\tan A=\frac{a}{b}$	$\sin B=\frac{b}{c}$ $\cos B=\frac{a}{c}$ $\tan B=\frac{b}{a}$		A b c C a B

图 6　解直角三角形的方法总结和概括

改变解题方法

在我们所研究的这节课中，老师通过采用一题多解的变异模式培养学生问题解决的能力。（在课堂上）教师鼓励学生用多种方法来解决问题。具体来说，学生找到了两种方法来解决第二个应用问题。表 3 展示了此变异的三个组成部分：

表 3　改变解题的方法

不变	变	识别
边、角的测量	通过构造新的三角形来关注不同的三角形	树的高
用到正切		数量间的联系

讨论

改变问题的条件和背景

改变给定问题的条件，能够使学生得以在从探究特殊案例到一般案例的过程中发现并建构数学概念(Watson & Mason, 2006)。改变给定问题的条件能让学生获得系统性经验,理解为什么一个问题能有一个或多个解决方案或者无解(Gu等人,2004)。

改变问题的条件,问题得以简化和结构化,变得更精确,更利于学生理解,为学生解决问题提供了基础(Gu 等人,2004)。改变问题情境意味着虽然改变了问题的情境,但问题的数学本质仍然相似。顾泠沅等人(2004)认为,在解决问题的过程中,将分离但相互关联的学习任务重新组织成一组,能够帮助学习者将一些相互关联的概念建立联系。从这个意义上讲,学生可以在"一题多解"的解题过程中丰富他们解决问题的经验(Cai & Nie, 2007)。

在本节研究课中,老师在不同的情境中提出了互相关联的问题,引导学生如何解直角三角形,并学会在不同情境中应用这些知识和策略。

从知识应用活动和作业布置的角度,我们认为改变问题的情境能帮助学生在有关的数学概念之间建立联系。因此,变式可以提高学生解决问题的能力。在这种形式的变异中,正是任务的结构作为一个整体促进了数学意义的形成(Watson & Mason, 2006)。

概括

在本研究中,老师引导学生总结了解直角三角形的一般规则。不同的问题有不同的解决方案,但都离不开三个工具:三角函数、勾股定理和三角形的内角和为180°。不存在解决直角三角形的唯一"正确"的方法。然而,有一种方法通常是"错误的",那就是在第一步中估算出一个角的角度或一条边的长度,然后用这个近似值解直角三角形。这个近似值会导致不准确的答案。综上可以看到,改变问题的条件会提高问题的复杂性和认知要求,帮助学生理解解直角三角形的本质。沃森和梅森(Watson & Mason, 2006)认为,学生自己做出归纳能帮助他们学习更复杂的数学知识,而且是数学能力发展中的重要组成部分。

改变解决问题的方法

顾泠沅等人(2004)指出,学生解决问题的经验表现为转化策略的多样性。在所研究的这节课上,为了培养学生的问题解决能力,老师采用了改变解决问题的方法这种形式的变式。

从考试获得高分这个角度而言，本节课是成功的。在对本节课的测试中，学生的平均分为91分（满分100分）。此测试是为了评估学生对解直角三角形的理解和应用程度。测试结果表明学生达到了预期学习目标："掌握解直角三角形的基本知识和基本技能。"学校的教师评估小组给予了很好的评价，如："教学活动激发了学生的思考"；"师生共同讨论能帮助学生理解和解决问题"。

上述研究表明，在问题解决教学中，这种改变解决问题的方法的变异说明了用多种方法解决同一问题可以加深理解。总之，这种变异提供了一种揭示潜在数学形式的结构化方法，这种方法能提高学生对一系列相关概念的理解（Lai & Murray, 2012）。

进一步思考和建议

从变异理论的角度分析问题解决教学的特点

从变异理论的角度来看，在数学概念教学过程中，提供给学生的一系列问题具有这样的特征：概念的本质特征不变而非本质特征发生了改变（Li 等人，2011）。使用这样的问题，学生能够从多种视角理解数学概念并获得多样化的视角和经验（Gu 等人，2004）。莱什和扎沃捷夫斯基（Lesh & Zawojewski, 2007）认为解决问题是一种比学习数学概念更复杂的学习活动，它要求问题解决者要数学地阐释问题。这种阐释通常包括描述迭代周期、检验、修正思路，以及识别、整合、修改或提炼出不同出处的数学概念的集合。改变问题的条件、情境和解决方法，能够突出解决问题的本质特征，因此，学生在问题解决的过程中，能够加深理解，提高问题解决的能力。

从理论上讲，变式教学能培养学生的学习能力和问题解决能力，但缺乏足够的实证研究来验证（Cai & Nie, 2007）。尽管我们目前的研究仅仅是基于案例的研究，但通过细致地分析有充分的力度可以证实"学生解决问题的经验表现为丰富的变式问题和多样化的转化策略"（Gu 等人，2004, p. 322）。因此，变式问题有助于学生在相关概念之间建立有意义的联系。此外，我们的研究还增加了此方面的新知识，即找出数学问题解决教学的三种变异类型：改变问题条件、改变问题背景、改变解决问题的方法。

研究者谨慎地表示，变式教学未必能促进基本技能的发展。有时，它甚至会限制培养学生高层次思维能力的机会。因而，需要进一步研究有效地实施变式教学的方式(Mok，Cai，& Fung，2008)。

在内容导向和情境导向的问题解决教学中寻求一种平衡

随着人们越来越重视数学在现实生活中的应用，为了促进(这种)连接而优先考虑问题情境是西方数学教育的共同趋势(Clarke，2006；Sun，2013)。然而，与TIMSS 1999 视频研究(Leung，2005)中的西方同行相比，中国香港、日本和韩国(数学教育发达地区)的数学课堂上问题更多。这就意味着，仅仅在数学教学中强调问题情境并不一定会促进学生的数学学习。一种可供选择的方法是在数学教学中使纯数学问题和有情境的问题保持平衡。为实现此目的，变式教学能帮助我们达到平衡。如本研究所述，教师提供生活情境和纯数学情境中的变式问题供学生探讨。中国的变式教学实践能为其他国家的数学教育者在思考有效数学教学方面提供深刻的见解。

结论

变式教学在中国数学课堂中得到了广泛的实践，是中国数学教师的教学惯例。就教学过程和使用变式问题而言，本研究中给出的这节数学课是个典型案例。本研究对如何使用变异理论进行问题解决教学这一课程类型，提供了一个生动具体的描述。研究中，我们发现了两种变式类型，这可能有助于更好地理解中国的变式教学。然而，我们并不打算将这些发现推广到中国问题解决的其他课程中。

致谢

本章的研究部分由重庆市教育研究院和加拿大与中国教师教育和学校教育互惠学习基金资助(895 - 2012 - 1011)。

参考文献

Cai, J., & Nie, B. (2007). Problem solving in Chinese mathematics education: Research and practice. *ZDM Mathematics Education*, *39*, 459 - 475.

Clarke, D. J. (2006). Using international comparative research to contest prevalent positional dichotomies. *ZDM Mathematics Education*, *38*, 376 - 387.

Givvin, K. B., Hiebert, J., Jacobs, J. K., Worth, H. H., & Gallimore, K. (2005). Are there national patterns of teaching? Evidence from the TIMSS 1999 Video Study. *Comparative Education Review*, *49*(3), 311 - 343.

Gu, L. (1994). *Theory of teaching experiment: The methodology and teaching principle of Qinpu*. Beijing, China: Educational Science Press.

Gu, L., Huang, R., & Marton, F. (2004). Teaching with variation: A Chinese way of promoting effective mathematics learning. In L. Fan, N. Wong, J. Cai, & S. Li (Eds.), *How Chinese learn mathematics: Perspectives from insiders* (pp. 309 - 347). Mahwah, NJ: World Scientific.

Huang, R., & Leung, F. K. S. (2004). Cracking the paradox of the Chinese learners — Looking into the mathematics classrooms in Hong Kong and Shanghai. In L. Fan, N. Wong, J. Cai, & S. Li (Eds.), *How Chinese learn mathematics: Perspectives from insiders* (pp. 348 - 381). Mahwah, NJ: World Scientific.

Lai, M., & Murray, S. (2012, April). Teaching with procedural variation: A Chinese way of promoting deep understanding of mathematics. *International Journal for Mathematical Teaching and Learning*, 319 - 510.

Lesh, R., & Zawojewski, J. (2007). Problem solving and modeling. In F. K. Lester, Jr. (Ed.), *Second handbook of research on mathematics teaching and learning* (pp. 763 - 804). Charlotte, NC: Information Age Publishing.

Leung, F. K. S. (2005). Some characteristics of East Asian mathematics classrooms based on data from the TIMSS 1999 Video Study. *Educational Studies in Mathematics*, *60*, 199 - 215.

Li, J., Peng, A., & Song, N. (2011). Teaching algebraic equations with variation in Chinese classroom. In J. Cai & E. Knuth (Eds.), *Early algebraization: A global dialogue from multiple perspectives* (pp. 529 - 556). New York, NY: Springer.

Marton, F., & Pang, M. (2006). On some necessary conditions of learning. *The Journal of the Learning Sciences*, *15*, 193 - 220

Marton, F., Runesson, U., & Tsui, A. (2004). The space for learning. In F. Marton & A. Tsui (Eds.), *Classroom discourse and the space for learning* (pp. 3 - 40). Mahwah, NJ: Lawrence Erlbaum Associates Inc.

Mok, I. A. C., Cai, J., & Fung, A. F. (2008). Missing learning opportunities in classroom instruction: Evidence from an analysis of a well-structured lesson on comparing fractions. *The Mathematics Educator*, *11*, 111 – 126.

OECD. (2010). *PISA 2009 results: Executive summary* Retrieved from http://www.oecd.org/pisa/pisaproducts/46619703.pdf.

OECD. (2013). PISA 2012 results: *What students know and can do — Student performance in reading, mathematics and science* (Vol. I). Retrieved from https://www.oecd.org/pisa/keyfindings/pisa-2012-results-volume-i.htm.

Park, K. (2006). Mathematics lessons in Korea: Teaching with systematic variation. *Tsukuba Journal of Educational Study in Mathematics*, *25*, 151 – 167.

Peng, A. (2009). *Comparison of mathematics education in China and Sweden*. Presentation in the Umeå and Åbo Annual Seminar in Mathematics Education, Umeå, Sweden.

Siu, M. K. (2004). Official curriculum in mathematics in ancient China: How did candidates study for the examination? In L. Fan, N.-Y. Wong, J. Cai, & S. Li (Eds.), *How Chinese learn mathematics: Perspectives from* insiders (pp. 157 – 188). Mahwah, NJ: World Scientific.

Stanic, G. M. A., & Kilpatrick, J. (1988). Historical perspectives on problem solving in mathematics curriculum. In R. I. Charles & E. A. Silver (Eds.), *Research agenda for mathematics education: The teaching and assessing of mathematical problem solving* (pp. 1 – 22). Reston, VA: National Council of Teachers of Mathematics.

Stigler, J. W., & Hiebert, J. (1999). *The teaching gap: Best ideas from the world's teachers for improving in the classroom*. New York, NY: The Free Press.

Sun, X. (2013, February 6 – 10). *The structures, goals and pedagogies of "variation problems" in the topic of addition and subtraction of 0 – 9 in Chinese textbooks and reference books*. Paper presented at Eighth Congress of European Research in Mathematics Education, Analya, Turkey.

Tweed, R. G., & Lehman, D. R. (2002). Learning considered within a cultural context: Confucian and Socratic approaches. *American Psychologist*, *57*(2), 89 – 99.

Watson, A., & Mason, J. (2006). Seeing an exercise as a single mathematical object: Using variation to structure sense-making. *Mathematical Thinking and Learning*, *8* (2), 91 – 111.

Wong, N. Y., Lam, C. C., Sun, X., & Chan, A. M. Y. (2009). From "exploring the middle zone" to "constructing a bridge": Experimenting the spiral *bianshi* Mathematics curriculum. *International Journal of Science and Mathematics Education*, *7*, 363 – 382.

Wong, Y. (2014). Teaching and learning mathematics in Chinese culture. In P. Andrews & T. Rowland (Eds.), *MasterClass in mathematics education: International perspectives on teaching and learning* (pp. 165 – 173). London: Bloomsbury Publishing.

7. 完全平方公式的变式教学

綦春霞① 王瑞霖② 莫雅慈③ 黄丹亭④

引言

我国使用变式教学法时间久远，可追溯到顾泠沅的《学会教学》(顾泠沅，1994年)。变式教学法已成为我国数学教学中的一种广受欢迎的方法。许多中国研究者已经开发出适用于不同数学主题的教学模式，增强了变异理论在中国教育中的应用。因此，可以公平地说，中国变式教学法[1] 是一种教学模式，这种教学模式能为学生提供一条特定的、有效的学习路径来理解一个数学主题。

本章的目的是：(i)用课堂教学解释中国变式教学，应用变式教学法教授完全平方公式；(ii)为学生可能学到的东西提供实证。

本章所汇报的研究旨在回答这样一个问题：在课堂上使用中国变式教学法能提高学生的学习水平吗？本研究以完全平方公式为研究重点。为什么要选择完全平方公式？数学命题由公理、定理、公式等组成，在数学中占有重要地位。具体来说，定理和公式不仅至关重要，而且对学生的学习也具有挑战性。一些研究(Wu，2006)已经表明，应用变式教学法可以使学生弄清楚定理和公式的条件和结论。此外，变式教学法有助于学生理解定理和公式的本质，使学生在数学学习中获得严谨的推理能力和计算能力(Yuan，2006)。此外，研究人员还报告称，八年级学生对乘法的直观理解比对加法的理解弱(Dixon，Deets，& Banger，2001)。由二项式乘法组成的完全平方公式对学生而言可能是一个难题，因此，需要一个很好的教学实验展示该主题。

---

① 綦春霞，北京师范大学教育学院。
② 王瑞霖，首都师范大学教育学院。
③ 莫雅慈，香港大学教育学院。
④ 黄丹亭，北京第 80 中学。

在本章接下来的章节中，我们将首先阐述华人变式教学法为本研究提供的理论依据，其次给出本研究的研究设计。接下来，报告对课和学生学习的分析结果。最后，根据实验课的研究结果，我们认为，一节数学课若要提升数学思维，除了关注变异还要在探索和解决问题时利用几何直观，这样不仅可以突出知识之间的联系，还能加强数学思维的变异。

文献和理论背景

代数表达式的学习

对代数的教与学已经进行了几十年的深入研究，且有很多文献（例如，见 Kieran, 1992, 2007）。基兰（Kieran, 2007）在《数学教学研究手册（第二册）》一书的一个章节中提出了代数意义的四个主要来源。本章的重点是代数公式的教学。因此，本节的讨论将基于与主题直接相关的两个来源，即涉及字母-符号形式的代数结构和其他数学表示。

学校代数活动的实质属于“转换活动”或“基于规则的活动”的范畴，包括例如“合并同类项、因式分解、展开、用一个表达式替换另一个表达式、多项式幂运算、解方程和不等式、化简、代数求值、方程恒等变形等”（Kieran, 2007, p. 714）。尽管这些活动很重要，但一些学生不可避免地会在代数课上遇到理解困难（Kilpatrick, Swafford, & Findell, 2001），因为在从算术到代数的转换过程中，重复聚焦于发展学生的代数思维有五种类型：注重关系而不是仅仅计算数值结果；注重运算和逆运算；注重在解决问题的同时提出一个问题；注重数字-字母表达式而不仅仅是数字；注重等号的含义（Kieran, 2004）。另一个重要且报道较多的领域是在理解代数表达式上的困难。除了需要重新聚焦外，还有过程-对象的双重含义（Sfard, 1991），例如 $x+3$，从自身来看是代数对象，也可以是向未知 x 中加 3 的过程。另一个障碍是指以正确的顺序完全理解代数表达式时出现的解析障碍，例如学生的以下错误：$12-5x=7x$；$3+x=3x$（Thomas & Tall, 2001）。常见错误有时归类为不恰当的类推，比如错误应用法则，例如 $(a+b)^2=a^2+b^2$。有时可被分类为不适当的外推。

代数的一个主要能力依赖于熟练地操纵字母-符号形式或将一个代数表达式

成功地转换成另一个具有等价意义的代数表达式，例如 $(a+b)^2=(a+b)(a+b)=a^2+2ab+b^2$。这种转换涉及对代数系统意义和代数表达式的句法含义的理解(Kieran, 1989)。系统意义是指控制加法和乘法运算规则的代数性质，如交换律和分配律。句法结构是指将字母、符号、表达式在其等价形式之间转换的正确规则。特别对于后者而言，理解等号和等价的意义是基础(Davis, 1975; Kieran, 1981; Linchevski & Vinner, 1990)。一些研究者从形式认知的理解角度描述学生对代数表达式的操作。基施纳(Kirshner, 1987)在调查基本的代数错误时发现，专家在转化代数表达式时读取了深层形式，例如，$3x^2$ 被解释为 $3M\ [xE2]$，其中 M 和 E 分别表示乘法和幂运算。处理正规代数符号除了语法方面存在困难外，卡普特(Kaput, 2007)认为，表格和图形表示的等价表示之间缺乏关联是另一个学生中常遇见的困难，因此，为了理解代数式的含义，必须要促进数学表示之间的转化(Kaput, 1989; Kieran, 2007)。

运用华人变式教学教公式

自从顾泠沅(Gu, 1994; Gu, Huang, &Marton, 2004)提出变式教学法以来，变式教学法一直被许多数学教师广泛应用。变式教学法的主要特点之一是创造数学对象变化的经验，使学生能够有效地深入学习数学对象。根据顾、黄和马顿(2004)的研究，变式教学有两种应用形式，即概念性变式和过程性变式。概念性变式是指从多个角度理解概念，例如，使用不同的视觉和具体的例子、与非标准化的例子进行比较，以及通过非概念变式阐明其内涵。过程性变式是数学活动逐步展开的过程，即通过强化概念的形成过程来教授过程导向性知识(如何做某事)，经历从简单问题到复杂问题的问题解决过程(脚手架)，建立数学经验体系，使转化或探索的步骤和策略可以内化。中国变式教学法的应用，使得在问题类型上出现了许多变化(详见 Bao, Huang, Yi, & Gu, 2003a, b, c; Gu, Huang, & Marton, 2004)。

针对公式教学，本章作者在顾泠沅工作的基础上，运用两类变式帮助教师理解变式理论在公式教学中的应用。其解释如下：

(1) 示例或问题的风格变异，包括：

a. 观察具体实例中的相似性(1a)；b. 在应用中获得更深入的理解(1b)。

(2) 公式识别方式的变异，包括：

a. 分析公式之间的关系(2a)；b. 通过多种方式识别公式(2b)。

在课程设计中应用这些概念时，会有四种类型的变式：

(1) 对比示例和问题，观察公式之间的异同(1a 型)；

(2) 在不同问题和情境中应用该公式以加深理解(1b 型)；

(3) 分析不同的公式，理解公式之间的关系(2a 型)；

(4) 以多种方式识别公式(2b 型)。

基于这些思路，我们得出了 5 个可行的学习步骤，并将其应用于课程规划(见图 1)。这些步骤被记为步骤 1 到步骤 5，需要注意的是它们不需要遵守严格的顺序。

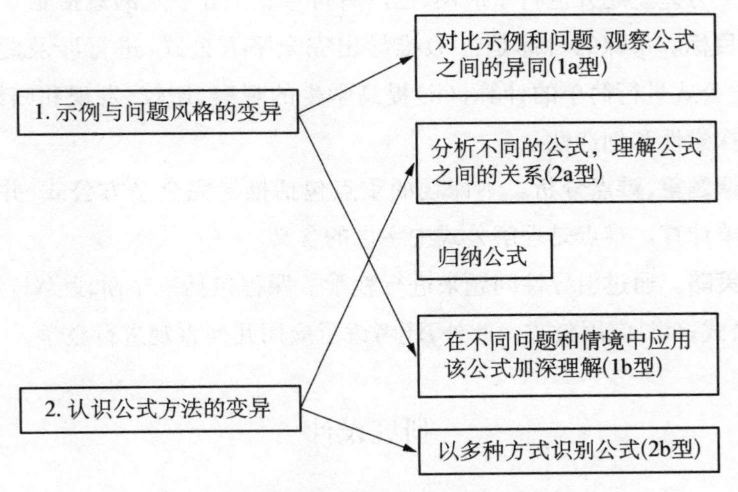

图 1　应用变式教学法进行公式教学的框架

- 步骤 1：对比示例和问题，观察公式之间的相似性和差异(1a 型)；
- 步骤 2：分析不同的公式，理解公式之间的关系(2a 型)；
- 步骤 3：在不同问题和情境中应用该公式加深理解(1b 型)；
- 步骤 4：以多种方式识别公式(2b 型)；
- 步骤 5：归纳公式。

规划有效课程的其他必要因素

此外，在设计实验课的过程中，还考虑了其他重要方面，具体如下：

数学内容的性质。完全平方公式是数与代数的一个主题，是学习过多项式乘法之后的内容。因此，希望学生将此公式与平方差公式进行对比，从而得出完全平方公式。该公式是今后学习因式分解的**铺垫**[2]。

分析学生的背景，包括学生的基本知识和学生学习活动的基本经验。在基础知识方面，学生已经学习了代数式的概念、代数式的加减、含指数的运算、代数式的乘法和平方差公式，这些为学生提供了学习的基础。然而，预测学生还可能在用代数表示几何图形及其面积时会遇到困难。此外，虽然学生在应用公式时可能有很好的理解识别能力，但有些学生仍可能会犯错误，例如 $(a+b)^2=a^2+b^2$ 和 $(a-b)^2=a^2-b^2$。他们可能难以区分公式中的和与差的意义。在学习活动的经验方面，他们探索过平方差主题并进行了应用，已具有符号意识和一定的概括能力。

教学目标。本课的目标是：(i)推导出完全平方公式，进行涉及此公式的计算，应用此公式进行简单的计算；(ii)提高学生的观察、比较、发现和归纳能力，体验数学的探索性和创造性。

本节课题重、难点分析。本课题的重点包括推导完全平方公式，并应用该公式进行简单计算。难点是理解公式中字母的含义。

教学策略。通过引导性问题来进行教学。课程包括三个阶段：(i)发现公式；(ii)证明公式；(iii)应用公式。此外，还考虑了应用几何直观进行教学。

研究设计

实验课是在北京的一所中学上的。被选中的教师有 14 年的教学经验，对变式教学法有很好的了解。老师教了八年级两个不同水平的班级。一班有 38 名学生，水平中等；二班有 30 名学生，水平比一班稍差。

课程设计

在此研究实验中，教学设计基于前一节所述的框架。研究小组分三个阶段对教学设计进行了讨论。第一阶段关注知识的本质。第二阶段聚焦中国变式教学。最后一个阶段关注时间安排。研究人员和教师在备课方面密切配合，严格执行课程设计。课程计划摘要见附录 1。

数据收集与分析

数据收集。 研究人员录下了一班和二班的两节课。在课程结束时，让学生写下他们的思考和反馈，并完成一个 10 分钟的课后测试。此测试用 7 个问题来评估学生对该内容的理解（见附录 2）。

数据分析。 对课堂录像逐字逐句进行研究，基于框架（四种类型的变式）分析了本课的主要特点。从正确和错误两个类型对学生的学习进行分析。

结果

课例分析

本节课包括三个阶段，重点是发现、证明和应用公式。在本课中，教师有目的地实施了变式教学法。她引导学生逐步掌握公式，使学生体验到整个过程。为了展示变异过程和学生的反应，在此给出教师和学生之间在本课三个阶段的互动分析。

1. 发现公式

片段 1：

[1] 老师：之前我们学习了多项式乘以多项式。我们来做一些练习并回顾。

(1) $(m+n)(p+q)$；

(2) $(p+1)^2$；

(3) $(m+3)^2$；

(4) $(a+b)^2$。

[2] 学生 1：第一个多项式的每一项乘以第二个多项式的每个项，然后相加。

[学生们口头展开了代数式，得出下列 4 个等式：

$(m+n)(p+q)=mp+mq+np+nq$；

$(p+1)^2=(p+1)(p+1)=p^2+2p+1$；

$(m+3)^2=(m+3)(m+3)=m^2+6m+9$；

$(a+b)^2=(a+b)(a+b)=a^2+2ab+b^2$]

[3] 老师：比较四个等式特征的观察结果。你有什么发现吗？

[4] 老师：如果进行分类，你将这四个等式分为几类？

[5] 学生2：2类。

[6] 老师：问题1是一个普通的多项式乘法，下面三个是相同多项式的乘法，那么就是一个多项式的平方，对吗？好，就这些吗？

[7] 老师：好吧，左边的形式不同导致右边的结果也有所不同。为什么所有的结果都由三项组成？

(学生们独立思考)

[8] 老师：这是一个普通的多项式乘法，因此我们能得出结果。现在根据多项式乘法规则：p 乘以 p，1乘以1，得到 p^2 和 1^2。那么，把 $p\times1$ 和 $1\times p$ 结合起来会得到……

[9] 学生3：合并后得 $2p$。

[10] 老师：好的，通过这个例子，我们可以把多项式的平方看作多项式乘法的一个特例。由于左侧的形式特殊，结果也很特殊。它们可以合并为三项。

分析。在这个片段中，老师在[1]中提出了四个问题。学生逐渐熟悉公式的展开式和形式[1～2]。教师和学生将表达式/公式与 $(m+n)(p+q)$ 和 $(p+1)^2$ 进行了对比。通过比较形式，学生很容易发现有2类[3～5]。他们能通过观察公式之间的异同进行对比(1a型变式)。接下来，在老师的指导下，学生分析以下两个问题："这四个问题之间有什么差异？""什么导致了这些差异？"[6～7]第一个问题问"是什么"，第二个问题实际上问"为什么"。同时提出"是什么"和"为什么"的问题，强调了对观察到的差异进行解释的要求。这些问题是促使学生深入分析公式之间的不同进而了解公式之间关系(2a型变式)的关键因素。在教师的解释和学生的回答[8～9]中，学生按预期的要求观察出区别，并了解在展开式中合并同类项的可行性：

$$mp+mq+np+nq \text{ 和 } p^2+p\times1+1\times p+1。$$

这个片段以老师小结结束。[10]

片段 2

[11] 老师：$(a-b)^2$ 的结果是什么？如何得到的？展开公式的底是什么？

[12] 学生 4：可以用与上一个相同的方法计算，实际上是 $(a-b)\cdot(a-b)$，所以我们可以算出它。

[13] 学生 5：还有另一种方法。我们可以把 $(a-b)$ 看成 $[a+(-b)]^2$，然后使用例 4 的结果。

[14] 老师：非常好！虽然这是一个小小的变化，但反映了她对这个问题的理解。我们在原式左边把 b 换成了 $-b$，所以我们也要在右边把 b 换成 $-b$。由此 $(-b)^2=b^2$，$+2ab$ 变为 $-2ab$。做得很好。这是一个替换。一方面，我们可以使用多项式乘法；另一方面，我们可以把 $a-b$ 看作 $a+(-b)$。这两种方法我们都能得出正确答案。将两个完全相同的多项式相乘，可以直接求解。这个公式叫做完全平方三项式。

分析。在这部分课堂讨论中，老师再次提出了问题，其中包含指导学生深入观察例子之间变异的关键要素（什么和为什么）：

$$(a+b)^2 \text{ 和 } (a-b)^2。$$

学生们讨论了乘法公式的另一种形式 $(a-b)^2$，并将 $[a+(-b)]^2$ 看作 $(a-b)^2$ 的另一种形式，并提出了两种得出 $(a-b)(a-b)$ 公式的方法，即问题 4——$(a+b)^2$ 的应用[12～13]。然后老师得出结论，并概括出“完全平方三项式”的概念[14]。事实上，这至少展示出了五个步骤中的四个：

- 分析不同的公式 $[(a+b)^2$ 和 $(a-b)^2]$，了解公式之间的关系（2a 型）；
- 在另一种情况下，应用公式 $(a-b)^2=[a+(-b)]^2$ 以获得更深入的理解（1b 型）；
- 通过两种方式识别公式：$\{(a-b)^2=[a+(-b)]^2$ 和 $(a-b)^2=(a-b)(a-b)\}$（2b 型）；

- 概括公式。

2. 证明公式的合理性

在发现完全平方公式后，引导学生从多个角度论证该公式。

片段 3

［15］老师：一般情况下，我们可以将此公式直接应用到以下计算中。$(a \pm b)^2 = a^2 \pm 2ab + b^2$ 表示两项之和或差的平方等于每项的平方之和加上或减去两项之积的 2 倍。

［16］老师：因为它是一个特殊的公式，我们必须找出它的特征。很容易看出左边是多项式的平方。你能找出右边的特征吗？

［17］学生 6：共有 3 项。

［18］学生 7：二次三项式。

［19］老师：这个多项式的次数是多少？这是 a^2 和 b^2 的和，这是两项之积的两倍。哪一项的符号与交叉项前面的符号一致（指向 $2ab$）？这是 b 前面的符号，是吗？

［20］学生 8：与 b 前面的符号一致。

［21］学生 9：观察 $(a \pm b)^2 = a^2 \pm 2ab + b^2$，如果左边的符号为“$+$”，则为“$+2ab$”；如果是“$-$”，那么就是 $-2ab$。

［22］老师：对！为了便于记忆，我们可以把它归纳成简单的方法：［加］第一项和后一项的平方，在中间再加上两项乘积的 2 倍。根据加法交换律，$2ab$ 或 $-2ab$ 可以放在任意位置。

［23］老师：作为一个公式，它是通用的且具有代表性。例如，我要把 a 改为 x，把 b 改为 $2y$，即 $(x+2y)^2$。现在，大家能口头回答吗？

［24］学生 10：$x^2 + 4xy + 4y^2$。

［25］老师：a 和 b 可以表示数、单项式。还有别的选择吗？

［26］学生（全体）：多项式。

［27］老师：对。它可以表示很多东西，比如完整的表达式和分数。a 和 b 在公式中是通用的且具有代表性。

分析。在这一片段中，老师引导学生观察公式 $(a \pm b)^2 = a^2 \pm 2ab + b^2$ 的特征。这些特征包括三项（a^2、$\pm 2ab$、b^2）构成完全平方三项式及 $2ab$ 前面的 $\pm$ 号。显然这些需要观察和记忆。尽管如此，数学上 $a^2 \pm 2ab + b^2$ 代表两个公式 $a^2 + 2ab + b^2$ 和 $a^2 - 2ab + b^2$，因此，学生们比较了两个相似的公式，得出了一个归纳，并且通过 $(a \pm b)(a \pm b)$ 的实际展开证明了归纳的合理性[15～22]。下一个例子是公式的应用，将 a 替换为 x，b 替换为 $2y$，得到 $(x+2y)^2$[23～27]。这个例子起到了双重作用。一方面，它是公式 $(a \pm b)^2 = a^2 \pm 2ab + b^2$ 的应用；另一方面，此经验将 $(a \pm b)^2 = a^2 \pm 2ab + b^2$ 与 $(x+2y)^2 = x^2 + 4xy + 4y^2$ 进行对比，加深了对公式的理解。虽然这只是 $2a$ 型变异的一个单一情况难以概括，但对于本课包含了很多应用的第 3 阶段来说，它可以看作是一种铺垫。

片段 4

[28] 老师：从代数的角度，根据多项式乘法法则，我们得出两个公式。然后我们需要考虑一个问题：当你看到 a^2、b^2 和 $(a+b)^2$ 时，你能回想到什么几何图形？

[29] 学生 11：边长为 a 的正方形的面积，边长为 b 的正方形的面积。

[30] 老师：我们试着从这一点来解释完全平方三项式。我们开始吧。请把它写在纸上。

（学生尝试 5 分钟）

[31] 学生 12：如图 2，我画了一个长度为 $a+b$ 的正方形，其中有两个小正方形和两个全等矩形。它们的面积是 a^2、b^2 和 ab，所以大正方形的面积是 $a^2 + 2ab + b^2 = (a+b)^2$。

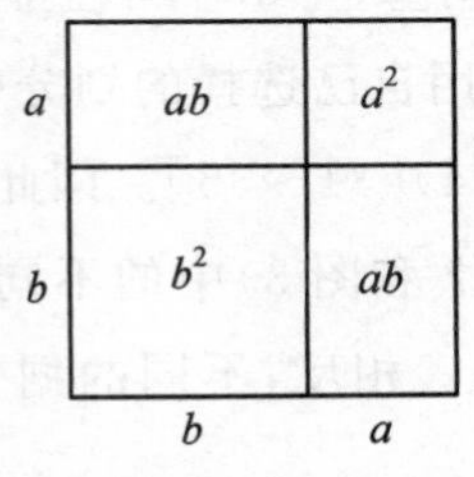

图 2　分割正方形——方法 1

［32］ 学生 13：如图 3，我用了不同的方法。这两种方法的区别在于小正方形和矩形的位置不同。

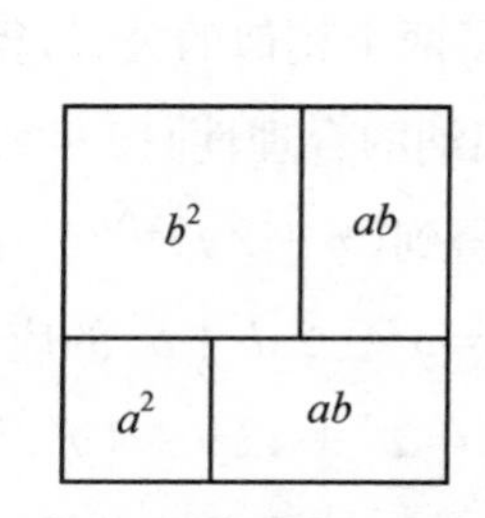

图 3　分割正方形——方法 2

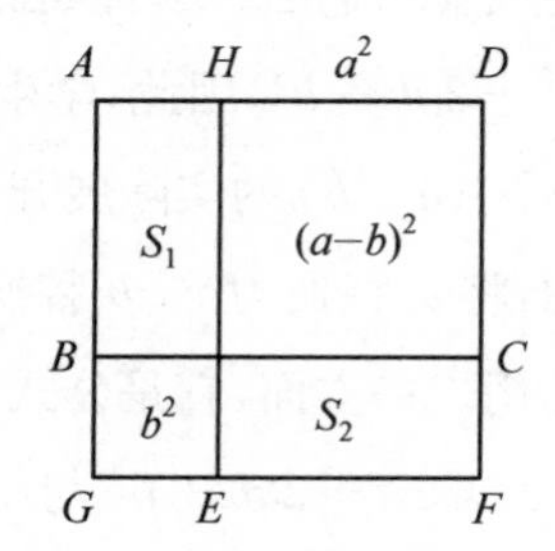

图 4　分割正方形——方法 3

［33］学生 14：接下来，$(a-b)^2=a^2-2ab+b^2$。（见图 4）我用一个边长为 $a-b$ 的正方形，$S_1=S_2=(a-b)b$。那么大正方形的面积是 $a^2=(a-b)^2+b^2+2b(a-b)$，即 $(a-b)^2=a^2+b^2-2ab$。

［34］ 学生 15：（见图 4）既然 $S_{AGEH}=S_{BGFC}=ab$，那么中间正方形的面积可以表示为 $a^2-2ab+b^2$，因为当减去 $2ab$ 时，实际上多减去了一个后面要加回来的 b^2。

［35］ 老师：很好。这样更容易一些。$(a-b)^2+(S_1+b^2)+(S_2+b^2)-b^2=a^2$。我们加了两次 b^2，所以应该减去它。

分析。在这一片段中，老师引导学生探索公式的几何表示，即将正方形分割为面积分别为 a^2、b^2 的小正方形和两个面积为 ab 的矩形。在这一片段中，学生们参与了活动，教师观察他们是否能够在几何的背景下正确地识别公式（2b 型）。通过简单的初始说明［28～30］，学生们有机会探索用几何图形表示公式的不同方法，即他们可以用自己选择的划分（图 2 和图 3）绘制正方形，并标记正方形的边长（图 2 和图 4）［31～35］。因此，在几何表示的背景下，学生们探讨了公式在不同图形（图 2 和图 3）中的不同应用，以及在相同图形（图 2 和图 4）中的不同公式（1b 型）。相反，不同的划分给出了不同的识别并证明公式的方法（2b 型）。

片段 5

［36］老师：让我们回到公式，$(a-b)^2$ 和$(a+b)^2$。我们可以改变 b 的符号，那么可以改变 a 的符号吗？

［37］学生 16：$(-a-b)^2=(a+b)^2$。

［38］学生 17：$(-a+b)^2=(b-a)^2$，与$(a-b)^2$ 相同。

［39］学生 18：$(-a+b)$ 与$(a-b)$ 相反，平方后的结果与$(a-b)$ 的平方相同。

［40］老师：把所有这些放在一起，我们可以发现，由于符号的组合不同，有四种情况。变形的方式将取决于大家的理解。虽然它们看起来不同，但实际上是一样的。

分析。在这一片段中，老师回到公式的情境，把重点放在 a 和 b 前面的符号变化上，因此，给出了应用公式的进一步经验（1b 型）。

3. 应用公式

片段 6

［41］老师：我们来做一些练习。

例 1：用完全平方公式来计算。

(1) $(4m+3)^2$；

［42］老师：哪一个是 a？哪一个是 b？

解：根据 $(a+b)^2=a^2+2ab+b^2$，

$$(4m+3)^2=(4m)^2+2\times4m\times3+3^2=16m^2+24m+9。$$

(2) $(x-2y)^2$。

［43］老师：哪一个是 a？哪一个是 b？

解：根据 $(a-b)^2=a^2-2ab+b^2$，$(x-2y)^2=x^2-2x(2y)+(2y)^2=$

$x^2-4xy+4y^2$。

[44] 例 2：计算。

(1) 102^2；

(2) 99^2。

(学生很容易就能计算出来)

解：

(1) $102^2=(100+2)^2=10\,000+400+4=10\,404$。

(2) $99^2=(100-1)^2=10\,000-200+1=9801$。

[45] 老师：有时使用完全平方公式可以使某些运算变得简单。

[46] 例 3：计算。

(1) $(4x+5)^2$；

(2) $(mn-a)^2$；

(3) $(-2x-3y)^2$；

(4) $\left(x-\frac{1}{2}y^2\right)^2$。

解：

(1) $(4x+5)^2=16x^2+40x+25$。

(2) $(mn-a)^2=m^2n^2-2\,mna+a^2$。

(3) $(-2x-3y)^2=4x^2+12xy+9y^2$。

[47] 老师：为避免计算出现错误，我们可以这样计算。

(4) $\left(x-\frac{1}{2}y^2\right)^2=x^2-2x\times\frac{1}{2}y^2+\left(\frac{1}{2}y^2\right)^2=x^2-xy^2+\frac{1}{4}y^4$。

[48]老师：把多项式中$-\frac{1}{2}y^2$视为一项，并把它视为完全平方公式中的b。

[49] 例 4：计算。

(1) $(a^2+b^2)^2$；

(2) $(a^n-b^n)^2$。

解：

(1) $(a^2+b^2)^2=a^4+2a^2b^2+b^4$。

(2) $(a^n-b^n)^2=a^{2n}-2a^nb^n+b^{2n}$。

[50] 老师：底数变为另一种形式，但关键是识别哪一项是"a"。

[51] 老师：好，我们继续。每个人在这张纸上写两个完全平方式并互相交换。然后解决同伴的问题，并判断是否正确。不要太难了。

（学生在座位上完成任务）

（有些学生试图出难题）

[52]（两个学生向我们展示）

$$(a^{100}+b^{100})^2=a^{200}+2a^{100}b^{100}+b^{200};$$

$$\left(\frac{1}{4}m^n-\frac{1}{2}n^m\right)^2=\frac{1}{16}m^{2n}-\frac{1}{4}m^nn^m+\frac{1}{4}n^{2m}。$$

[53] 老师：a 可以是单项式或多项式。当我们应用公式时，这会产生很多问题，我们需要注意哪个是 a 或 b。有人提出了一个例子 $(a+b-3)^2$。我们考虑一下，如果它是一个多项式会发生什么，你会选择 a 和 b 之间哪一个使之成为多项式？

[54] 学生 19：我将 $a+b$ 结合视为 a，将 3 视为 b。$(a+b-3)^2=[(a+b)-3]^2$。

[55] 老师：我们来做一个补充：

$$\begin{aligned}(a+b+c)^2&=[(a+b)+c]^2=(a+b)^2+2(a+b)c+c^2\\&=a^2+2ab+b^2+2ac+2bc+c^2\\&=a^2+b^2+c^2+2ab+2ac+2bc。\end{aligned}$$

这个公式包含三个平方和 a、b 和 c 中每两对的乘积。运用完全平方三项式的基本公式能简化计算。

[56] 老师：我们只是用正方形的面积直观地解释了完全平方三项式。如何用图来表示它？

[57] 学生 20：[见图 5]

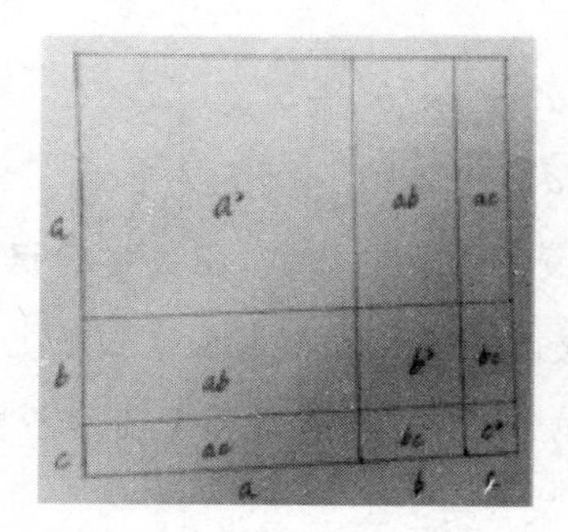

图 5　公式的展开式图示 1

［58］学生 21：［见图 6］

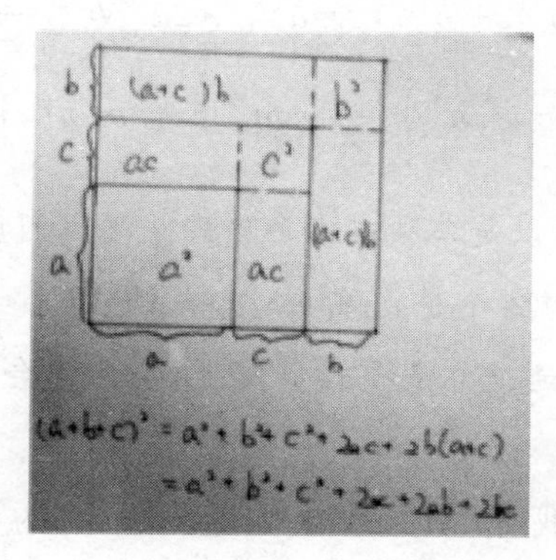

图 6　公式的展开式图示 2

［59］老师：我们能推测$(a+b+c+d)^2$的结果吗？如何用图形表示？下课后大家尝试一下。

分析。这一片段是在不同的问题中练习应用公式(1b 型)。通过练习不同的问题，巩固了公式并加深了理解。这些问题的复杂程度和难度取决于正负号、指数和分数的使用。这四个问题的难度逐渐增加。第一个问题［41］的目的是巩固公式。第二个问题［44］旨在将公式应用到简便计算中。在第三个问题［46］中，公式中的字母可以表示不同的单项式。第四个问题［49］表明公式的字母可以表示高指数的单项式。其次，教师让学生自己构造出可以用这个公式解决的问题，目的是让学生理解公式中的字母可以被单项式、多项式等所代替[51]。然后老师又问了一个更深的问题："除了表示数和次数低或高的单项式外，它还可以表示多项式吗？"[53]这就引出了问题[54]。首先，教师将问题概括为用字母表示多个项之和的平方[55]。接着，老师模拟了之前用图形理解公式的想法[56]。最后，给出了进一步的扩展[59]。通过这些练习，希望学生们更多地了解公式变化间的关系(2a 型)，学会在不同复杂度的代数表达式中识别和应用公式(1b 型和 2b 型)。

学生们学到了什么

学生的学习成果将分成两个部分进行分析：(i)课后测验的成绩(附录 2)；(ii)课后书面反思。

学生成绩

1 班和 2 班的学生根据课程目标进行课后测试。测试题主要关于完全平方公式。

$(a+b)^2-(a-b)^2$ 问题

解决这个问题，学生需要了解如何使用完全平方公式和平方差公式。1 班所有学生都能算出正确答案，2 班 76.7%的学生能算出正确答案(见表 1)。两个学生在完全平方公式上犯了错误。他们的答案如图 7 所示。

表 1　1 班和 2 班回答问题的比较

类型	1 班		2 班	
	学生数	%	学生数	%
正确	38	100.0	23	76.7
去括号错误	0	0.0	2	6.7
误用平方差公式	0	0.0	1	3.3
完全平方公式错误	0	0.0	2	3.3
其他错误	0	0.0	2	10.0

用乘法公式计算：$(a+b)^2-(a-b)^2$

用乘法公式计算：$(a+b)^2-(a-b)^2$	用乘法公式计算：$(a+b)^2-(a-b)^2$
解 原式 $a^2+ab+b^2-(a^2-2ab+b^2)$	$=(a^2+b^2)-(a^2-b^2)$
$=a^2+ab+b^2-a^2+2ab-b^2$	$=a^4-a^2b^2+a^2b^2-b^4$
$=3ab$	$=a^4-b^4$

图 7　2 班学生的错误答案

问题：玛丽认为 $(a+b)^2=a^2+b^2$。请用几何图形来分析她的想法是否正确。

学生表现分析见表 2。对于这个问题，两个班的学生都画了一个图来说明。一些学生给出了公式的正确几何表示，如图 8 所示，而一些学生无法给出正确的几何表示，如图 9 所示。

表 2　用几何图形分析该问题——1 班和 2 班行为表现的比较

类型	1 班		2 班	
	学生数	%	学生数	%
空白	0	0.0	2	6.7
正确答案	37	97.4	26	86.7
公式错误	1	2.6	1	3.3
图形错误	0	0.0	1	3.3

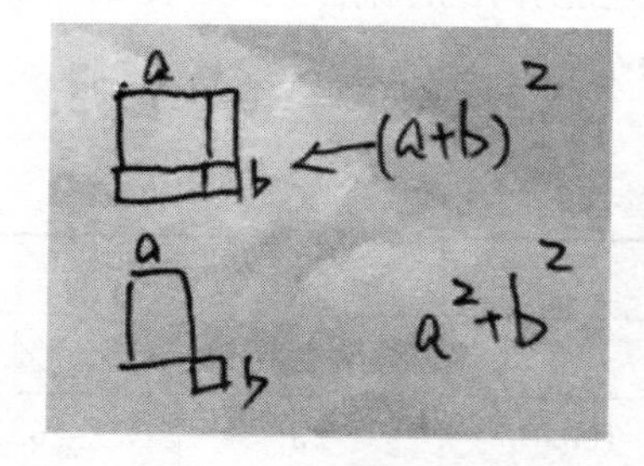

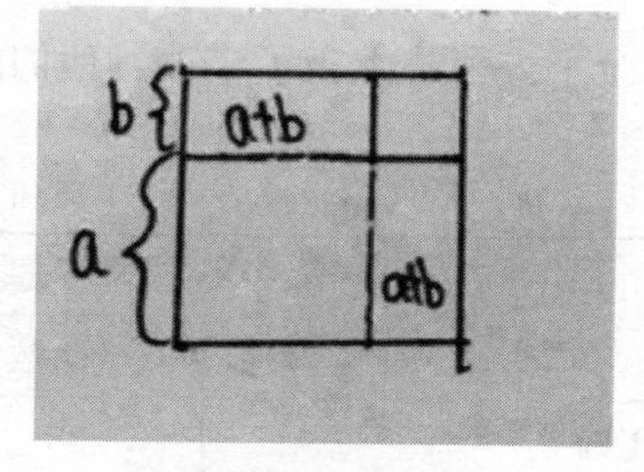

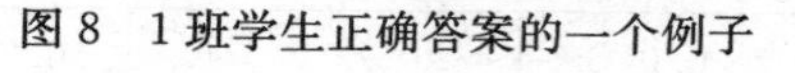

图 8　1 班学生正确答案的一个例子　　图 9　2 班学生错误答案的一个例子

学生对学习的反思。对学生课后书面反思进行分析，发现有以下四个主题：

(1) 用几何方法证明公式；

(2) 从完全平方公式推导出来其他公式；

(3) 该公式能简化计算；

(4) 从代数和几何的角度理解。

在1班，26.8%的学生提到使用几何方法证明公式；22%的学生提到从代数和几何角度理解公式。许多学生承认他们对逐步学习完全平方公式有兴趣。在他们看来，这节课不仅为他们提供了学习较难知识的机会，使他们从代数和几何的角度认识公式，丰富他们的理解，而且还拓宽了他们的视野，丰富了数学知识。图10至图13展示了学生的一些反思。图10展示了一个学生的反思，它由两点组成：(i)可能用几何图形证明公式；(ii) $a-b$ 可以转化为 $a+(-b)$，因此公式 $(a-b)^2$ 可以转化为 $(a+b)^2$（主题1）。在图11中，学生强调了完全平方公式和几个变异之间的联系（主题2）。在图12中，学生说这个公式可以简化表达式，节省了很多时间（主题3）。在图13中，学生描述了两种从代数和几何角度解释公式的方法（主题4）。

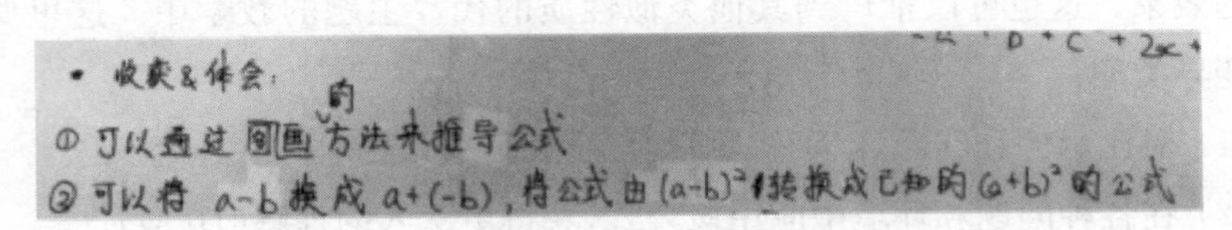

图10 学生在主题1中的反思

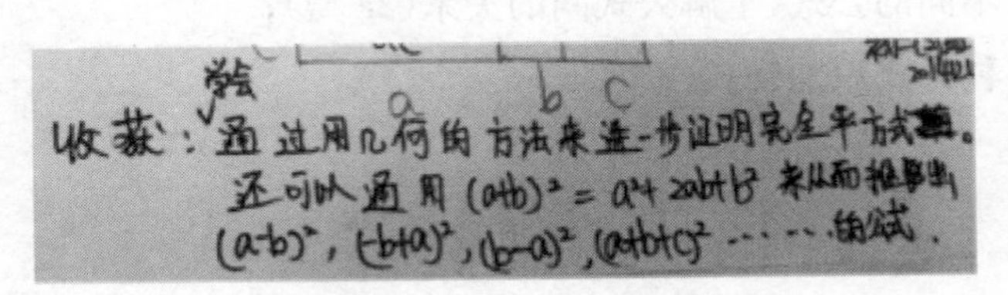

图11 学生在主题2中的反思

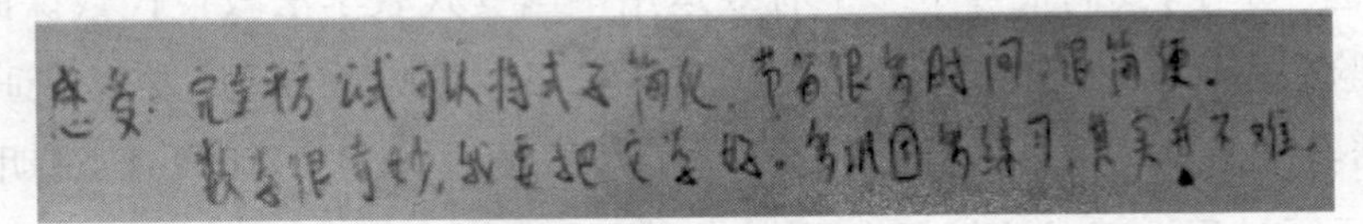

图12 学生在主题3中的反思

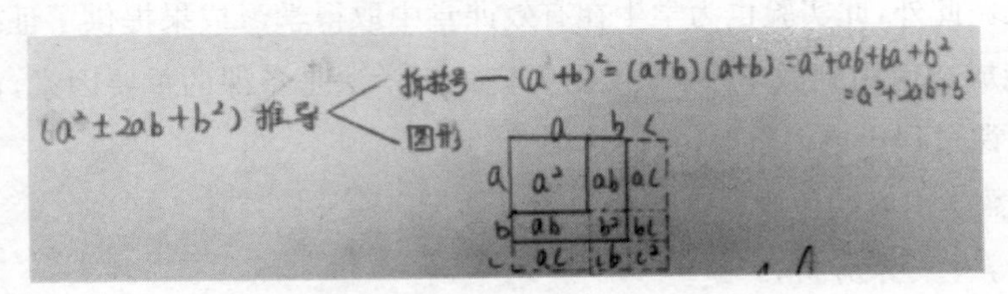

图13 学生在主题4中的反思

结论

此教学实验中有关学生学习成就的结论总结如下：

(1) 学生在计算中运用公式做得很好，表现出良好的计算能力；

(2) 有些学生专注于记忆公式，但忽视了公式的推导和理解；

(3) 通过构造几何图形，学生们展示了对完全平方公式的另一种理解；

(4) 用图表来解释 $(a-b)^2=a^2-2ab+b^2$ 要比解释 $(a+b)^2=a^2+2ab+b^2$ 难；

(5) 测试结果表明，成绩较差的学生对变式的理解程度低于成绩较高的学生。

用变式教学法教公式的实验表明，巧妙地运用这四种变异类型，能使课堂取得好的效果。这也可以推广到其他类似性质的代数主题的教学中。这里概括了四种变异类型：

(1) 对比示例和问题，以了解数学对象（如公式）之间异同（1a 型）；

(2) 在各种问题和环境中应用该公式，获得更深入的理解（1b 型）；

(3) 分析不同的公式，了解公式间的关系（2a 型）；

(4) 以多种方式识别公式（2b 型）。

讨论

在这一章中，我们报告了一个有效运用中国变式教学法教授代数课的案例。教学实验展示了在发现阶段中国变式教学法与数学思维模型（发现—证明—应用）相结合的创新应用。分析显示了概念性变式的具体例子，而发现、证明和应用阶段展示了过程性变式的创新应用，这些过程性变式通过变式活动阐释了公式的数学意义。此外，此实验也为学生在有效课堂中取得学习成果提供了证据。变式教学法能成功应用到教学中，不仅因为变式教学法是备课的重要因素，而且其他因素在备课过程中也很重要，它们是：

(1) 数学内容的性质；

(2) 学生背景分析；

(3) 课堂教学目标；

(4) 教学内容重、难点分析；

(5) 将变式教学、几何直观和数学建模思想相结合，即发现—证明—应用。

实验课除展示了在代数公式教学中有效运用中国变式教学法的案例外，还揭示出两个重要的特点：在探索和问题解决过程中应用几何直觉；加强数学思维的变异性，注重数学知识的联系。针对几何表示，课程标准(MOE, 2011b)要求学生应该了解 $(a \pm b)^2 = a^2 \pm 2ab + b^2$ 的几何背景。几何直观是课程标准的核心思想之一，课程标准指出，"几何直观(MOE, 2011b)有助于简化复杂问题和探索解决问题的思想。几何直观能帮助学生直观地理解数学，在数学学习中起着重要作用"(p. 3)。因此，在帮助学生理解代数公式的同时，教师也应该帮助学生探索公式的几何意义。在教学过程中，教师可以向学生展示下面的四边形(Wei, 2013)，以帮助他们用几何图形表示代数表达式。

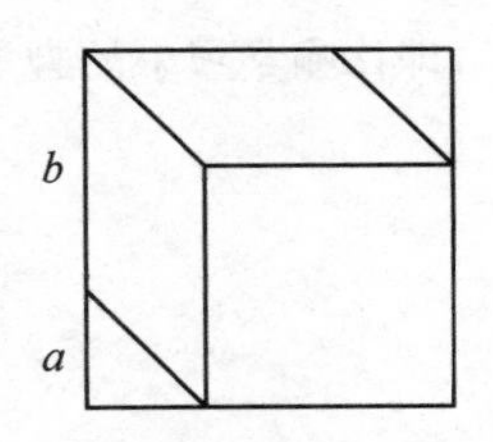

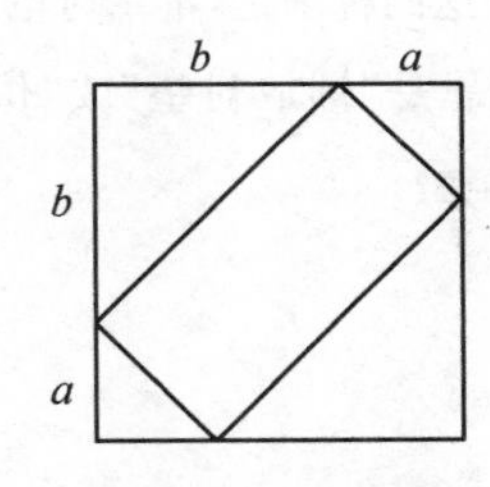

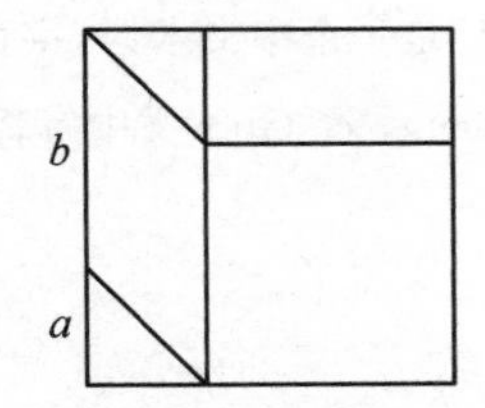

除了提供四边形的变式图形，教师还可以尝试向学生展示三角形，以分析这些几何图形之间的联系。

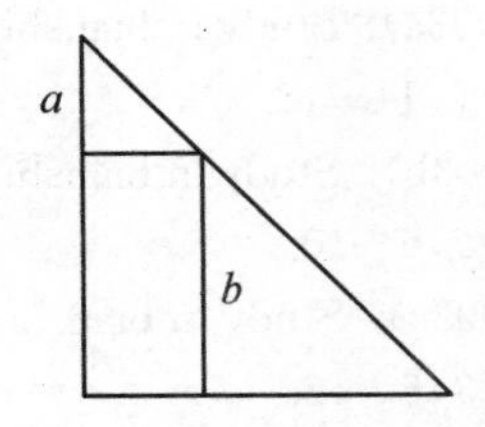

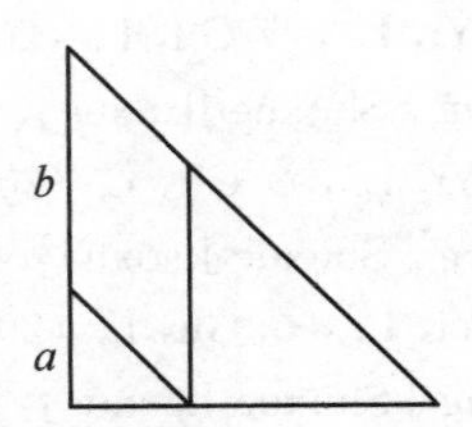

学生可以通过这些图形的变异加强对公式意义和应用的理解。有一种观点认为，"图形的变化越多，对学生的学习就越有利"。实际上，这依靠的是恰当的变异(质量)，而不是数量。关于加强数学思维的变异与注重知识的联系，通过对课堂进行分析发现"是什么-为什么"问题以及四种变异的应用，加强了每个片段中的知识联系，激发了学生的数学推理。发现、证明和应用这三个阶段创造了数学

过程的基本经验。课程标准(MOE，2011c)是将数学思维视为通过合情推理来探索数学结论的。教师应鼓励学生从与现实生活、数学图形和算术表达有关的各个方面探索结果。从学生的表现可以看出，学生应该更进一步地探索和拓展数学本质。因此，教师应在教学中加强知识联系，鼓励学生在学习过程中运用数学思维。

注释

1 基于现象图式学，马顿及其伙伴(马顿 & 布斯，1997；马顿，2014)提出变异理论，并讨论了变异。根据马顿的理论，学习者的经验和变异意识对于学习是必不可少的(见 Mok 和 Pang 等人同卷的文章)。为了区分这两种理论，本章讨论的变异教学称为中国变式教学法。

2 "铺垫"是一个中文术语，字面意思是"铺放衬垫"或"伏笔"，即比喻学习中的脚手架，见 Gu，Huang，& Gu's 文中解释(本卷)。

参考文献

Bao, J., Huang, R., Yi, L., & Gu, L. (2003a). Study in bianshi teaching [In Chinese]. *Mathematics Teaching* [Shuxue Jiaoxue], *1*, 11 - 12.

Bao, J., Huang, R., Yi, L., & Gu, L. (2003b). Study in bianshi teaching [In Chinese]. *Mathematics Teaching* [Shuxue Jiaoxue], *2*, 6 - 10.

Bao, J., Huang, R., Yi, L., & Gu, L. (2003c). Study in bianshi teaching [In Chinese]. *Mathematics Teaching* [Shuxue Jiaoxue], *3*, 6 - 12.

Davis, R. B. (1975). Cognitive processes involved in solving simple algebraic equations. *Journal of Children's Mathematical Behaviour*, *1*(3), 7 - 35.

Dixon, J. A., Deets, J. K., & Bangert, A. (2001). The representations of the arithmetic operations include functional relationships. *Memory & Cognition*, *29*, 462 - 477.

Gu, L. (1994). *Theory of teaching experiment: The methodology and teaching principles of Qingpu* [In Chinese]. Beijing: Educational Science Press.

Gu, L., Huang, R., & Marton, F. (2004). Teaching with variation: An effective way of mathematics teaching in China. In L. Fan, N. Y. Wong, J. Cai, & S. Li (Eds.), *How Chinese learn mathematics: Perspectives from insiders* (pp. 309 - 348). Singapore: World Scientific.

Jupri, A., Drijvers, P., & van den Heuvel-Panhuizen, M. (2014). Student difficulties in solving equations from an operational and a structural perspective. *Mathematics Education*, *9*(1), 39 - 55.

Kaput, J. J. (1989). Linking representations in the symbol systems of algebra. *Research Issues in the Learning and Teaching of Algebra*, *4*, 167 - 194.

Kieran, C. (1981). Concepts associated with the equality symbol. *Educational Studies in Mathematics*, *12*, 317 - 326.

Kieran, C. (1989). The early learning of algebra: A structural perspective. *Research Issues in the Learning and Teaching of Algebra*, *4*, 33 - 56.

Kieran, C. (1992). The learning and teaching of algebra. In D. A. Grouws (Ed.), *Handbook of research on mathematics teaching and learning* (pp. 390 - 419). Reston, VA: National Council of Teachers of Mathematics.

Kieran, C. (2004). Algebraic thinking in the early grades: What is it. *The Mathematics Educator*, *8*(1), 139 - 151.

Kieran, C. (2006). Research on the learning and teaching of algebra. In A. Gutiérrez & P. Boero (Eds.), *Handbook of research on the psychology of mathematics education: Past, present and future* (pp. 11 - 49). Rotterdam: Sense publishers.

Kieran, C. (2007). The learning and teaching of algebra. In F. K. Lester, Jr. (Ed.), *Second handbook of research on mathematics teaching and learning* (pp. 707 - 762). Reston, VA: National Council of Teachers of Mathematics.

Kilpatrick, J., Swafford, J., & Findell, B. (2001). *Adding it up*. Mathematics Learning Study Committee, Center for Education, Washington, DC: National Academy Press.

Kirshner, D. (1987). *The grammar of symbolic elementary algebra* (Doctoral dissertation). University of British Columbia, Vancouver.

Linchevski, L., & Vinner, S. (1990). Embedded figures and structures of algebraic expressions. In G. Booker, P. Cobb, & T. N. Mendicuti (Eds.), *Proceedings of the Fourteenth International Conference of the International Group for the Psychology of Mathematics Education* (Vol. 2, pp. 85 - 93). Mexico City, Mexico.

Luo, X. (2008). Introduction to variation in mathematics teaching. *Primary and Middle School Mathematics* (high school edition), *12*, 7 - 9.

Ma, F. (2012). *Mathematics textbooks for seventh grade* (pp. 23 - 27). Beijing: Beijing Normal University Press.

Marton, F. (2014). *Necessary conditions of learning*. New York, NY: Routledge.

Marton, F., & Booth, S. (1997). *Learning and awareness*. Mahwah, NJ: Lawrence Erlbaum.

Matz, M. (1982). Towards a process model for high school algebra errors. In D. Sleeman & J. S. Brown (Eds.), *Intelligent tutoring systems* (pp. 25 - 50). New York, NY & London: Academic Press.
Ministry of Education. (2011a). *Mathematics curriculum standard for compulsory education*. Beijing: Beijing Normal University press.
Ministry of Education. (2011b). *Mathematics curriculum standard for compulsory education*. Beijing: Beijing Normal University press.
Ministry of Education. (2011c). *Mathematics curriculum standard for compulsory education*. Beijing: Beijing Normal University press.
Mok, I. A. (2010). Students' algebra sense via their understanding of the distributive law. *Pedagogies: An International Journal*, *5*, 251 - 263.
Sfard, A. (1991). On the dual nature of mathematical conceptions: Reflections on processes and objects as different sides of the same coin. *Educational Studies in Mathematics*, *22*(1), 1 - 36.
Thomas, M., & Tall, D. (2001). The long-term cognitive development of symbolic algebra. In H. Chick, K. Stacey, J. Vincent, & J. Vincent (Eds.), *The future of the teaching and learning of algebra* (pp. 590 - 597). Australia: University of Melbourne.
Wei, M. (2013). Returning the math beautiful to student. *Middle School Mathematics Research*, *5*, 24 - 26.
Wu, L., & Liu, B. (2006). The three point of variation pedagogy. *Mathematics Bulletin*, *4*, 18 - 19.
Yuan, Q. (2006). The phycology analysis of variation pedagogy. *Mathematics Communication*, *3*, 4 - 5.

附录 1

基于三段的课程计划概要

教学内容	备注：
第一阶段：发现公式 问题 1：[运用变式教学法]教师提出了 6 个代数表达式，并要求学生在计算中找到模式。 (1) $(m+n)(p+q)$； (2) $(2x+3y)(a+b)$； (3) $(a+2)(a+2)$； (4) $(p+1)^2=(p+1)(p+1)=$ ______； (5) $(m\div 2)^2=$ ______； (6) $(2m-2)^2=$ ______。	步骤 1：示例和问题之间的对比，以了解公式之间的相似性和差异性(1a 型)。 步骤 2：分析不同的公式以理解公式之间的关系(2a 型)。 步骤 5：概括公式。

续表

教学内容	备注：
教师指导学生观察等号两侧的表达式，比较前两种表达式和后四种表达式，指出后四种表达式的特殊情况。然后，要求学生们去发现模式，老师引导学生思考第二个问题。 问题2：描述你发现的模式，并解释你是如何找到这个模式的。[期望学生将给定表达式中的字母与公式 $(a+b)^2=a^2+2\cdot a\cdot b+b^2$ 中的“a”和“b”匹配] 问题3：你是如何从 $(a+b)$ 的完全平方中找到 $(a-b)$ 的完全平方的？[期望学生将 $(a-b)$ 视为 $a+(-b)$]	
第二阶段：证明/论证公式 问题4：完全平方公式的模式和特点是什么？用你自己的话解释。 备注：当 $a=p$ 和 $q=b$ 时，老师将引导学生认识到完全平方公式是 $(a+b)(p+q)$ 的特例。[这一点在教学中没有得到落实] 问题5：你能用其他方法推导出完全平方公式吗？ 老师可以指导学生使用作图的方法。	步骤3：将公式应用于各种问题和背景，以获得更深层次的理解（类型1b）。 步骤4：以多种方式认识公式（2b型）。
第三阶段：公式的应用 教师将使用PPT给出以下例子： $(-a+b)^2$；$(2x-3)^2$；$(4x+5y)^2$；$(mn-a)^2$；$(a^2+b^2)^2$；102^2；197^2；$(a+b+c)^2=$ ______；$(a-b+c)(a-b-c)=$ ______。 问题6：你在日常生活中找到了完全平方公式的应用吗？ 注：希望（学生）提出计算面积之和或面积之差。 问题7：你如何理解完全平方公式及其发现？ 备注：老师应指导学生对课程进行总结。[在实施过程中，没有太多的互动，要求学生们写下他们的想法]	步骤3：在各种问题和背景中应用公式以获得更深层次的理解（类型1b）。 步骤4：以多种方式认识公式（类型2b）。

附录2

完全平方公式的课后测试。

1. 计算：

(1) $(x-1)^2$；　　(2) $(-x+1)^2$；

(3) $(3a+1)^2$；　　(4) $(-3a+1)^2$。

2. 应用乘法公式计算：$(x+1)(x-1)(x-1)^2$。

3. 应用乘法公式计算：$(a+b)^2-(a-b)^2$。

4. 玛丽认为 $(a+b)^2=a^2+b^2$。请用几何图形来分析她的想法是否正确？

8. 几何概念的变式教学
——一节上海课的案例研究

黄荣金① 梁贯成②

引言

中国学生在各种国际比较研究中数学方面的优异表现(Fan & Zhu,,2004;经合组织,2010,2014)引发人们对探索中国数学教学的特点越来越强的兴趣(Fan, Wong, Cai, & Li, 2015; Li & Huang, 2013)。中国的数学课堂被描述为是在大班中进行的教师占主导地位,而学生是被动学习者的教学活动(Leung, 2005; Stevenson & Lee, 1995)。另一方面,华人课堂也被认为精雕细琢(Paine, 1990),流利而连贯(Chen & Li, 2010),关注重要内容的开发、问题解决和证明(Huang & Leung, 2004; Huang, Mok, & Leung, 2006; Leung, 2005)。顾、黄、马顿(2004)和顾、黄、顾(2017)提出了一种变式教学理论,认为这是促进大班数学有意义学习的有效途径。几何概念和证明中的几个例子被用来说明变式教学的主要特点(Gu, 1992; Gu 等人,2004),但对于如何将变式教学原理应用于几何教学,以促进学生对几何概念的理解还缺乏研究。为此,我们试图通过从变式的角度考察几何概念是如何被传授的,从而加深对中国数学教学的理解。

文献综述与理论思考

在这一部分,我们首先从认知的角度回顾几何概念学习的文献。然后,从变式的角度对变式教学法和几何学习进行了探讨。最后,以几何教学的认知视角描

① 黄荣金,美国中田纳西州立大学。
② 梁贯成,香港大学。

述了本文的研究框架。

几何教学：认知的视角

根据温纳的观点(Vinner，1991)，一个数学概念有两个相互关联的组成部分：概念定义和概念形象。重要的是引入一个概念时要仔细探索组织的一组正例和反例。通过正例和反例的比较，可以明确该概念的可判别属性。基于这一模型，赫什科维茨(Hershkowitz，1990)提出了一系列的几何概念教学活动，包括选择学生应该发现的概念的关键属性和学生经常错误地将其识别为正例或反例的非关键属性；提供了每个关键属性和每个非关键属性不同的正例和反例。人们注意到，原型图像(如直角三角形的直立位置、三角形内的高)可以是理解概念的起点，也可以是概念形成的限制(Vner & Hershkowitz，1983；Vnerner，1981)。学生和职前教师倾向于根据典型的例子做出判断，导致不完整的概念图像，例如当底边需要延长时不能画出一个高(Hershkowitz，1990)。探索各种非原型图像可以用来制定基于定义和逻辑分析的分析策略。为了处理或操作几何图形，杜瓦尔(Duval，1996，1999)强调了重新配置的方法，即将给定的整体图形分割成不同形状的部分，然后将它们的部分组合成另一个整体图形或制作新的子图。例如，一个平行四边形被转换成一个矩形，或者可以通过组合三角形出现。不同的图形操作给出了解决问题的不同见解。

总之，从认知的角度来看，有必要对原型和非原型概念图像进行探讨，并对概念示例和非概念示例进行比较。此外，在给定的图形中发展重新配置的能力对于解决几何问题至关重要。

几何教学：从变异教育学的角度看

根据马顿和徐的观点(2004)，学习是学习者在一个过程中发展了一定的能力或某种方式的看法或经验。为了以某种方式观察事物，学习者必须识别出该物体的某些特征。体验变化是辨别的基本经验，因此对学习具有重要意义。马顿和彭(Marton & Pang，2006)进一步认为，关注学习情境中的变化和不变是很重要的。学习对象包括一般的和具体的方面，一般的方面与能力的性质有关，如记忆、解释和掌握。具体方面与进行这些学习活动的主题有关，例如公式和联立方程式。教师们常常意识到这一学习对象，他们可能会在不同程度上详细阐述它。教师所追求的是学习的目标，也是教师意识的对象。然而，更重要的是教师如何安排课程，使学习目标能够突出学生的意识，这被称为实施的学习目标(Marton & Pang, 2006)。

有趣的是，在中国一系列纵向数学教学实验的基础上，发展了一种数学教学理论，称为变式教学(Gu, 1994; Gu 等人，2004)。根据这一理论，有意义的学习使学习者能够在新知识和以前的知识之间建立实质性的、非任意的联系(Ausubel, 1968)。课堂活动的开展是为了帮助学生通过体验某些维度的变化来建立这种联系。有两种类型的变异被确定为有意义学习的重要变式模式："概念性变式"和"过程性变式"(Gu 等人，2004)。概念性变式旨在从不同的角度为学生提供多方面的经验。另一方面，过程性变式涉及在逻辑上或历史上形成一个概念、找到问题的解决办法(脚手架、转化)和形成知识结构(不同概念之间的关系)的过程(Gu 等人，2004)。关于几何教学，顾(1994)确定了具体的变异模式。例如，为了探索几何概念的关键特征，必须对概念图形和非概念图形进行比较，并对原型和非原型示例进行探索。这些概念性变式有助于从多个角度深入理解概念。为了解决几何问题，需要程序上的变化，如在给定的复杂图形中进行重新配置，或必须将复杂图形转换为原型图形(Gu 等人，2004，2017)。

当前研究框架

顾等人(2004)对几何变化的描述是有几何学习认知理论支持的。此外，马顿和彭(Marton & Pang, 2006)的学习对象概念为研究可能的学习机会提供了一个视角。因此，顾等人(2004)的"变式分类"和马顿的"实施的学习目标"等概念被用来诠释几何概念的课堂教学。

案例研究

资料来源

本研究的数据来源于 1999 年上海市优秀青年教师七年级比赛课录像。这节课的主讲教师是一位年轻教师(教学经验不足 5 年)，对象是上海农村一所初中的 56 名学生。本节课是当地教研专家推荐的一节典型优秀课。整堂课是用汉语逐字记录的。为了保证课堂分析的有效性，在需要时参考了录像。下面根据顾等人(2004)的分类对这一节课进行了分析。

课的演绎

课题是“同位角、内错角、同旁内角”。总的来说，该节课包括以下几个阶段：复习回顾、探究新概念、例题讲解和练习、总结和布置任务。

回顾和引导。上课开始时，老师在黑板上画了两条相交直线(图1(1))，并要求学生用他们以前学过的知识(如对顶角和补角的概念)回答一些复习提问。在得到学生对这些问题的正确答案后，教师在先前的图形中增加了一条直线(见图1(2))，并询问学生该图中有多少个角，其中有多少是对顶角和补角。然后，通过“$\angle 1$和$\angle 5$之间有什么关系”来指导学生从不同的角度探索一对不同角的特征，这实际上就是本课将要探讨的新课题。

探索新概念。为了检查$\angle 1$和$\angle 5$之间的关系，分离了一个特定的图形，如图1(3)所示。通过小组讨论，学生们发现了这两个角度的许多特征，如“$\angle 1$和$\angle 5$都在直线l的右侧，以及直线a和b的上方”。在学生讲解的基础上，教师总结并阐述了“对应角”的定义。然后要求学生识别图1(2)中所有的“同位角”。

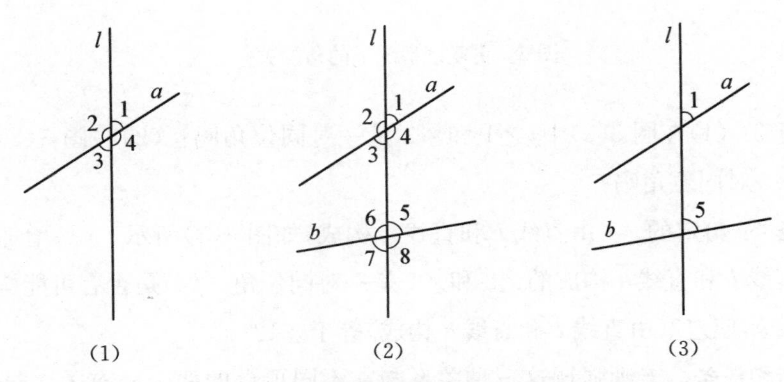

图1　在所截图形中的角的关系

类似的，分别探讨了“内错角”和“同旁内角”这两个概念。

例题和练习。在介绍了这三个角的关系后，要求学生在不同的配置图中识别它们。问题如下：

任务 1：在图 2 中找出“同位角、内错角和同旁内角”：

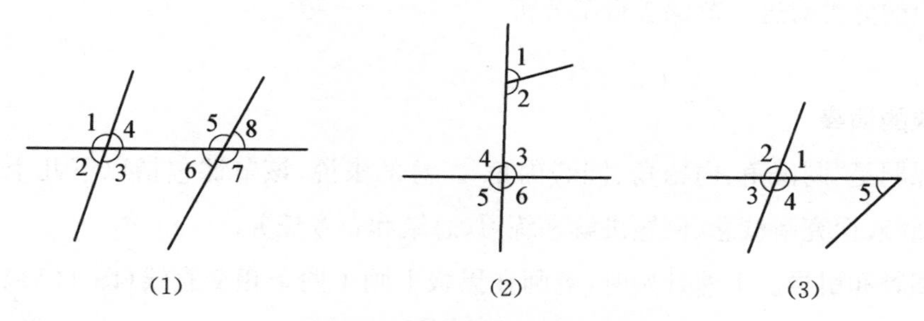

图 2　各种截线中的角的关系

任务 2：找出图 3(1)中的“同位角、内错角，以及同旁内角”。

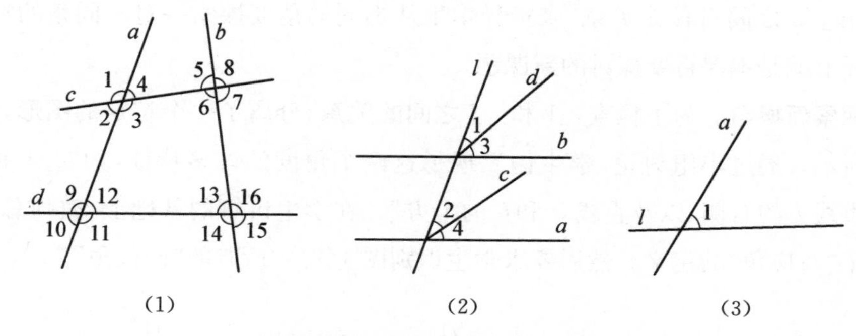

图 3　更复杂情况下的角的关系

任务 3：(1)在图 3(2)中，$\angle 1$ 和 $\angle 2$ 是一对同位角吗？(2)在图 3(2)中，$\angle 3$ 和 $\angle 4$ 是一对同位角吗？

任务 4：给定的 $\angle 1$ 由直线 l 和直线 a 构成，如图 3(3)所示。(1)增加一直线 b，使由直线 l 和直线 b 构成的 $\angle 2$ 和 $\angle 1$ 是一对同位角。(2)是否有可能构造这样一条直线 b，使 $\angle 2$(由直线 l 和直线 b 构成)等于 $\angle 1$？

总结和任务。老师强调这三种关系与在不同顶点的两个角有关。这些角位于一个“原型图形”中，其中包括两条直线被第三条直线所截。在一个复杂的图形中判断这些关系的关键是分离出一个适当的“原型图形”，其中包含问题中的这些角。此外，老师还演示了如何通过使用不同的手势来记住这些关系，如图 4 所示。

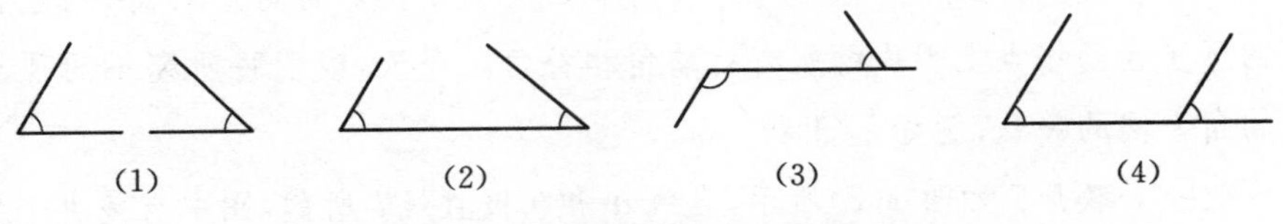

图 4　用手指手势呈现角度关系

最后，将教材中的一些练习布置给学生。

实施的学习目标

从变式的角度，为了检验什么学习是可能的，我们需要确定哪些变式的维度将被构造出来。下面，我们从这个特定的理论角度来更详细地看待这一课，以确定实施的学习目标和可能的学习机会。

过程性变式 1：复习以前的知识，把新的话题放在学生意识的前沿。在第一阶段，从两条相交直线到两条直线被第三条直线所截，教师的示范和提问创造了一个变式。通过提问，学生知道在新的图形中有多少个角，以及这些角之间有什么关系。在此基础上，提出了一种认知冲突，即如何确定不同顶点处的角之间的关系，这是本课要探讨的新课题。

[1] 教师：……现在，我画了一条直线 b 与两相交直线中的直线 l 相交（见图 1(2)），那么图中增加了多少个角？

[2] 学生：4 个角。[一致]

[3] 教师：很好。增加 4 个角，两条直线被第三条直线所截，那么，现在图中有多少个角？

[4] 学生：8 个角。[一致]

[5] 教师：让我们把添加的角标记为$\angle 5$、$\angle 6$、$\angle 7$、$\angle 8$。我们称这个图形为“直线 a 和 b 被直线 l 所截”（老师板书这个部分并用下划线突出它）。因此，有 8 个角。这些角之间有怎样的关系？[老师重复了这些问题]

很好，潘虹。[提名他回答]

[6] 潘：有 4 对对顶角和 8 对补角。

[7] 教师：很好！有4对对顶角和8对补角。非常好！好的，刚才我们回顾了在同一点上形成的所有对顶角和补角。今天，我们将研究不同顶点处的角之间的关系，例如，$\angle 1$ 和 $\angle 5$。

[8] 教师：如图1(2)所示，直线 a 和 b 被直线 l 所截，图中有多少个角？

[9] 生：8个角。[一致]

[10] 教师：很好！下面，我们来研究不同的顶点处的这两个角之间的位置关系，如 $\angle 1$ 和 $\angle 5$。为了明确 $\angle 1$ 和 $\angle 5$ 之间的位置关系，我们将它们从图1(3)中分离出来(用幻灯片演示)。好的，$\angle 1$ 和 $\angle 5$ 的位置特征是什么？

在以上节选中，教师引导学生建构“原型图形”(如横向)，复习前面的知识[1～6]，并通过与前面概念[8]的对比，提醒学生注意不同角的角度关系。为了清楚地检查新的关系，老师将关注的角从复杂的图1(2)中分离出来，如图1(3)所示。通过分离聚焦的子图，教师试图帮助学生清楚地识别这些角之间关系的特征，并使用一种典型的“隔离法”，即在几何解题中将聚焦子图从复杂图形中分离出来的方法(Gu等人，2004)。

通过这一变化(即增加一条新直线而两条相交线保持不变)开始，回顾了以前的相关知识，并以顺序和认知连接的方式引入了新的主题。因此，这种变化是过程上的变化。在引入新概念阶段，创造了两个变式，这是促进学生对新概念理解的关键。

概念性变式1：新概念的描述。在新概念形成的过程中，新概念的表达方式发生了如下变化：粗略描述、直观描述、定义和图式。经过小组讨论，邀请学生们说出他们观察到的内容，新的概念是学生根据在老师的指导下的描述建立的，如下所示。

[1] 教师：……好的，根据 $\angle 1$ 和 $\angle 5$ 在图中的位置，它们有什么特点？[指向在幻灯片上显示的图1(3)请4名学生一组讨论这个问题。同时，4名学生一组对坐起来：排在前面的学生向后转，使4名学生坐在一张桌子旁。然后学生积极讨论，老师偶尔会在教室里巡视，帮助学生]

[2] 教师：很好！刚才，同学们进行了积极的讨论。我想请一名同学回

答：$\angle 1$ 和 $\angle 5$ 的位置特点是什么？[停顿]方秀婷(举手)，请回答。

[3] 方：$\angle 1$ 和 $\angle 5$ 在右边，并且……

[4] 教师：$\angle 1$ 和 $\angle 5$ 在右边。请详细解释。例如，$\angle 1$ 和 $\angle 5$ 相对于直线 l 的位置有什么关系？此外，它们与直线 a 和 b 之间的关系是什么？

[5] 方：就直线 l 而言，$\angle 1$ 和 $\angle 5$ 在它的右边。对于直线 a 和 b，这两个角分别在这两条直线上方。

[6] 教师：好！很好！因此，我们称平面被直线 l 分为“左和右”两部分，并称平面被直线 a 或直线 b 分为“上和下”两部分。此外，我们定义了这一对角，这些角具有以前的特征，即同位角(中文的意思是指两个角的位置相同)。[老师板书：同位角：$\angle 1$ 和 $\angle 5$]$\angle 1$ 和 $\angle 5$ 是什么样的角？

[7] 学生：同位角！[一致]

[8] 教师：图 1(2)中还有其他同位角吗？程德崇同学请回答。

[9] 程：$\angle 4$ 和 $\angle 5$(犹豫片刻)。不！不！应该是 $\angle 4$ 和 $\angle 8$。

[10] 教师：$\angle 4$ 和 $\angle 8$[写在黑板上]，还有吗？

[11] 程：$\angle 2$ 和 $\angle 6$。

[12] 教师：$\angle 2$ 和 $\angle 6$[写在黑板上]，还有吗？

[13] 程：没有了。

[14] 教师：很好！

在上述讨论中，通过教师深入犀利的问题[4～5]，将“同位角”的表示从学生的不成熟描述[1～3]转化为更精确的描述，然后转化为教师[6]给出的形式定义，最后转化为一个模式，可用于简单情境[7～14]。这种概念表现形式的变化是概念性的。

概念性变式 2:“基本/标准/典型图形”的不同取向。通过教师和学生之间的问答，三种角的关系的概念形成了一个“原型图形”：两条直线被第三条直线所截[图 1(3)]。在那之后，老师给学生们布置了第一项任务。通过这样做，为学生提供了一个新的变异维度，让他们体验如何在不同方向的不同图形中识别这些角的关系。这位老师故意根据它们的位置和图中角的数量变化图形。

[1] 教师：……接下来，我对图进行变式(参见图2(1))。你能识别出其中的同位角、内错角和同旁内角吗？[通过幻灯片提出问题]这幅画中有几个角？

[2] 学生：8个角。[一致]

[3] 教师：那么，在这8个角中，∠4和∠5之间的关系是什么？史奇红同学请回答。

[4] 史：(这是一对)同位角。

[5] 教师：现在，我再次改变图形。[通过幻灯片显示图，如图2(2)]这幅画有几个角？[指向学生3]

[6] 学生3：6个角。

[7] 教师：6个角。那么，在图中有多少对内错角和同旁内角？请回答。[指向学生3]

[8] 学生3：有两对同位角。

[9] 教师：是哪两对？

[10] 学生3：∠3和∠1，∠2和∠6。

通过向学生提供这些变式，让学生从不同方向认识概念。这可能会让学生意识到尽管图形的方向不同但这些概念是不变的。

为了巩固新的概念和发展一种解决问题的方法，建立了以下过程性变式。

过程性变式2："原型图"的不同背景。在学生对原型图的定向方面获得了丰富的概念体验后，教师特意布置了一组任务，将"原型图"嵌入到任务2和任务3的复杂情境中。通过识别"原型图"不同背景中的角的关系，提出了一种解决问题的不变策略，即从复杂的图形中识别和分离合适的"原型图"(即原型图形)。一般来说，从复杂图形中分离出适当的子图是解决几何问题的有效策略(Gu等人，2004)。

在强调了前几个问题中的共同特点，即识别"原型图"之后，老师展示了一幅更复杂的图片(见图3)，并要求学生数图中的角的个数，并确定图形中的三种角的关系。

[1] 教师：很好。这个图中有16个角。正如我们今天所了解的，在一个由两直线被第三条直线所截组成的“原型图”中，有三种角的关系：同位角、内错角和同旁内角。在这张图中，有4条直线。我们如何识别这些角之间的关系？你能根据这个图中给定的条件来识别这三种角的关系吗？请把你的答案写在任务表上。[学生们各自思考]请仔细看看哪两条直线被哪条直线所截。在问题(1)(即直线a和直线b被直线d所截，找出所有同位角、内错角和同旁内角)中，是哪两条直线？

[2] 学生：直线a和b被直线d所截。[一致]

[3] 教师：[教师展示了一张幻灯片，如图5(1)所示。当老师在课堂上巡视时，学生们会各自在座位上独立画出图，教师偶尔也会点拨学生]你准备好了吗？

[4] 学生：是的！[一致]

[5] 教师：谁愿意回答这个问题？杨尼娜，请你回答。同位角有多少对？

[6] 杨：(有)4对同位角。

[7] 教师：它们是哪些？

[8] 杨：$\angle 9$和$\angle 13$。

[9] 教师：$\angle 9$和$\angle 13$。[指向相关角]

[10] 杨：$\angle 12$和$\angle 16$。

[11] 教师：$\angle 12$和$\angle 16$。[指向相关角]

……

在学生选择原型图后[1～2]，要求他们逐一识别这三种角的关系。老师通过指出幻灯片上的相关角来确认答案[6～11]。

过程性变式3：应用新概念的不同方向。当学生回答第一个问题结束后，老师紧接着提出了一个新的具有挑战性的问题：“反过来说，如果$\angle 1$和$\angle 5$是一对同位角，哪个原型图包含了它们？”在给学生思考一段时间后，提问一名学生回答这个问题。学生给出了正确的答案，说原型图形是“直线a和b被直线c所截”(见图5(2))。以下教学片段证明了教师努力推动学生识别原型图：

[1] 教师：仔细想想！哪两条直线被第三条线所截，形成∠1和∠5，它们是一对同位角吗？你准备好了吗？

[2] 学生：是的！[一致]

[3] 教师：你，请回答。[指着一个学生]

[4] 学生2：直线a、b被直线c所截。

[5] 教师：∠1和∠5由直线a、b被直线c所截而成，是吗？

[6] 学生：对！[一致]

[7] 教师：那么，这个图形中的哪一条直线没有被使用呢？

[8] 学生：(直线)d。

[9] 教师：换句话说，我们如何处理直线d？

[10] 学生：把它盖起来！

[11] 教师：[从图中删除直线d，形成一个新的图形，参见图5(2)]对吗？

[12] 学生：对！[一致]

[13] 教师：此外，如果∠3和∠12是同旁内角，那么是哪两条直线被第三条线所截，形成这一对角？

同样，通过∠3和∠12是一对同旁内角，学生们识别出一个原型图形："直线c、d被直线a所截"[见图5(3)]。此外，通过识别一对内错角∠13和∠7，分离了另一个原型图形："直线c、d被直线b所截"[见图5(4)]。

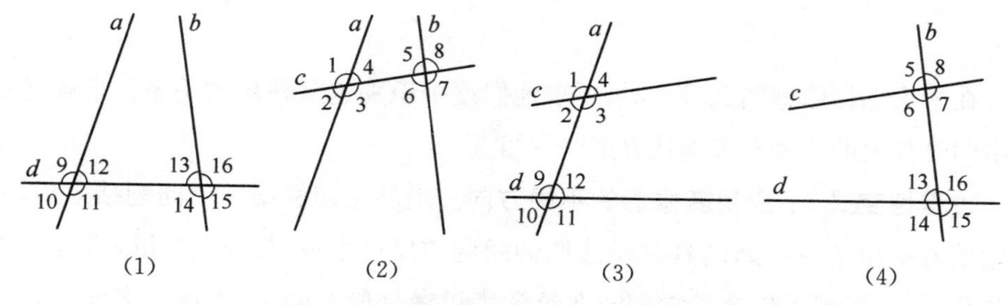

图5　通过分解复杂图形识别出角的关系

在学生识别出图5所示的所有"基本"图形和相关的角的关系之后，教师总结了解决这些问题的关键点，即如何分离一个"原型图形"，例如，通过故意将一直线

c 从原始图形中“隐藏”起来，得到两条直线 a、b 被第三条直线 d 所截[见图 5(1)]。通过识别给定的原型图形内的三个角的关系或孤立相关的“原型图形”，使给定的角的关系站得住脚，学生不仅巩固了相关概念，而且更重要的是学习了问题解决的隔离方法，即将基本的子图从复杂的配置图中分离出来。

概念性变式 3：对比与反例。经过广泛的练习后，学生们可能会认为他们已经完全掌握了所学的概念。此时，老师提出了任务 3[见图 3(2)]，以评估学生是否真正掌握了解决问题的概念和方法。通过隔离图 6(1)所示的原型图形，学生们得出结论：“∠1 和∠2 是同位角。”然而，由于学生只能识别图 6(2)中所示的图形，所以他们否认“∠3 和∠4 是一对同位角”。从而打开了体验同位角变化的新维度：视觉判断的实例或反例。

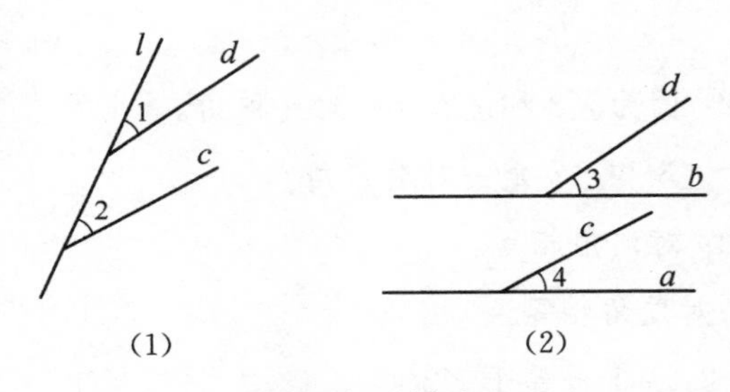

图 6　与反例对比

过程性变式 4：创造一个学习新主题的潜在机会。在通过观察和演示解决了上述问题后，老师提出了一个操作任务 4。首先，通过玩彩色棍棒，解决了第一个问题[见图 7(1)，其中直线 a 和直线 b 相交]。然后，根据绘图和推理，还提出了第二个问题[见图 7(2)，其中直线 a 与直线 b 平行]。在解决问题的过程中，学生的思维水平发生了以下变化：具体操作(玩彩条)(实施的)；绘图(符号的)；逻辑推理(抽象的)。

以下教学片段显示了如何引导学生进行逻辑推理：

[1] 教师：我再问你一个问题：这两个内错角之间的数量关系是什么[如图 7(2)所示]？谁会……？

[2] 学生 1：它们相等。

［3］教师：为什么？

［4］学生1：因为这两个角都等于65°。

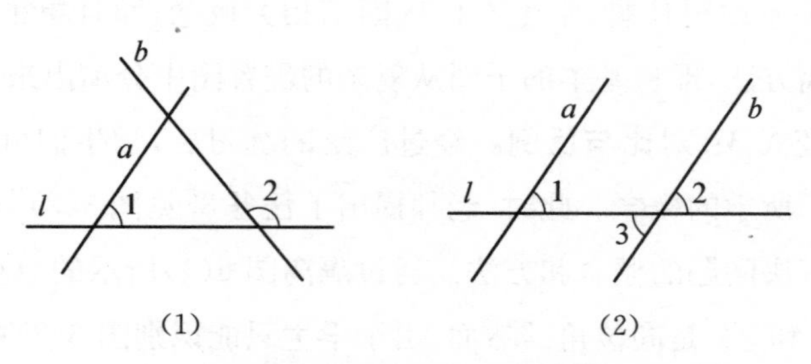

图7　探索下一节课将要讨论的新话题

［5］教师：因为它们都等于65°！好的！谁愿意更详细地解释呢？［指着学生2］

［6］学生2：因为∠3和∠2是一对对顶角。

［7］教师：∠3和∠2是一对对顶角。

［8］学生2：对顶角相等。

［9］教师：对顶角相等。

［10］学生2：∠1也等于∠2。

［11］教师：因为∠1也等于∠2。

［12］学生2：所以，∠1与∠3的度数相等。

［13］教师：∠1与∠3的度数也相等。好的！太棒了！此外，如果我们将第4个角命名为∠4，那么∠1与∠4之间的关系是什么？请下课后处理这个问题。

虽然学生们通过画图找到了一个解决方案，但是很难解释这个解决方案。先前的对话表明了老师想要得到合理的解释。在第一个学生陈述了他所做的事情之后［1～4］，对学生进行了详细的调查［5］，然后另一个学生用先前的知识给出了合理的解释(7～13)。这项任务有两种作用：一方面，回顾了“前一个命题：对顶角相等”；另一方面，“另一个命题：如果同位角相等，那么这两条直线平行”被熟练运用。这意味着潜在的学习空间被悄悄地打开了。

概念性变式4：概念的巩固和记忆。总结了在各种不同情境下识别这三个角的关系的要点后，教师巧妙地运用手势来帮助学生记忆这三个概念，从而打开了一个新的变式。如果左手的拇指和食指形成一个角，而右手的拇指和食指形成另一个角，那么所有三个角的关系都可以通过不同的手势直观地显示出来(见图4)，如下所示：

[1] 教师：为了记住这三种角的关系的特点，我想介绍一种手势方法。例如，这代表一个角[左手的拇指和食指形成一个角]，而这也代表另一个角[右手的拇指和食指形成一个角][见图4(1)]。当两个拇指相对时，这两个角之间的关系是什么？[见图4(2)]

[2] 学生：同旁内角！[一致]

[3] 教师：很好！这是同旁内角。那么，如何表示内错角呢？

[4] [学生们兴奋地试着，有些学生得到了答案]

[5] 教师：实际上，我只是把食指翻过来(见图4(3))。如何表示同位角？[学生积极参加]

[6] 教师：一个角紧靠另一个角就可以了[见图4(4)]。

因此，学生用言语、绘画、推理和手势这些不同的表征方式体验了三种不同的角的关系。这些丰富的表征将有助于学生对这些概念的理解、记忆和应用。

总结

本节课首先通过提问进行回顾，然后通过改变介绍性任务(过程性变式1)来引出新的主题。通过几轮师生互动，这三个概念都在学生回答(概念性变式1)的基础上建立起来。紧接着这些概念立即被用于一个简单的情况。在那之后，课进入了练习阶段。通过完成老师提出的一系列精心设计的任务，学生们在识别各种复杂情境中的三个角的关系方面有了广泛的经验，并学习了几何问题解决的隔离法(概念性变式2、3；过程性变式2、3)。值得一提的是，通过解决最后一个问题，含蓄地引入了一个供进一步教学研究的新专题(过程性变式4)。在最后阶段，通过手势来主动模仿三种角的关系(概念性变式4)，从而达到了教学的高潮。这些变化的维度是有目的地为不同的学习目标服务的(见表 1)。

通过探究课堂互动(主要是师生互动)所构成的各种变异维度,引导学生在概念的理解上发展和整合,在不同的几何背景中运用概念,并隐形地探索学习的潜在主题。课堂气氛热烈,师生互动频繁,进度一致。故意使用这些变化似乎确保了这一节课的进展既顺利又连贯。

表 1　变化的维度、作用和实施的学习目标

课的各个阶段	变异维度	变异的教学效果	实施的学习目标
回顾与归纳	过程性变式 1	回顾旧知;引入新的主题	发展概念
探索新概念	概念性变式 1、2	形成、澄清和巩固新概念	定义和整合概念
示例与练习	概念性变式 3	通过对比非实例,加深对新概念的理解	深化概念
	过程性变式 2、3	巩固新概念;学会独立解决问题的方法	整合和应用概念
小结和任务布置	过程性变式 3	创建一个可供进一步学习的潜在主题	强化概念;探索进一步学习的主题
	概念性变式 4	形象化和记忆新概念	

总结和讨论

从理论的角度看,创造一定的变异维度以确定学习目标是至关重要的。这些学习目标可分为两类：一种是所讨论的内容(如概念、命题、公式);另一种是过程(如概念的形成,或解决问题的过程或策略)。在本课中,学习目标包括发展三种角的关系的概念,涉及所截图形(对顶角、内错角和同旁内角)和通过应用这些概念解决问题的能力。有两类变式,即概念性变式和过程性变式,被战略性地构造出来实施这些学习目标。结果表明,概念性变式有助于建立和理解概念,而过程性变式则用于激活先前的知识、引入新的主题、巩固新的知识、制定解决问题的战略,并创造一个供进一步学习的主题。

从教育学的角度看,本课在教师的指导下顺利、连贯地展开,体现了中国数学课

堂教学的主要特点(例如：Huang & Leung，2004；Leung，2005)。然而，如果从学生的参与和对知识生成的贡献，即实施的学习目标来看，我们不能说学生是被动的学习者。对本课的分析表明，教师仍然可以通过战略性地创造变异维度来鼓励学生积极地创造知识。这一观察结果呼应了黄对华人数学课堂的描述(2002，p. 237)：

> 教师、学生和数学。教师介绍数学，并通过提供适当的脚手架和提出一系列启发式问题，帮助学生参与探索数学的过程。学生们渴望倾听，并积极参与学习过程。

从学习几何学的角度来看，概念变异的维度主要是对比概念图和非概念图，将原型图形和非原型图形并列，可以帮助学生对概念有更深入的理解(例如，Vnerand Hershkowitz，1983)。此外，杜瓦尔(Duval，1996，1999)的研究表明，在几何图形处理过程中发展重构能力对于几何问题的求解是至关重要的。这节上海课概念建构的过程中的变异维度体现在教师为培养学生的图像处理能力而设置和执行深思熟虑的任务的能力中。因此，从认知科学的角度看，这两种变式可以帮助学生发展几何概念和解决几何问题的能力。这加强了黄、米勒和徐(Huang，Miller，& Tzur，2015，p. 104)"通过变式教学的力量深化和巩固概念理解和过程流畅性"的主张，这是在对 10 节连续课进行细致分析的基础上提出的。

在主张适当使用变式教学原则所产生的积极影响时，也要注意设计和实施变异层面的谨慎性一面(Gu 等人，2004，2017)。至关重要的是要通过探索相关的变异维度，重点关注学习对象在背景、推理和学生学习轨迹方面的关键特征，来构建适当的学习空间(Gu 等人，2017)。

参考文献

Ausubel，D. P. (1968). *Educational psychology*：*A cognitive view*. New York，NY：

Holt, Rinehart & Winston.

Chen, X., & Li, Y. (2010). Instructional coherence in Chinese mathematics classroom — A case study of lessons on fraction division. *International Journal of Science and Mathematics Education*, *8*, 711 - 735.

Duval, R. (1999, October 23 - 26). *Representation, vision and visualization: Cognitive functions in mathematical thinking. Basic issues for learning*. Proceedings of the Annual Meeting of the North American Chapter of the International group for the Psychology of Mathematics education, Morelos, Mexico.

Duval, R. (2006). A cognitive analysis of problems of comprehension in a learning of mathematics. *Educational Studies in Mathematics*, *61*, 103 - 131.

Fan, L., & Zhu, Y. (2004). How have Chinese students performed in mathematics? A perspective from large-scale international comparisons. In L. Fan, N. Y. Wong, J. Cai, & S. Li (Eds.), *How Chinese learn mathematics: Perspectives from insiders* (pp. 3 - 26). Singapore: World Scientific.

Fan, L., Wong, N. Y., Cai, J., & Li, S. (2015). *How Chinese teach mathematics: Perspectives of insiders*. Singapore: World Scientific.

Fischbein, E. (1993). The theory of figural concepts. *Educational Studies in Mathematics*, *24*(2), 139 - 162.

Gu, F., Huang, R., & Gu, L. (2017). Theory and development of teaching through variation in mathematics in China. In R. Huang & Y. Li (Eds.), *Teaching and learning mathematics through variation* (this volume). Rotterdam, The Netherlands: Sense Publishers.

Gu, L. (1994). *Theory of teaching experiment: The methodology and teaching principles of Qingpu* [In Chinese]. Beijing: Educational Science Press.

Gu, L., Huang, R., & Marton, F. (2004). Teaching with variation: An effective way of mathematics teaching in China. In L. Fan, N. Y. Wong, J. Cai, & S. Li (Eds.), *How Chinese learn mathematics: Perspectives from insiders* (pp. 309 - 347). Singapore: World Scientific.

Hershkowitz, R. (1990). Psychological aspects of learning geometry. In P. Nesher & J. Kilpatrick (Eds.), *Mathematics and cognition: A research synthesis by the International group for the psychology of mathematics education* (pp. 70 - 95). Cambridge: Cambridge University Press.

Hershkowitz, R., Bruckheimer, M., & Vinner, S. (1987). Activities with teachers based on cognitive research. In M. M. Lindquist (Ed.), *Learning and teaching geometry, K-12: 1987 Year book* (pp. 222 - 235). Reston, VA: National Council of Teachers of Mathematics.

Huang, R. (2002). *Mathematics teaching in Hong Kong and Shanghai: A classroom analysis from the perspective of variation* (Unpublished doctoral dissertation). The

University of Hong Kong, Hong Kong.

Huang, R., & Leung, F. K. S. (2004). Cracking the paradox of the Chinese learners: Looking into the mathematics classrooms in Hong Kong and Shanghai. In L. Fan, N. Y. Wong, J. Cai, & S. Li (Eds.), *How Chinese learn mathematics: Perspectives from insiders* (pp. 348 - 381). Singapore: World Scientific.

Huang, R., & Leung, F. K. S. (2005). Deconstructing teacher-centeredness and student-centeredness dichotomy: A case study of a Shanghai mathematics lesson. *The Mathematics Educators*, *15*(2), 35 - 41.

Huang, R., Miller, D., & Tzur, R. (2015). Mathematics teaching in Chinese classroom: A hybridmodel analysis of opportunities for students' learning. In L. Fan, N. Y. Wong, J. Cai, & S. Li (Eds.), *How Chinese teach mathematics: Perspectives from insiders* (pp. 73 - 110). Singapore: World Scientific.

Huang, R., Mok, I., & Leung, F. K. S. (2006). Repetition or variation: "Practice" in the mathematics classrooms in China. In D. J. Clarke, C. Keitel, & Y. Shimizu (Eds.), *Mathematics classrooms in twelve countries: The insider's perspective* (pp. 263 - 274). Rotterdam, The Netherlands: Sense Publishers.

Leung, F. K. S. (2005). Some characteristics of East Asian mathematics classrooms based on data from the TIMSS 1999 video study. *Educational Studies in Mathematics*, *60*, 199 - 215.

Li, Y., & Huang, R. (2013). *How Chinese teach mathematics and improve teaching*. New York, NY: Routledge.

Marton, F., & Pang, M. F. (2006). On some necessary conditions of learning. *The Journal of the Learning Sciences*, *15*, 193 - 220.

Marton, F., & Tsui, A. B. M. (2004). *Classroom discourse and the space of learning*. Mahwah, NJ: Erlbaum.

OECD. (2010). *PISA 2009 results: What students know and can do: Student performance in reading, mathematics and science* (Vol. I). Paris: OECD Publishing.

OECD. (2014). *PISA 2012 results in focus: What 15-year-olds know and what they can do with what they know*. Paris: OECD Publishing.

Paine, L. W. (1990). The teacher as virtuoso: A Chinese model for teaching. *Teachers College Record*, *92*(1), 49 - 81.

Qingpu Experiment Group. (1991). *Learn to teaching* [In Chinese]. Beijing: Peoples' Education Press. Stevenson, H. W., & Lee, S. (1995). The East Asian version of whole class teaching. *Educational Policy*, *9*, 152 - 168.

Vinner, S. (1981). The nature of geometrical objects as conceived by teachers and prospective teachers. In Equipe De Recherche, Pédagogique (Eds.), *Proceedings of the 5th PME international Conferences*, *1*, 375 - 380.

Vinner, S. (1991). The role of definitions in the teaching and learning of mathematics. In

D. Tall (Ed.), *Advanced mathematical thinking* (pp. 65 - 81). Dordrecht, Netherlands: Kluwer.

Vinner, S., & Hershkowitz, R. (1983). On concept formation in geometry. *ZDM-The International Journal on Mathematics Education*, *83*(1), 20 - 25.

9. 用变式教几何复习课
——一个案例研究

黄兴丰[1]　杨新荣[2]　张萍萍[3]

背景

在中国，复习课是数学教学常见的课型。在教授一个单元、一章、一本书或一门课程后，老师会安排一堂或几堂课来让学生复习学到的东西，帮助他们巩固所学，从而帮助他们系统地组织知识，提高解决问题的能力。复习课的另一个目的是帮助学生准备考试。在华人教学文化中，考试结果是衡量学生学习成绩和教师教学效果的重要指标。在小学和中学，每个学期至少有两次学校统一考试：期中考试和期末考试。事实上，数学是这些考试的必考科目。特别是为了帮助学生在入学考试，如中考（高中升学）和高考（大学升学）中取得较高的成绩，数学教师通常用一到两个学期的时间系统地复习以前教过的内容。此外，新授课和复习课也有明显的区别。当教师准备新授内容时，他们将根据统一的教科书设计任务、组织活动和实现目标。然而，除了中考和高考外，教师通常没有任何标准的参考资料来准备复习课。他们必须依靠自己或与同事合作设计这些课。复习课的准备对每个老师来说都是一个普遍的挑战。因此，如何有效地教授复习课的探索吸引了许多数学教师（Huang，2003；Luang & Liang，2011；Wei，2008）。

变式教学是一种广泛使用的教学策略。变式模式包括概念性变式和过程性变式（Gu，1981）。概念性变式为学生提供了从多个角度理解概念的学习经验，而过程性变式则有助于促进概念的形成，为解决问题提供背景知识，并积累必要的

① 黄兴丰，上海师范大学。
② 杨新荣，西南大学。
③ 张萍萍，美国威诺纳州立大学。

学习经验(Gu, Huang, & Marton, 2004)。教师经常从过程变化的角度设计复习课程,特别是几何课程(Du, 2000; Tao & Xu, 2009; Zhang & Xu, 2013)。首先,这可能是因为对教师来说,几何内容在设计变式问题方面提供了更多的机会。其次,虽然文献表明,从教师的角度对课程设计方面可进行过程性变式的描述,但在教师设计和实施过程性变式时,尚不清楚应注意什么。教师通常认为从易到难、启发和探索变式问题,可以激发学生的兴趣,引导学生多角度思考问题。因此,教师认为这是一种积极和可取的教学策略(Rui, 1998)。然而,很少有适当的实证研究来阐明为什么和如何利用变式来进行有效的教学。马顿和他的同事(1997,2004)解释了学生通过从一般学习理论中探索变异模式来学习概念的必要性,并为通过变式进行教学提供了理论支持,但他们的理论并不局限于学习数学。在本章中,我们从学生数学认知的角度探讨了在几何课中使用过程性变式的作用,并讨论了过程性变式在几何课中是如何实现的。

理论框架

几何图形的性质

几何图形是从现实世界中抽象出来的,但纯粹的几何图形在现实中却不存在。如现实世界中零维点、一维线和二维平面是不存在的。即使是由石头或木头制成的柱子也只是一个三维圆柱或棱柱体的模型/代表。因此,几何推理处理的是一般抽象的几何图形,而不是具体的图像(Fischbein, 1993),通常几何图形用图形来表示。例如,我们通常绘制图形来表示三角形(Fischbein, 1993)。这里出现了一个自相矛盾的现象,即图中的点和线构成了一个特殊的三角形,而它的一些性质并不会出现在所有的三角形中。换句话说,特殊的图形不能用来表示一般的几何对象(Fischbein, 1993; Herbst, 2004)。事实上,图形的性质是由图形的定义和公理系统决定的。例如,我们绘制出正方形,然后根据公理系统中正方形的定义,可以推广正方形的许多性质(Fischbein, 1993)。也就是说,只有在定义或某些性质的条件下,图形才能表示抽象的几何对象。这是一个抽象的概念,如三角形、正方形、圆、立方体或球面。然而,我们通常是理解一个几何概念,并根据它的图形进行逻辑推理。它们之间的复杂关系给学生的几何学习带来了许多认知困难(Duval, 1995)。

对几何图形的理解

杜瓦尔(Duval，1995，1999)指出，学生对几何图形有不同的理解方式。他们可以直观地、感性地理解它，根据它的形状和大小来识别一个几何图形的属性。在这种情况下，简图和图形被认为是等价的。他们也可以用一种讨论的方式理解一个几何图形，也就是根据一个定义或命题来理解一个几何图形的性质。这种理解可能是学生几何证明的起点。同时，在构建一个几何图形的过程中，学生可以以一种顺序的方式理解它。杜瓦尔(Duval，1999)认为建构可以提高学生的语言理解能力，因为他们不能仅仅依靠视觉来构造一个图形。构造必须基于对几何性质的理解。操作理解，即修改现有的几何图形，是理解图形最重要的方法。这种修改可以在心理上完成，也可以通过绘图来完成。杜瓦尔(Duval，2006)进一步指出，修改几何图形最重要的方法之一是重新配置。为了解决一个几何问题，我们通常将复杂的几何图形分解成几个不同的部分，然后对子图进行识别，或者将原来的图形重新配置成一个新的几何图形，以便有效地解决原来的问题。例如，我们可以将平行四边形重新配置为具有相同面积的矩形，以便计算平行四边形的面积(Duval，2006)。

当图形仅由简单的图形组成时，处理重新配置相对容易，例如将平行四边形重新配置为矩形，如前所述。但在一个叠加和交错的复杂图形中，很难识别隐藏的子图形。另外，重新配置的方式有很多种，因此，为了有效地解决问题，我们应该包括、鉴别和选择一个合适的重新配置。就认知困难的两个主要因素而言，这对学生来说是非常困难的。首先，学生对图形的属性没有适当的理解，因为深入的理解可以帮助学生识别隐藏的子图形，然后通过配置解决问题。第二，学生可能会断开与图形的属性的联系去观察和识别基于视觉感知的子图形。因此，他们可能会忽略一些配置，而看不到隐藏的子图(Duval，2006)。为了帮助学生克服这些困难，杜瓦尔(Duval，1999)指出："真正的教学方法需要包含问题条件的各种变化，并提出使问题明确的各种因素。"(p. 29)他的主张类似于中国的变式教学，具体而言，这些概念与顾泠沅在他的理论中所描述的过程性变式相对应(Gu，1981)。

过程性变式

几何图形的重构。顾(Gu，1994)认为，在一些复杂的几何图形中，几何子图形往往因其背景而被分离、破碎或交错。有时几何对象/元素的本质属性隐藏在背景中，这导致学生难以理解几何对象/元素。为了解决这些问题，学生必须学习如何从复杂的背景中识别几何对象/元素。这种识别/辨别不仅依赖于图形的复杂性，还依赖于学习者的先验知识和有待解决的问题。顾的变式教学观念与杜瓦尔(Duval)对几何图形理解的观点是一致的。在课堂教学实践中，顾(Gu, 1994)探索了一种名为“转换图形结构”的教学方法(或在汉语中称为图形演变)，即通过平移、旋转和对称，向学生展示简单的图形转化为复杂的图形的过程。他认为，这个过程可以帮助学生理解几何图形是如何从简单到复杂、从连续到间断、从交错到分离的。这种变换可以帮助学生从复杂的背景中识别几何对象。通过变换，可以在简单的图形和复杂的图形之间架起一座桥梁，为学生提供一个依次理解几何图形的机会。它还可以促进学生对复杂图形的进一步了解，从而帮助他们根据解决问题的需要重新配置图形。例如，在图 1 中，一个简单的图形(三角形)可以通过平移(旋转)成为基本图形(子图)。然后，通过增加一条线段，我们可以得到一个复杂的图形(梯形)。这一平移过程可以帮助学生通过从背景中识别基本图形来重新配置图形。顾后来把这种教学方式称为“过程性变式”，并在中国数学课堂上探索了有效的实施方法。目前，它已成为华人数学教学的重要特征之一(Gu 等人，2004)。

锚定知识点和知识的潜在距离。在求解问题的过程中，可以从三个方面来描述：(1)一个具有多个变式的问题——改变初始问题或通过改变条件和结论来拓展初始问题；(2)一个具有多个解的问题——对问题的各种不同解进行变式，然后将多个解连接起来；(3)一个多用途的解决方案——使用相同的解决方案来解决类似的问题(Gu 等人，2004)。通过这种教学方式，以往的问题提出和解决可以为后续问题的处理和解决奠定必要的基础。因此，关键是如何为学生的学习设计脚手架(在中文中称为铺垫)，这样才能在先验知识和新问题之间保持适当的距离。

顾(Gu, 1994)提出了“锚定知识点”①和“知识的潜在距离”的假设。锚定知识点是指作为新知识基础的先验知识。任务与锚定知识点之间的距离是潜在距离。当潜在距离变大时，任务就更困难了。例如，在图 1 中，如果我们使用简单的图形作为锚定知识点来探索复杂图形的属性，那么它的潜在距离更长，比使用基本图

① 顾泠沅提出的理论中用的是“知识固着点”，英文中的意思是“锚定知识点”，英文意思更加贴切，故后文用英文直译意思“锚定知识点”。——译者注

形更困难。因此，教师需要根据学生的数学认知设计必要的支架，调整潜在距离，以达到有效的教学效果。

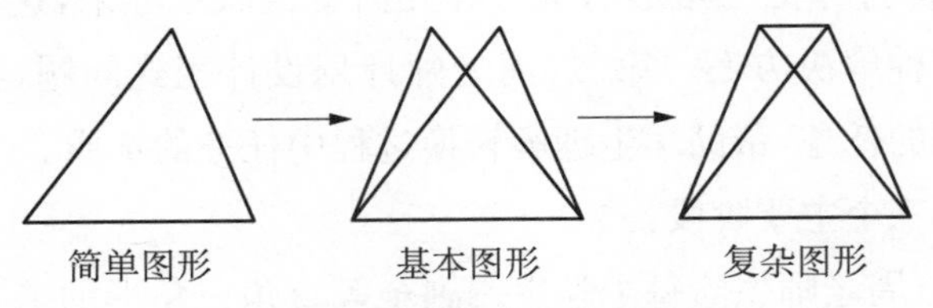

图 1　不同图形间的潜在距离

在本研究中我们将顾和杜瓦尔(Duval)前面提到的观点结合在一起，以一堂课为例对教师如何在数学复习课中实施过程性变式进行反思。

方法

参与者与背景

周老师教授中学数学已有 15 年，目前是 W 镇一所公立中学的教师和教务副主任。周老师于 2010 年晋升为中学高级教师(关于中国职称级别制度的详细信息见 Huang 等人，2010)，并被选为该镇青年模范教师和学术带头人。本章分析的这一课是周老师在 2014 年春季上的一堂公开课。近 30 名数学教师观摩了这节课。我们采访了周老师，交流了对教学设计以及课后反思的看法和思考。

数据收集

在本研究中，我们收集了由名师工作站(MTW)组织的一个公共课程的数据。MTW 是一个由一位被正式认可的学术带头人和一些骨干教师(年轻和有前途的教师)组成的专业学习社区。2014 年 5 月，MTW 举办了复习公开课(一种复习本单元内容的课)。公开课开展类似于正常教学研究的活动。周老师首先实施了公开课教学，MTW 的所有成员都观摩了这些课。在每节课后的会议上，老师简要地解释了他的教学计划和实施情况，然后 MTW 的负责人对课进行了点评，其他的观摩教师对他们的问题进行了评议和讨论。收集到的资料包括教学设计、课堂录像(约 45 分钟)和会议录音(约 120 分钟)。

教学计划说明

我们从教学计划中确定了两个主要的教学目标：第一，为了帮助学生理解全等的图形，周老师打算把三角形的全等和几何变换联系起来，这将帮助学生在解决问题时使用多种解决方案。第二，周老师计划设计变式问题，尝试用一种基本理念来处理不同的任务，帮助学生理解转换过程中任务的本质。

课计划包括三个主要阶段：

在第一阶段，周老师想给每个学生一副全等直角三角形的卡片(包含一个 30°的角)。要求学生使用卡片通过平移、对称和旋转形成各种基本图形，并要求学生在黑板上画出形成的图形。

在第二阶段，周老师从学生在黑板上画的图形中挑选出由平移、对称和旋转形成的三个基本图形(图 2)，然后请他们提出问题并加以解决。

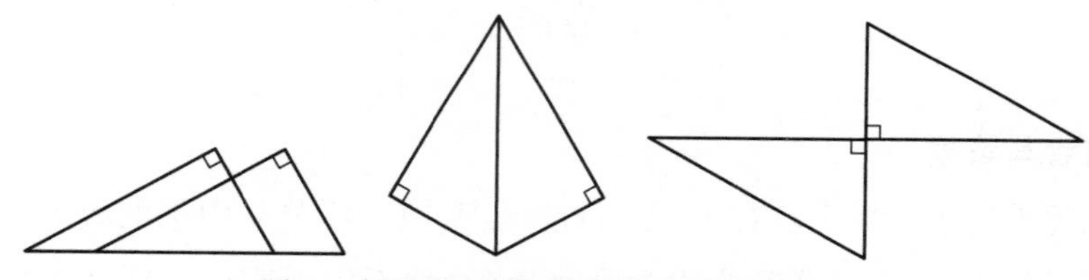
图 2　由平移、对称、旋转构造的基本图形

在第三阶段，通过旋转形成基本图形(图 3)，周老师将其中一个三角形进行平移，使基本图形成为一个复杂的图形(图 4)。当 $\triangle APN$ 与 $\triangle DCN$ 全等时，周老师要求他的学生证明 $\triangle EPM$ 与 $\triangle BFM$ 也是全等的(任务 1)。然后周老师继续沿着公共边向左平移 $\triangle ABC$，直到点 D 与点 B 重合(图 5)，连结 AE，取中点 G，要求学生证明 $GF=GC$(任务 2)。

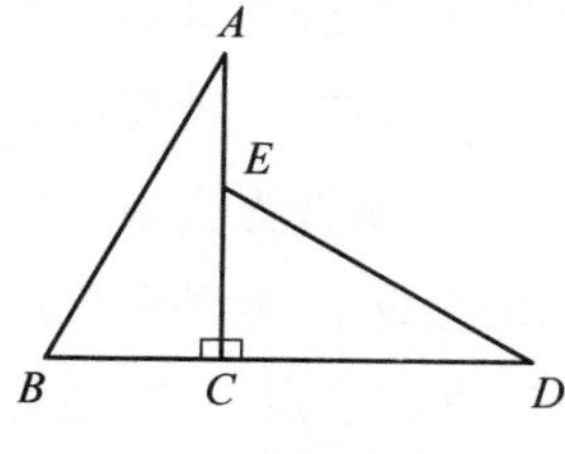

图 3　平移前的基本图形

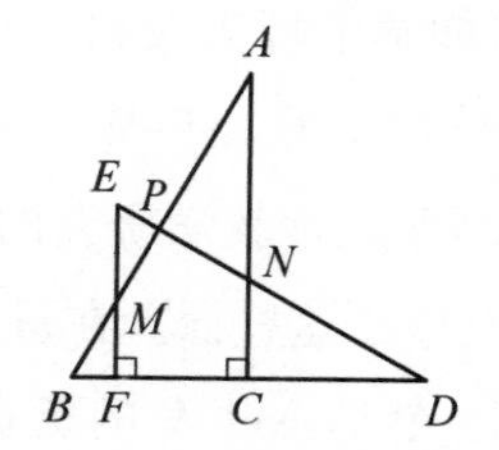

图 4　两个相交的三角形

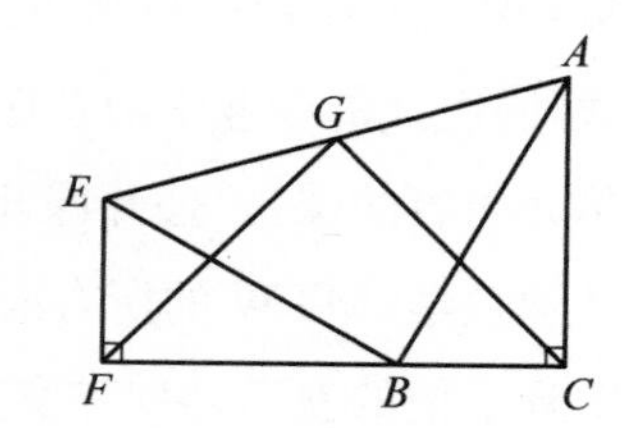

图 5　几乎分离的三角形

研究假设和问题

从课的设计来看,很显然,周老师在教学设计中采用了运用变式完成不同的任务的方法。首先,他计划让学生根据不同的几何变换形成各种基本图形(一个有多种变化的图形),使各种全等三角形的基本图形统一在几何变换中。然后,他计划从第一阶段所形成的图形中挑选三个基本图形。他要求他的学生通过自己添加一些条件来提出不同的问题,并证明不同的结论(一个问题有多重变化)。

在此过程中,教师可以复习全等三角形的基本知识,同时帮助学生全面理解基本图形的各种属性,并在第三阶段帮助他们积累识别子图形和重新配置复杂图形的学习经验。值得注意的是,在他的计划中,所有的基本图形都将在前两部分转换一次,而在第三阶段,两个复杂的图形将由两个重叠和相交的几何变换组成,包括几个子图。预计这对学生来说会更加困难。

在教学设计中,图 4 由图 3 平移得到,图 3 是一个基本的图形。平移时,老师想要得到图 5。它是一种典型的过程性变式,任务是根据平移从基本图形得到复杂图形来设计的。这些基本图形能帮助学生缩短潜在距离或减少他们的认知困难吗?解决任务 1 能否为学生提供解决任务 2 所需的脚手架?我们的目的是通过考察学生在课堂上的行为和师生之间的互动来回答这些问题。

课的观察与分析

在这一节中,我们将周老师的课划分为三个阶段,即基本图形的构建、基本图形属性的探究和复杂问题的解决,对各阶段学生的工作及与教师的互动情况进行了报告和分析。

构建基本图形

首先,周老师要求每个学生用两个直角三角形纸板来构造平移、对称、旋转的图形,然后在背景上画出这些图形。就整个班级而言,请学生在黑板上画出了三种基本的平移图形(图 6)、两种对称图形(图 7)和四种旋转图形(图 8)。

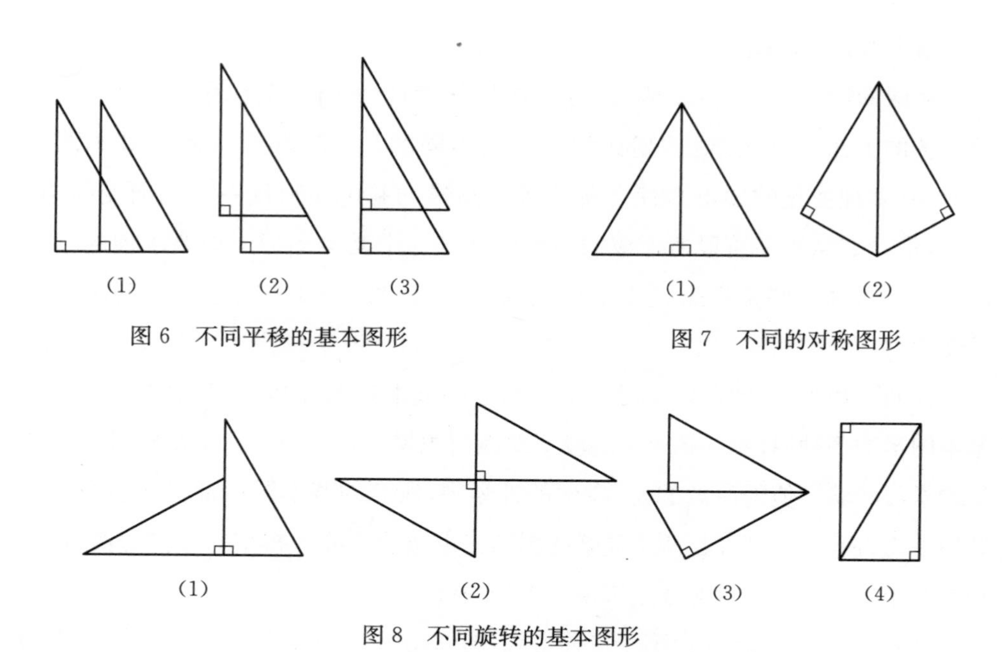

图 6　不同平移的基本图形

图 7　不同的对称图形

图 8　不同旋转的基本图形

周老师问："还有别的图形吗？"他发现一个学生构造了另一个不同的旋转图形，并将其展示给全班学生[图 7(1)]。这个图形的旋转中心与图 8(3)相同。通过减小旋转角，将两个直角三角形叠加起来。周老师继续问是否还有其他图形。当他在教室里巡视时，他发现了一个新的对称图形[图 9(2)]，并举起纸板向全班展示。周老师继续巡视并再次要求更多的图形。当他回到讲台上时，他发现了一个新的对称图形[图 9(3)]，并在黑板上画出了这个图形。

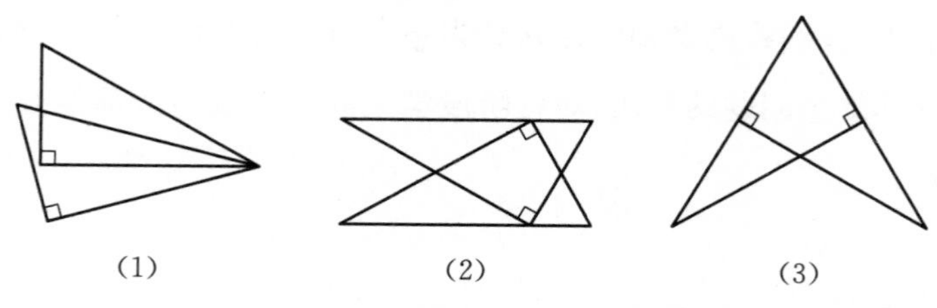

图 9　学生提供的三个新图形

根据杜瓦尔的观点，建构过程可以帮助学生对几何图形进行演绎并加深理解。也就是说，它可以促进他们对图形性质的理解(Duval 1995, 1999)。在这节课，虽然学生没有用直尺和圆规来构造图形，但他们的操作和绘图都是在几何变换的指导下进行的，并遵循了变换的规律。从这个角度看，这一策略可以进一步促进学生对图形性质的理解。根据顾的观点，变换图形结构可以帮助学生动态地理解几何图形，使学生能够从复杂的背景中识别几何对象（顾，1994）。总之，根据上述两位学者的观点，周老师课的第一阶段可以帮助学生了解基本的图形性质，有利于他们重新配置几何图形。就教学效果而言，从学生在后续阶段中的表现可以看出。

探究基本图形的性质

周老师用投影仪演示了一个图形平移（图 10）。这个图形可以看作是学生在黑板上画的图 6(2)的一个变式。他要求学生们找到条件，得出 $\triangle ABC \cong \triangle DEF$。提出了以下假设：(1) $AD=CF$，$\angle B=\angle E$，$\angle A=\angle EDF$；(2) $\angle B=90^\circ$，$BC=DE$，$AC=DF$，$\angle BCA=\angle F$；(3) $\angle B=\angle E$，$\angle C=\angle F$，$AB=DE$；(4) $\angle B=\angle E=90^\circ$，$BC=EF$，$AD=CF$。

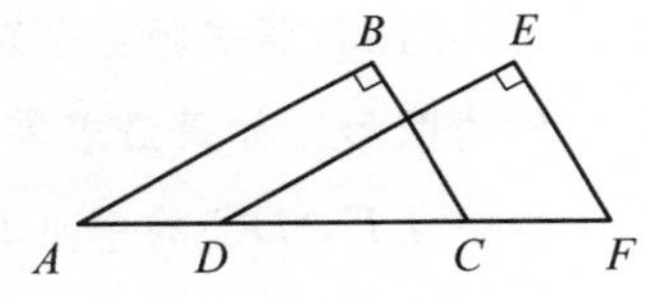

图 10　增加条件得到 $\triangle ABC \cong \triangle DEF$

通过平移基本图形，周老师回顾了如何确定三角形全等。同时，通过将基本图形性质与三角形全等和平移联系起来，提高了学生对基本图形性质的理解。

周老师希望学生们探索的第二个基本图形见图 7(2)。这是这节课的一个片段。

片段 1

[1] 周老师：你能根据这个图形提出一些问题吗？为了方便起见，我们在 $\triangle ABC \cong \triangle ADC$ 条件下添加了一些相应的字母，谁能尝试一下？

[2] 学生 1：连结 BD，因此 $BD \perp AC$[图 11(2)]。

[3] 周老师：为什么？……我们连结 BD，并假设它与 AC 在点 O 相交。

[4] 学生 1：因为 $\triangle ABC \cong \triangle ADC$，所以 $\angle BAC=\angle DAC$，$AB=AD$，所以 BD 与 AC 垂直。

[5] 周老师：为什么？

[6] 学生1：在等腰三角形中，高、角平分线、中线是相同的。

[7] 周老师：很好，我们也可以用全等三角形来证明它。你还发现了什么？

[8] 全体学生：AC 是 BD 的垂直平分线。

[9] 周老师：好，如果我们在 AC 上取一点 O，你能否提出一个问题？[图11(3)]

[10] 学生2：$BO=DO$。

[11] 周老师：你能告诉我为什么吗？

[12] 学生2：因为 $\triangle ABO \cong \triangle ADO$。

[13] 周老师：你们都明白吗？就像我刚才说的……事实上，这是一个对称的图形。如果沿着其对称轴折叠，两部分将完全重合……如果我们取 BC 的中点 E，DC 的中点 F，那么……[图11(4)]

[14] 全体学生：$AE=AF$。

[15] 周老师：我们需要什么条件才能确保 $AE=AF$？

[16] 学生3：$BE=DF$。

[17] 周老师：为什么？

[18] 学生3：SAS。

[19] 周老师：很好。

从片段1中我们可以在[2]中找到学生1猜想"连结 BD，然后 $BD \perp AC$"，接着完成它的证明。在周老师的指导下，所有其他学生都找到了"$BO=DO$"[8]。同样，其他学生也证明了"$BO=DO$"[9～12]和"如果 $BE=DF$，则 $AE=AF$"[13～18]。这说明周老师使用对称图形作为原始图形，并在与学生的交流中改变了它，从而帮助他们将这个基本图形作为锚定知识点。它缩短了与已发现问题的潜在距离，从而降低了问题的难度。此外，在基本图形被视为对称图形的条件下，这些结论也涉及等腰三角形的一些性质。通过对全等三角形的证明，学生将三角形全等与几何变换联系起来，这是本课的主要学习目标。另一方面，通过对这些问题的探讨，学生利用基本图形上的对称性质，使图形成为与丰富知识相关联的更强的锚定知识点。根据顾(1994)的观点，它为解决更复杂的问题带来了方便。在师生互动中，学生自己进行猜想和论证，可以促进与基本图形相关的演绎推理。当学生对基本图形有了更深入的理解后接着重新配置复杂的图形，解决的疑难问题越多将对他们越有好处(Duval, 2006)。

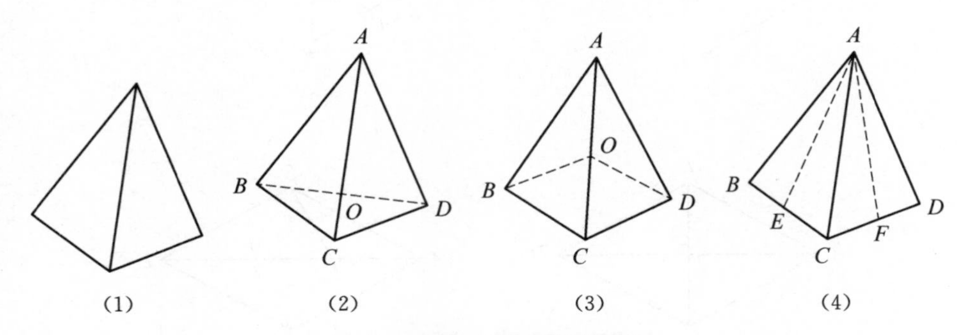

图 11 在探讨对称图形的特性

周老师使用了同样的策略来讨论第三种基本图形——旋转图[图 12(1)]。最初的图形如图 8(2)所示，课的第一阶段学生们在黑板上画了图 8(2)。展示了三种不同的变式：(1)过 C 点画一条直线与 AB 和 DE 相交于点 F 和点 G，证明 $CF=CG$ [图 12(2)]；(2)如果连结 AE 和 BD，则 $AE=BD$ [图 12(3)]；(3)如果 $AF=DG$，并连结 EF 和 BG，则 $EF=BG$[图 12(4)]。

这时课的第二阶段结束了。它可能是基本图形的脚手架，使问题的潜在距离相对接近，使学生能够在没有任何认知障碍的情况下解决问题。通过对上述三个基本图形的探究，学生对基本图形的性质有了更深入的了解，掌握了更多的知识，从而提高了从复杂图形中识别子结构的能力，降低了复杂问题的难度。

应该注意到，周老师在课的第一阶段中寻找并突出显示图形是故意的。根据他在会上所说的，这个图形是学生解决复杂问题的关键基本图形。既然这个图形如此重要，他为什么不和班上的学生一起探索它的特性呢？事实上，根据顾的观点，这个基本图形显示了三角形被直线所截和三角形的交错位置状态，因此不同直线的位置关系和线段的测量关系变得更加复杂(顾，1982)。这可能是一个错过的可教时刻，也可能是周老师的刻意选择，如果他不作进一步阐述，这一点还真的不太清楚。

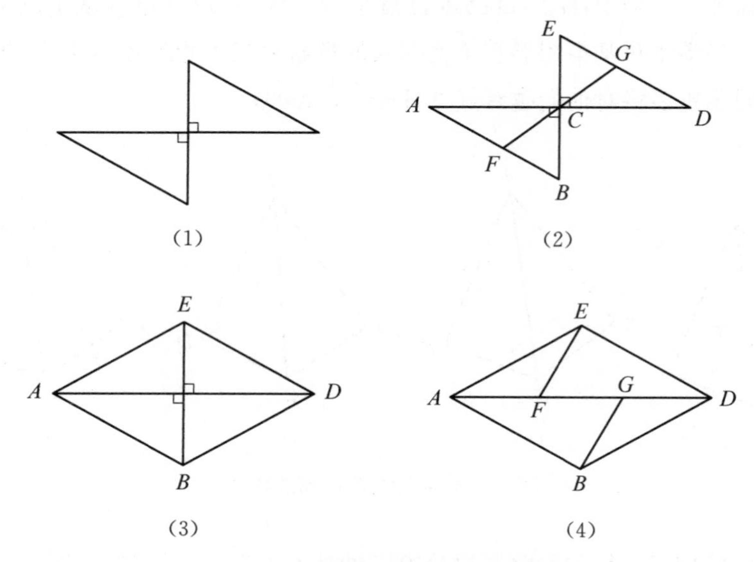

图 12　探索旋转图形的性质

解决复杂的问题

应对挑战/困难。 周老师在投影上显示了一个旋转的图形(图 3)，然后沿着直线 CD 将 Rt△ECD 平移到左边，并问："在平移过程中，ED 和 AB 之间保持着什么样的位置关系？"学生们立刻回答说这两条直线是垂直的。然后周老师问了一个后续的问题："如果 Rt△APN 与 Rt△CDN 是全等的，那么哪些三角形是彼此全等的(图 4)？"所有学生都回答说 Rt△EPM 与 Rt△BFM 是全等的。然后老师让他们证明这一点。几分钟后，老师注意到学生们无法给出任何答案，所以他建议删除一些线段以减少难度。然后在黑板上显示了一个子结构，如图 13(1)所示。这是教师在第一阶段在黑板上绘制出的图形(图 9)。"如果 Rt△APN 与 Rt△CDN 全等，那么还有哪两个三角形将彼此全等？"周老师问。明显的全等三角形是 Rt△ABC 和 Rt△BDP。一个学生主动提供证明。在 Rt△APN 与 Rt△CDN 全等的条件下，学生得到 $AD=ND$，$PN=CN$，$AC=DP$，从而成功地证明了 Rt△ABC 与 Rt△BDP 是全等的。

周老师回到原来的图形，鼓励学生做一个猜想，例如 Rt△EPM 与 Rt△BFM 是全等的，而学生只知道 $ED=AB$，如图 4 所示。尽管周老师给了他一个很重要的暗示，即 AB 和 BD 是相等的，但学生仍然无法进一步推理。老师不情愿地删除了线段，然后回到图 13(1)，解释说：如果 Rt△ABC 与 Rt△BDP 全等，那么 AB 将等于 BD。他回到原来的图形，删除了其他部分，得到了图 13(2) 的一个新的子结构，这个子结构仍然是图 13(1) 中所示的基本图形，只改变了位置。周老师说："你能证明 Rt△EPM 与 Rt△BFM 是全等的吗？"实际上，在图中，因为 $ED=BD$，所以 Rt△EFD 与 Rt△BPD 是全等的，所以证明 Rt△EPM 与 Rt△BFM 全等是相对容易的（显然 $EP=BF$，因为 $DP=DF$ 和 $ED=BD$）。

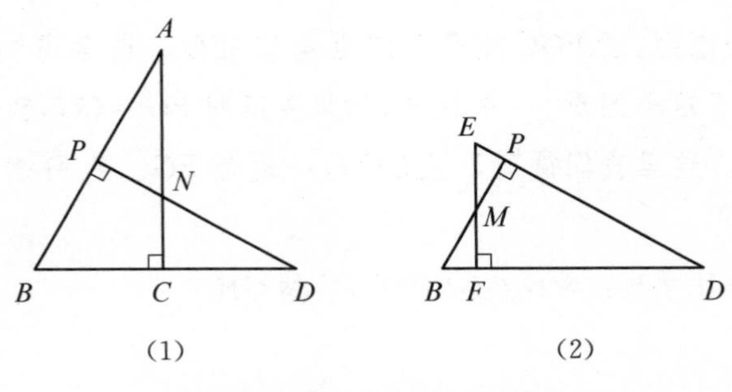

图 13　任务 1 中的两个子结构

从我们在课堂上所观察到的情况来看，学生们在解决这个问题时遇到了困难，至少他们无法在短时间内完成他们的证明。换句话说，锚定知识与他们正在探索的问题之间有很长的潜在距离。解决这一问题的关键是识别复杂背景下的基本对称图形，然后重新配置原始图形。然而，学生们却表现出了很大的困难。在这堂课中，虽然周老师在课程开始时就已经构建了基本的图形，但他并没有带领全班去探索这个图形的性质，就像他在课的后期和其他人一起做的那样。尚不清楚为什么周老师选择不详细说明这些性质。可以推测，如果老师这么做，将会为学生提供更多的脚手架来识别子结构，并可能缩短潜在距离以达到解决问题的目的。

最后的变异问题。周老师一直将三角形向右平移，当只有一个共同点时，如图 14(1)所示。

片段 2

[20] 周老师：当我们连结 A 和 E[图 14(2)]时，你会发现什么？

[21] 学生 4：AB 与 EB 垂直，$AB=EB$。

[22] 周老师：也就是说，$\triangle EBA$ 是一个等腰直角三角形。当你取 AE 的中点 G[图 14(3)]时，你将会得到什么？

[23] 学生 5：BG 是 AE 的一半。

[24] 周老师：当连结 BG(老师没有在图形上作)时，斜边的中线是斜边的一半。如果连结 FG，连结 CG，那么这两条线段有什么关系[图 14(4)]？

[25] 学生 6：FG 与 CG 垂直，$FG=CG$。

[26] 周老师：$\triangle FGC$ 也是等腰直角三角形。请考虑如何证明？[老师在黑板上画了这个图形]一般说来，如果要证明 $FG=CG$，我们应该找到两个全等三角形。这里我们得到了 $\triangle EFG$，一边是 FG。我们把 GC 看成是哪个三角形的边？

[27] 全体学生：看成$\triangle GBC$ 的，连结 GB。

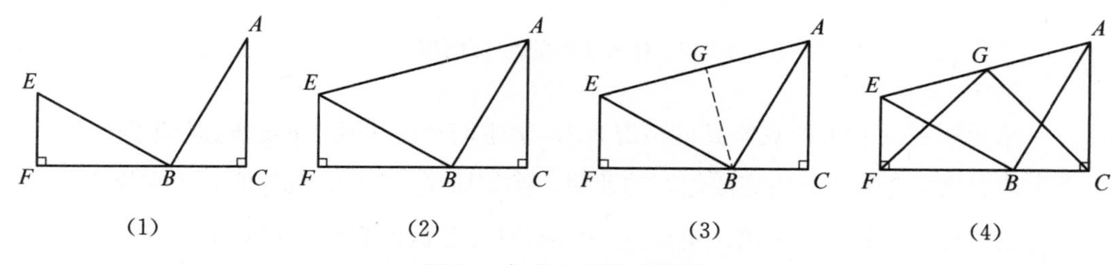

图 14　任务 2 的变式图形

从片段 2 我们可以看到周老师采用了过程性变式，演示了从图 14(1)到图 14(4)的构建过程。这个过程有利于学生识别复杂图形的子结构并进行重构。首先，周老师将 A 和 E 连结起来，要求学生识别$\triangle EBA$[20～22]的形状，搭建脚手架使学生识别出全等的三角形。当周老师取 AE 的中点 G 时[22]，学生们有机会在心理上操作该图形，并将一个基本图形与斜边上的中线识别出来[23]。他再次搭建脚手架让学生成功地构建了一个新的三角形[27]。也许正是因为周老师的脚手架，学生们才能顺利地证明这一任务。

结论与讨论

总结

在本章考察的案例研究中，周老师在课程设计和实施中采用了过程性变式。开始时，他通过变换三角形来构造多种基本形状，然后探究了学生们构造的三个基本图形。通过对教学片段的分析，学生可能因为这些问题与学生锚定知识点之间的潜在距离很近(需要证据支持)而成功地解决了最初的问题。尽管这一阶段没有发现认知障碍，但从理论上看，这种教学方法可以帮助学生深入理解基本图形，为学生从复杂图形中识别基本图形提供必要的脚手架。

然而，任务 1 变得更加复杂，有许多子结构，这使得学生很难重新配置。这看上去似乎是合理的，因为老师没有对基本图形进行任何探索，这是学生在背景中所需要确定的。若锚定知识点与探究任务之间的潜在距离太远，则学生无法进行进一步的讨论。此外，只提供了两个脚手架使得学生没有足够的时间去探索。结果，学生们没有足够的机会去完成这项任务。对于任务 2，尽管学生们成功地解决了这个问题，但由于是老师提出了一系列问题，相当于提供了大量的脚手架，因此，学生们独自探索的空间有限。

结论

根据文献资料，教师制作的脚手架数量和学生进行的探索区分了在学习环境中是以教师为中心的教学还是以学生为中心的教学。教师提供的脚手架越多，学生探索的空间就越少，反之亦然。在这个案例研究中，老师试图在两者之间取得平衡，他提供了一定数量的脚手架来控制锚定点和手头任务之间的距离，这样学生就可以有可管理的空间去探索问题。我们的发现表明，整个事件的距离是不同的，不同的任务提供了不同数量的脚手架。控制距离和脚手架的决策时刻是教师进行过程性变式教学的最具挑战性的部分(Gu, 1994)。

讨论

有一个额外的任务出现在周老师的教学设计中[见图 15(1)]，这是一年前设计的。由于他在所观察到的课中没有使用这个任务，所以我们没有数据来详细说明学生在这项任务上的认知障碍。任务如图 15(1)所示：$AC = BC$，$\angle ACB = 90°$，BD 是 $\angle ABC$ 的平分线，证明：$AB = BC + CD$。

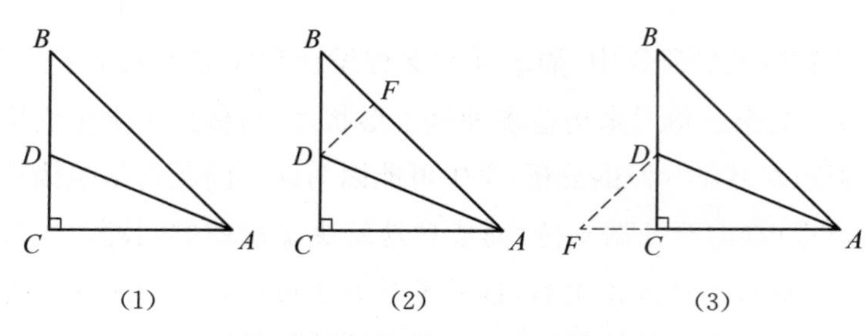

图 15　教师用书中的一个不同解的任务

在课程设计中，周老师计划让学生用不同的方法解决这个问题。这个任务至少可以用两种方式解决。首先，学生可以使用折叠来重新配置图形[如图 15(2)所示]，在本课程的第二阶段中对此进行了探讨。其次，如图 15(3)所示，学生可以使用图 8(3)的性质，这可以为解决任务 2 提供必要的脚手架。教学设计的变化将反映变式教学设计的困难。

在设计变式教学时，应考虑多种因素，如教学时间的限制、脚手架的制作深度、学生的探索空间等。教师在教学实践中需要反思自己的教学时机，以便设计出教学任务的有效变式。

参考文献

Cheng, L., & Huang, X. (2003). Want to embarrass students but be puzzled by them. *Shanghai Research Education*, *4*, 66 – 68.

Du, P. (2005). A case study on variation in review lessons. *School Mathematics 1*, 5 – 6.

Duval, R. (1995). Geometrical pictures: Kinds of representation and specific processes In R. Sutherland & J. Mason (Eds.), *Exploiting mental imagery with computers in mathematical education* (pp. 142 – 157). Berlin, Germany: Springer.

Duval, R. (1999). Representation, vision and visualization: Cognitive functions in mathematical thinking. *Basic Issues for Learning*. Retrieved from ERIC ED 466379.

Duval, R. (2006). A cognitive analysis of problems of comprehension in a learning of mathematics. *Educational Studies in Mathematics*, *61*, 103 - 131.

Fischbein, E. (1993). The theory of figural concepts. *Educational Studies in Mathematics*, *24*, 139 - 162.

Gu, L. (1982). The effective analysis on use figure variation to teach geometrical concept. *Education Research Communication*, *5*, 34 - 37.

Gu, L. (1994). *Teaching experiment: Research on methodology and teaching principle in Qingpu Experiment*. Beijing: Education Science Publisher.

Gu, L., Huang, R., & Marton, F. (2004). Teaching with variation: A Chinese way of promoting effective mathematics learning. In L. Fan, N. Wong, J. Cai, & S. Li (Eds.), *How Chinese learn mathematics: Perspectives from insiders* (pp. 309 - 347). Mahwah, NJ: World Scientific.

Herbst, P. (2004). Interactions with diagrams and the making of reasoned conjectures in geometry. *ZDM: The International Journal on Mathematics Education*, *36*, 129 - 139.

Huang, Y., & Liang, Y. (2011). Exploration on teaching design on junior school mathematics review lesson. *Elementary Education Research*, *18*, 39 - 41.

Maton, F., & Booth, B. (1997). *Learning and awareness*. Mahwah, NJ: Laurence Erlbaum.

Maton, F., Runesson, U., & Tsui, A. B. M. (2004). The learning space. In F. Maton & A. B. M. Tsui (Eds.), *Classroom discourse and the learning space* (pp. 13 - 65). Mahwah, NJ: Laurence Eelbaum.

Rui, Z. (1998). Design and teaching on mathematics variation problems in junior school. *Middle School Mathematics Monthly*, *4*, 7 - 10. [In Chinese]

Tao, Y., & Xu, W. (2009). Study on review lessons. *Theory and Practice of Education*, *2*, 51 - 53.

Wei, G. (2008). Revolution on mathematics review lesson. *People's Education*, *5*, 41 - 44.

Zhang, X., & Xu, X. (2012). Figure transformation: A case of rotation on two squares. *Mathematics Teaching in Middle Schools*, *1*, 110 - 113.

10. 通过变式教代数：对比、概括、融合和分离

莫雅慈①

介绍

近年来，越来越多的研究集中在数学教学中华人学习者心理和教学视角进行。这些研究的一个主要驱动因素是人们对破解被称为“华人学习者悖论”现象的持续兴趣（例如，见 Biggs，1996；Mok 等人，2001；Leung，2001；Huang & Leung，2004；Watkins & Biggs，2001），凸显了东亚和西方学校教学方法和环境之间的明显矛盾，以及东亚学生在比较研究方面的成绩经常优于西方学生的事实，如东亚学生在“国际数学和科学研究趋势”（TIMSS，Mullis 等，2012）和“国际学生评估方案”（经合组织 OECD，2010，2014）中的表现。这些研究的结果有助于更全面地了解亚洲课堂。在一些研究中，变式教学被认为是促进华人数学有效学习的一个重要方式（Fan，Wong，Cai，& Li，2015；Gu，Huang，& Marton，2004；Lim，2007；Mok，2006）。

将变式作为有效学习的一个重要因素确实不是文化的具体特征。凭借假设只有通过识别关键方面才能实现有意义的学习，马顿等人发展了学习的变异理论（Marton & Booth，1997；Marton，Runesson，& Tsui，，2003；Marton & Pang，2013；Marton，2015；Pang & Marton，2013）。本章的目的是通过在香港和上海的代数课中发现的经验例子来说明华人教学的变化。分析中使用了现象图式学方法的变异理论中所开发的分析工具来捕捉实例。下一节对变异学习理论作了简要的总结，并对变式教学法的研究进行了总结。然后，该理论被用于分析从学习者视角研究（LPS）中选择的香港和上海代数课堂教学（Clarke 等人，2006）。

① 莫雅慈，香港大学教育学院。

学习变异理论

变异理论不是关于学习如何组织的理论，而是关于学习内容如何组织的理论。(Pang & Marton, 2013, p.1066)

变异理论源于马顿和他的合作者所领导的现象图式学研究(Marton & Booth, 1997)。其基本假设是，学习是学习者发展一种观察或体验方式的经验(Marton 等人,2004)。就课堂学习而言，学习是以学习对象为中心的，学习对象的批判性特征对学习者来说是非常重要的。在这一理论中，学习是由对学习对象的关键方面的意识支持的，而意识取决于变化的经验。换言之，通过不同变化模式的经验，学习者可以理解学习对象不同形式的"同一性"以及在同一背景下的差异(Marton & Pang, 2013; Marton, 2015)。本章认为，变异和不变的对比有助于学习者在一定程度上体验学习对象。这在理论上被称为识别。这个想法可以"绿色"概念为例加以说明(Marton, 2015)。只有当人们生活在一个由绿色和非绿色构成的世界中时，才能理解绿色的意义，而区分"绿色"的关键在于变化模式和不变模式，即不同的绿色物体(如绿色球、绿色立方体和绿色棱镜)和不同颜色的物体(例如绿球、红球和蓝球)。此外，即使学习者不可能同时看到所有这些，积累的"绿色"和"颜色"的经验也将帮助学习者看到一个变化的维度。例如，在这种情况下，颜色是相对于绿色、红色和蓝色的变化维度；绿色是相对于浅绿色或深绿色的变化维度。因此，学习是在由适当的变化模式组成的环境中促进的。洞察力对于有意义的学习是必不可少的。此外，当在课程内容(或任务)的设计或课堂参与者(即教师和学生、学生和学生)之间的互动中产生与关键方面或特征有关的变化时，就有可能被识别。根据马顿、鲁内松和徐(Marton, Runesson, & Tsui, 2003)的说法，教师可能有一个特定的学习目标，这一点可以在不同程度上被详细阐述。教师试图传授的是预期的学习对象，这是教师意识的对象。然而，更重要的是教师如何组织课堂，使学习对象有可能走在学生意识的前沿。研究者从一个特定的研究兴趣的角度来描述一个学习目标是如何出现在课程中的，这就是所谓的实施的学习目标。换句话说，实施的学习目标包括学习任务和参与者之间以及参与者之间的内容和相互作用。此外，实施的学习目标是与教师的计划所创造的预期学习目标和个人学习者掌握的体验学习目标相比较而言的（例如，Marton 等人，2003；Runnesson & Mok，2005）。

变异可以在一堂课中以不同的方式产生。教师在课堂上创造了什么样的变化模式来加强学习？在以实验为依据的研究中发现了一些例子。马顿和徐（2004）研究了不同学科（包括语言、数学和科学）的课堂话语，并确定了一些变化模式，即对比、概括、分离和融合。莫雅慈（Mok，2009）在研究一位优秀的香港教师的课程时，发现了代数教学中的对比、概括、分离和融合等变异模式。这里简要概述这些概念（详细讨论见 Marton & Tsui，2004；Marton，2015）。

对比。为了体验一些东西，学习者必须经历一些与之相比较的东西，例如，物体是什么和它不是什么，例如，“3 个”（3 个球）和“不是 3 个”（2 个球、4 个球）。

概括。为了理解什么是“3”，我们必须在 3 个苹果、3 只猴子、3 本书中得到“3”的意思。这些经验对于让学习者掌握“三重性”的概念并将重点方面（“3”）与非重点的方面（苹果、猴子、书籍）分开是很重要的。概括的模式似乎与归纳的模式相同，但有一个重要的区别。在马顿的理论中，对比先于学习路径的概括。例如，学习者通过对比三角形、正方形和圆圈来识别三角形。然后，通过随后体验不同大小、不同角度和不同旋转位置的三角形，学习者可以将三角形的几何形式概括为跨越大小、角度和旋转位置的三角形。

融合。在辨别了学习对象的各个部分之后，就必须把整个东西组合在一起。融合是指学习者通过同时经历几个关键方面的变化，把各个部分“拼凑在一起”来构成整体。融合不仅涉及每一种情况、所有方面都集中在一起，而且还讨论了这些方面是如何在功能上或逻辑上相互联系的。例如，学习具有正确发音、音调和意义的汉语单词；当方程以明显不同的形式表示时，识别它的意义和等价性，例如，$2x+3y=0$，$2x=-3y$。参照学习的路径，学习阶段必然发生在对比、概括和融合的顺序中。

分离。辨别意味着分离。也就是说，当识别对象的一个方面时，必须通过对象的变异和不变方面模式的体验来区分这个方面和其他方面。例如，如果不将方程 $2x+3y=0$ 中的系数（“2”、“3”）与未知数（“x”、“y”）分开，就无法区分系数和未知数。

变式教学：一种华人提升数学学习效率的方式

将变式作为一种有效的教学工具，是促进数学有效学习的一种途径，这可以追溯到上世纪 80 年代顾在上海进行的教学实验，该实验在《学会教学》(Gu, 1991)一书中作了报道。变式也是顾的课的结构模型中的一个组成部分。由于其对学生学习的积极影响，"变式教学"(Bao 等人，2003; Wong & Chan, 2013)在中国被广泛采用(Gu 等人，2004; Wong, Lam, & Chan, 2013)。顾、黄和马顿(Gu, Huang, & Marton, 2004)用概念性变式和过程性变式两个概念总结了变式教学的教学理论。顾的变式教学理论的实质是"通过展示不同形式的视觉材料和实例来说明本质特征，或通过改变非本质特征来突出概念的本质"(Gu 等人，2004, p. 315)。概念性变式涉及从多个角度理解概念，这可以通过不同的视觉和具体实例、对比非标准的概念图形来实现。该理论提出了一种"过程性变式"的概念，以帮助学生逐步建立这一概念。例如，在写这个问题"詹姆斯为购买三个橡皮擦支付了 2 美元，而卖方给了他 2 枚硬币的零钱$\left(\frac{1}{10}\text{美元}\right)$。求每个橡皮擦多少钱"的方程式时，可以逐步引入三种脚手架：(1)用具体事物表示未知(如 $2D-♣♣♣=2C$，直观地提出问题)；(2)未知数符号(例如，$20-3x=2$，方程的一个具体模型)；(3)用方框"□"的符号替换未知的数($20-3\square=2$，在游戏中"□"代表数字)。教学模式的目的是设计一系列概念性和过程性的变式，以建立一个多层次的经验和策略体系，并可将其内化为认知结构(详见 Gu 等人，2004, pp. 319－322)。

使用变异作为分析数学课程的概念性工具

目前有大量的研究(例如：Huang & Leung, 2004; Huang, Miller, & Tzur, 2015; Mok, 2004, 2009, 2013; Runesson & Mok, 2005)将变异作为概念工具来分析数学课程。综上所述，这些发现为支持变异是在华人课堂上为数学提供有效学习的一个重要特征的论点提供了实例。在代数的背景下，莫(Mok, 2006)对上海数学课的分析表明，在逐步形成概念的过程中，变异是如何发挥作用的，同时也为识别系数与求解方程方法之间关系的关键方面提供了经验。莫进一步认为，上海教师在探索预期学习目标方面成功地发展了一种有计划的经验，而巧妙地利用变式为学生提供了在课堂上体验数学的重要方面的机会，如方程的系数、方法之间的对比以及过程和概念方面的关系。黄和他的研究人员在研究香港和上海的课时，注意到教学法的不同变化模式，例如：调查数学证明中从特殊到一般案例的过程性变式；练习项目的隐式和显性变化（Huang & Leung，2004；Huang，Mok，& Leung，2006）。

此外，关于代数教学实践的研究，莫（Mok，2013）在四次连续的上海数学七年级课程中，以二元一次方程组为主题，考察了教学连贯的性质。在研究结果中，确定了五种支持教学一致性的策略，其中一种策略是合并不同的示例和练习。黄、米勒和徐（Huang，Miller，& Tzur，2015）提出了一种混合模型分析方法，对学生在华人课堂中的学习机会进行了分析，该分析由三个理论视角组成，即对活动-效果关系、假设的学习轨迹以及与变异的教学连接的反思。通过这个模型的视角，任务序列可以起到桥接、用变异来传授意向性的想法、用变异来进行精化的作用。

方法和数据来源

本章使用的数据来源于香港和上海的学习者视角研究（LPS）数据集。在当地研究人员推荐的研究中记录了每个合格教师至少连续的 10 节课。录像使用了三台摄像机的配置：一个教师摄像机、一个对着 2 名重点学生的学生相机，以及一个对着全班的班级摄像机。每节课后邀请 2 名重点学生参加课后访谈，并在数据收集期间对教师进行 3 次访谈。在访谈过程中采用模拟回忆法，教师选择了一段教学录像，阐述了他为课程的设计和实施所作的思考。对这些课的分析采用了马顿和他的合著者在工作中发展起来的关于把辨别和变异作为基本要素的学习视角理论。由于主要目的是为了说明如何在代数课程中创造有用的变异模式，因此，我们选择了一节香港课和一节上海课进行详细分析。之所以选择这些课，是因为它们可能包含丰富的变异模式，并较容易举例说明如何创造适当的变化模式。上海课是在青浦上的，那里是发现并推广了变式教学法的经验源头。因此，这节课可以被看作是中国变式教学模式的一种典型应用。与上海不同的是，变异教学法在香港的课程中并不是一种推广的教学法，因此，香港教师在课程设计中不太可能坚持使用变异。选择香港课是因为教师在访谈中复习了这节课，他明确解释说，他在设计这节课时采用了变异的思想。预计这两种课的对比将丰富对如何创造变异模式的理解。

结果：香港和上海代数课中的例子

分解教学：香港课的例子 HK1

这节课(HK1)是一堂八年级的关于多项式因式分解的课。这是主题序列中的第一堂课，学生在课前已经学到了多项式乘法。为了帮助学生更深入地理解因式分解，老师在课堂上使用了 7 个例子(图 1)。在这里的分析中解释了内容的排列和变化维数(对比、分离和融合)的使用。

Q. 1	$na+nb$
Q. 2	$2a+2b$
Q. 3	$2na+2nb$
Q. 4	$-2na-2nb$
Q. 5	$-2na+2nb$
Q. 6	$2na+2n^2b$
Q. 7	$2na+2n^2b^2$

图 1　香港因式分解课(HK1)中的 7 个例子

片段 1:"什么是"和"什么不是"。上课开始时，老师用了一个介绍性的例子：$m(a+b)=ma+mb$。

在教师主导的全班讨论中，教师引导学生看到"什么是因式分解"和"什么不是因式分解"的对比。考虑到数学陈述应该从左到右阅读的传统，即她/他讨论了这样的例子：$ma+mb=m(a+b)$ 是因式分解；$m(a+b)=ma+mb$ 不是因式分解(乘法或展开)。

这些例子的目的是明确的，因式分解涉及确定项的公因式，并以乘积形式改写表达式。因此，介绍性示例提供了"什么是"和"什么不是"的典型对比。

片段 2：不变形式中的变量和不变量：公因式和最大公因式(HCF)。为了成功地进行因式分解，学生需要在处理代数表达式的经验中识别不变形式（变异）$a+$（变异）b，以及公因式和最大公因式的含义。在保持形式不变的同时，示例（Q. 1到Q. 3）之间的对比创造了一个机会来识别公因式，在 $na+nb$ 中的公因式是 n，在 $2a+2b$ 中的公因式是 2，在 $2na+2nb$ 的公因式是 $2n$。变式本身帮助学生辨别不变形式中的公因式是什么，将公因式从表达式中的变量中分离出来，同时推广了形式（变异）$a+$（变异）b。

聚焦到第三个例子 $2na+2nb$（Q. 3），班级讨论创造了另一个变异的维度。老师提请全班注意这一点，并通过以下对话开始了学生的讨论：

> 教师：问题 1 和问题 2 类似于问题 3。它涉及“2”，也涉及“n”。这让人困惑吗？我们应该先处理哪一个？
>
> 教师：[在从班上得到 3 个答案，即 $2(na+nb)$、$n(2a+2b)$、$2n(a+b)$ 后] 好的！首先，我想知道，这 3 个答案是否与原来的公式相同？
>
> 学生：相同。
>
> 教师：那么这 3 个答案都是正确的吗？
>
> 学生：不是。
>
> 教师：不是吗？你说它们是一样的，现在它们不都是对的？为什么？和你的同桌同学讨论，然后告诉我你的结论！

在课堂讨论中得到了三种表示不同的可能的由公因式 2、n 和 $2n$ 形成的因式分解形式：$2(na+nb)$；$n(2a+2b)$；$2n(a+b)$。

这一片段给出了一个融合的例子，因为学生必须综合考虑多个方面。除了表达式 $2na+2nb$ 的因子 2、n 和 $2n$ 的变化外，老师有意地回忆了学生对 $12(12=4\times3)$ 的因数分解的经验，因此，可以在代数式的因式分解和数的因数分解之间将因式（数）分解的意义进行对比。多个变式实例帮助识别因式的概念、最大公因式（HCF）、不同因式形式的等价性。这三种因式形式的对比有助于在分解过程中使用 HCF 实现“正确”的答案。因此，通过示例选择得到了支持，知道 $2n(a+b)$ 被公认为正确的答案，而其他两种因式形式则不被认为是正确的。

通常情况下，当一个代数式中的变量出现指数幂形式时，问题的难度就会增加。因此，让学生体验情境的变化，加深对代数符号嵌入结构（例如，$2na+2n^2b=2\times n\times a+2\times n\times n\times b$）内隐乘法意义的认识，以及在因式分解过程中应选择哪些因式是非常重要的。这两个问题（Q. 6 $2na+2n^2b$；Q. 7 $2na+2n^2b^2$）包含在一个变式中，目的是提高学生对符号间乘法的隐含意义的认识，同时也参考了早期关于最大公因数的概念。

教师：你是怎么核对你的答案的？

利奥（LEO）：通过乘法求值！

教师：然后呢？这是什么？它们之间有什么关系？

教师：乘它们是正确的，但它可能不是完全彻底的因式分解。那么，这和这两个项之间的关系应该是什么呢？

学生：公因式。

教师：这是什么公因式？再说一句，什么公因式？

学生：最高的！

教师：好极了！最大的公因式或者最高的公因式！

总之，教师选择的例子为教师提供了使用多种变异形式的机会——对比、概括、分离和融合——所有这些都有助于学生在进行因式分解的同时识别三个层次的差异："什么是因式分解"和"什么不是因式分解"；不同因式和最大的公因式；在代数式中的因子识别和嵌入乘法。

"方程组"的教学：上海一节课的例子（SH1）

这堂课是一堂七年级的课，主题是方程组的含义及其解。课的总体目标包括：(1)一次方程组的概念；(2)一次方程组的解的概念；(3)求解一次方程组的表格法。与前面提到的因式分解课程不同，本主题涉及的数学例子和问题的内容相对较多。在中国数学课堂中，内容密集的课是常见的，但本文的分析并不是为了比较不同课之间的内容数量，因为数学是一门结构和关系丰富的学科，概念的构建在很大程度上依赖于早期概念的搭建。本课中的章节是为了说明如何使用变式来在课的不同阶段创建脚手架路径。课的开始是通过一组关于一次方程的概念和一次方程的解的 5 项复习任务来安排的(表 1)。

表 1　回顾一次方程的概念和方程的解的 5 个任务

任务	问题/描述	分析
1	判断下式是否是二元一次方程组：$\begin{cases} y = 3x^2 - 5 \\ \frac{2}{y} + 2x = 3 \end{cases}$	什么是一次方程，什么不是一次方程
2	问题：$2x + y = 10$ 有多少解?	许多解
3	若 $x + 3y = -4$，当 $x = 2$ 时，则 $y = ?$	当 x 的值给定时，应用解的性质求另一特定解
4	如果 $x = -4$，$y = -5$ 是 $2x + ay = 7$ 的一组解，则 $a = ?$	当一组解确定时，利用解的性质，求未知系数的值
5	下列各组解中： 哪组满足方程 $x + y = 10$? 哪组满足方程 $x + 3y = -4$? a. $\begin{cases} x = 1 \\ y = 4 \end{cases}$　b. $\begin{cases} x = 0 \\ y = 10 \end{cases}$ c. $\begin{cases} x = 1 \\ y = -\frac{5}{3} \end{cases}$　d. $\begin{cases} x = -1 \\ y = 12 \end{cases}$	什么是解， 什么不是解

分析表明，在复习问题中使用了以下变式：

- “什么是一次方程”和“什么不是”(任务 1)
- 解的概念的多重应用(任务 3、4 和 5)：求出所给一次方程的解；当一个解给定时求系数；检验所给方程的解，且解的意义不变(给定的 x 和 y 值满足方程)

在任务 1 中，学生必须提供理由来支持他们在“什么是一次方程”和“什么不是一次方程”之间的决定。谈话表明，他们应该根据“未知数的指数”的关键方面做出决定。任务本身并没有给出“什么是”和“什么不是”的对比，因为这两个方程都不属于“一次方程”的范畴。然而，提问的风格表明学生应该熟悉运用对比技巧来区分“什么是”和“什么不是”。在课堂演讲中，学生安德鲁陈述了他认为这个方程不是一次方程的理由。他说：“它们两个都不是。因为未知数的指数是 2。”显然，学生能够识别未知数和未知数的指数作为决定方程是否是一元一次方程的关键特征。因此，当问题标签要求对比时，显然，给出的方程提供了一种融合学生对一次方程组、未知数和未知数指数的经验。

对于任务 3、4 和 5，学生需要应用“解”的概念来回答问题。也就是说，将解代入方程中来检验它是否满足这个方程。问题之间有一个渐进式的变化，以帮助学生理解解的概念：

- 对于任务 3，方程 $x+3y=-4$，当给定 x 的值时(解的一部分)，他们将 x 的值代入方程中，以求出另一部分 y 的值。

- 对于任务 4，方程 $2x+ay=7$，当给出一组解($x=-4$，$y=-5$)时，他们将解代入方程中，并为字母 a 创建另一个方程，然后对 a 进行求解。在此过程中，“a”的作用从 $2x+ay=7$ 中 y 的系数变为新方程 $2(-4)+a(-5)=7$ 中的未知变量。除了在任务 3 和任务 4 之间应用解的概念求结果之间的变化外，在不同的方程中，“a”的角色也发生了变化。“a”作用的变化使系数“a”与方程的其余部分形成了孤立的焦点。

- 对于任务 5，学生可以将给定的一对 x 和 y 代入方程中，以确定给定的一对数是否是解，从而应用这个概念。这提供了一种在测试例子中应用概念解决方案的替代方法，方法是识别“什么是”和“什么不是”之间的差异。

概括地说，对于一次方程的解，学生们可能需要熟悉以下几个方面的变化：“什么是解”和“什么不是解”(任务 5)；在应用解的概念时改变方程之间字母符号的作用(任务 4)；在不同的问题情况下(任务 3、4 和 5)应用解的概念。

这些变化在课的开始部分显化，为脚手架搭建做了重要的基础性工作(铺垫)，在后来的发展中，为学习方程组的解的概念做了重要的基础性工作(铺垫)。

片段 3：概念的课本变式、讨论和运用概念

表 2 二元一次方程组概念的任务 6

任务 6	让学生 2 人一组，阅读教科书中关于二元一次方程组的内容后讨论下列 3 个问题($6a$ 到 $6c$)。
$6a$	问题 1：什么是方程组？

续表

$6b$	问题 2：如何判断一个方程组是二元一次方程组？
$6c$	问题 3：判断下列式子是否是二元一次方程组？ (1) $\begin{cases}x+y=3\\x-y=1\end{cases}$ (2) $\begin{cases}(x+y)^2=1\\x-y=0\end{cases}$ (3) $\begin{cases}x=1\\y=1\end{cases}$ (4) $\begin{cases}\frac{x}{2}+\frac{y}{2}=0\\x=y\end{cases}$ (5) $\begin{cases}xy=2\\x=1\end{cases}$ (6) $\begin{cases}\frac{x+1}{y}=1\\y=2\end{cases}$ (7) $u=v=0$ (8) $\begin{cases}x+y=4\\-\ =\end{cases}$

二元一次方程组的概念是通过任务 6 教授的(表 2)。这项任务要求学生阅读教科书中的定义,并讨论 3 个问题(6a、6b 和 6c)。教科书中的定义如下:

> 形成一组的几个方程称为方程组。如果方程组包含两个未知数,且未知数的指数都是 1,则该方程组称为二元一次方程组。(来自教科书,作者的翻译)

表 3 给出了对这一片段的实录的分析。课堂演讲包含 3 个问题。前 2 个问题以课本定义为基础:“什么是方程组?”(6a);“如何确定一个方程组是否是二元一次方程组?”(6b)。而这两个问题也是为了帮助学生准备应用这个概念来识别(6c)中二元一次方程组的情形。从表面上看,问题(6a)和(6b)似乎是为了检查学生对课文的理解程度。然而,“什么”问题是一个回忆问题,而教师使用“如何”问题帮助学生意识到这两个关键方面——有两个未知数和未知数指数应该是 1。重要的是,同时问这两个问题并参考教科书中同一篇课文的行动,为理解课文创造了一个“什么-如何”的变异维度。

表 3 课堂讨论问题(6a)和(6b)的分析

笔录	评论
安琪儿(学生):一个方程组是由几个方程组成的。 教师:哦,她说什么了? 安琪儿:由几个方程组成。	(6a) ● 什么是方程组? ● 通过文本对概念的理解。

续表

笔录	评论
教师：哦，组成了……由几个方程。 [老师写在黑板上] 安琪儿：由一对方程组成。 教师：是什么组成的？ 安琪儿：一对方程。 教师：一对方程。 安琪儿：称为方程组	● 安琪儿的回答与课本相同(回想，什么是)。 ● 老师的问题吸引了学生对“几个方程”这个词组的关注
教师：第二个问题的答案是什么？……哪一个回答？那意味着要怎样识别？艾伦。 艾伦(学生)：方程中有两个未知数，未知数的指数都是1。这就是二元一次方程组。 …… 教师：那么，当我要求你确定它们是否是二元一次方程组时，你首先要考虑什么呢？伯尔尼。 伯尔尼(学生)：应该有两个未知数。 教师：应该有两个未知数。 伯尔尼：未知数的指数应该是1。 教师：未知数的指数……应该是1。请坐。 教师：有人能在上面补充一下吗？每个未知数的指数都是1。好吧，请谈谈。 班德森(学生)：每项都应该是一个整体表达式。 教师：每项都应该是一个整体表达式。然后每项……方程的次数是……1。 教师：如果指数是1，那么它应该是……已经是整式了。 教师：呃……这应该是……邦尼，请谈谈。 邦尼(学生)：未知数的指数。 教师：呀，未知数的指数……它们……是……1	(6b) ● 如何识别二元一次方程组。 ● 通过课本理解概念。 ● 艾伦给出了一个定义(回想，什么是)。 ● 老师从结论中提炼，并邀请更多学生加入谈话：老师继续问问题，“当我要你辨别的时候……你首先要考虑什么”(讨论关于行动，谈论如何)——从课本定义中分离标准。 ● 共享的扩展空间：更多学生加入了谈话。伯尔尼命名两个标准，即“2个未知数”、“未知数的指数应该是1”；班德森提到了“整式”；邦尼提到未知数的指数

表4　学生们在决定什么是和什么不是的情况时，关注未知数和指数的关键方面

教师：好的，这两点，哦，那么让我们根据这两点来看看下面的问题。 教师：呃……请看一下，来吧，第一个子问题。好吧，请说。 学生：第一个是二元一次方程。 教师：第一个是二元一次方程。好的，请坐。那么，同学们，请看这里。 教师：第一个问题，x 和 y……这有两个未知数，指数都是1。	(6c) ● 行动：运用概念区分“什么是”和“什么不是”的不同情况。 ● 对比、分离与融合。 ● 案例1，$x+y=3$，$x-y=1$：一个“是什么”的情况，老师确保全班遵守这两个标准。

续表

全体学生：指数是1。 教师：指数是1。第二个方程，x 减去 y 等于1，两个未知数 x 和 y 的指数都是1。是的，它是二元一次方程组。 教师：那么，让我们看看第二个问题。来吧，你请回答。 巴斯(学生)：它们不是。 教师：哦，他说不是。为什么不是？ 巴斯：因为在方程中，这个项的指数是2。 教师：哦，请看这个，x 加上 y 括号平方，展开形式是什么？ 全体学生：(……)平方 教师：对，展开形式是 x 平方加上 2 xy 加 y 平方。你看，未知 x 的指数是多少？ 全体学生：2。 教师：很好，xy 这个项呢？ 全体学生：2。 教师：2。那 y 呢？这也是2吗？ 全体学生：2。 教师：那么，我们可以说，虽然两个未知数，$x-y$，是指数为1的。 教师：当这上面有什么东西的时候，我们不能说第二个方程是一次方程……好吧，那请看第三个问题……哦，伯尔尼请回答	● 案例2，$(x+y)^2=1$，$x-y=0$：一个"什么不是"的例子，老师确保全班展开完全平方式，看到了指数为2。 ● 通过经历不同未知数和不同指数的不同方程，学生们有机会在系数、指数和未知数的变化中概括出一次方程组的形式

下面我们可以看到，学生们通过回忆教科书中的定义，在回答"什么"问题上并没有什么困难。如何提问(6b)和老师延迟总结的方式鼓励其他学生参加对话，支持学生关注两个标准(未知数和未知数的指数)。换言之，将标准与课本定义分开。此外，随着更多的学生(班德森和邦尼)加入到对话中来，分享空间也扩大了，这是他们认为的关键特征(未知数和未知数的指数)。

当学生试图应用这一概念来确定给定的方程组是否是二元一次方程组时(问题6c)，如何进一步扩展到程序上——"什么是"和"什么不是"之间对比的维度(见表4)。问题6c中的各种例子为学生提供了丰富的机会，使他们能够关注未知数和指数等方面的问题，并将它们结合在一起，以确定给定的问题是否为二元一次方程组。因此，实施了对比、概括、分离和融合。

在与任务6的合作中，教师向学生提供了在三个层次上体验概念的机会：课本层次、交流概念的讨论层次和应用概念的行动层次(见图2)。这种渐进式的变化是值得注意的，因为它解释了师—生—课本在既定的学习空间中的相互作用，它还描述了概念的变化，从**教科书中的定义**，到**关于课本的论述**，以及**将概念应用于问题的行动**，再到应用概念解决数学问题的实际行动。重要的是，这种通过**课本-讨论-行动**层次来帮助学生发展理解的学习安排不是偶然的，而是教师试图巧妙重复的教学策略。在这一教学片段之后，老师使用了同样的教学方法来教授方程组的解的概念(参见表5中的任务7)。同样，任务7的设计也为学生提供了一个平台，让他们体验到**课本-讨论-行动**的变化，为“解决方案”的应用提供了一个平台。

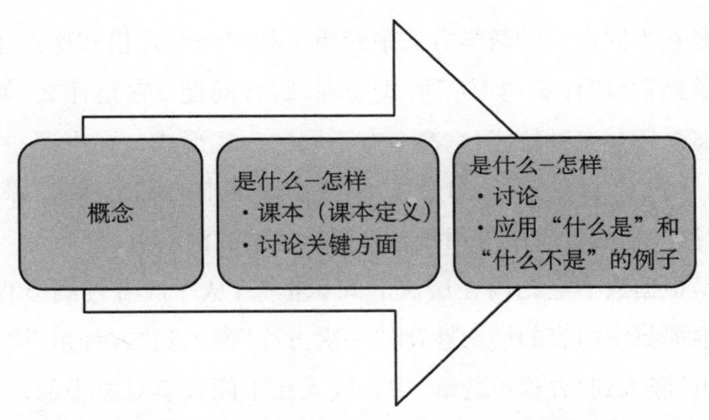

图2　通过任务6中的课本-对话变式和讨论-行动变式体验概念

表5　任务7提供的为体验解的意义的课本-讨论-行动变式的平台

任务7	让学生2人一组，阅读教科书后讨论下列3个问题(7a到7c)。
7a	问题1：方程组解的含义是什么？
7b	问题2：为什么$\begin{cases}x=23\\y=12\end{cases}$是二元一次方程组$\begin{cases}x+y=35\\2x+4y=94\end{cases}$的解？
7c	问题3：方程$5x-3y=3$的解是否一定是二元一次方程组$\begin{cases}5x-3y=3\\x+2y=11\end{cases}$的解？反过来呢？

上海课中两种内容的脚手架

除了变异的对比-概括-融合-分离模式，教学方法描述了在课上使用了两种内容的脚手架(图3)。

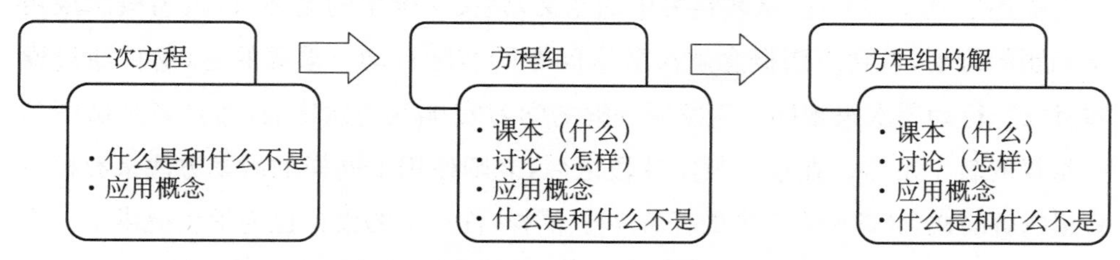

图 3　两种脚手架：课本-讨论-行动的分层排列

第一种是在不同内容的教学方法中经历了相似的变化模式所产生的脚手架。一个数学对象经常以“什么-如何”形式展现，回答问题：它是什么，如何使用它？无论是一种概念还是一种技能，它都会有不同的表现形式。在本课一贯的教学安排中，教师引导课本-讨论-行动的变化，从阅读课本中的定义，到在课堂上讨论概念，再到在解决问题的背景中应用概念来展示他们的洞察力。

第二种是根据数学主题内在层次的知识框架，从一次方程到方程组，再到方程组的解。根据数学内容的层次性，将“一次方程”嵌入到“方程组”中，将“一次方程”和“方程组”嵌入到“方程组的解”中。嵌入在不同数学对象中的一次方程和一次方程组是方程形式的推广，在这两类方程系统（单个方程和方程组）之间，可以推广解的概念。此外，为了识别解的意义，学习者必须在体验方程组不同特征的融合过程中分离出解的意义；通过对两组（一个一次方程和一个一次方程组）解的意义的体验，可以推广一个方程的解的意义。正是在第二种模式的演变中，学生被赋予了越来越多的对比、概括、分离和融合模式的经验。

讨论

什么是有效的教学策略？这个问题的答案在很大程度上取决于基于心理学和认识论的有意义学习的假设。

从教育学的角度看，学习的变异理论提出了学习与学习条件之间的关系（Marton，2015；Pang & Marton，2013）。只有当学习者发现学习对象的关键方面时，才能进行有意义的学习。例如，分解代数式中的公因式和最大公因式，以及最大公因式的意义只有在学习者经历了不止一个公因式的情况下才能发现。

数学学习往往涉及一个概念的学习，在学习过程中，概念可能以各种形式出现。在某种程度上，一个概念的学习就是体验"什么是"问题，或者经历"为什么是"问题而寻求答案的经历。以"二元一次方程组"为例，学生在本研究中所经历的是从概念定义的课本形式到课堂讨论中为回答"什么是"问题而创造的共享空间，然后是运用概念解决数学问题的行动。在这节课中，通过创造变异的维度来支持关于"什么是"和"什么不是"的情况之间的对比的体验。具体来说，这种变化为学习者提供了机会，使他们能够对比什么是非关键的和什么是不重要的，并将其融合(区分不同的方面并在给定的环境中组合在一起)。在变异维度中的描绘可以描述为已实施的学习空间。实施的空间是动态的，学习条件没有明确的变化模式，学习内容的安排可能因教师和学习者的不同而不同。这些例子表明了教师采用的可复制教学策略的可能模式，这些策略帮助学习者体验到内在数学结构层次上的学习内容脚手架的安排(从"一次方程"到"方程组"，再到"方程组的解")，和学习过程中的课本-讨论-行为变异模式。

多角度的研究框架加强了对教学方法的理解。例如，在黄、巴洛和普林斯(Huang，Barlow，and Prince，2016)的著作中，变异和任务设计的混合框架使得两种文化系统之间的经验比较成为可能。这两堂课来自两个不同的系统，它们的特点是：班级规模大，教学传统具有指导性、考试导向性和竞争性。然而，任何分析框架也可能界定研究人员通过提供的理论视角理解所能看到的东西。这两堂课描绘了两个非常复杂的学习空间。这种对比带来了认识论领域除了对比、概括、融合和分离模式的经验之外，还显示了教学方法中搭建内容脚手架的可能性。虽然变化的模式似乎是有限的，但学习者所经历的学习空间绝不是静止的。随着学习者在实施的学习空间中经历一次旅程，它必然是动态的，并发展为复杂的。

致谢

该计划由中国香港特别行政区研究资助局一般研究基金资助。

参考文献

Bao, J., Huang, R., Yi, L., & Gu, L. (2003). Study in *bianshi* teaching [in Chinese]. *Mathematics Teaching* [Shuxue Jiaoxue], *1*, 11 - 12.

Biggs, J. B. (1996). Western misperceptions of the Confucian-heritage learning culture. In D. Watkins & J. Biggs (Eds.), *The Chinese learner: Cultural, psychological and contextual influences* (pp. 69 - 84). Hong Kong: CERC and ACER.

Experimenting Group of Teaching Reform in maths in Qingpu County, Shanghai. (1991). *Xuehui Jiaoxue* [Learning to Teach]. Beijing, China: People Education Publishers. (In Chinese)

Fan, L., Miao, Z., & Mok, I. A. C. (2015). How Chinese teachers teach mathematics and pursue professional development: Perspectives from contemporary international research. In L. Fan, N. Y. Wong, F. Cai, & S. Li (Eds.), *How Chinese teach mathematics: Perspectives from insiders* (pp. 43 - 70). Singapore: World Scientific.

Gu, L., Huang, R., & Marton, F. (2004). Teaching with variation: A Chinese way of promoting effective mathematics learning. In L. Fan, N. Y. Wong, J. Cai, & S. Li (Eds.), *How Chinese learn mathematics: Perspectives from insiders* (pp. 309 - 347). Singapore: World Scientific.

Huang, R., & Leung, F. K. S. (2004). Cracking the paradox of Chinese learners: Looking into mathematics classrooms in Hong Kong and Shanghai. In L. Fan, N-Y. Wong, J. Cai, & S. Li (Eds.), *How Chinese learn mathematics* (pp. 348 - 381). Singapore: World Scientific.

Huang, R., Mok, I. A. C., & Leung, F. K. S. (2006) Repetition or variation — "Practice" in the mathematics classrooms in China. In D. Clarke, C. Keitel, & Y. Shimizu (Eds.), *Mathematics classrooms in 12 countries: The insiders' perspective*. Rotterdam, The Netherland: Sense Publishers B. V.

Huang, R., Miller, L. D., & Tzur, R. (2015). Mathematics teaching in a Chinese classroom: A hybrid-model analysis of opportunities for students' learning. In L. Fan, N. Y. Wong, F. Cai, & S. Li (Eds.), *How Chinese teach mathematics: Perspectives from insiders* (pp. 73 - 110). Singapore: World Scientific.

Huang, R., Barlow, A. T., & Prince, K. (2016). The same tasks, different learning opportunities: An analysis of two exemplary lessons in China and the US from a perspective of variation. *The Journal of Mathematical Behavior*, *41*, 141 - 158.

Ki, W. W., & Maton, F. (2003, August 26 - 30). *Learning Cantonese tones*. In EARLI 2003 Conference (European Association of Research in Learning and Instruction). Padova, Italy.

Leung, F. K. S. (2001). In search of an East Asian identity in mathematics education. *Educational Studies in Mathematics*, *47*, 35 - 51.

Lim, C. S. (2007). Characteristics of mathematics teaching in Shanghai, China: Throughout the lens of a Malaysian. *Mathematics Education Research Journal*, *19*(1), 77 - 89.

Marton, F. (2014). *Necessary conditions of learning*. New York, NY: Routledge.

Marton, F., & Booth, S. (1997). *Learning and awareness*. Mahwah, NJ: Lawrence Erlbaum.

Marton, F., & Pang, M. F. (2013). Meanings are acquired from experiencing differences against a background of sameness, rather than from experiencing sameness against a background of difference: Putting a conjecture to the test by embedding it in a pedagogical tool. *Frontline Learning Research*, *1*(1), 24 - 41.

Marton, F., Runesson, U., & Tsui, A. B. M. (2003). The space of learning. In F. Marton, A. B. M. Tsui, P. Chik, P. Y. Ko, M. L. Lo, I. A. C. Mok, D. Ng, M. F. Pang, et al., (Eds.), *Classroom discourse and the space of learning* (pp. 3 - 40). Mahwah, NJ: Lawrence Erlbaum.

Marton, F., & Tsui, A. B. M. (Eds.). (2004). *Classroom discourse and the space of learning*. Mahwah, NJ: Lawrence Erlbaum.

Marton, F., Tse, S. K., & Cheung, W. M. (Eds.). (2010). *On the learning of Chinese*. Rotterdam, The Netherlands: Sense Publishers.

Mok, I. A. C. (2006). Shedding light on the East Asian learner paradox: Reconstructing studentcentredness in a Shanghai classroom. *Asia Pacific Journal of Education*, *26*(2), 131 - 142.

Mok, I. A. C. (2009). In search of an exemplary mathematics lesson in Hong Kong: An algebra lesson on factorization of polynomials. *ZDM Mathematics Education*, *41*, 319 - 332.

Mok, I. A. C. (2013). Five strategies for coherence: Lessons from a Shanghai teacher. In Y. Li & R. Huang (Eds.), *How Chinese teach mathematics and improve teaching* (pp. 120 - 133). New York, NY: Routledge, Taylor and Francis Group.

Mullis, I. V., Martin, M. O., Foy, P., & Arora, A. (2012). *TIMSS 2011 international results in mathematics*. International Association for the Evaluation of Educational Achievement, Herengracht, Amsterdam, The Netherlands.

OECD. (2010). *PISA 2009 results: What students know and can do: Student performance in reading, mathematics and science* (Vol. I). Paris: OECD Publishing.

OECD. (2014). *PISA 2012 results in focus: What 15-year-olds know and what they can do with what they know*. Paris: OECD Publishing.

Pang, M. F., & Marton, F. (2013). Interaction between the learners' initial grasp of the object of learning and the learning resource afforded. *Instructional Science*, *41*, 1065 - 1082.

Runesson, U., & Mok, I. A. C. (2005). The teaching of fractions: A comparative study of a Swedish and a Hong Kong classroom. *Nordic Studies in Mathematics Education*, *10*(2), 1 - 15.

Watkins, D. A., & Biggs, J. B. (Eds.). (2001). *Teaching the Chinese learner*. Hong Kong: Comparative Education Research Centre, The University of Hong Kong.

/第三部分/

从教育学视角看中国课程与教师专业发展的变异原则

引言
“教学计划只是教师对学生学习的假设”

康拉德·凯勒(Konrad Krainer)[①]

中国学生在 PISA 2012 年[国际学生评估计划(经合组织)，2013]数学方面的良好表现是一个引起全世界越来越多兴趣的现象。产生这些好结果的原因是多方面的和复杂的。其中包括：社会文化的各方面(社会高度重视表现和努力、集体思考和实施、高度尊重数学)；教师教育和招聘(严格选拔、仅由数学教师教授数学)；学校教授的数学课的数量(高于 PISA 平均水平)；自下而上旨在确保教学自主、保证质量(教师研究小组，例如注重联合课程规划)的长期教师交流传统；真诚地努力将教学的理论和实践相结合(越来越多地考虑到西方理论和共同发展新理论，如变式理论)。

以下三章中，有两章直接提到了有关 PISA 评估的良好结果。在一个案例中，作者强调在教科书和课堂教学中一致使用变式问题为学生的学习提供了强有力的支持，为中国学生的优异表现提供了进一步的解释。第二组作者强调，上海学生的成功(PISA 2012 年排名第一)使得了解上海教师是如何进行学习的变得非常重要。这三章都给出了教师专业发展和课程发展的见解深刻的案例，展示了如何运用和实施变式的教与学。下面简要介绍这三章，每一章都有一些西方数学教育的思考作为补充。

章建跃、王嵘、黄荣金和金明斯(Kimmins)等人在这一章论述了变式教育概念在中国数学教科书中是如何应用的问题。作者强调，关于华人教材中变式任务的使用，目前还只是零星的研究。然而，这些研究表明，教科书在引入新的概念时已通过使用变式任务加深对概念的理解。本章选取了 6 本七、八和九年级的数学

---

① 康拉德·凯勒，奥地利克拉根福大学跨学科研究教学和学校发展系。

教材，以确定使用变式任务的主要特点。作者列举了有趣的例子，重点介绍了使用变式任务的四个特点（基于 Zhang，2011）：用于学习数学概念（概念和过程）、发现和理解数学原理、发展数学技能和发展数学思维方法。从西方的角度来看，教科书的积极内涵（其在实践中的重要性，其典范的立场）令人惊讶，因为在许多西方国家，教科书对教学实践的影响并没有被估计得很高，在此对教科书的分析也比较严格，突出了它们的优点和（更多的是）弱点。在西方国家，许多教科书被认为是理论上的需要，而这一章给人的印象是在所选的中文教科书中，（变式）理论和实践之间存在着很好的平衡。本章对华人数学教材的使用（理念）有一个很好的认识，作者本人强调需要对教材中的变式任务的使用提供一幅综合的可理解的画面（超出所选的案例）。与大多数西方国家相似的是，人们高度重视教师（以及他们对激发学生积极参与的挑战）和把任务作为规划数学教学的核心手段。

丁莉萍、琼斯（Keith Jones）和西科（Svein Arne Sikko）在本章分析了一位专家教师如何支持初中教师的专业学习，侧重于数学教学的变异和两位教师之间的互动。研究采用了教师的教学日记、反思笔记、课堂计划、互动视频等教学研究小组会议、教材和视频辅助课程。本文将克拉克和霍林斯沃斯（Clarke & Hollingsworth，2002）的关联模型以及顾和王（2003）的课例模型作为数据分析的工具，并对结果进行解释。本章得出的结论是，专家教师以两种复杂的方式指导初级教师，即使用教学理念以及教学框架和语言（这是教师在国内普遍了解和实践的）。本文对一名初中数学教师的教学与学习进行了深入的思考。从西方的角度来看，采用广泛而普遍接受的教学策略是独一无二的。中国数学教师长期以来普遍接受“变式教学”这一事实创新了一种背景，这在许多西方国家尚不为人所知。其中一个主要的优点是发展了一种共同的语言，使它更容易（共同）规划教学和反思。对许多西方国家来说，由专家教师直接指导初级教师（例如说“你并不真正理解在每一个阶段应该做什么”）是令人惊讶的。一方面，清晰的沟通方式可以被看作是一种后续的指导；另一方面，当专家教师把学生视为自主的学习者时，为什么不（甚至更合理地）同样对待初级教师（帮助她自己意识到关键问题）？然而，这似乎是一个文化问题（在许多西方国家，教师不会轻易接受其他教师的强烈批评；当然，专家教师在中国教师职业中可能具有特定的地位）。作者认为，教师的成长并不是直截了当的和持续的，相反，它是相当离散的和不连续的。这无疑是东西方教师和教师教育者的共识。

韩雪、巩子坤和黄荣金在这一章报道了一项经过设计的课例研究，该研究整合了学习轨迹的概念（例如 Simon，1995）和通过变式进行教学的概念。参与研究的 4 名教师（自愿）参与了课程研究活动，设计了 6 节关于分数除法的课程。他们得到了大学数学教育专家和地区教学专家的支持。本研究使用的主要数据来源为学生课后测试、课堂教学录像和学生访谈。本章的重点是由一位经验丰富的教师讲授的研究课和相关的教学研究活动。这位教师逐渐从以教师为主导的教学转向以学生的探索和调查为主导的教学，同时她学生的学习也发生了一些变化。对于许多西方国家来说，一种明确的说法（在这里，课例研究见 Huang & Shimizu，2016）"让学校成为教师而不仅仅是学生学习的地方"将是一种创新。除了一些例外，这种自下而上的教师运动的悠久传统在中国得到发展（在日本甚至更早），而西方国家并没有这样，尤其是广泛形成的教研组更是独树一帜。这显然是一种在文化、教育和社会观念方面集思广益的结果，而在许多西方国家，教师（和其他公民）更多地被视为个人，其挑战是促进教师之间的共同行动和反思，并在教师和研究人员之间建立广泛的合作关系。

这三章的一个共同特点是赋予教师强势角色。将他们视为实践者和专家（教学和学生学习方面的），他们调查自己的教学，以改进自己的教学（以及他们通过课例学习研究同事的教学），并为专业知识的生成作出贡献（供教师使用，也供科学界使用）。这意味着教师不仅被视为数学教学的关键利益攸关方，而且也被视为数学教育研究的关键利益攸关方（例如：Krainer，2011；Kieran，Krainer，& Shaughnessy，2013）。把教师作为数学教育研究的主要利益相关者，意味着要以学生为主体。这一点没有比在由丁、琼斯、思科（Ding，Jones，& Sikko）撰写的这一章中的一位一级教师说得更好的了："教学计划只是教师对学生学习的假设。"

参考文献

Clarke, D., & Hollingsworth, H. (2002). Elaborating a model of teacher professional growth. *Teaching and Teacher Education*, *18*, 947 - 967.

Gu, L., & Wang, J. (2003). Teachers' development through education action: The use of 'Keli' as a means in the research of teacher education model. *Curriculum*, *Textbook & Pedagogy*, *I*, 9 - 15; *II*, 14 - 19.

Huang, R., & Shimizu, Y. (2016). Improving teaching, developing teachers and teacher educators, and linking theory and practice through lesson study in mathematics: An international perspective. *ZDM Mathematics Education*, *48*, 393 - 409.

Kieran, C., Krainer, K., & Shaughnessy, J. M. (2013). Linking research to practice: Teachers as key stakeholders in mathematics education research. In M. A. Clements, A. J. Bishop, C. Keitel, J. Kilpatrick, & F. K. S. Leung (Eds.), *Third international handbook of mathematics education* (pp. 361 - 392). New York, NY: Springer.

Krainer, K. (2011). Teachers as stakeholders in mathematics education research. In B. Ubuz (Ed.), *Proceedings of the 35th conference of the international group for the psychology of mathematics education* (Vol. 1, pp. 47 - 62). Ankara, Turkey: PME Program Committee.

OECD. (2013). *PISA 2012 results: What students know and can do: Student performance in mathematics, reading and science* (Vol. 1). Paris: OECD.

Simon, M. A. (1995). Prospective elementary teachers' knowledge of division. *Journal for Research in Mathematics Education*, *24*, 233 - 254.

Zhang, J. Y. (2011). *Theories of secondary mathematics curriculum* [In Chinese]. Beijing: Beijing Normal University Press.

11. 遴选中国数学教材中的运用变式任务的策略

章建跃[1] 王嵘[2] 黄荣金[3] 戴维·金明斯(Dovie Kimmins)[4]

引言

在中国，基于统一的国家“数学课程标准”(MOE，2011)的数学教材是教师教学和学生学习的重要核心资源。中国数学教材普遍强调以下几个方面：利用学生熟悉的学习情境，循序渐进地安排数学任务；引导学生逐步探索数学活动；在不同的学习情境中进行对比、类比、归纳和概括，发现学习对象的异同，得出具体事例的数学本质；最后培养对数学知识的深刻理解。通过将所学的知识应用到不同的情境中，学生有望发展出适应性强、灵活解决问题的能力。在编写数学教科书时，选择和安排各种数学任务是主要考虑因素之一(编辑委员会，2005)。

教材中数学内容的结构和编排以合乎逻辑的教材的连贯发展为依据，以学生的认知和数学学习的发展为基础。教科书的特点对教师的教学设计产生了很大的影响，因为中国的教科书被视为包含学生需要学习的所有基本知识的强制性文本(Park & Leung，2006)。教科书中的每一个数学对象都是按照以下规则呈现的：引入学习情境、定义概念、推导性质、建立联系和进行应用。该序列旨在有必要说明：(1)引入一个新概念并从数值和图形的角度抽象数学对象的共同特征；(2)定义并解释数学对象的概念；(3)通过探讨不同数学对象之间的关系来获得数学对象的性质；(4)通过建立相关知识类型之间的联系，发展数学知识体系；(5)通过将知识应用于解决数学和情境问题来加深对新知识的理解(Zhang，2014)的必要性。这种安排承认数学知识结构与学生认知发展的统一、数学知识的学习与数

① 章建跃，人民教育出版社。
② 王嵘，人民教育出版社。
③ 黄荣金，美国中田纳西州立大学。
④ 戴维·金明斯，美国中田纳西州立大学。

学能力的发展的统一，以及形成系统与发展数学知识结构的统一(Ding, 1992；编辑委员会,2005)。要实现这一目标，核心任务之一是选择和安排数学上的丰富任务，以探索和发展相关的数学对象。数十年来在数学课堂上广泛应用的变式教学法(Gu, Huang, & Marton, 2004)对学习任务/活动的选择和安排具有重要意义(Zhang, 2011)。

归纳和演绎是两种互补的探究方法，通常用于探索数学对象。一方面，数学对象是通过以下归纳过程发展起来的：通过对具体实例的实验和分析，归纳出数学本质；定义数学概念，提出数学猜想。另一方面，通过演绎推理，猜想和数学命题得到证明或否定、新的数学发现得到证明或反驳、各种概念之间的联系和一致性被建立，直至最后形成一个由不同数学对象组成的连贯系统(Xiang, 2015)。因此，学生对数学知识的学习一般经历了具体实例的分析、个体规则的识别、一般原则的抽象、思维和概念的形成等过程(Zhang, 2015)。数学教科书所安排的内容为学生提供这样一种学习过程的经验：各种学习任务的选择和使用，旨在促进学生对数学对象的探索和理解，培养学生灵活运用知识的能力。侧重于在课堂教学中提供深思熟虑的数学任务选择和实施的变式教学法(Gu 等人,2014)对编写教科书有直接影响。

因此，有必要从变式教学的角度，考虑在教材中适当运用不同的学习任务/活动，对数学知识的结构和数学内容的安排进行研究。本章探讨了人民教育出版社(2012 a, b; 2013 a, b; 2014 a, b)出版的一系列中学数学教科书中使用不同学习任务的方法。

理论思考

这一节包括四个部分。首先，简要回顾了有关数学变式教学的文献和数学教科书中变式任务的使用情况。然后，对变式任务在教材开发中的运用进行了简要的历史回顾。在此基础上，给出了数学知识的分类框架。最后，给出了本研究所用教材的分析框架。

变式教学：由来已久的传统

变式教学是培养学生对概念理解的一个重要教学原则，主要表现在：

> 通过展示各种视觉材料和实例来说明概念的本质特征，或通过改变非本质特征来突出概念的本质特征。运用变式的目的在于帮助学生理解概念的本质特征，将概念本质特征与非本质特征区分开来，并进一步发展出科学的概念。(Gu, 1999, p. 186)

在数学教育中，通过变式来实施教学有着悠久的传统。在20世纪50年代，一些研究人员探索了如何使用多种变式来帮助学生区分概念的本质和非本质特征(Zhou, 1959)。从心理学的角度，卢(Lu, 1961)进一步检测了使用“标准图形”和“变式图形”的实验教学对学生学习的影响，发现在几何教学中使用变式图形具有积极的作用，即消除非本质特征的负面影响，提高中学生的解题能力。20世纪80年代，顾(Gu, 1994)首次进行了系统的实验研究，并对数学变式教学进行了理论解释。

自2000年以来，顾和其他人一直试图从理论上解释通过变式进行教学的实践(Gu等人，2004; Wong, Lam, & Chan, 2009)。顾等人(2004)系统地综合了变式教学的基本原理，并运用西方理论，如迪尼斯(Dienes, 1973)变异原理、马顿的变异教学(Marton & Booth, 1997)和布鲁纳(Brunner, 1985)的脚手架概念对这些原理进行了解释。根据顾等人的说法。概念性变式包括概念变式和非概念变式。概念变式涉及概念的不同扩展；非概念变式涉及概念扩展的各种看似相关而本质上负相关的特征，例如，创建一个反例。使用这两种变式的目的是从多个角度了解一个概念。他们进一步阐明了过程性变式的含义，主要包括：逐步地推进数学活动，通过突破分解的子问题来解决一个大问题，在教学活动过程中积累各种活动经验。运用“过程性变式”有三大功能：(1)形成概念，即帮助学生体验概念的形成过程，以及理解引入概念的必要性；(2)问题解决，即将未知问题逐步转化为已解决问题，帮助学生明确解决问题的过程，了解问题的结构，逐步获得活动经验，提高解决问题的能力；(3)通过一系列变化建立特定的经验体系(详见第2章)，这些变化主要包括根据给定的问题创建不同的问题，使用多种方法解决问题，以及使用相同的方法解决不同的问题(Cai & Nie, 2007)。

在此基础上，西方学者提出了合理实施变式教学提升学生在大班级中学习数学有效性的理论支持。尤其是马顿(Marton & Booth, 1997)的变异理论为中国的教学实践提供了认识论和概念的基础。郑(2006)认为，马顿变异理论的核心思想是：(1)学习是学会辨别学习对象(关键性特征)；(2)识别依赖于比较(差异)。因此，重要的是为学生提供机会，探索适当的变化维度，以扩大学习空间。顾等人(2004)得出的结论是，概念性变式旨在构建一个以学习对象的关键方面为重点的变异空间，并提高学生对学习对象的本质方面的理解。过程性变式旨在支撑学生的学习，在学习对象和先前知识之间建立实质性的联系，促进学生数学概念和技能的发展。他们还告诫说，在学习对象和现有知识之间设定适当的潜在距离至关重要。因此，构建一个合适的变异空间对于实施有效的数学教学至关重要。如果潜在距离太短，就会限制挑战，消除批判性思维和探索的动作；如果变化空间太小，可能会给学生提供不完整的学习条件，从而导致对学习对象的理解狭窄。从变异的角度看，教师的智慧是实现平衡所必须的。

教科书中使用变式任务：一个紧迫领域

关于教科书中如何使用变式任务已有一些零星研究(例如：Sun，2011；Wong 等人，2009)。然而，其中一些研究表明，我国的数学教材一直强调通过运用变式任务引入新概念，加深对概念的理解。例如，在《中学代数》教材[人民教育出版社(PEP)，1963]中，选取了8个例子来说明代数方程的本质特征，即用等号连接两个代数式，这属于概念性变式(图1)。另一个例子是，在中学几何教材(PEP，1981)中有一组练习问题，用来对比概念和非概念图(图2)，并深入理解直角。

$a+b=b+a$；	(1)	$(a+b)(a-b)-a^2-b^2$；	(2)
$x+x+x=3x$；	(3)	$6x^2\div 3x=2x$；	(4)
$x+3=5$；	(5)	$3y=1$；	(6)
x^2-4；	(7)	$x+y=6$.	(8)

图1　一个概念性变式的例子

如右图，A、O、B 在一条直线上，O、P 是直线 AB 上两点。∠1 和∠2 是一对对顶角吗？为什么？∠3 和∠4 是一对对顶角吗？为什么？

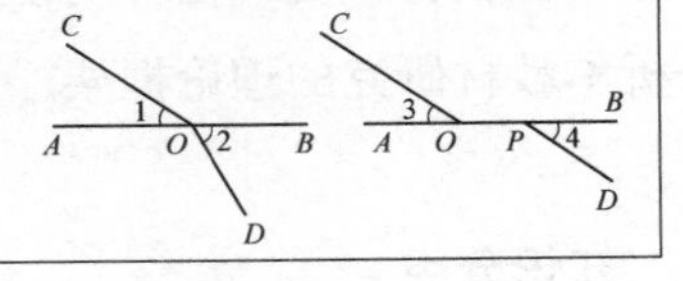

图2　一个非概念图的例子

事实上，习题和问题通常都是在教科书中有目的地进行修改过的。“变题实践”是中国数学教材的显著特征之一，旨在培养学生的类比学习能力(举一反三、触类旁通)。变式教学依赖于教材中预定的变式任务。例如,在20世纪90年代,《中学数学教学参考》杂志中有一个专栏,称为“教科书中的变式问题集”。有人认为,“大学和高中入学考试所包含的问题都是精心设计的。它们看上去新奇而独特。然而,尽管测试问题存在着各种各样的变化,但测试项目的创建者必须遵循‘扎根教材(试题),而不超出课程标准的要求’的原则。因此,许多试题都可以从教科书中的刻板印象问题中找到——无论是例题还是习题”。(Ru, 1994, p.26)这与中国古话“万变不离其宗”是一致的。

然而,在中国很少专门研究教科书中使用变式任务的特点(Sun, 2011; Wong等人,2009)。在孙(Sun, 2011)的研究中,她将教科书中的问题分为两类:有或没有概念联系的问题变式;有或没有解决方案联系的问题变式。中文教科书中使用的变式问题(“一题多解”和“一题多变”)的作用是“提供建立联系的机会,由此比较可能得到数学抽象的结构、依赖和关系被感知的先决条件”(p.65)。此外,王(Wong)和他的同事(2009)根据归纳变式、拓展变式、深化变式和应用变式四种类型的变式问题,开发了一个变式课程。通过对21个六年级班级(共686名学生)的实验发现,“使用螺旋式变式教材的学生明显优于使用标准教材的学生。然而,尽管认知学习的结果是积极的,但情感学习的结果变量之间并没有显著性差异”(p.363)。这表明,有意实施带有刻意变式问题的课程,有可能导致高认知学习结果。然而,上述两项研究侧重于小学数学专题(分数的除法、速度和体积)。

自实施新课程(教育部,2011年)以来,教科书的编辑们采用了变式教学的研究成果调整教科书编写,以改进数学活动、范例和练习的选择和安排。然而,对课标教材中变异任务的使用没有进行系统的分析和理论反思。本研究旨在通过对一系列我国中学常用数学教材(PEP, 2012 a, b, 2013 a, b; 2014 a, b)的考察,进一步了解教材中变式任务的使用情况。在接下来的章节中,我们将说明一个用于分析本教材研究的理论框架。

知识分类

教材对学科知识进行了全面、系统的发展和阐释。教科书的结构表示了内容的各种成分和要素的组织(Liao & Tian, 2003),并暗示教学结构和方法。从认知心理学的角度看,数学教材实际上是由各种类型的知识组成的。基于安德森

(Anderson)等人的分类学，章(Zhang，2011)进一步阐述了四类知识。这些知识包括：事实知识、概念知识、程序知识和元认知知识。由于教科书包含了静态和显性的数学教学材料，这些教学材料是通过考虑教学原理和数学结构而有目的地呈现出来的，因此我们采用了以下几类数学知识：(1)数学概念；(2)数学原理，包括性质、规则、公式和定理；(3)数学技能，包括按一定程序和步骤操作、构造图形和处理数据；(4)数学内容和技能背后的数学思维方法。数学概念和原理是概念知识；数学技能是过程性知识；数学思维方法是策略知识(元认知知识的一部分)。针对这些，我们从数学的概念、原理、技能和思维方法四个方面对教材进行了分析。教材内容分为三个部分：绪论、主要课文和习题(Zhang，2011)。首先，绪论着重说明学习新知识和解释学习策略的必要性。使用变式材料的目的是激发学生的学习积极性。其次，主要课文介绍了历史上确立的数学知识结构。它除了提出观察与实验、归纳与演绎、比较与分类、分析与综合、概括与专业化等基本思维方法外，还反映了人们处理问题的基本模式，如条件与结论、原因与结果、解决问题的方法等。在主要课本内容中使用变式任务，目的是促进学生对概念、原理和思维方法的理解。最后，变式的习题旨在培养学生将所学知识应用于各种情境的能力。使用变式问题练习，目的是帮助学生在不同的情境下应用知识，发展数学的概念理解和精通求解程序的能力。

一种分析数学教材中变式任务使用情况的框架

基于数学知识分类和变异类型，提出了一种分析数学教材中变式任务使用情况的框架，该框架用于分析教材中各种任务的使用特点，如表1所示。

表1　分析教科书中运用变式任务框架

	数学概念	数学原理	数学技能	数学思想方法
概念性变式 (概念与非概念对比)				
过程性变式				

对这四类知识的每一种，我们分析了这两种变式类型是如何在适用的情况下用于教材内容开发的。

方法

选用七年级(A)和(B)(PEP，2012 a，b)、八年级(A)和(B)(PEP，2013a、b)和九年级(A)和(B)(PEP，2014 a，b)的6本数学教科书，确定其使用变式任务的主要特征。我们研究了数学任务的选择和呈现，以及在不同的内容领域发展这四种类型的知识。首先，我们列出了所有跨年级的重要数学对象(即概念、原理、技能和数学思想方法)，并研究了如何使用数学任务[概念性变式(概念或非概念)、过程性变式、两种类型的变式组合或根本没有变式]来表示关键的数学对象的方法。第一和第二作者开发了一个编码表。基于所识别的数学对象，第三作者也单独开发了一个编码表。评价者之间的一致程度约为75%。然后，通过作者之间的讨论解决了分歧。在比较和对比变化的类型和功能的基础上，出现了使用变式的模式(见表2)。然后，从被审查的教科书中选取适当的例子加以说明，如结果所示。

教材中使用变式任务的主要特征

我们首先介绍了在四种知识开发中使用变式任务的总体特征。然后，通过相关实例说明了教材中使用变式任务的主要特点。

教材中使用变式任务的总体特征

教材中使用变式任务的频率如表2所示。

表2　教科书中使用变式任务发展教学对象的频率

		概念(49)	原理(33)	技能(15)	思想方法(14)	总体(N=111)
概念性变式	概念	23(47%)	11(33%)	3(20%)	0	38(34%)
	非概念	13(27%)	1	1	0	15(14%)
过程性变式		17(36%)	29(88%)	12(80%)	14(100%)	72(65%)

注意：由于一个数学对象(即概念、原理、技能和思想方法)可以使用一种以上的变式来发展，所以列中的百分比之和不一定等于100%。

表中的总体特征包括：(1)概念性变式[包括概念变式(47%)、非概念变式(27%)]和过程性变式(36%)支持不同类型的概念学习；(2)发现和理解原理，采用概念性变式(33%)和过程性变式(88%)，但以过程性变式为主；(3)促进数学知识和原理性问题解决能力的转化，主要是过程性变式(如问题情境的变化和问题类型的变化)；(4)发展数学思想方法，只采用过程性变式(如问题情境的变化和问题类型的变化)。在接下来的部分中，我们将分别说明这些特性。

变式任务在学习概念中的应用

学习一个概念通常经历以下几个阶段：首先，在考察不同实例之间的相似性的基础上，抽象和综合了概念的共性和本质特征，然后将新发展的概念应用于相似的情况。最后，这一概念与一个广泛的概念体系相联系，并进一步加强了知识结构(Cao & Zhang, 2014)。因此，如何帮助学生对具体实例进行分类，通过比较和对比综合概念的关键特征，培养学生构建数学概念的能力是教材编写中需要解决的关键问题。适当运用变式任务是其重要的策略之一。

使用概念性变式促进概念形成。概念的形成主要是用具体的实例来抽象本质属性/特征。由于本质属性通常是通过比较来识别的，所以变式任务的典型性和丰富性是至关重要的。典型性是指在变式任务中嵌入(清晰和明确的)本质属性。丰富性是指嵌入在变式任务中的基本属性的各种表示(Lin, 2011)。下面以函数概念的发展为例加以说明。

函数是学校数学中最重要的概念。在中学，课程标准规定学生应能够"结合实例了解函数概念和三种表示，并提供函数示例"(教育部，2011, p. 29)。教科书中使用的例子可以理解为概念性变式的一种。人教版教科书(PEP, 2013 b, p. 71)为学生提供以下问题，以探讨两个变量在不同情境(如速度和距离、销售产品的收入和数量、圆圈面积和半径)之间的共变关系。

(1) 一辆汽车以每小时 60 公里的速度行驶。行驶的距离表示为 s(km)，所走的时间表示为 t(h)，填写如下表格。s 如何随 t 的变化而变化？

(2) 一家电影院正在放映一部票价为 10 元人民币的电影。如果第一场演出卖了 150 张票，第二场演出卖了 205 张票，第三场演出卖了 310 张票，那么每次演出的收入是多少？如果一场演出的门票销售总额为 x，所获得的收入为 y，那么收入 y 的变化与门票销售总额 x 的变化有何关系？

(3) 一个长方形的区域是用 10 m 长的带子围起来的。当一侧的长度 x 为 3 m、3.5 m、4 m 或 4.5 m 时，另一侧的长度 y 是多少？y 随 x 的变化而变化吗？

在不同的情境中，同样的问题"一个变量的变化与另一个变量的变化关系是怎样的"常被提到。这种经验有助于学生综合以下共同特征：在给定的情况下，两个变量之间存在着联系：当一个变量给定一个值时，这就确定了另一个变量的唯一对应的值。在此之后，教科书提供了更多的问题情况，如用图形表示的心电图（时间与生物电流），以及使用表格表示中国不同年份的人口（年份与人口）。

在体验不同情境下的共同特征的基础上，引入了函数的概念。这种设计反映了"概念性变式"的思想，即从不同的角度考察与各种实例或背景之间的不变关系。通过变化的背景和表示（表达式、图表和表），识别出共变的不变特征。这一探索可以帮助学生从个体数量的变化走向函数概念的核心——共变关系。

使用非标准的情境任务来同化概念。如前所述，概念性变式的使用可以突出概念的内涵。然而，在定义概念之后，如果活动（如分类、同化和分解）只关注概念的标准感知，则可能导致对概念的不完全理解。在教科书中，使用概念性变式（各种背景情况）探索概念的本质特征之后，非标准变式可以通过对比非本质特征来识别本质特征，澄清概念的外延。下面以三角形高的概念为例（PEP, 2013 a）加以说明。

高是三角形中的一个重要线段，它的概念包括两个基本特征：从顶点开始和垂直于对边。关键的特征是垂直性。然而，在日常生活经验中，典型的垂直感是"垂直于水平地面"，这与几何学中的垂直概念是不同的。确定一条直线是否垂直于另一条直线取决于直线的相对位置（由两条不同位置的直线形成不变的 90°）。在学习几何学的初期，学生通常依靠自己日常生活经验中视垂直于地面为"垂直"的刻板印象（Cao, 1990）。

在人教版教科书中（2013 a, p. 4），首先根据日常生活中对垂直的感知，用一个标准图形（图 3）来说明高的主要特征。在$\triangle ABC$ 中，要求学生们画一个从顶点

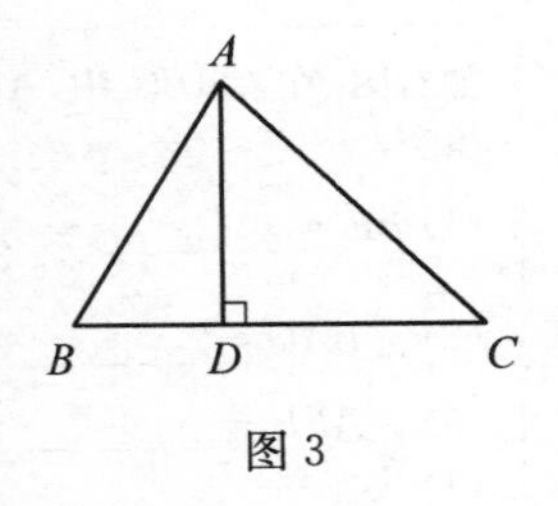

图 3

A 垂直于相对边 BC 的线段，与 BC 相交于点 D，记线段 AD 为 BC 边上的高。然后，一个新的探索性问题在注释框中被提出："你能用同样的方法作出其他两边的高吗？"

为了消除学生对高必须竖直的误解，教材设置了不同方位的不同情境（特别是非标准情境），供学生在引入该概念后进行比较和对比。在课堂练习部分，教科书（PEP, 2013 a, p. 5）提供一个练习，请学生在"标准图"中比较三种不同的情况（见图 4(a)）。它旨在澄清概念，消除不相关的特征，并发展对概念的全面理解。

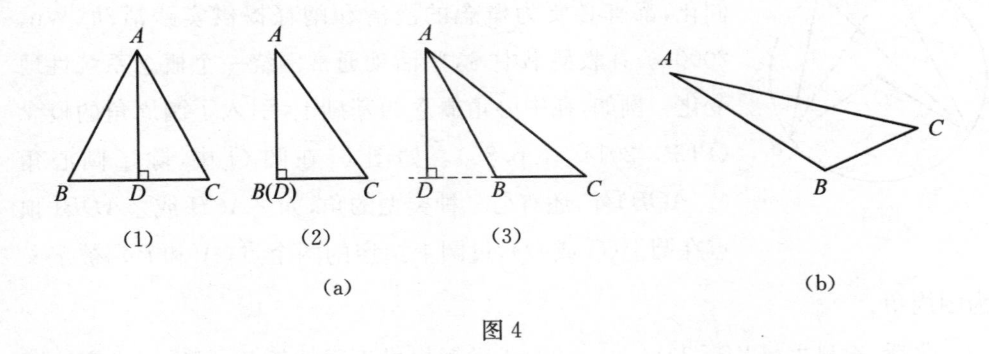

图 4

最后，在课后练习中，要求学生在一个三角形中作三条高，如图 4(b)所示，这是一个非标准位置的钝角三角形（没有水平边）。

检查这些非标准的变化图形，目的是澄清高的概念图。通过改变三角形的类型和位置，突出了高（相互垂直）的共同不变特征。这种任务安排为学生提供了条件，使他们能够识别高的基本特征，而不论三角形的类型或位置如何。

使用变式任务在相关概念之间建立联系。教科书中的一个常见策略是使用变式任务来对比密切相关的概念，以发展不同概念之间的联系。例如，在讨论了高的概念后（如前面讨论过），教科书为学生提供了从定量的角度来区分高与中线、角平分线的相关概念的问题。具体而言，在"三角形中的相关线段"一节中，教科书（PEP, 2013 a, p. 8）提供一个练习，要求学生从三角形中的同一顶点对比中线、角平分线和高的数量特征，如图 5 所示。

如右图，在$\triangle ABC$中，AE是中线，AD是角平分线，AF是高，填空。

(1) $BE=$ ______ $=\frac{1}{2}$ ______；

(2) $\angle BAD=$ ______ $=\frac{1}{2}$ ______；

(3) $\angle AFB=$ ______ $=90^\circ$；

(4) $S_{\triangle ABC}=$ ______.

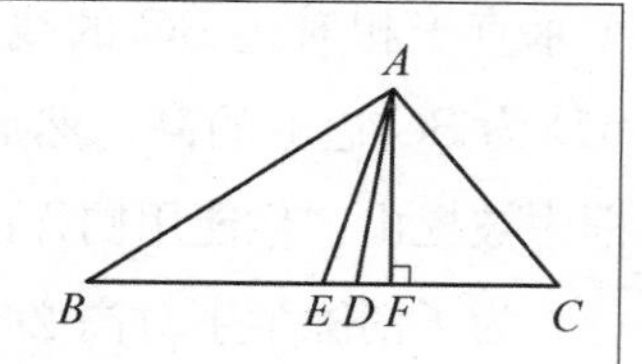

图 5

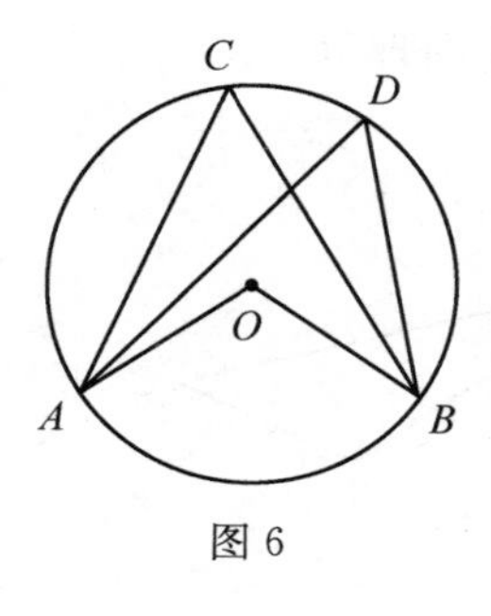

图 6

使用变式任务来阐述概念。无论是概念形成还是概念同化，都有必要为概念的澄清和阐释提供实践活动(Wu, 2000)。在教科书中，这些活动通常围绕一个概念系统性地变化。例如，在中心角概念的基础上，引入了圆周角的概念(PEP, 2014 a, p. 85)。如图 6，在圆 O 中，除了圆心角($\angle AOB$)外，还有另一种类型的角，如$\angle ACB$或$\angle ADB$[顶点在圆上(C或D)，过圆上给定的两个点(A和B)]被定义为圆周角。

之后，教科书(PEP, 2014 a, p. 88)为学生提供不同的任务，以进一步澄清圆周角的概念，并通过提出概念和非概念变式问题来检查圆周角和圆心角之间的关系，如图 7 所示。

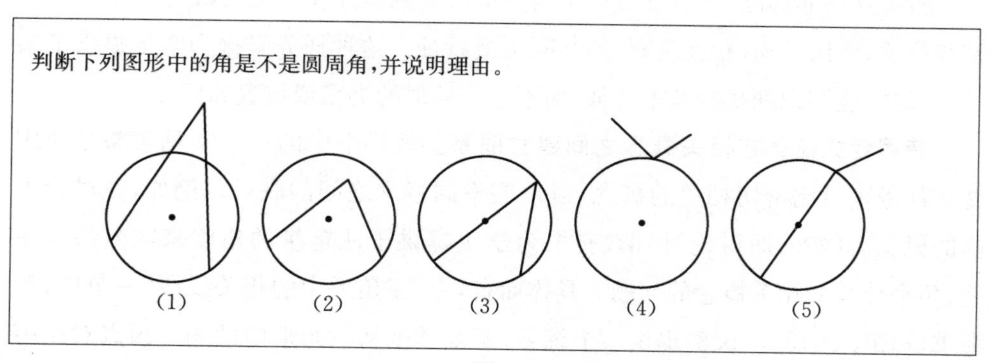

图 7

这 5 个图形聚焦在不同的条件下，概念和非概念变式的圆周角(两个弦在圆上的一点相交)内涵。这些变式旨在识别：(1)圆外的顶点；(2)圆内的顶点；(3)圆周角的一边为直径；(4)两边与圆不相交(公共顶点除外)；(5)只有一边与圆相交。

利用变式任务来发现和理解数学原理

数学原理，即在不同的背景中不变的模式，包括数学规则、公式和属性。与概念的形成类似，使用变式任务也有助于发现不变模式。奥苏贝尔(Ausubel, 1968)认为，掌握知识的过程包括认识、巩固和应用三个阶段。对于数学原理的学习，我们把这三个阶段描述为形成一个规则、建立相关规则之间的联系、灵活地应用这个规则。

使用不同的任务来发现规则。在形成阶段，教材为激发学生的积极性提供了任务/活动，并提供了具体的经验，为发现数学原理奠定了基础。学生发现数学原理有多种方法(例如，在某些不同情境下的模式)。这包括综合具体实例的共同特征，通过类比、概括或专门化、归纳或演绎来进行猜想。教科书根据内容的特点提供概念性变式或/和过程性变式任务。

例如，为了引入各种代数运算规则，教科书通常采用基于具体实例的归纳推理(从具体到抽象，概念性变式)。一般来说，教科书首先提供不同具体数字的运算任务，然后要求学生查看运算结果的模式；最后，这些模式类似于代数运算。

在教科书中(2013b, p. 6)介绍了平方根的运算规则：

第一，为学生提供探究任务。

计算下列各式，观察计算结果你能发现什么规律？

(1) $\sqrt{4}\times\sqrt{9}=$ ________，$\sqrt{4\times 9}=$ ________；

(2) $\sqrt{16}\times\sqrt{25}=$ ________，$\sqrt{16\times 25}=$ ________；

(3) $\sqrt{25}\times\sqrt{36}=$ ________，$\sqrt{25\times 36}=$ ________。

在此基础上，将平方根的代数运算规则概括为：

一般地，二次根式的乘法法则是

$$\boxed{\sqrt{a}\times\sqrt{b}=\sqrt{a\times b}\,(a\geqslant 0,\ b\geqslant 0)}$$

在这三组运算中，随着数的变化，结构保持不变。通过计算和后续观察，学生可以在变化的等式计算中找到不变结构，并推导出代数运算规则。“基于对计算

结果的观察，你发现了什么规律"这样的问题引导学生根据具体操作来思考一般模式。将平方根的运算规则$\sqrt{a}\cdot\sqrt{b}=\sqrt{ab}$从数字推广到附加约束条件为$a\geqslant 0$，$b\geqslant 0$的表达式。为了引起学生对约束条件的注意，教科书提供了一个例子：化简$\sqrt{4a^2b^3}$。如果学生没有注意到约束条件，他们会得到$\sqrt{4a^2b^3}=2ab\sqrt{b}$；如果他们注意到了这个条件，那么他们必须考虑$a$、$b$的取值范围，最后得到正确的答案$2|a|b\sqrt{b}$。讨论这种类型的任务（概念变式）可以帮助学生准确地理解公式。

使用变式问题来建立数学性质之间的联系。数学原理反映了数学对象的性质和数学对象的不同元素之间的关系。代数性质主要集中在运算不变的模式上。当变量变化时，函数性质主要反映不变模式；当形状、大小和位置发生变化时，几何属性则反映不变的模式。因此，使用不同的任务可以帮助学生发现这些性质。在教科书中，有目的的变式任务设计旨在促进学生对性质的发现和理解（Cao & Zhang, 2014）。

例如，为了探索平行四边形的性质，人教版教科书提出了如下的探索任务序列（2013 b, pp. 41 - 55）。在介绍了平行四边形的定义后，提出了以下任务：

任务 1：根据平行四边形的定义作平行四边形，观察此平行四边形，探讨平行四边形两组对边相互平行之外的其他边或角之间的关系。通过测量相关元素来检查你的猜想。

在探讨了边和角的基本属性之后，提供了以下内容来帮助学生发现与对角线相关的属性。

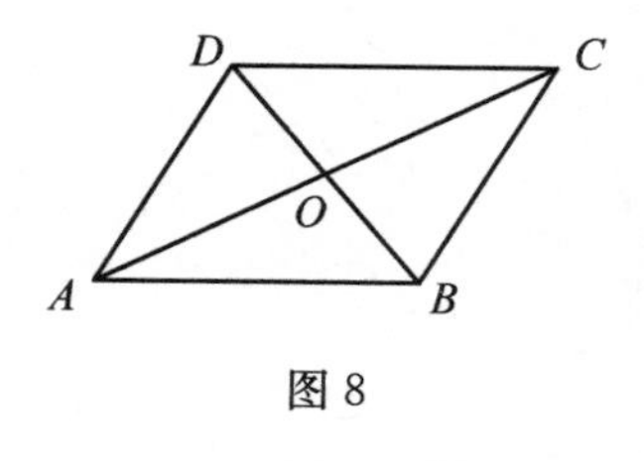

图 8

任务 2：在▱$ABCD$（图 8）中，连结AC、BD相交于点O，OA、OB、OC和OD之间是否有特殊的关系？请证明你的猜测是正确的。

此外，还提供了以下任务，以探讨平行四边形的逆向属性。

任务 3：在前面研究的基础上，我们了解到平行四边形的对边相等、对角相等、对角线相互平分。反过来说，如果在四边形中对边相等，或者对角相等，或者对角线互相平分，那么四边形会是平行四边形吗？也就是问，平行四边形的逆向属性（判定定理）是否成立？

此外，通过特殊化平行四边形的角和边，然后探讨了矩形、菱形和正方形等特殊的平行四边形。通过过程性变式问题，系统地探讨了平行四边形的性质。在平行四边形定义的基础上，通过作图、观察、测量(形状和大小的变化)，识别了四边形边与角之间的不变关系。然后，通过提出相反的问题“如果四边形中两条相对的边相等，那么四边形会是一个平行四边形吗”，探讨了平行四边形的判定定理。此外，通过指定“一角是直角”，或者“一对相邻的边相等”，或者“一个角是直角，一对相邻的边是相等的”，然后探索矩形、菱形和正方形是特殊的平行四边形。由此，关于平行四边形的知识结构有逻辑地展开了，如章节摘要(图9)所示。

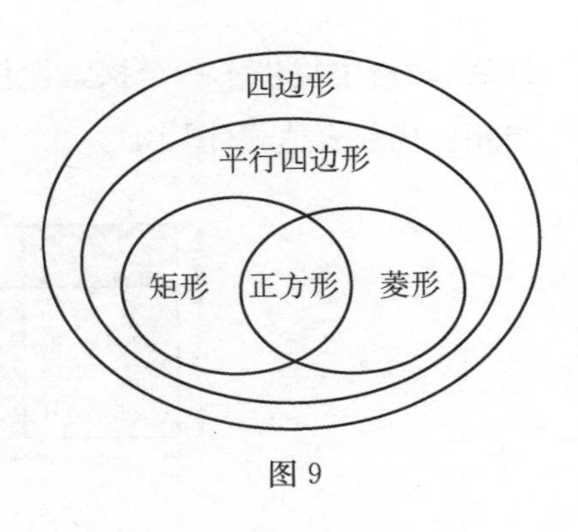

图 9

使用变式任务来开发性质的多种表示形式。对概念或原理的深刻理解取决于在不同类型的知识之间建立相互联系(Zhang，1995)。在教科书中，多元表征常常被用来发展不同类型知识之间的联系，用于加深对数学原理的理解。例如，人教版教科书提供了以下活动来探究完全平方公式(2013a，pp. 109 - 111)

探究活动1：计算下列多项式的积，你能发现什么规律？

(1) $(p+1)^2=(p+1)(p+1)=$ ________；

(2) $(m+2)^2=$ ________；

(3) $(p-1)^2=(p-1)(p-1)=$ ________；

(4) $(m-2)^2=$ ________。

根据对上述完全平方式展开的计算，确定了 $(a\pm b)^2$ 的共同表达式结构。由于 $(a+b)^2=(a+b)(a+b)=a^2+ab+ba+b^2=a^2+2ab+b^2$，因此导出了以下和、差的完全平方公式：

$(a+b)^2=a^2+2ab+b^2$；

$(a-b)^2=a^2-2ab+b^2$。

即两个数之和(或差)的平方等于这两个数的平方之和，加上(或减去)这两个数的乘积的2倍(口头表示)。教科书在注释框中指出，当 $p=a$，$q=b$ 时，这个公式是 $(a+b)(p+q)$ 的特例，这说明了完全平方公式与多项式乘法之间的关系。

最后，教科书提供了一个探索性任务，请学生根据以下每一个图中的面积关系求出相应代数表达式(图 10)。

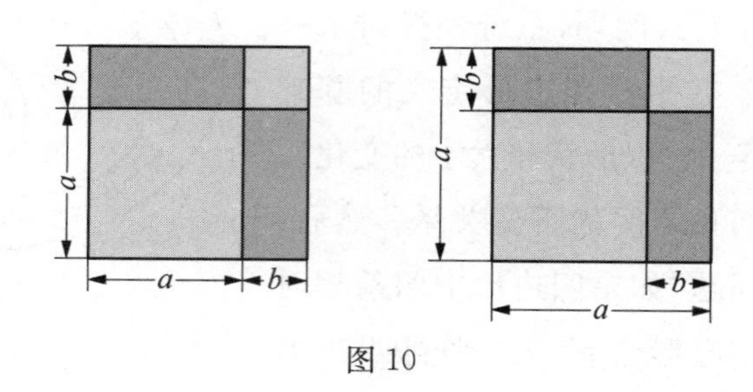

图 10

通过检验特殊情况，总结了 $(a \pm b)^2$ 的形式，利用代数式的乘法证明了代数公式。此外，该公式以语言、代数和图形形式表示。通过发现公式的过程性变式和多元表征的概念性变式，学生可以自适应地理解公式。

运用变式任务发展数学技能

数学技能包括计算、构造和推理。操作技巧包括基于概念、公式和性质的数值计算或代数转换。构造技能包括根据特定条件精确作出图形。推理技能是指在给定条件的基础上，按照一定的程序和步骤进行逻辑论证(Ding，1992)。

典型的技巧包括代数运算、求解方程和不等式、分析函数的性质、构造几何图形和逻辑推理的基本方法。通过适当的实践，在概念理解的基础上发展数学技能是很重要的。获得数学技能的过程包括了解、联系和自动化三个阶段(Cao & Zhang，2014)。

(1) 了解阶段：学生学习如何一步步地执行程序，重点关注每一步的顺序和结果。

(2) 联系阶段：学生在随后的步骤(动作和效果)之间建立联系，这样每一步都变得更加顺利和有效。

(3) 自动化阶段：对学生而言程序变得精确、自然和自动。

在数学技能的发展过程中，运用变式练习可以发挥重要的作用。在教科书中，以概念、公式和图形为基础，首先在学生熟悉的情况下提出任务。然后以不同的形式改变任务，最后在新的背景中呈现任务。提供这些变化(例如，给定条件、结果或背景中的变化)的目的是培养应用数学概念和原理灵活解决问题的技能。

这些变化应该按照数学的发展过程进行排序和系统化。

例如，在几何学中，各种图形通常是从一些定型的图形中派生出来的。了解这些基本图形和相关变化，将有助于有效地解决相关问题。以“三角形”和“全等三角形”一章中的一个例子来说明一个典型图形及其变化(PEP，2013 a)。如图 11 所示，该图形是有一条公共边的两个三角形。

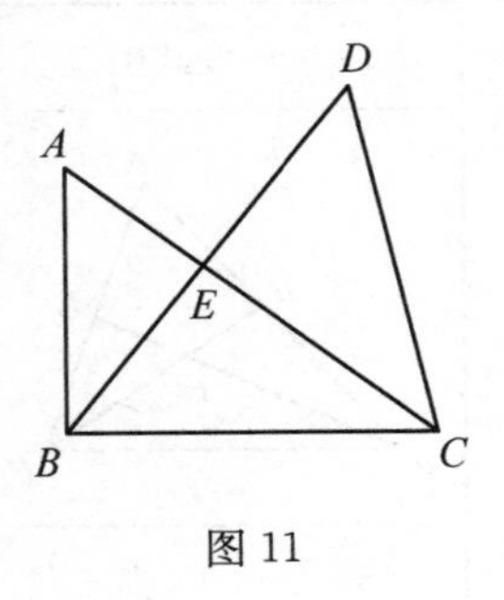

图 11

基于这一基本图形，在表 3 所示的 17 个例子或练习中出现了大量的派生图形。

表 3 中的 17 幅变式图中的各种图形分布在教科书的以下章节：三角形定义；三角形的基本性质；三角形中的高、中线和角平分线；全等三角形。图形的不变特征是两个三角形共用一个边，但许多方面都发生了变化：(1)其他两边之间的特殊关系：相等、共线、公共点；(2)其他角之间的特殊关系：相等、直角；(3)纳入新概念(任务 6 和任务 15)；(4)基本图形的转换(平移、反射、旋转)(任务 8、9、10、14)；(5)与基本图形的实质性差异(任务 16 和 17)。

表 3　由相同的典型图形派生的变式图形

变式图	相关任务
	1. 图中有多少个三角形？请标出来。
	2. 在 $\triangle ABC$ 中，$AB=2\text{ cm}$，$BC=4\text{ cm}$，AD 和 CE 是三角形的高，则 AD 与 CE 的比是多少？ (提示：用三角形面积公式)
	3. 如图，$\angle C=\angle D=90°$，AD、BC 相交于 E。$\angle CAE$ 与 $\angle DBE$ 有什么关系？为什么？

续表

变式图	相关任务
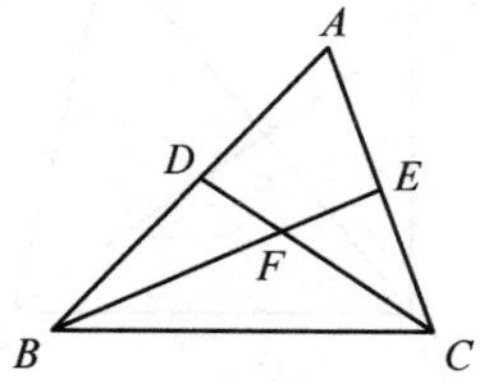 A D E F B C	4. 如图，D 在 AB 上，E 在 AC 上，BE 与 CD 相交于 F，$\angle A=62^\circ$，$\angle ACD=35^\circ$，$\angle ABE=20^\circ$。求 $\angle BDC$ 和 $\angle BFD$。
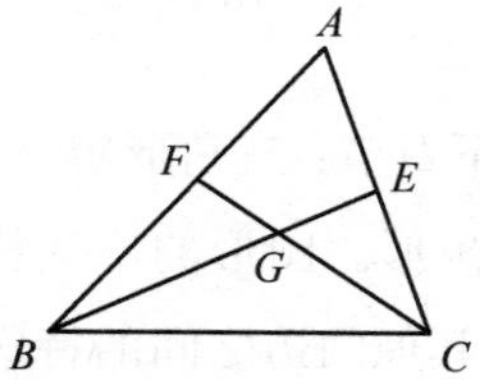 A F E G B C	5. 在 $\triangle ABC$ 中，BE 和 CF 是 $\angle B$ 和 $\angle C$ 的平分线，并且 BE 和 CF 相交于点 G。 求证：(1) $\angle BGC=180^\circ-\frac{1}{2}(\angle ABC+\angle ACB)$； (2) $\angle BGC=90^\circ+\frac{1}{2}\angle A$。
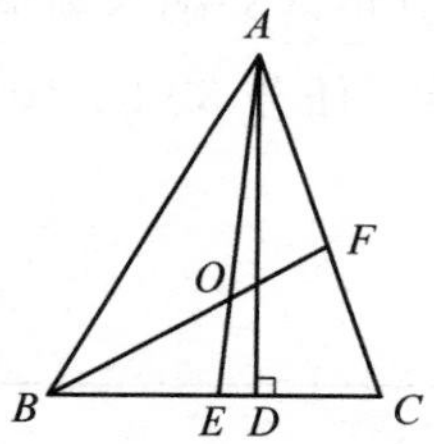 A F O B E D C	6. 在 $\triangle ABC$ 中，AD 是高，AE 和 BF 是角平分线并相交于点 O，$\angle BAC=50^\circ$，$\angle C=70^\circ$。求 $\angle DAC$ 和 $\angle BOA$ 的度数。
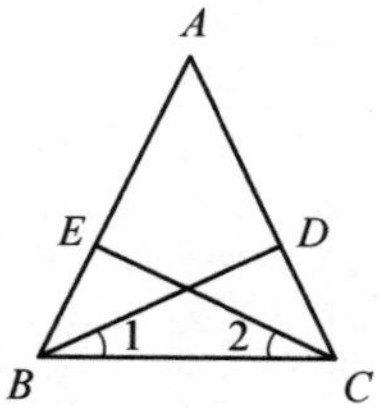 A E D 1 2 B C	7. 如图，$\triangle AEC\cong\triangle ADB$，点 E 与点 D 对应。(1)找出对应边和对应角；(2)如果 $\angle A=50^\circ$，$\angle ABD=39^\circ$，且 $\angle 1=\angle 2$，求出 $\angle 1$ 的度数。
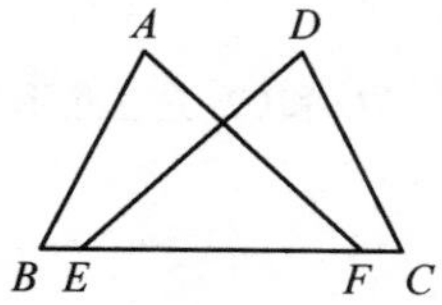 A D B E F C	8. 如图，点 E、F 在 BC 上，$BE=CF$，$AB=DC$，$\angle C=\angle B$。证明：$\angle A=\angle D$。
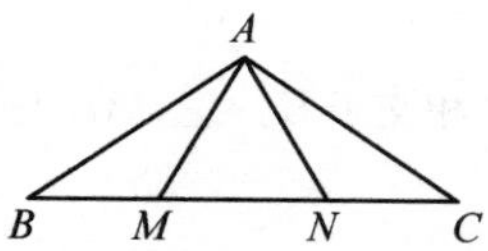 A B M N C	9. 如图，$\triangle ABN\cong\triangle ACM$，$\angle B$ 与 $\angle C$ 对应，AB 与 AC 对应。求其他的对应边和对应角。

续表

变式图	相关任务
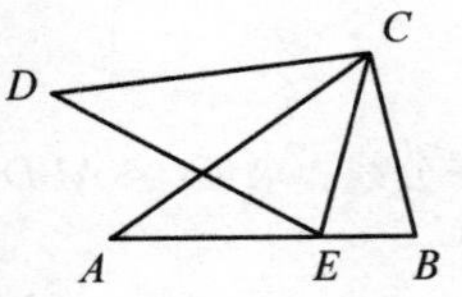 D C A E B	10. 如图，$\triangle ABC \cong \triangle DEC$，$CA$ 与 CD 对应，CB 与 CE 对应。问 $\angle ACD$ 和 $\angle BCE$ 是否相等？为什么？
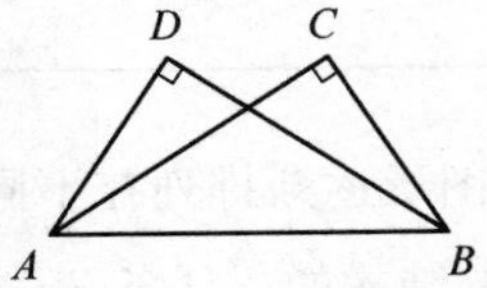 D C A B	11. 如图，$AC \perp BC$，$BD \perp AD$，且垂足分别为点 C 和点 D。若 $AC = BD$，求证：$BC = AD$。
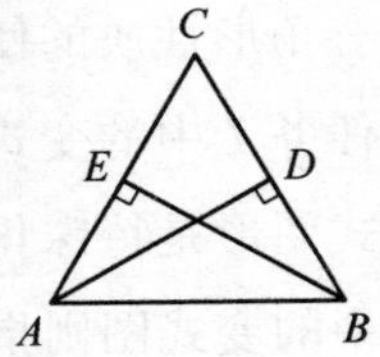 C E D A B	12. 如图，$\angle C$ 以 C 为顶点，且过点 A 和点 B，AC 和 BC 长相等，A 到 BC 的高为 AD，并且 B 到 AC 的高为 BE。问 AD 和 BE 相等吗？为什么？
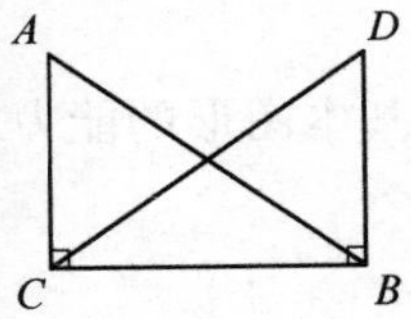 A D C B	13. 如图，$AC \perp BC$，$BD \perp CB$，且垂足分别为点 C 和点 B，若 $AB = DC$，求证：$\angle ABD = \angle ACD$。
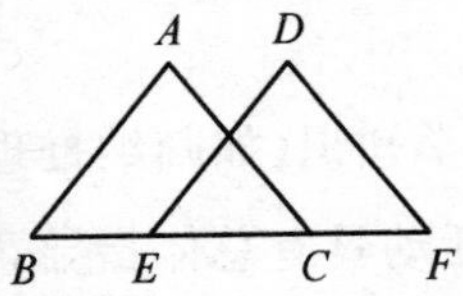 A D B E C F	14. 如图，点 B、E、C、F 共线，$AB = DE$，$AC = DF$，$BE = CF$。求证：$\angle A = \angle D$。
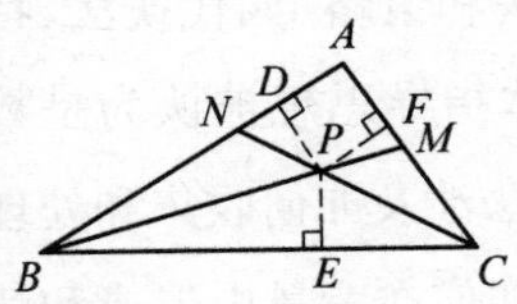 A N D F M P B E C	15. 如图，BM 和 CN 是$\triangle ABC$ 的角平分线且相交于点 P。求证：点 P 到 AB、BC、CA 的距离相等。
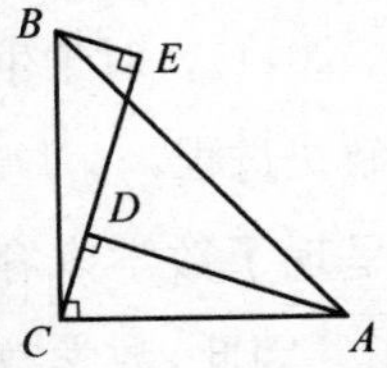 B E D C A	16. 如图，$\angle ACB = 90°$，$AC = BC$，$AD \perp CE$，$BE \perp CE$，且垂足分别为点 D 和点 E，$AD = 2.4$ cm 且 $DE = 1.7$ cm。求 BE 的长。

续表

变式图	相关任务
A B D C	17. 如图，在$\triangle ABC$中，AD是$\angle A$的平分线。求证：$\triangle ABD$的面积：$\triangle ACD$的面积 $= AB : AC$。

在教科书中，随着对三角形的研究的发展，这些变化的图形逐渐排列在不同的章节中。基本图形是用来澄清三角形的定义和说明图形的结构的。任务2～5中的变式图用于探讨三角形的基本性质，而任务6中的变式图与三角形性质的使用密切相关。任务7～15中的变式图与全等三角形有关。其中，任务7中的变式图是通过在等腰三角形中指定边、角的结果。任务8和9中的变式图形是特殊化和平移的结果，而任务10中的图形是旋转的结果。任务11～13中的变式图则指定边和角度的大小。

总之，表3中问题的设计旨在培养学生从各种图形中辨别基本图形的能力，然后利用基本图形的性质作为解决不同问题的跳板。

运用变式任务发展数学思想方法

数学思想是指对数学对象的基本理解，以及通过探索数学知识(如归纳推理思维、方程式思维等)所综合的基本观点和思考，对开展数学活动具有总体指导意义(Cao & Zhang, 2014)。数学方法是指数学活动中的方法和策略(如代换法、特例法、排除法)。数学思想与数学方法密切相关。通常，总体指导思想被认为是数学思想，而实施过程和策略则是指数学方法。数学思想和方法涉及如何收集和处理数据、如何绘制图形和制作表格、如何选择和设计算法，以及如何在背景中形成和解决问题。这些与如何思考有关的知识属于策略知识(Cao & Zhang, 2014)。对学生来说，有必要探索更多的例子，用变式的问题进行实践，反思问题的解决过程。

运用变式任务发展代数数学思想。 数学教材运用数学语言呈现了数学内容的逻辑体系。数学思想方法是关于如何发展数学知识的一种知识。因此，数学教材必须体现数学内容与数学思想方法的整合。变式任务有助于揭示嵌入在不同内容中的不同形式的数学思想方法。它旨在突出数学的本质，帮助学生在经历数学发现和思考的过程中，发现各种现象中的不变性。下面是一个在代数中用类比推理的数学方法引入不等式性质的例子。

有一个引言(PEP，2012 b，p. 116)如下：

> 在等式的两边加上或减去同一个数(或式子)、乘或除以同一个数(除数不为 0)，等式仍成立(结果仍相等)。不等式是否有类似的性质呢？

为了回答这个问题，要求学生们用“$>$”或“$<$”填写以下空格(图 12)，并总结其中的规律：

(1) $5>3$，$5+2$ ________ $3+2$，$5-2$ ________ $3-2$；
(2) $-1<3$，$-1+2$ ________ $3+2$，$-1-3$ ________ $3-3$；
(3) $6>2$，6×5 ________ 2×5，$6\times(-5)$ ________ $2\times(-5)$；
(4) $-2<3$，$(-2)\times 6$ ________ 3×6，$(-2)\times(-6)$ ________ $3\times(-6)$。

图 12

此外，要求学生根据他们的发现填写以下空白：当在不等式的两边加上或减去相同的数(正或负)时，不等号的方向：________。当在不等式的两边乘以正数时，不等号的方向：________。当在不等式的两边乘以一个负数时，不等号的方向：________。在批注框中，有一个关于使用其他数来检查这些发现的建议。

采用**类比推理**的方法，教材中包括了探讨不等式性质的任务。然后，用四个具体的例子来发现其中蕴含的不等式的操作规则(例如，概念变式)。然后，通过填空任务，并进一步使用“批注框”(使用其他数验证您的猜想)(例如，过程变式)，引导学生整合成模式。在教科书中，采用类比方法提出问题和进行猜想，然后利用“运算不变性”来发现不等式的性质。这种安排反映了如何利用变式任务来发展数学思想方法。

运用变式任务发展几何数学思想。我们考虑了另一个证明“三角形内角和定理”的例子(PEP，2013 a，pp. 11 - 12)，它允许我们用变式任务来思考归纳推理和演绎推理的数学思想方法。

虽然在小学时，学生通过剪切、粘贴和测量，了解到三角形的内角之和等于180°，但在中学时，学生需要学习如何证明三角形的这个性质。在教科书中，我们用四个阶段来发现和证明这一性质，帮助学生经历从操作活动（归纳推理）到标志性表征（即分块图形），到最终符号表示（演绎推理），再到多个证明的过程。

审查剪切活动和探索证明。 首先，教科书提供了一个探索活动（画一个三角形，撕开三个内角，并将它们放在一起形成一个平角。关于证明三角形的内角之和是180°，你会发现什么），让学生复习他们在小学时所做的事情。

教科书中列出了两个不同的学生作业样本（图13）：

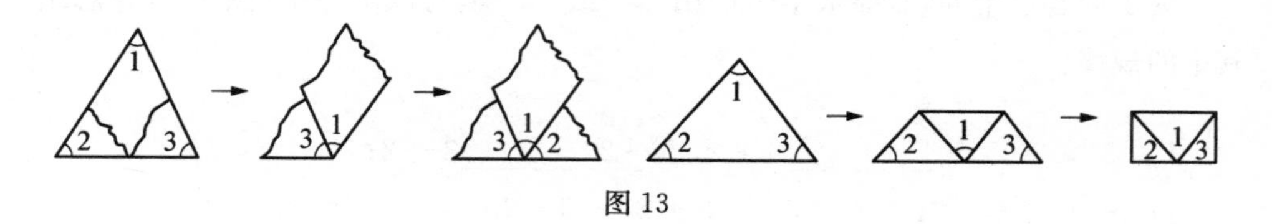

图 13

在此探索活动的基础上，要求学生回忆用不同的方法把三角形的三个内角组合成一个平角，为发现形式化的证明奠定了基础。

选择适当的方法和添加辅助线。 我们如何帮助学生探索证明方法？因为任何三角形的内角之和等于180°的命题，等价于这三个内角形成一个平角的陈述，即包含顶点的一条直线。发现一个证明的关键是利用平行线的特性将一个“平”角转换成一条直线。然后，将问题转化为检查是否有一条包含顶点的辅助线，并与三角形的一边平行。进行这种转换的困难在于从物理的切割图形到形成几何“图形”的抽象。为了帮助学生进行这种转换，教科书提供了两种拼接方法，并突出了“分块图形”，如图14所示。

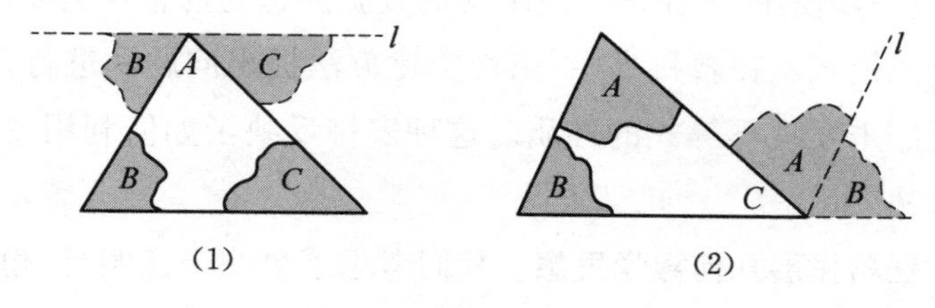

图 14

在图 14(1)中，$\angle B$ 和$\angle C$ 围绕顶点 A(左侧和右侧，没有重叠)进行拼接，这三个角形成一个平角，形成一条过点 A 的直线 l。教科书在一个批注框中提出了一些探索性的问题，例如，“考虑三角形的 BC 边与 l 之间的关系，你对证明内角之和为 180°有什么想法吗?”提出的问题旨在引导学生观察裂分图形的结构，发现直线通过点 A，并集中思考“直线 l 与边 BC 的关系”。因此，构造辅助线是证明该性质的关键。

发展推理证明。基于前面的探索，教科书提供了一个“纯”几何图，包括三角形、平行线和内错角。同时，教材提供了一个完整、正式的证明过程。(图 15)

已知：$\triangle ABC$（图 11.2-2).

求证：$\angle A+\angle B+\angle C=180°$.

证明：如图 11.2-2，过点 A 作直线 l，使 $l // BC$.

$\because$ $l // BC$，

$\therefore$ $\angle 2=\angle 4$（两直线平行，内错角相等).

同理　$\angle 3=\angle 5$.

$\because$ $\angle 1$，$\angle 4$，$\angle 5$ 组成平角，

$\therefore$ $\angle 1+\angle 4+\angle 5=180°$（平角定义).

$\therefore$ $\angle 1+\angle 2+\angle 3=180°$（等量代换).

以上我们就证明了任意一个三角形的内角和都等于 180°，得到如下定理：

三角形内角和定理　三角形三个内角的和等于 180°.

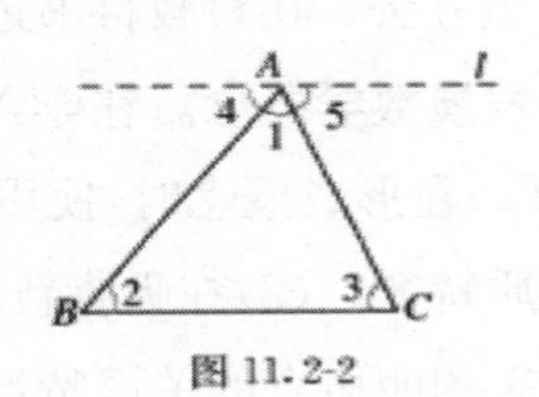

图 11.2-2

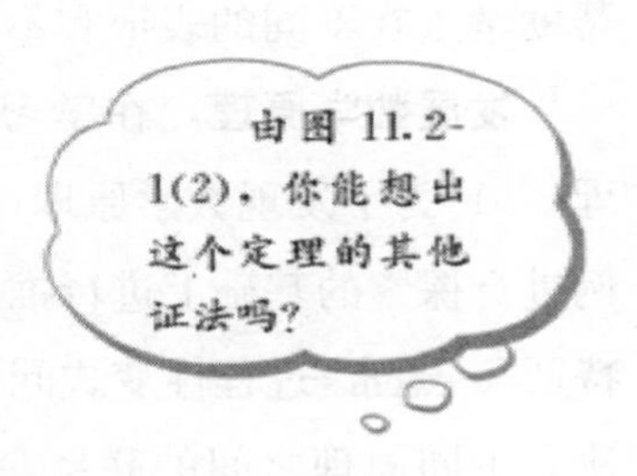

图 15

到目前为止，教科书提出了从视觉验证到抽象逻辑论证的整个证明过程。“分块图形”是“物理操作”和“抽象几何图形”之间的桥梁。

多重证明。在一个批注框里，鼓励学生“思考其他证明方法”。根据不同的图形(有不同的辅助线)，要求学生完成另一种证明。

上面的例子说明了在从视觉验证到演绎证明的发现过程中，如何使用变式任务(过程性变式)来促进学生的参与。同时，通过这些探索活动，可以体验到直观观察、提出猜想和论证猜想等数学思想方法。

结论和讨论

中国数学教材中使用变式任务的特点

依靠启发教学原则和数学教材中的变式任务进行变式教学已经实践了几十年。数学教材编辑历来强调教材中变式任务的使用，但对变式任务在教科书中的使用研究较少。为此，本研究以一套在中国应用最广泛的中学数学教材为例，介绍了如何运用变异任务（概念性变式和过程性变式）来发展数学概念、原理、技能和思想方法。在对教科书进行全面分析的基础上，我们提出了以下几点看法：

发展数学概念。在学习概念的不同阶段，不同的变式任务被用于不同的目的：(1)在形成概念时，使用概念性变式来探索不同实例的共同特征，并综合概念的本质特征。(2)在吸收新概念时，为了避免非关键特征的干扰，采用非概念变式任务来阐明概念的关键特征。(3)在整合和应用概念时，采用过程性变式任务来帮助学生在不同的表征和不同类型的知识之间建立联系。

发展数学原理。在学习原理方面，采用不同的变式任务在不同阶段发展原理。(1)为了发现数学原理，采用多个实例来识别不同实例的不变特征，并在对实例进行探索的基础上进行推广。变式任务被用来让学生发现变式任务中的“不变特征”。通常，过程性变式问题是发现不同背景中不变特征的主要策略。(2)为了建立不同原理之间的联系，采用过程性变式发现原理成立的证据，建立相互关联的知识网络。(3)在应用原理的基础上，利用过程性变式任务发现不同表征的一致性，并建立知识之间的相互联系。

培养数学技能。在掌握数学技能方面，实践性变式问题（过程性变式）是培养数学技能、应用数学概念和原理的必由之路。变式任务用于发展不同阶段的数学技能。这些变式任务建立在基本概念、公式和数字的基础上，并逐步呈现，从学生熟悉的情况，通过不断变化的问题类型，到学生不熟悉的情况。解决这些变化问题可以发展数学技能，并在各种情况下熟练应用概念和原理。

发展数学思想方法。数学思想方法是一种隐含的、可概括的、具有启发性的策略性知识。教科书采用“数学思想方法应通过数学内容反映”的设计原则。通过数学内容表示的变化和变换，隐秘地引入了数学思想方法。过程性变式任务的使用有助于学生发现和提出问题、分析和解决问题、体验学习数学的方法。此外，变式问题还为学生提供了根据不同情况判断和做出决策的机会。

讨论

研究表明，在所选教材中，系统性的变式任务（过程性和概念性变式）被用来发展数学概念、原理、数学技能和数学思想方法。认知理论（Ausubel，1968）和变异理论（Gu 等人，2004；Marton & Booth，1997）都认为这些变化对学生有意义的学习具有积极作用。变式教学是一种长期使用的教学策略，华人教师对数学教材的依赖程度很高。因此，包括有意设计的变式问题在内的教科书为教师提供了有价值和方便使用的素材。在教科书和课堂教学中不断使用变式问题为学生的学习提供了强有力的支持，这也进一步解释中国学生在国际比较评估方面的数学成绩优秀的现象（OECD，2012）。

然而，很少有关于使用包含变式问题的教科书和变式教学与学生学习结果之间关系的实证研究（Wong 等人，2009）。需要在这一领域进行更多的实证研究。此外，在编写教科书方面，有几个问题需要解决。首先，由于代数和几何之间存在着巨大的差异，那么如何设计反映这些差异的变式任务呢？在几何中，许多命题的真实性可以用视觉表征来判断。然而，在代数中，命题只能基于代数结构和公式来证明。如何在使用变式任务的设计中反映这些差异？这是一个需要归纳的构建过程。第二，变式问题在多大程度上有利于学生的学习？较少的变式任务可能不足以探索学习对象的关键特征，而太多的变式问题可能会分散学生的学习注意力。因此，设计变式任务的适宜性仍然是教材编写中的一个难题。

最后评论

本研究揭示了教材中运用变式任务的一些特点，旨在发展数学概念、原理、技能和数学思想。本研究中使用的框架可能为进一步研究提供有用的工具。需要对这一领域进行更多的研究，以便全面了解教科书中使用变式任务的情况。此外，还可以探讨教材的使用与课堂教学之间的关系，以及变式问题的使用及其对学生学习成绩的影响。

参考文献

Anderson, L. W., Krathwohl, D. R., Airason, P. W., Cruikshank, K. A., Mayer, R. E., Pintrich, P. R., et al. (Eds.). (2001). *A taxonomy for learning, teaching, and assessing: A revision of Bloom's taxonomy of educational objectives*. Boston, MA (Pearson Education Group): Allyn & Bacon.

Ausubel, D. (1968). *Educational psychology: A cognitive view*. New York, NY: Holt, Rinehart & Winston.

Brunner, J. S. (1985). Vygotsky: A historical and conceptual perspective. In J. V. Wertsch (Ed.), *Culture, communication and cognition: Vygotsky perspective* (pp. 21 - 34). Cambridge, UK: Cambridge University Press.

Cao, C. (1990). *Instruction theory of teaching in secondary mathematics* [In Chinese]. Beijing: Beijing Normal University Press.

Cao, C., & Zhang, J. (2014). *Psychology of mathematics education* (3th) [In Chinese]. Beijing: Beijing Normal University Press.

Dienes, Z. P. (1973). A theory of mathematics learning. In F. J. Crosswhite, J. L. Highins, A. R. Ostorne, & R. J. Shunway (Eds.), *Teaching mathematics: Psychological foundations* (pp. 137 - 148). Ohio, OH: Charles A. Jones Publishing Company.

Ding, R. (1992). Review explanation for middle school mathematics teaching syllabus from grades 1 - 9 [In Chinese]. *Discipline Education*, (5), 2 - 8.

Editorial Committee. (2005). Study and compiling of mathematics textbooks for high school. *Curriculum, Textbook and Pedagogy*, *25*(1), 45 - 50.

Gu, L., Huang, R., & Marton, F. (2004). Teaching with variation: An effective way of mathematics teaching in China. In L. Fan, N. Y. Wong, J. Cai, & S. Li (Eds.), *How Chinese learn mathematics: Perspectives from insiders* (pp. 309 - 348). Singapore: World Scientific.

Gu, L. Y. (1994). *Experimentation theories on instruction: Methodology of QingPu experiment and study on instruction principles* [In Chinese]. Beijing: Educational Science Press.

Gu, M. (1999). *Education directory* [In Chinese]. Shanghai: Shanghai Educational Press.

Liao, Z., & Tian, H. (2003). *Now theory of curriculum study* [In Chinese]. Beijing: Educational Science Press.

Lin, C. (2011). *Intelligence development and mathematics learning* [In Chinese]. Beijing: China Light Industry Press.

Lu, Z. (1961). Negative effect of standard figure in geometry [In Chinese]. *Journal of Psychology*, *2*, 88 - 100.

Marton, F., & Booth, S. (1997). *Learning and awareness*. Mahwah, NJ: Lawrence Erlbaum Associates.

Ministry of Education, P. R. China [MOE]. (2011). *Mathematics curriculum standards for compulsory education* [In Chinese]. Beijing: Beijing Normal University.

OECD. (2012). *Programme for international student assessment PISA 2000 technical report*. Paris: OECD.

OECD. (2013). *PISA 2012 results: What students know and can do: student performance in mathematics, reading and science* (Vol. 1). Paris: OECD.

Park, K., & Leung, F. K. S. (2006). A comparative study of the mathematics textbooks of China, England, Japan, Korea, and the United States. In F. K. S. Leung, K. D. Graf, & F. J. Lopez-Real (Eds.), *Mathematics education in different cultural traditions — A comparative study of East Asia and the West: The 13th ICMI study*. New York, NY: Springer.

People's Education Press [PEP]. (1963). *Middle school algebra*. Beijing: People's Education Press.

People's Education Press [PEP]. (1981). *Middle school geometry*. Beijing: People's Education Press.

People's Education Press [PEP]. (2012a). *Textbook for compulsory education-Mathematics 7A*. Beijing: People's Education Press.

People's Education Press [PEP]. (2012b). *Textbook for compulsory education-Mathematics 7B*. Beijing: People's Education Press.

People's Education Press [PEP]. (2013a). *Textbooks for compulsory education-Mathematics 8A*. Beijing: People's Education Press.

People's Education Press [PEP]. (2013b). *Textbooks for compulsory education-Mathematics 8B*. Beijing: People's Education Press.

People's Education Press [PEP]. (2014a). *Textbooks for compulsory education-Mathematics 9A*. Beijing: People's Education Press.

People's Education Press [PEP]. (2014b). *Textbooks for compulsory education-Mathematics 9A*. Beijing: People's Education Press.

Ru, Z. (1994). Variation problem and examination [In Chinese]. *Journal of Secondary Mathematics Reference*, *1994*(7), cover 2.

Sun, X. (2011). Variation problems and their roles in the topic of fraction division in Chinese mathematics textbook examples. *Education Studies in Mathematics*, *76*, 65 - 85.

Wong, N. -Y., Lam, C. -C., Sun, X., & Chan, A. M. Y. (2009). From "exploring the middle zone" to "constructing a bridge": Experimenting in the spiral Bianshi mathematics curriculum. *International Journal of Science and Mathematics Education*,

7, 363 - 382.

Wu, Q. (2000). *Cognitive psychology* [In Chinese]. Shanghai: Shanghai Science and Technology Press.

Xiang, W. Y. (2015, January 11). *Abstract thinking and simple logic: It roles in basic mathematics education*. Presentation at 10th Su Bu Qing mathematical education award, Beijing, China.

Zhang, J. Y. (2011). *Theories of secondary mathematics curriculum* [In Chinese]. Beijing: Beijing Normal University Press.

Zhang, J. Y. (2015). Mathematics learning and intelligence development. *Journal of Secondary Mathematics Teaching References*, *2015*(7), 6 - 8.

Zhang, Y. (2014). Trends of mathematics education: Some excellent techniques. *Mathematics Bullet*, *53*(10), 1 - 7 (and back page).

Zheng, Y. X. (2006). Development of variation theory. *Journal of Secondary Mathematics*, *2006*(1), 1 - 3.

Zhou, H. (1959). Discussion about the psychological issue in middle school mathematics. *Journal of Hangzhou University*, *1959*(4), 45 - 56.

12. 一名专家型教师使用变式教学帮助初中数学教师的专业学习

丁莉萍[①]　基思·琼斯(Keith Jones)[②]　斯文·阿恩·西科(Svein Arne Sikko)[③]

引言

我们的研究主要关注最近的教师专业发展(TPD)研究提出的一个重要问题，那就是教师转变的过程。早在2002年，克拉克(Clarke)和霍林斯沃思(Hollingsworth)指出教师专业发展的关键改变是“从转变教师的计划到作为一名积极学习者的教师，他们通过深思熟虑地参与专业发展计划与实践来塑造专业成长”(2002, p. 948)。近年来，戈德史密斯、多尔和刘易斯(Goldsmith, Doerr, & Lewis, 2014)已经强调在许多目前的教师专业发展研究里，教师的学习通常被当作教师专业发展计划有效性的指标而不是调查的主要对象。他们的研究总结显示，到目前为止，几乎没有研究关注教师学习的过程或机制。类似地，来自新教师项目(2015)的最新报告建议，虽然在教师专业发展上有深思熟虑的调查，但是基于什么是实际上帮助教师提升的证据的研究依然非常薄弱。因而，在教师如何发展知识、信念或教育实践方面仍然有许多内容要学习。

更为特别地，来自中国上海的学生在最近的PISA(国际学生评估计划)研究中取得成功，使得理解上海的教师学习是如何产生的变得更加重要。我们的课堂设计研究(LDS)正在上海实施，在课堂设计和行动方面基于学校的教研组活动，关注小学数学教师专业学习(参见Ding等人，2013，2014，2015)。本章我们的研

① 丁莉萍，挪威科学技术大学教师和翻译教育学院。
② 基思·琼斯，英国南安普顿教育学院。
③ 斯文·阿恩·西科，挪威科学技术大学教师和翻译教育学院。

究问题是关注在上海的一名专家型中国教师，如何运用变式教学的理念（顾泠沅、黄和马顿，2004）去帮助一名初级教师（有 3 年的教学经验）发展能反映她教学水平的某种方法。

文献背景

考虑到我们的研究问题是关注专家型的教师使用变式教学去帮助一名初级教师提升她的教学水平，在这个部分，我们主要关注现存的与我们研究相关的文献里的两个主题：一个是变式教学；另一个是教师在可导致持续学习的专业社群内通过社会性交互过程的学习，这将导致持续学习并连同对导师（或者“其他有知识的人”）作用的理解。

变式教学

在中国，数学教师已经在长期而广泛地实践着变式教学（例如：Ding 等人，2015；Gu, Huang, & Marton, 2004；Huang, Mok, & Leung, 2006；Li, Peng, & Song, 2011；Sun, 2011）。在顾泠沅的早期工作中（“青浦实验研究”是在 1977 年至 1994 年间由顾泠沅领导，有许多教师和研究者参与合作，关注改进上海青浦县数学教学的有效性），顾泠沅（1994）指出教学最有效的数学教师就是那些能够有目的实施“分层教学”的教师。因此，顾、黄和马顿（Gu, Huang, & Marton, 2004, p. 319）认为数学教学主要由两类活动组成：教陈述性知识（比如概念）和过程性知识（比如过程）。他们识别并举例说明在两类数学教学活动里采用变式教学的两种形式，即概念性变式和过程性变式。在概念性变式里，有两种变式措施：(1)概念变式（例如，改变概念的内涵）；(2)非概念变式（例如，给出反例）。因此，概念性变式强调多角度理解概念。相应地，过程性变式强调学习者在展开数学活动的体验过程中形成层级系统，包括转化或探究的步骤和策略。例如，在问题解决的过程中，有三种过程性变式的方法：(1)改变问题；(2)一题多解；(3)一法多用（更多细节参见 Gu, Huang, & Marton, 2004, p. 324）。

顾泠沅（2014）进一步说明正是过程性变式发挥着作为铺垫的关键作用，在学生的学习中建立新旧知识间的合适的潜在距离。类似于“脚手架”的概念，铺垫的意思是建立一个或几个层次以便学习者能够完成他们不能完全独自完成的任务。特别地，本章节我们旨在加深了解专家教师关于变式教学的具体观念以及他如何来帮助初级教师深入理解建立铺垫让所有学生积极参与课堂学习的作用。

在专业社群里教师的个人学习

在最近的教师专业发展（TPD）研究里，人们越来越认识到教师专业学习的双重性（个人的和合作的）（例如：Murray，Ma，& Mazur，2009；Obara，2010；Neuberger，2012；Goos，2014）。此外，目前的研究说明教师学习的个人特征和他们工作的社群的合作特征，具有文化依赖性。自从波琳娜（Berliner，2001）指出课例研究（或指导式演示）仅限于一些亚洲国家以来，这些有意练习的形式现在越来越普遍（例如，Hart 等人，2011）。由于我们对中国的练习感兴趣，这里我们主要指的是教师专业发展概念的相关研究，即特殊类型的校本教师专业发展（TPD）模式的有意练习以及中国专家型教师的概念和作用（例如：Huang & Bao，2006；Han，2013；Li，Chen，& Kulm，2009；Wong，2012；Zhang，Xu，& Sun，2014）。

章等人（Zhang，2014）指出，在上海，教师专业发展定义为贯穿教师职业生涯的持续学习过程。一般地，在中国学校，每个学科教师属于两个群体，即一个基于学科的教研组及其子群：备课组——后者由学校的所有教同一个年级的数学教师组成（Li 等人，2009）。基于学校的教研组（TRG）是教师的主要的专业群体，也是这个国家里的不同层次（例如省、县和学校层次）的教研网络的基本单元（Li 等，2009；Yang，2009）。

彭（Peng，2007）描述“说课”，原本是在基于学校的教研组（TRG）里教师为了他们的课堂研究而做出的“自下而上”的发明，后来成为一种有效的教师专业发展形式，特别是在发展教师的数学学科知识和分享学科教学知识的专业社群里。彭阐述“说课”的基本特征——既要知道数学课堂设计“什么”，又要知道“为什么”设计——如何引导教师个人反思和发展他们自己的学科内容知识（在 Peng 的关于概率主题的案例研究里）。接下来彭展示教师如何从学习课本和通过在“说课”群体里与数学专家教师的谈话中获得对数学的深入理解，发展他们的学科教学知识。其他参与这种专业活动的教师也在此评论说道，在“说课”活动中倾听其他教师表达他们的想法和思考，彼此学习和思考所讨论的数学知识和学科教学知识。

通过关于勾股定理的三节课的研究，杨（Yang，2009）分析一名教师在教研组（TRG）协作过程中如何改变教学行为：第一节课强调定理应用；第二节课证明命题；第三节课发现命题。杨引用这个教师的一段采访说明教师在教研组（TRG）里的学习情况：

> 教学研究之后，特别是经过讨论之后，我认为教学方法比课本上的更加清晰。我对在讨论中哪里给学生问题、哪里重点强调了如指掌。经专家教师指导的教学细节，比我自己的课堂设计更科学适用。（Yang，2009，p. 295；原文翻译）

韩（Han，2013）指出在中国有几种共享形式的教师指导，包括观察和评论被指导者的课、邀请他们观察同一节课的教学、通过正式和非正式的讨论评论和修订课前教学设计。通过指导和特别类型的有意练习过程，韩（Han，2013）阐述了教师在教室黑板上设计好的板书技能是怎样提升的，另一位教师在为课堂创造一个清晰的结论方面是如何提升技能的。这个结论具有合理的结构，提升了学生的学习且接近变式教学。

李、黄和杨（Li，Huang，& Yang，2011）强调中国的“专家教师”不仅仅是有经验的教师，而且他们也是中国教学文化的一部分，在培育这种文化方面也发挥着重要的作用。此外，杨（Yang，2014）细分出中国专家型教师的多重角色：教学专家（例如组织好的教学过程）、研究专家（例如组织教学研究和在专业学术期刊上发表论文）、教师教育专家（例如指导非专家教师和促进非专家教师专业发展）、学术专家（例如在数学和其他领域有深厚的知识基础）、测试专家（例如能够命制检测问题），以及成为学生和同事的典型榜样。

黄、巩和韩（Huang，Gong，& Han，出版中）强调在课堂研究过程中“知识渊博的其他人”（例如大学教授、学科专家等）扮演着关键作用。本章节的焦点恰恰是“知识渊博的其他人”如何与实习教师合作，通过课堂研究期间的指导，来发展教师的专业知识和技能的机制。

理论框架

在教学和教师专业发展方面建立过于简化的专业发展模型已经受到批评（例如，Opfer & Pedder，2011）。我们赞成克拉克和霍林斯沃思（Clarke & Hollingsworth，2002）的观点，即教师专业发展与通过改变实践去提高学生成绩的这种单一的专业发展经验的线性途径相比，更有可能是通过一系列增长的改变而前行的过程。

我们使用克拉克和霍林斯沃思（Clarke & Hollingsworth，2002）的互联模型作为工具，对我们的研究中收集的教师改变数据进行分类。克拉克和霍林斯沃思（Clarke & Hollingsworth，2002）的模型对个体教师在四个显著领域的变化进行概念化：个人领域（教师知识、信念和态度）、练习领域（专业经验）、结果领域（显著的成果）和外部领域（信息来源、激励或支持）（p. 950）。互联模型特别把调解"思考"和"表演"的过程当作机制，通过该机制，一个领域的改变会导致另一个领域的改变。"改变顺序"（p. 958）这个术语用来表示一个领域的变化导致另一个领域的变化，而"网络增长"（p. 958）这个术语被用来强调变化的发生，那是更加持久的变化，因而意味着专业增长。

虽然互联模型承认领域间的大量的增长途径，但并不意味着有思考和演示的具体途径。这里我们进一步参考顾泠沅和王（Wang，2003）的"行动教育"模型（Huang & Bao 简称为课例模型，2006），这个模型使得我们通过课堂研究活动检测"改变顺序"和"网络增长"（Clarke & Hollingsworth，2002）。课例模型强调示范课作为教师行动（或演示）的一种措施，整体过程包括教学行动的三个阶段和介于这三个教学阶段之间的两次主要教师的反思。黄和鲍（Huang & Bao，2006）分三个阶段说明课例模型的整个过程。

第一阶段，称为"现有行动"（或已经实施），教师个人独自设计课，面对一个班级的学生公开展示课堂，由所有的课例组成员观摩。课后，课例组成员在第一次课例会议中对教师的课及时提供反馈，目的是帮助教师个体反思，并确认现有经验和由课程与教材建议的创新设计之间的差距。

第二阶段，称为"新的设计"，教师根据课例组成员的反馈修改课堂设计，在另外一个班级重新展示（或重新演示）课堂设计。课例组成员观察教师第二节课的授课行动。第二节课后，课例组成员同教师讨论，目的是帮助教师在新的设计和有效的课堂实践（由课程和教材建议的）间形成思考，进一步改进课堂设计和活动。

第三阶段，称为“新的行动”（或新的实施），帮助教师深刻理解，学生怎样在一种新的形式下学习并获得高质量的学习效果，使之与课程和教材的目标一致。

课例模型也与构建合作相联系，这种合作使得教师和研究者一起研究理论观念、设计创新学习情境、在课例组中反思教学活动（Huang & Bao, 2006）。正如我们已经说明的，我们发现课例模型中教师的“行为”接近于克拉克和霍林斯沃思（2002, p. 951）的相互关联模型中的术语“实施”，在他们的模型里，教师的行为代表着一些实施的事情，这些事情是教师在课例组里经历和学习到的。

在我们的课程设计研究（LDS）里，我们把相互关联模型（Clarke & Hollingsworth, 2002）和课例模型（Gu & Wang, 2003; Huang & Bao, 2006）结合起来，在我们的课程及研究活动里检测教师的潜在改变顺序和成长网络。也就是，在课程研究过程期间，我们检测连接四个领域的中介过程（教师的实施和反思）：教师的课程设计（个人领域）、教师的课堂活动（练习领域）、在教研组的交互活动（外部领域）和学生的课堂学习（结果领域）。

为了说明我们的课程设计模型的整个过程，我们使用初级教师 Jiyi（本章节的所有名字都是化名）的三个主要的教学循环，我们在 2013 年 9 月至 12 月研究了这些循环（参见图 1 中的 L1、L2 和 L3）。第一个循环（L1）包括 Jiyi 的课堂设计、课程实施和反思的最初阶段。第二个循环（L2）表示对 L1 中的课的重新设计（即重新实施）的第二个阶段。第三个循环（L3）表示对 L1 中的课的再次设计（即再次实施）。每个阶段（图 1 中每个循环）包括一系列的基于学校的教研组活动，例如 Jiyi 的课堂教学、说课（Peng, 2007）和我们研究成员的观察以及数学教研组会议。在我们的课堂设计模型中使用术语“循环”处理作为理解和推理的教学本质以及处理的转变与思考。在图 1 中，LD1 表示课堂设计 1，活动 1 是课堂 1 的教学，反思 1 是课堂 1 后教师的反思，TRG1 是课堂 1 后基于学校的教研组会议，依此类推。

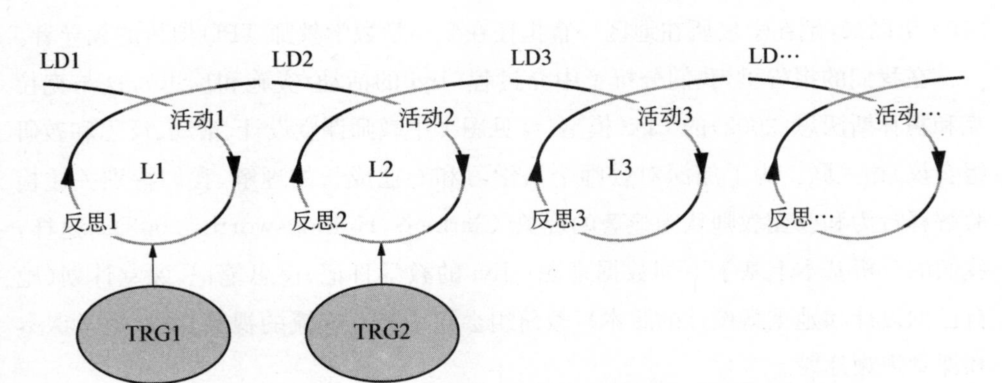

图1　课堂设计模型(包括课1、课2、课3)的三个主要循环

方法和数据

我们进行的课程设计模型研究,是通过位于上海西郊的一所学校的教研组实施的。这所学校是一所国际性学校(一至九年级,学生年龄从6岁至15岁),由中国福利研究院出资兴建,核心任务是开展创新和实验教育课程研究,旨在提高中国儿童义务教育质量。学校由小学学段(一至五年级)和初中学段(六至九年级)组成。每个学段有两个分部,一个是国内分部,主要是说汉语的学生;另一个是多文化分部,为国内和海外以英语为母语的学生。我们的研究在小学数学教研组内执行。总的来说,小学学段国内分部有295名学生,多文化分部有364名学生。每个班级大约有25名同学。每个班级的学生是混合的(性别和成绩)。小学学段有7位数学教师。

在我们做研究时,G1教师大约有3年的小学数学教学经验。她正在教一年级的两个班级。本项研究开展之时,她的班级都在国内分部。班级规模在23人至25人之间。总体上说,根据学校年度考核,学生的学习成绩在校平均成绩之上。

在我们研究中,梅是学校邀请去辅助教师的专家教师。在我们的研究中,术语"专家教师"确认梅不仅是数学效能型教师,而且如杨所说,她还有多重身份(2014, pp. 271 - 272)。她在学校所在的地区从事小学数学教育超过30年。自

2009年以来，她在学校所在地区一直担任在职小学数学教师TPD项目的领导者。

在我们的报告里，我们分析了中介过程(Jiyi的活动/实施和反思)，这与克拉克和霍林斯沃思(2002)的LDS模型(参见图1中教师课堂设计、活动、反思和教研组会议)相关联。为了加深对教师个人学习和专业成长的理解，我们特别关注检验解释行为和改变教师认为显著的现象(Clarke & Hollingsworth, 2002)。这样，我们的分析基本上基于下列数据来源：Jiyi的教学日记、反思笔记、课堂计划(她自己的设计和她重新设计的版本)、教研组会议中相互交流的视频片段、数学课本和课堂视频片段。

我们的数据分析主要关注下列两个问题，即专家教师的变式教学的主要思想如何来创造条件满足要求：(i)刺激改变顺序；(ii)促使初级教师反思她的教学，从某个视角转变(随着学习)到增长的网络。根据对变式教学的分析，我们主要关注过程变式。我们选择这个关注点，是因为我们的目的是要更充分地理解，为什么梅在指导课堂设计时强调"数学学习中不要掉链子"的思想(Ding等，2015)。而这些导致Jiyi在重新设计课堂和接下来的课堂行动中发生改变。

杨和里克斯(Yang & Ricks, 2002)主张在教研组活动里对"关键教学事件"的分析(与师生相互交流模式和教师们的专业评价有关)应是典型的。因而，在我们的相互交流活动以及梅和Jiyi在教研组会议中对认为显著的改变现象的分析里，我们对"关键事件"作两种分析：(1)分析课堂计划的"三个要点"，称为课堂的"重点"(内容焦点)、"难点"(学习焦点)和"关键点"(教学焦点)，因为这"三个要点"是中国教师用来思考课堂准备、课堂实施、观察和反思(在一个主要的课堂计划里，难点和关键点可以重叠)的框架；(2)课堂实施中"关键事件"的认识、理解和解决。

研究结果

本节我们呈现主要发现，它源于我们研究中最初的数据分析。本节第一部分，我们关注第一个研究问题，即如何用梅的变式教学的主要思想来刺激Jiyi的一系列改变。第二部分，我们转向第二个研究问题，即培养初级教师如何反思她的教学和从某个特定角度转变到增长的网络改变(随着学习)。

梅使用变式教学指导 Jiyi 重新设计第二节课

1. 使用问题变式，不考虑 Jiyi 课堂 1 中的教学连贯性和知识联系。在 Jiyi 的最初的课堂计划和活动中(图 1 中的 L1)，她试图用变式问题来体现变式教学思想(参见图 2 中的任务 1～4)。四个任务与课堂的两个学习目标相关：(1)在实际操作中理解带余除法(例如画图和分糖果)；(2)探索余数比除数小的关系。显而易见，在 Jiyi 的教学设计中，这两个目标既是重点又是难点(这里难点与关键点重叠)。

Jiyi 上完第一节课后，召开了教研组会议(说明见图 1)。基于课堂 1 的观察，梅认为 Jiyi 在课堂 1 的教学有可能导致学生机械学习。为了帮助学生理解和学习数学，通过多层次的教学(用梅自己的话说是"教学阶段")，可以发展课程的连贯性，梅解释 Jiyi 并不是真的理解变式问题在这里发挥的作用。用梅在第一次教研组会议里与 Jiyi 相互交流时她自己的话来说，贯穿四个任务的变式问题不能够帮助学生发展对"带余除法"概念的理解——一个课堂的"主要教学事件"(Yang & Ricks, 2012)：

> 梅：一般来说，你的课(课 1)可以通过几个阶段来看(例如，图 2 中的 4 个任务)。但是，你并没有真的理解每个阶段要做什么。因而，课缺乏连贯性。

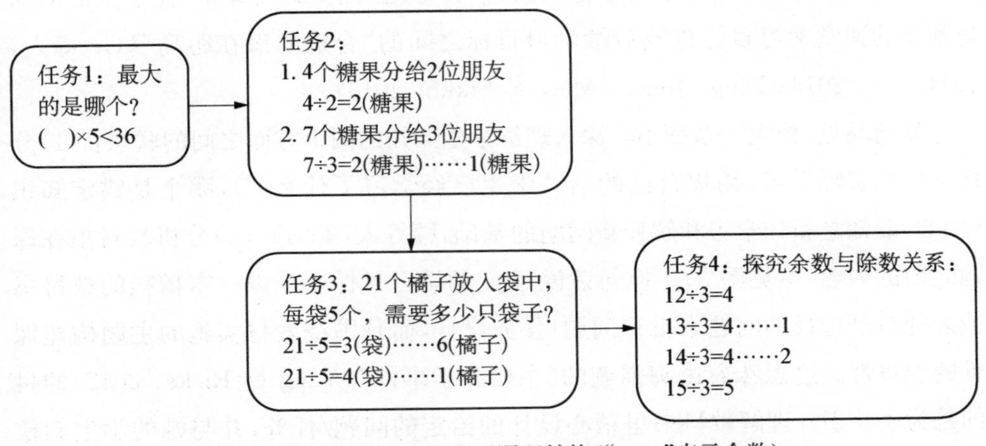

图 2　第一节课(L1)的主要课程结构("……"表示余数)

学生并不是真的理解黑板上"六个点"("余数"的符号，见图2)指的是什么。他们仅仅模仿你所做的，这是机械学习的一个实例。(本章节中，Jiyi和梅的所有翻译由作者团队制作)

2. 通过变式教学，梅强调"数学学习中的联系"。梅通过有目的性和系统性的练习，帮助Jiyi加深对变式教学的理解，她强调"主要的教学事件"(Yang & Ricks, 2012)——通过课堂上教学的连贯性和知识的联系，加深对"带余除法"概念的理解；用梅自己的话，"不要在数学学习时掉链子"(Ding等人，2015)。梅指出根据中国教师普遍分享的三个层次知识的教学框架，这种联系是可以发展的。三层知识的教学术语具体是(参见图3)：(1)以前学过的知识(旧知)；(2)课堂新的学习目标的重点(新知识点、教学目标)；(3)根据教材和教学大纲的后续学习(后续学习、教材、教学大纲)。

这个教学框架(说明见图3)为Jiyi深刻理解两类数学知识联系提供了指导，即陈述性知识(在这种情况下，诸如"带余除法"、"分配"、"除法"等概念)和过程性知识(在这种情况下，除法运算的过程)(Gu等人，2004)。此外，它还能使Jiyi有目的地练习，并在两个特定水平上反思变式教学：第一个水平是"如何"教的问题，即重新设计课程时，同时建立多层次的数学知识；第二个水平是"为什么"用这种方式教的问题，即变式教学的理论元素，譬如"过程性变式"、铺垫、在学生的旧知与预期的课堂学习目标以及后续学习目标之间的"合适的潜在距离"(Gu等人，2004; Gu, 2014; Ding, Jones, Mei, & Sikko, 2015)。

显而易见，梅大力帮助Jiyi深入理解学生旧知的两个方面之间的联系：(1)分析学生的实际学习(用梅自己的话，"学生已经学习了什么?")，哪个是锚定知识(例如，旧知是新知学习和解释新问题的基础，顾等人，2004)；(2)分析教材里在课题之前的内容(参见图3)。换句话说，Jiyi的学习目标不是以一本糟糕的教科书或老师自己选择的问题来批评问题/任务设计，而是围绕教材实施的主题构建课堂的连贯性。这意味着由梅强调的"主要教学事件"(Yang & Ricks, 2012)的目的是为了让Jiyi理解教科书里精心设计的给定的问题/任务，并与她的学生们挖掘使用的潜力。

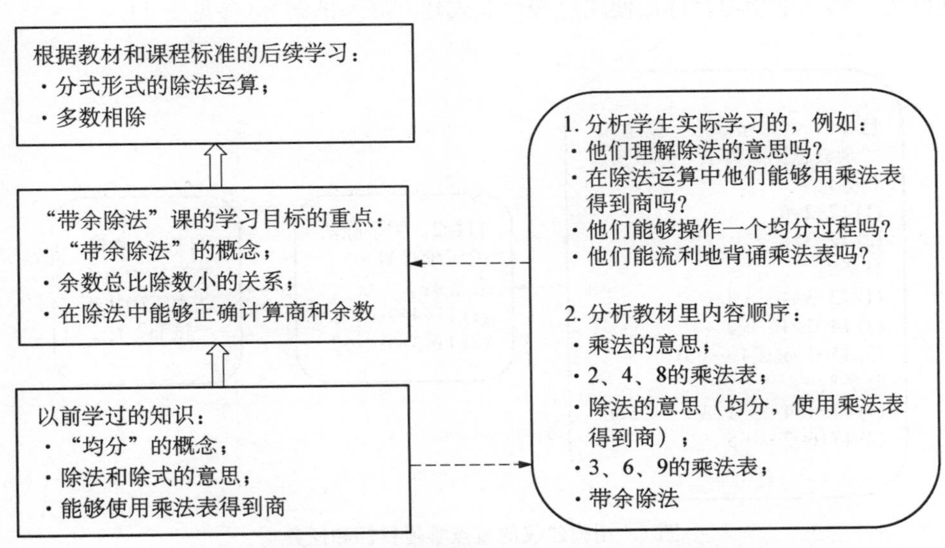

图 3　梅指导下 Jiyi 重新设计课 2 的三层知识教学框架

3. 为了建立学习目标的联系，在梅指导下采用过程性变式教学，进行课堂重新设计。我们用图 4 展示由梅建议的三个关键学习目标的联系（关于梅自己设计的同样的课题，参见 Ding 等人，2015）——改善“主要教学事件”的课程设计的一个具体实例（Yang & Ricks，2012），梅与 Jiyi 在 TRG1 里讨论过。显然，梅指出第一个学习目标是重点，第二个和第三个学习目标是课程的难点（这里难点和关键点重叠）（参见图 4）。梅特意将课按结构分成三个阶段，每个阶段有它自己的学习目标，通过数学活动，每个阶段逐步加深学生对“带余除法”概念和过程的理解。我们把梅的有目的的、系统的、结构性的且有效的练习看作过程性变式教学（Gu 等人，2004）。

把图 4 与图 2 联系起来看，以便发现 Jiyi 后来在课程 2（说明见图 1）中采用的通过多个教学阶段实现学习目标的改变。在本部分，为了深入理解后面部分作为 Jiyi 学习的变更序列，我们主要聚焦梅的“不要在学习数学时掉链子”的思想（Ding 等人，2015），即为了第一个学习目标，通过三个任务进行过程性变式教学（Gu 等人，2004）。在后面章节我们对 Jiyi 学习的分析里，我们进一步追踪有目的的练习，从第一个学习目标里的三个任务到第二个学习目标里的第四个任务的过程性变式，连同为了第三个学习目标而使用过程性变式建立联系的解释(参见图4)。

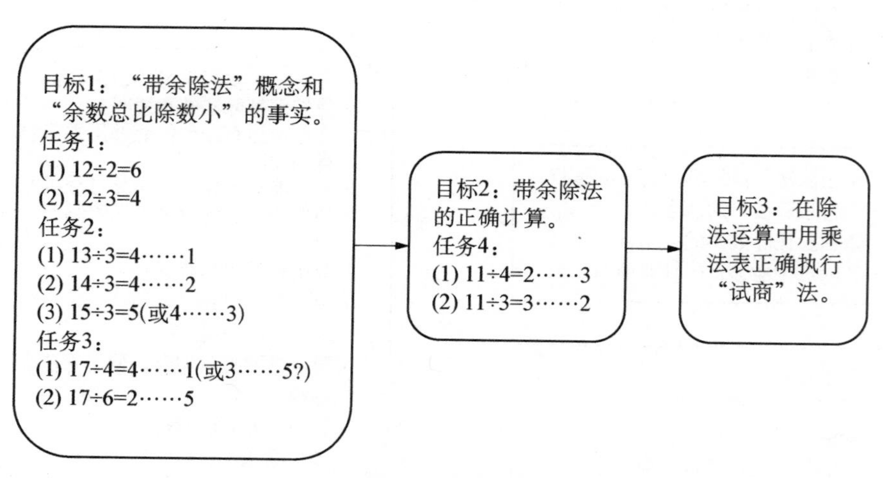

图4　由梅建议的重点学习目标和任务

这里我们使用TRG1里梅和Jiyi相互交流的两段引述，来展示梅如何向Jiyi解释"主要教学事件"(Yang & Ricks, 2012)，也就是通过有意设置多层次的变式教学过程发展学生深入理解"带余除法"概念和运算间的联系。第一个引述(关于图1里的教学任务1)，梅强调核心教学阶段是确定知识的"锚定"部分(Gu等人，2004)，在这种情况下，学生已掌握关于作为等分的除法和作为乘法逆运算的除法之间联系的知识。使用顾等人(2004)的理论概念，教学焦点是为了学习新概念和"带余除法"运算的"锚定"部分知识而建立铺垫(Gu等人，2004；Gu, 2014)——学生以前学过的除式中数字12、3、4的意义的知识和用乘法表尝试解决任务1中除法运算的方法(参见图4)。

梅：第一个学习目标是初步知道什么是带余除法。学习过程可以分成两个阶段：第一个阶段是"余数"的概念；另一个是余数比除数小的事实。在任务1里，问题是均分12个桃子，每只猴子分3个桃子，会有几只猴子？这个任务的目的是引导学生复习他们以前学过的知识。在他们用除法解决问题后教师应该问学生数字12、3、4的意思是什么。第二阶段是复习如何使用乘法表得到商(在乘法运算中看到除数、被除数和商之间的关系)。学生不应背诵每个含3的式子(例如，一三得三，二三得六等。这里梅建议学生看乘法表中除数、被除数和商之间的关系)。

显而易见，这节课的核心，梅建议不应仅把重点放在重复减法或平均分配模型上(Gu & Wong, 2003)理解除法和商的概念，因为这时学生已有了知识基础。当然了，梅的意图集中在使用学生已经存在的特定种类的知识——作为均/等分和作为乘法逆运算的除法概念——作为知识的锚定部分(铺垫)，目的是加深对"带余除法"新运算和新概念联系的理解——这就成为这节课的"主要教学事件"(Yang和Ricks, 2012)。对梅而言，这节课新旧知识间恰当的潜在距离是让学生看到乘法表中因数和积之间的关系，以及学习带余除法时，任务2(参见图4)和后面的第二和第三阶段(参见图4中的目标2和3)的任务4里变化的被除数、除数和商之间的关系是同种关系。当梅处理学生这样的旧知识，对为了第二个学习目标(图4)设置的任务4进行解释时，内隐的铺垫(Gu, 2014)变得明显(参见下面引用中我们用来强调的**黑体字**)。

梅：(参见图中任务4)第二阶段是建立起学生分配活动的运算和心理计算活动的联系。这里，$11 \div 4$，当课上继续画图去理解商时，一些学生将能够使用乘法表求商。接着，你(Jiyi)应当问学生怎样处理。也就是，他们怎样思考乘法表中含有4的式子。二四得八，当时没有8。接着怎么办？找一个比11小，但最接近11的数。事实上，思考方法同"哪个最大"(参见图2中的任务1)的任务里的思考方法一样，故此，**我们应当使学生运用以前的知识**。接下来，$11 \div 3 = 3 \cdots\cdots 2$。每个数是什么意思呢？怎样求商？在计算过程中应当训练学生这样想。

通过课1到课2的变更序列确定Jiyi学习的复杂性

在这个部分，我们通过分析课1到课2(说明见图1)的三种变更序列展示Jiyi学习的复杂性。我们关于变更序列的数据分析是基于Jiyi的教学日记、第二节课后教研组会(TRG2)里Jiyi与梅的相互交流、研究期间Jiyi的反思笔记。我们确定三种类型的变更序列：(1)教师个人领域的改变；(2)从个人领域到实践领域的改变；(3)横跨个人领域与实践领域混合情境的变更序列。

1. 个人领域的改变：理解变式教学三层知识的教学条件。我们发现梅在教研组会1中的指导“不要在学习数学时掉链子”(Ding等人，2015)首先导致Jiyi对教材和课1活动的反思，结果在课2的计划中改变学习目标和课程结构。这里，我们把教师的课程计划当作一种对教师个人领域的具体认识(例如，教师隐性知识和数学教学理念的证据)。我们在图5中说明Jiyi知识领域里的变更序列，这里E＝外部领域；K＝教师的个人(知识)领域；P＝实践领域；S＝显著的结果；P－L1＝课1的实践；K－L2＝教师课2的课程计划。

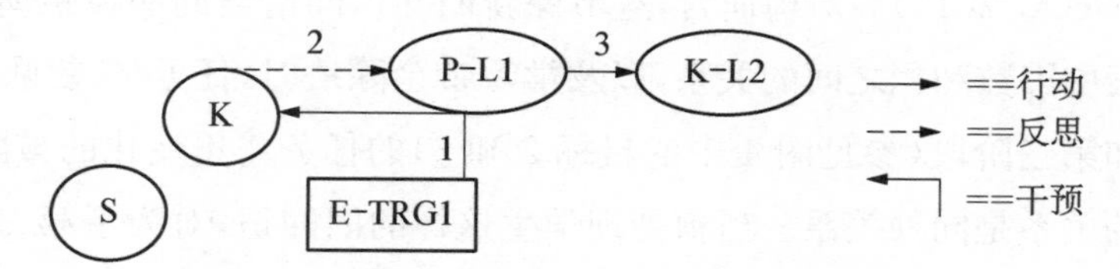

图5　贯穿课1循环中Jiyi的变更序列(参见图1)

变更序列里的前两个步骤(图5中标记1和2)是Jiyi贯穿她对梅在第一次教研组会议(参见图1的TRG1)指导使用三层知识教学框架分析教材反思的学习：(1)以前学习的知识(旧知)；(2)教学目标的新知识点(新知识点、教学目标)；(3)根据教材和教学大纲的后续学习(参见图3)(后续学习、教材、教学大纲)。在这样做的过程中，Jiyi关注课堂的“主要教学事件”(Yang & Ricks，2012)——加深学生对新概念和“带余除法”运算间联系的理解。在Jiyi的教学日记里，她如下写到：

> 分析教材后，学生在“带余除法”这节课之前**已经学习过下列知识**：(1)从1到9数字的乘法；(2)“等分”的概念；(3)除法计算。**这节课(课2)的核心点**是：(1)“余数”的概念；(2)带余除法形式中每个数的意义；(3)余数应当比除数小的关系；(4)带余除法的计算过程。**基于以前的知识**，学生将**学习新知识。为了构建这些知识点间的联系**，我在课堂计划中做了相当大的改变。(黑体用来强调关键词)

诸如“学生已学知识”、“课程的重点知识”、“基于旧知，学习新知”和“构建这些知识点的联系”（用黑体强调）此类短语，说明梅使用三层知识教学框架进行指导，导致Jiyi用特定的形式反思梅的变式教学思想，即“不要在学习数学时掉链子”。

此外，我们注意到Jiyi在她的课2计划里，采用了三个学习目标，主要的教学阶段和任务与教研组会1（参见图4）中梅的指导相似。这个变更序列（图5中标记3）的第三个步骤显示Jiyi在理解为了构建学生学习知识链的一致性而采取的三层知识教学框架（参见图3）中的改变，导致她去改变课程计划的学习目标。

2. 从个人领域到实践领域的改变：在过程性变式教学中学习精确的教学语言和提问策略。 第一个教学循环（在图1里用L1说明）结果是Jiyi的学习，为了了解这个，梅建议在Jiyi继续教第二节课（L2）前，开展一场“说课”活动（图1中TRG2）。虽然在Jiyi的学习里发生了相当多的积极改变，但是这里我们关注Jiyi使用更精确教学语言，以及她专注于以梅的变式教学思想，即“不要在学习数学时掉链子”（Ding等人，2015）为基础的学习目标的学习。

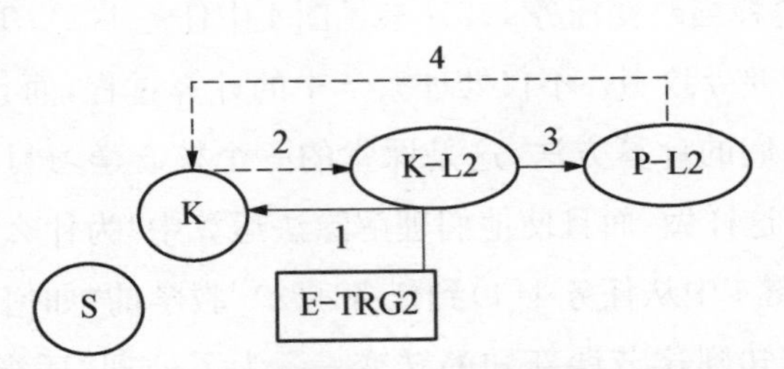

图6　在课2循环（参见图1）期间Jiyi的变更序列

变更序列的前两个步骤（图6中标记为1和2）表明在TRG2会议里，在梅的支持下，Jiyi对过程变式教学似乎有独特的思考或理解。那就是，Jiyi在解释她在教任务1[参见图4中任务1(1)，12÷2=6]时，在使用准确的教学语言方面，怎样才能使学习更有意识和更努力。这里，我们提供教授任务1时，Jiyi和梅之间的核心交流（核心部分用黑体强调）：

Jiyi：冬天来临，所有动物都在准备食物过冬。让我们参观一下兔子家，看看他们在**做**什么。

梅：这是很好的课堂开头。在这里你可以考虑改变你的话。那就是，不去问兔子们在做什么，而是问兔子们如何**分**胡萝卜。

Jiyi：兔妈妈为她的两个兔宝宝带来12根胡萝卜。我会问学生每个兔宝宝能分几根胡萝卜。接着，我会问谁可以给出一个数学公式并计算它（12÷2=6）。在学生给出答案后，我会邀请他们解释数字12、2和6的意思。例如，12**代表**12根胡萝卜，2**代表**2个兔宝宝。

梅：最好不要说“12**代表**”，而是说“12**表示**”。（注释：中文里，“代表”这个词并不需要明确的解释或推理——例如，一幅画可以“代表”一种意思，而意思也许模糊——而“表示”这个词清晰地需要一种明确的解释或推理）

梅强调使用更加准确的教学语言，诸如“等分”和“表示”，来加深Jiyi对准确的教学语言技能的重要作用的理解，它能使学生关注任务里学习的重点，在这种情况下，任务是课堂的“主要教学事件”（Yang & Ricks, 2012）——加深学生理解新概念和“带余除法”运算间的联系。

接下来，Jiyi解释当改变任务1(2)[参见图4中任务1(2)，12÷3=4]时，她怎样教。梅的解释想要导致Jiyi不仅处理教学中的计算过程，而且特意使用提问策略鼓励学生解释他们的计算方法，这是课堂的一个核心学习目标。也就是，不仅使学生知道“如何”这样做，而且使他们理解除法运算中“为什么”这样做。教师通过贯穿过程变式[图4中从任务1(1)到任务1(2)]教学的“如何”与“为什么”问题准确定位学生从旧知到这节课新知的转变——为了处理“适当的潜在距离”（铺垫）的一个具体的教学策略（Gu等人，2004；Gu, 2014）。Jiyi在下列摘录中对术语“铺垫”的清晰阐述证明她意识到把学生的旧知和学习经验作为这节课锚定部分的知识（黑体用来强调核心部分）：

Jiyi：（任务1：12÷3=4）这里，我会问他们**如何**得到商4。

梅：如果你问学生“他们怎样得到商4”，在你的课上，学生**如何**回答呢？

Jiyi：我会使用“**铺垫**”，问他们一个问题，问他们会使用乘法表中哪个语句（譬如，举个例子，乘法表中一三得三，二三得六等）。我期待他们回答“三四十二”。

梅：在你以前的课堂中，你强调过这个方法吗？如果学生不知道商4是

如何来的(即为什么 12÷3 会得到 4),那么教今天的主题对你会非常困难。今天这节课的新知识必须与学生的旧知相互联系。

梅:12÷3=4。商 4 是**如何**来的呢?学生在这里应该理解得到 4 的(推理)方法。也就是,他们必须理解在乘法表里(MT)除数和商之间的关系。如果除数是 3,那么会考虑乘法表中含有 3 的语句。**为什么**考虑乘法表中含有 3 的语句呢?那是因为这是学生以前的知识。还有,**为什么**学生会思考语句"三四十二"?这是因为除数和被除数之间的关系。这里被除数是 12,因此考虑语句"三四十二"。

我们进一步确定 Jiyi 采用梅的指导建议,在课堂 2(参见图 6 中的第三步)里使用精确的语言和上述讨论并有意识地实践术语"铺垫"。Jiyi 对她在课堂 2 里关于努力练习精确的教学语言和适当的问题策略的思考,在下面课 2 后的反思笔记里,也得到证实:

在课 2 中,我是用更加准确、更加生动、更加适合低年级学生(她的班级是二年级)的语言。教学应当关注学生的思维发展,因此教师应当在学生的学习中扮演主导作用。在教授带余除法的计算过程中,我通过提问鼓励学生解释他们的计算过程,诸如"(通过看除法)考虑乘法表中哪组语句";"哪个语句正好与这个除法相关";"为什么是它";"如何得到余数"等。

值得注意的是,我们发现在 TRG2(参见图 6 中的第四步)后,Jiyi 在她的反思笔记里特别显示出她乐意去改进她的教学语言技能。这个可以看作教师决心持续学习的态度,它是一种教师潜在的"成长网络"(Clarke & Hollingsworth, 2002)。

教师必须意识到使用准确的教学语言。特别对一名有经验的数学教师来说,每个词应当尽可能精确。虽然我知道我不能保证在我的教学里所说的每个词如此精确,但是我现在朝着这个目标改进我的语言。

3. 横跨个人领域与实践领域的变更序列的混合图:变式教学的艺术。我们的数据分析展示 Jiyi 通过从课 1(L1)到课 2(L2)进行变式教学的反思，以及采取措施处理她作为教师的领导作用与学生的积极学习之间关系学习的混合图，如图 7 所示。

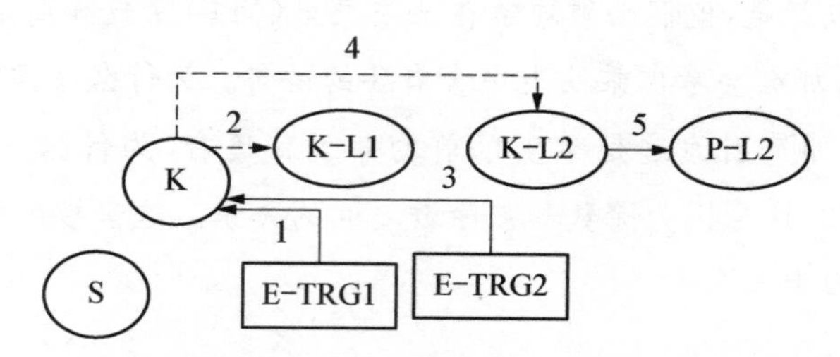

图 7　由 Jiyi 产生的贯穿 L1 和 L2 循环(参见图 1)的变更序列的混合图

这里，一方面，为了变更序列的前两个步骤(图 1 里标记为 1 和 2)，梅在 TRG1 里关于过程变式教学的指导导致 Jiyi 认真反思她最初课程设计(L1)里教材、教和学三个核心元素间的关系。Jiyi 在她的教学日记里记下了在“适当的潜在距离”(铺垫)(Gu 等人，2004；顾，2014)里她学到的东西：

> 从前我根据自己对教材内容的理解设计课。我很少在教学设计里考虑我应该特意联系学生已经学习的和我所要教的。现在，我认为这样做非常有必要。梅的指导帮助使我更加认识到为了帮助学生独立地学习，教学应当基于学生已有的认知和学习能力。也就是，授人以鱼不如授人以渔(一句古老的中国谚语)。因此，我应该在学习过程中给学生机会，解释他们在学习过程中看见什么、做什么和思考什么。

然而，另一方面，我们对说课会议(图 1 中的 TRG2)的数据分析，显示 Jiyi 不确定为了使学生独立学习而如何处理学生的学习反应，特别是当学生的反应与她在教学计划中的事先预设矛盾时。显而易见，正是梅通过处理教与学的两个方面的关系，特意帮助 Jiyi 升级她的**铺垫**知识：一个是分析学生的潜在学习问题和可供选择的推理方式，这与西蒙(Simon，1995)的“学习轨迹假设”理念相关，用梅自己的话说就是对教师有意识的教学“知道学生可能理解什么和回答什么”；第二个是提升教师的教学语言和提问技能(例如，“追问”的教学理念，参见下面引用的梅的交流),使得学生关注数学推理能力发展的学习目标。

通过学生独立学习,Jiyi很难增强学生对除法中余数总比除数小的关系的理解。当Jiyi在图4的任务2(1)的图里又增加一根胡萝卜时,对于学生而言,自然看到图中追加的胡萝卜不能被分组,应当保留为一根单独的胡萝卜。这在下列的交流中得到证实(核心部分用黑体强调)。

梅:首先,在提供图画之前展示问题[任务2(1)]。其次,鼓励学生在形成式子(13÷3=?)后**猜出**结果。猜完后,你可以鼓励他们将图中的胡萝卜分组来**证明**他们的猜想。你应当**追问**:比如,**为什么**剩下的单一胡萝卜不能被分组?用这个问题鼓励他们**证明**他们的判断。这样,班级里的一些学生会向班上其他学生**解释**那是因为每组有3根胡萝卜。剩下的一根胡萝卜作为一组不够数。

Jiyi:如果一些学生没有给出清晰的解释,我该怎么办?

梅:那不是问题。你可以继续邀请其他学生,直到他们给出清晰的解释。你必须将你的问题调整到一个**更深的教学层次**。最好邀请学生猜结果,而不是**告诉**他们结果。如果你要求他们**告诉**全班结果,他们也许担心给出一个错误的结果。但是,如果你鼓励他们猜,他们就不担心出错,因为猜是任意的。**教是一门艺术**。教师的语言在吸引学生深入地学习交流方面发挥着重要作用。

在以上互动的分析里,变式教学不仅需要准确的语言发展学生的数学推理能力和理解能力,而且需要一种教学语言的艺术来吸引学生参与积极而独立的学习过程。一方面,如上所述,梅的准确的教学语言,像"猜"、"证明"、"为什么"和"解释",说明教师的准确语言在发展学生数学推理和理解方面的重要作用。另一方面,教师的提问比如"追问",发挥着显著作用,能够使得学生在他们自己的个人学习和整个班级分享的数学推理方面发挥积极作用。梅的使用两种不同的教学语言显示变式教学的复杂水平。

Jiyi学习的混合情境,在她对"**追问**"重要性的学习和反思方面,进一步得到确定。一方面,Jiyi的作为学习的"**噢,对!**",在下面与梅关于**任务2(3)**的相互交流中得到证实(梅回答的核心部分用黑体强调):

Jiyi：如果所有的学生可以将 15 根胡萝卜分成 5 组，没有人说 4 组还剩下 3 根胡萝卜，我该怎么办？

梅：那么你可以**问他们为什么不**。学生会告诉你那是因为剩下的 3 根胡萝卜仍然可以分组。接着你可以**追问"为什么**在最后一对例子里，剩余的胡萝卜不能分组，而现在剩余的胡萝卜可以分组"。

Jiyi：**噢，对**！这个问题非常重要！

另一方面，尽管如此，Jiyi 承认她很难处理学生的学习反应超出她的课程设计之外的问题，也就是在动态的教学过程里应适当地使用"追问"，在真实的课堂里需要教师的即兴活动。Jiyi 在 TRG2 后写下反思笔记如下：

教学设计仅仅是教师对学生学习的假设。但是如果课堂上发生一些不在教学计划内的学习情境时，我不知道该怎么办。

于是，图 7 中第五步代表 Jiyi 的改变和上面我们已说明的困难的混合画面。她理解变式教学的一些特定方法[例如"适当的潜在距离的学习"、铺垫(Gu 等人，2004；Gu，2014)]，但是她很难在行动上发生改变(例如，教师语言的两个水平)。正如 Jiyi 在 L2 后的教学日记上所表达的，虽然她对教师在发展学生独立学习能力上起主导地位有相当深刻的理解，但是让她在行动上这样做感到很困难。

在教学重新设计期间，我发现这节课的容量相当大。在说课会议后，我认识到我应当引导学生自己探索余数小于除数的关系。但是我发现仍然很难使学生从他们自己的探索中得到正确的结论。

讨论

我们已经为讨论的专家教师使用变式教学思想指导初级教师的专业学习确

定出三个要素。第一部分检查专家教师的理念，这个理念应该是帮助初级教师学习变式教学理论。论述的第二部分阐明教学语言在过程变式教学中建立铺垫时起到重要作用。最后部分强调教师专业学习的复杂性。

专家教师使用普适的教学理念指导初级教师学习变式教学

正如前面部分我们展示的数据分析，专家教师（梅）使用中国教师普遍分享和理解的教学理念，为初级教师（Jiyi）实践变式教学和反思的具体方式创造学习条件。在表1中我们强调变式教学的主要理论术语（Gu 等人，2004），这是专家教师梅指导初级教师 Jiyi 在课的设计和行动中学习并理解的。在表2中我们总结专家教师教学理念的独特性，帮助初级教师深入理解变式教学的相关理论术语（如表1所示）。

表1　变式教学的理论术语

理论术语（顾等人，2004）
变式 变式教学 过程性变式 适当的潜在距离和知识的锚定部分（知识固着点） 铺垫（类似于脚手架）

过程变式教学的复杂性：在动态教学过程中构建知识链并安排“铺垫”

被总结在表2中的专家教师的教学理念，为初级教师理解变式教学理论观点的复杂性，特别是过程变式创造学习机会（参见表1）。正如顾等人（2004）所指出，过程性变式在学生学习的新旧知识潜在距离之间建立适当铺垫的方面起到重要作用。类似于“脚手架”理念，铺垫可建立一层或几层，以便学习者完成他们不能独自完成的任务。我们在前面部分的分析显示铺垫教学的复杂性需要教师有目的地、有意识地把下面两个部分作为一个整体实践：(1)构建融入数学教材和课程的知识链；(2)发展动态的教学过程，强调教师语言和学生理解以及主动学习之间的关系。

表 2　专家教师变式教学的教学理念

专家教师的教学理念
一致性 学习时不掉链子 多层级/阶段的教学 学生已有的知识、教材内容的顺序、学生潜在的学习困难/问题和可供选择的推理方式 旧知的教学框架、学习目标的重点、后续学习

为了构建融入数学教材和课程的知识链，通过教师对学生已有知识和融入教材和课程的学习内容的顺序的分析，“知识的锚定部分”(Gu 等人，2004)的理念要特别强调。而且，教师有必要更加充分地了解学生潜在的学习困难/问题和可供选择的推理方式，这与理解“适当的潜在距离”的理念产生共鸣(Gu 等人，2004)。

为了用铺垫发展动态的教学过程，专家梅强调教学框架和教学语言/理念的重要性，在中国，教师普遍把这些理解为数学教学高效课堂的核心元素。教学框架可以有效指导初级教师进行教材的分析、聚焦课程学习目标、深入理解学生的已有知识和潜在学习(参见图 3)。我们希望指出教师的教学语言除了在构建多层级教学和精心设计任务方面外，还在铺垫方面起到特有的作用。我们的数据分析确定出教学语言的两个水平：(1)教师语言的准确性，它在学生的数学理解和推理方面起到重要作用；(2)教师语言的艺术(追问策略——“接着他们的回答提问”)，它导致学生不仅发展积极的个人学习，而且在整个班级发展一种与别人之间的相互学习。这些发现导致我们推断过程性变式教学里的铺垫术语比理论术语“脚手架”更加具体，因为它告诉新教师更多的关于如何实现真实课堂里脚手架的事情。

教师专业学习的复杂性：有意识的、系统的、努力的实践

在前面的数据分析部分，我们展示了三类教师变更序列：(1)教师个人领域内的改变；(2)从个人领域到实践领域的改变；(3)横跨个人领域到实践领域变更序列的混合情境。我们希望指出专家教师梅在指导初级教师用特定的方式反思方面起到重要的作用(例如：图 5 中标记 1&2；图 6 中的 1&2；图 7 中的 1&2、3&4)。因此，根据初级教师 Jiyi 的反思，她变更了序列(例如：图 5 中的标记 3；图 6 中的 3；图 7 中的 5)。我们把这些改变看作贯穿专业学习的有意识的、系统的、努力的实践。

我们的数据分析也展示了Jiyi专业学习的复杂画面。一方面，我们把Jiyi的变更序列确定为学习和专业成长；另一方面，我们承认Jiyi在专业学习过程中的困难。顾(2014)通过不同种类的TPD计划确定教师专业学习的三个阶段：(1)倾听(向“知识渊博的其他人”)但是不理解；(2)倾听并理解，但不知道如何立即行动；(3)倾听、理解和行动。顾指出从理解到行动的转变需要相当长的时间。我们三类变更序列的发现支持顾的观察。我们的数据分析促使我们推断，虽然教师的专业发展可能通过一系列渐进的改变(Clarke & Hollingsworth, 2002)前进，但是这样的增长不是简单明了的和连续的，而是分离的和不连续的。

结论

本章节，我们试图处理一位专家教师如何使用变式教学思想支持一名初级教师发展某种反思教学方式的问题，把产生的“变更序列”(Clarke & Hollingsworth, 2002)作为源自她的教学实施和反思学习的结果。我们确定专家教师的重要指导体现在下列两个复杂方式：(1)使用中国的教师普遍分享和理解的教学理念，去理解变式教学理论术语；(2)使用在中国普遍理解和实践的教学框架和语言去理解在学习数学和铺垫的动态过程中对基本“链条”的强调。我们的研究揭示当教授法和数学教学法的细节这样做时，得出的一个可理解的结果，如在这种情况下教学框架(参见图3)、课程结构(参见图4)和普遍理解的关于变式教学的理念和语言(参见表2)是如何被放大的。我们的研究弄清楚了在教师教育中引进高水平的专家的必要性。这与其他的研究形成对照，在那些研究里，“专家”教师是导师或教练，他主要聚焦课堂行为和管理。

此外，我们希望指出同样很重要的方面是，构建一个普遍可理解的结构——基于学校的教研组(TRG)——在中国为了教师的专业发展和教师网络的形成打基础，以便教师向“学识渊博的其他人”学习(例如：Huang & Bao, 2006; Huang等，在出版；Peng, 2007; Yang, 2009; Li等，2011; Han, 2013)。

通过我们的课例设计研究，关注了初级教师的专业学习，我们根据源自Jiyi的教学日记和反思笔记的数据，发现从课1到课2，她修改教学计划超过10次。

除了课的结构重新设计和教学语言的改进外，还有其他的相当多的改变与我们的课程设计研究相关，例如，任务中数字的设计（比如，图 4 任务中的所有数字都是特意设计的）、任务的数目、课堂互动等等。

当理解教师专业学习的"黑箱"处在初级阶段时，我们的研究贡献是专家教师的教学理念（见表 2）在中国的实践以及变式教学思想指导数学教师备课和教师的专业发展。

参考文献

Berliner, D. C. (2001). Learning about and learning from expert teachers. *International Journal of Educational Research*, *35*, 463 - 482.

Clarke, D., & Hollingsworth, H. (2002). Elaborating a model of teacher professional growth. *Teaching and Teacher Education*, *18*(8), 947 - 967.

Ding, L., Jones, K., Mei, L., & Sikko, S. A. (2015). "Not to lose the chain in learning mathematics": Expert teaching with variation in Shanghai. In *Proceedings of the 39th Conference of the International Group for the Psychology of Mathematics Education*, *Vol 2* (pp. 209 - 216). Hobart, Australia: PME.

Ding, L., Jones, K., & Pepin, B. (2013, July). Task design through a school-based professional development programme. In *Proceedings of the ICMI study 22: Task design in mathematics education*. Oxford: University of Oxford.

Ding, L., Jones, K., Pepin, B., & Sikko, S. A. (2014). An expert teacher's local instruction theory underlying a lesson design study through school-based professional development. In *Proceedings of the 38th Conference of the International Group for the Psychology of Mathematics Education*, *Vol. 2* (pp. 401 - 408). Vancouver, Canada: PME.

Goldsmith, L. T., Doerr, H. M., & Lewis, C. C. (2014). Mathematics teachers' learning: A conceptual framework and synthesis of research. *Journal of Mathematics Teacher Education*, *17*(1), 5 - 36.

Goos, M. (2014). Researcher-teacher relationships and models for teaching development in mathematics education. *ZDM: International Journal in Mathematics Education*, *46*, 189 - 200.

Gu, L. (2014). *A statement of pedagogy reform: Regional experiment and research record*. Shanghai: Shanghai Education Press. [顾泠沅著. 口述教改-地区实验或研究纪

事.上海教育出版社]

Gu, L., Huang, R., & Marton, F. (2004). Teaching with variation: An effective way of mathematics teaching in China. In L. Fan, N. Y. Wong, J. Cai, & S. Li (Eds.), *How Chinese learn mathematics: Perspectives from insiders* (pp. 309 - 348). Singapore: World Scientific

Gu, L., & Wang, J. (2003). Teachers' development through education action: The use of 'Keli' as a means in the research of teacher education model. *Curriculum, Textbook & Pedagogy*, *I*, 9 - 15; *II*, 14 - 19. [教师在教育行动中成长—以课例为载体的教师教育模式研究.课程-教材-教法,2003,第一期,9—15;第二期,14—19.]

Han, X. (2013). Improving classroom instruction with apprenticeship practices and public lesson development as contexts. In Y. Li & R. Huang (Eds.), *How Chinese teach mathematics and improve teaching* (pp. 171 - 185). London: Routledge.

Hart, L. C., Alston, A., & Murata, A. (Eds.). (2011). *Lesson study research and practice in mathematics education: Learning together*. Berlin: Springer.

Huang, R., & Bao, J. (2006). Towards a model for teacher's professional development in China: Introducing Keli. *Journal of Mathematics Teacher Education*, *9*, 279 - 298.

Huang, R., Mok, I., & Leung, F. (2006). Repetition or variation: Practising in the mathematics classroom in China. In D. Clarke, C. Keitel, & Y. Shimizu (Eds.), *Mathematics classrooms in twelve countries* (pp. 263 - 274). Rotterdam: Sense Publishers.

Huang, R., Su, H., & Xu, S. (2014). Developing teachers' and teaching researchers' professional competence in mathematics through Chinese Lesson Study. *ZDM: The International Journal on Mathematics Education*, *46*, 239 - 251.

Huang, R., Gong, Z., & Han, X. (2016). Implementing mathematics teaching that promotes students' understanding through theory-driven lesson study. *ZDM: The International Journal on Mathematics Education 48*, 425 - 439.

Kaiser, G., & Li, Y. (2011). Reflections and future prospects. In Y. Li & G. Kaiser (Eds.), *Expertise in Mathematics instruction* (pp. 343 - 353). London: Springer.

Li, Y., Chen, X., & Kulm, G. (2009). Mathematics teachers' practices and thinking in lesson plan development: A case of teaching fraction division. *ZDM Mathematics education*, *41*, 717 - 731.

Li, Y., Huang, R., & Yang, Y. (2011). Characterizing expert teaching in school mathematics in China: A prototype of expertise in teaching mathematics. In Y. Li & G. Kaiser (Eds.), *Expertise in mathematics instruction* (pp. 167 - 195). London: Springer.

Li, J., Peng, A., & Song, N. (2011) Teaching algebraic equations with variation in Chinese classroom. In J. Cai & E. Knuth (Eds.), *Early algebraization: A global dialogue from multiple perspectives* (pp. 529 - 556). New York, NY: Springer.

Murray, S., Ma, X., & Mazur, J. (2009). Effects of peer coaching on teachers' collaborative interactions and students' mathematics achievement. *Journal of Educational Research*, *102*, 203 - 212.

Neuberger, J. (2012). Benefits of a teacher and coach collaboration: A case study. *Journal of Mathematical Behavior*, *31*(2), 290 - 311.

Obara, S. (2010). Mathematics coaching: A new kind of professional development. *Teacher Development*, *14*, 241 - 251.

Opfer, V. D., & Pedder, D. (2011). Conceptualizing teacher professional learning. *Review of Educational Research*, *81*(3), 376 - 407.

Peng, A. (2007). Knowledge growth of mathematics teachers during professional activity based on the task of lesson explaining. *Journal of Mathematics Teacher Education*, *10*, 289 - 299.

Shulman, L. (1987). Knowledge and teaching: Foundations of the new reform. *Harvard Educational Review*, *57*(1), 1 - 22.

Simon, M. (1995). Reconstructing mathematics pedagogy from a constructivist perspective. *Journal for Research in Mathematics Education*, *26*, 114 - 145.

Sun, X. (2011). 'Variation problems' and their roles in the topic of fraction division in Chinese mathematics textbook examples. *Education Studies in Mathematics*, *76*, 65 - 85.

The New Teacher Project (TNTP). (2015). *The mirage: Confronting the hard truth about our quest for teacher development*. Washington, DC: TNTP.

Wong, J. L. N. (2012). How has recent curriculum reform in China influenced school-based teacher learning? An ethnographic study of two subject departments in Shanghai, China, Asia-Pacific. *Journal of Teacher Education*, *40*(4), 347 - 361.

Yang, X. (2014). *Conception and characteristics of expert mathematics teachers in China*. Berlin: Springer.

Yang, Y. (2009). How a Chinese teacher improved classroom teaching in teaching research group: A case study on Pythagoras theorem teaching in Shanghai. *ZDM: The International Journal on Mathematics Education*, *41*, 279 - 296.

Yang, Y., & Ricks, T. E. (2012). How crucial incidents analysis support Chinese lesson study. *International Journal for Lesson and Learning Studies*, *1*(1), 41 - 48.

Zhang, M., Xu, J., & Sun, C. (2014). Effective teachers for successful schools and high performing students: The case of Shanghai. In S. K. Lee, W. O. Lee, & E. L. Low (Eds.), *Educational policy innovations* (pp. 143 - 161). London: Springer.

13. 课堂学习研究中的数学变式教学

韩雪[①]　巩子坤[②]　黄荣金[③]

引言

自1999年施蒂格勒(Stigler)和希尔伯特(Hiebert)合著的《教学差距》出版以来,日本课堂研究作为一种教师发展的形式已经被世界各地的许多教师和学区采用(Huang & Shimizu, 2016)。课堂研究挑战了教师专业发展的传统方式,这些传统方式大多数是快照式讲习班,只告诉教师在学年内的某些指定日子里应该做什么。在课堂研究活动中,教师学习在课堂上如何运用合作学习,通过关注学生的学习情况检测哪些教学有效、哪些无效(Hart, Alston, & Murata, 2011)。同样,中国教师也在教学研究小组中共同研究如何更有效的教学。

中国教师通过在校内或跨校开展公开课或示范课来学习教学(以下简称中国课堂研究)(Han & Paine, 2010; Huang & Bao, 2006; Huang, Su, & Xu, 2014; Yang & Rick, 2013)。许多研究(Borko, 2004; Franke, Kazemi, Shih, Biagetti, & Battey, 2005; Garet, Porter, Desimone, Birman, & Yoon, 2001; Grossman, Wineburg, & Woolworth, 2001; Little, 2002; McLaughlin & Talbert, 2001; Wilson & Berne, 1999),揭示了有效的教师学习建立在教师的日常和每周的教学实践之上,这些教学实践以学校、课程和学生学习为中心。课堂研究把学校变成了学生和老师共同学习的地方。在中国,教学是一项公共活动,有利于课堂的协同研究。近年来,中国课程研究试图将关注点从教学行为转移到学生学习。中国的教师、教研人员和教育工作者一直在把公开课打造成为有意识

① 韩雪,美国国家路易斯大学。
② 巩子坤,杭州师范大学。
③ 黄荣金,美国中田纳西州立大学。

的练习(Han & Paine, 2010)。本研究以华东地区一组六年级数学教师为研究对象,在数学教育专家和地区教研专家的协助下,开发了以分数除法为课题的课程。这些教师通过研究借鉴了两个概念来设计课程：一个概念是学习轨迹法教学;另一个概念是通过变式进行数学教与学。作为一项将两个理论概念整合到课堂学习活动中的设计性研究,本研究试图回答两个研究问题：设计性课堂研究活动是如何改变课堂的？设计性课堂研究活动是如何影响学生学习的？

概念框架与文献综述

学习轨迹法教学过程：分数除法

现实主义的数学教育观点(Freudenthal, 1991)认为数学教学应该给学生在引导下去发现数学的机会。在长期的学习和教学过程中存在着这种被引导的机会,其目的是达到一定的学习目标(Van den Heuvell-Panhuizen, 2000)。在大学数学教学专家和地区教研专家的支持和协助下,这组华东地区六年级教师设计了以分数除法为课题的教学流程。教师小组开展的课堂研究活动中融入了分数除法教学过程的创建、设计、修改和检验。

学习轨迹法教学过程包括一系列旨在逐步发展数学思维和技能的任务和针对目标的任务和活动(Clements & Sarama, 2004,2007; Daro 等,2011; Simon, 1995,2014; Van den Heuvel-Panhuizen, 2008)。预设的教学过程是教师或研究人员所预测的关于某个数学主题学生的学习将如何展开的过程。学习轨迹法教学理论要求教师根据学生建构新的数学知识的学习方式来规划课程。西蒙(Simon, 1995)提出了学习轨迹法教学的三个组成部分：学习目标、学习活动和学习过程。这三个方面都可以通过教师、学生和课程内容在课堂中的相互作用来实现。在传统方法中决定数学课程的范围和顺序主要考虑数学知识的结构和本质,而学习轨迹法教学则是“根植于”实际的实证研究,而不是忠实于数学学科的逻辑和传统的实践智慧(Daro 等人,2011, p. 12)。

克莱门茨和萨拉马(Clements & Sarama, 2004)进一步发展了学习轨迹法教学理论,把学生的数学思维和设计描述为一系列的促进学生数学思维发展的学习任务。他们提出了设计学习轨迹法教学过程的三个阶段：识别基于研究的模型以描述学生的知识建构、选择和设计关键的数学任务、将任务排序以形成预设教学过程。在这项研究中，作者支持教师小组按照这三个阶段来设计和修改学习轨迹法教学过程。

分数除法通常被认为是小学阶段最机械和最不易理解的课题（Carpenter 等人，1988；Fendel，1987；Payne，1976）。学生们常犯的错误反映了这一观点。例如，很多学生把被除数而不是除数倒过来，或者他们把除数和被除数都倒过来，然后再乘以分子和分母（Ashlock，1990；Barash & Klein，1996）。与此同时，教师讲授分数除法也面临着理解的挑战（Ball，1990；Borko 等人，1992；Ma，1999；Son & Crespo，2009；Tirosh，2000）。马（Ma，1999）描述了美国教师将 $1\frac{3}{4}\div\frac{1}{2}$ 情境化所遇到的困难。在博尔戈（Borko，1992）等人的研究中，一位新教师在对分数除法的概念解释上遇到了困难。

在中国，设计适用于教师和学生的学习轨迹法教学过程时，大学专家们首先借鉴几个版本的教材并对分数除法这一课题进行研究（Ott，Snook，& Gibson，1991；Sowder，Sowder，& Nickerson，2010；Tirosh，2000；Tirosh，Fischbein，Graeber，& Wilson，1998）。这些专家还参考了《共同核心州数学课程标准（2010年版）》，该标准提出了分数除法的学习顺序。在设计的教学过程中[1]，通过两种可视化的方法阐释分数除法的意义：故事情境和比例推理。当专家小组和教师们就此学习轨迹法教学过程达成一致意见时，教师为课程选择数学任务并在课程计划中对这些任务进行排序。专家小组协助教师运用变式教学的理论来选择和规划课程。

通过变式进行教与学

通过变式进行教与学强调运用变式数学任务发展学生理解和支撑学生解决问题的重要性（Gu，Huang，& Marton，2004；Lo & Marton，2012；Marton & Pang，2006；Marton & Tsui，2004；Watson & Mason，2006）。数学任务的变和不变通过教师、学生和学习对象之间的相互作用影响学生的学习。费兰伦斯·马顿（Ference Marton）和他在香港以及瑞典的同事（Lo & Marton，2012；Marton & Tsui，2004；Marton & Pang，2006）发展了学习变异理论，主张学生通过识别知识的关键特性来建构新知识。这些关键特性使得新的学习对象不同于其他对象。例如，当学生学习分数除法的计算方法时，他们需要辨别在特定的问题情境下被除数与除数的关系，并识别出这种关系合适的可视化表示形式，以便对算法进行概念上的解释。变异理论强调不变性，因为学习者需要一个具有不变性的背景来识别新的学习对象的关键特性。马顿和徐（Marton & Tsui, 2004）提出了四种变和不变的模式：分离、对比、融合和概括。变和不变的分离模式通过暴露出其他方面的不变，向学生揭示了新知识的一个关键方面。对比的模式区分了新知识可以应用的正例和不可以应用的反例。由于问题情境的多个关键方面同时发生变化，融合的不变性模式也提出了更高水平的认知需求。概括模式要求学生运用新知识（理解关键知识）在类似的情况下解决问题。

同样，中国研究人员（Gu, 1991; Gu, Huang, & Marton, 2004）运用变式数学教学理论探讨了中国数学课堂的有效教学实践。变式数学教学理论包括概念性变式和过程性变式。概念性变式旨在揭示和突出概念的本质特征（例如，展示多边形和非多边形以加深学生对多边形概念的理解）。概念性变式可以通过两种方法实现：在标准和非标准背景中，通过可视的、具体的呈现改变一个概念的内涵并提供反例来划定概念的界限。过程性变式有助于学生从解决拓展问题、使用多种方法解决问题以及将解决方法应用于其他类似问题三个方面发展解决问题的能力（Gu等人，2004）。罗和马顿（Lo and Marton, 2012）认为在保持其他方面不变的同时，系统地改变某些方面可以帮助孩子辨别新事物的本质特征。考虑到概念和过程上的差异，教师小组选择和修改了数学任务以提高学生分数除法的数学能力。

课堂研究、教师学习和学生成就

课堂研究是由一群教师聚焦学生学习和主要教学内容，将探究的立场融入到日常实践中，并对教学实践进行反思改进的合作活动，课堂教学实践被认为是教师专业发展的有效途径，因为它包含了许多文献中的有效专业发展项目的关键特征（Borko, 2004; Cochran Smith & Lytle, 1999; Darling-Hammond 等人，2009; Desimone, 2009; Franke, Kazemi, Shih, Biagetti, & Battey, 2005; Garet 等人，2001; Grossman, Wineburg, & Woolworth, 2001; Little, 2002; McLaughlin & Talbert, 2001; Porter 等人，2003; Wilson & Berne, 1999）。（相

关的)研究文献对有效专业发展的关键特征达成了共识：注重学科知识、课程和学生学习情况；坚持不懈、求知欲强、融入教师日常工作；为教师提供积极参与教学分析的机会，促进教师专业发展与其他专业经验的一致性；让教师合作学习数学，反思数学的教与学，并在学习者群体活动中提炼实践经验。

在过去的10年里，文献中出现了更多的研究，揭示了课堂研究对教学、教师学习和学生成就的影响((Hart, Alston, & Murata, 2011; Huang & Han, 2015; Leiws & Hurd, 2011; Lewis, Perry, Friedkin, & Roth, 2012; Perry & Leiws, 2011)。这些研究论证了课堂研究对改善教学、提高教师学习和学生知识的有效性。在美国新兴的课堂研究中，实验研究和纵向研究都比较少见。刘易斯(Lewis)和他的团队(Perry & Lewis, 2011)对基于校本课程的课堂研究对教师和学生的影响进行了纵向案例研究。他们的研究揭示了基于校本课程的课堂研究改变了教师教学实践并提高了学生在数学标准化考试中的成绩。团队的进一步研究(Perry, Lewis, Friedkin, & Baker, 2011; Perry & Lewis, 2011; Perry & Lewis, 2015)发现，课堂研究提高了教师和学生的数学知识。近年来，研究人员(Han & Paine, 2010; Huang & Bao, 2006; Huang 等人, 2014; Huang & Han, 2015)进行了几次小规模的定性研究实验以了解中国课堂研究对教学实践和教师学习的影响。他们认为参与的教师在教学实践的核心方面得到了改进，他们的知识和信念也发生了变化。本研究以一组教师课堂研究活动的小案例研究数据为基础，探讨理论驱动的课堂研究活动对教师学习和学生学习分数除法这一课题的影响。

参与课题研究的教师也参与课堂研究活动，并在大学数学教育专家和地区教研专家的支持和协助下设计以分数除法为课题的课程。教师的目的是确定适合学生认知发展的学习轨迹法教学过程，同时进行有效的教学实践。

本研究的理论框架

数学教师在他们几十年的日常实践中一直在有意识或无意识地进行变式教学(Gu 等人, 2004)。中国课堂研究是一种以工作和实践为基础的专业发展方法，已经存在了半个世纪(Yang, 2009)。[2] 然而，研究人员指出，变式教学理论和中国课堂研究一直很注重改善教师的教学行为，较少关注学生的学习(Chen & Fang, 2013; Gu & Gu, 2016; Huang 等人, 2014)，这与新课程理念中的建议相背离。

为了解决这个问题，将学习轨迹法教学理论融入到同时采用变式教学理论的课堂研究活动的设计中。在更大的项目中，研究人员和参与教师在整个课堂研究过程中，运用这两种理论指导研究性课程的策划、教学、反思和修改（详见 Huang, Gong, & Han, 2016）。

研究方法

研究背景

在中国东部沿海的一个大城市，4 名小学教师在自愿的基础上组成了一个学习小组。第二作者巩(Gong)博士和两位地区教研员邵先生、任先生作为专家参与了此次课堂研究活动。他们支持开发和修改分数除法的学习轨迹法教学过程以观察和汇报研究课。4 名参与教师中有邵老师、韩老师和唐老师 3 名经验丰富的教师，以及经验较少、有 5 年教学经验的陆老师。陆老师和邵老师都志愿在平行的课堂研究活动中教授研究性课程，[3] 但是目前的研究选择了把重点放在邵老师教授的研究性课程和相关的教学研究活动上。总而言之，课堂研究小组设计了两节课，反映出他们在分数除法教学过程上的合作。第一节课是分数除以整数，第二节课是整数除以分数。邵老师在同一所学校六年级的三个班级依次教授这两个课题，每个班级平均人数为 30。在这三个班级中，第一个班级上第一组研究课，第二个班级上第二组研究课，第三个班上最后的公开课。表 1 显示了研究课程的时间表和安排。

表 1　研究课程的时间表和安排

研究课题	预演研究课 1 班级：605	预演研究课 2 班级：603	最终公开课 班级：606
分数除以整数	日期：2014 - 10 - 9	日期：2014 - 10 - 10	日期：2014 - 10 - 15
整数除以分数	日期：2014 - 10 - 11	日期：2014 - 10 - 14	日期：2014 - 10 - 17

数据收集

这项研究从 2014 年 9 月开始直到 11 月，持续了大约 3 个月。本研究的数据来源包括三次研究课程以及汇报会议的录像、对与会教师和部分学生的录音采访、课程计划、学生练习本、学生测验及参与教师的反思日志。课后测验在每节研究课后立即进行，大概用时20分钟，结束后所有试卷都被收集，测验中有5道关于除法的文字题，要求学生用文字、示意图和符号判断他们的解题方法的正确性。并对所有参与调查的教师和10名自愿参与的学生进行了一对一的访谈。在采访中，提问了学生对分数除法不同解题方法的理解。本研究使用的主要数据来源是学生的课后测试、录像课程和学生访谈。

数据分析

作者首先通读了以下所有数据来源：课程计划、转录的会议汇报、转录的课堂录像以及与教师和地区教研专家转录的访谈。作者对数据中出现的常见术语进行了编码。作者使用标记的常用术语检测了所有不同来源的数据，以找到关于概念性变式和过程性变式的任何呈现。对数据来源进行：(1)丰富视觉呈现；(2)修改故事背景；(3)重组学生的学习，学生能自由探索以提高概念性变式和过程性变式的效果。

同时，作者阅遍了所有学生的课后测验以找出学生对分数除法的共识、常见错误和错误印象。作者从以下几个方面对熟练运用数学概念的能力进行了测验和全面的考察：过程流畅性——答案正确和作出正确的数字回答；概念理解——图形表示和用语言解释思维过程；策略能力——使用不同的形象化的模型演示解决方法。在第一节和最后一节研究课之后，我们检验了所有的测试，比较了上述三个维度中每个测试的结果，以确定学生学习的变化。我们把学生测验数据的分析与其他数据来源(如学生访谈数据、转录的课堂视频、会议汇报和教师访谈)一起做了三方推论。

结果

通过创建恰当的变异维度改进教学

六年级分数除法的课题分为两个子课题：分数除以整数和整数除以分数。在课堂研究过程中，每个子课题都在三组不同的学生中进行授课。课堂研究包含三个完整的周期，即每个子课题的计划、教学和汇报。通过对每个子课题的三节课进行分析，我们确定了教师运用概念性变式和过程性变式教授该课题的方法。课堂上的概念性变式主要是通过丰富可视化模型产生的。为帮助学生理解分数除法算法背后的推理过程，教师丰富了视觉呈现，旨在使学生注意到新知识的关键方面。在课堂上，过程性变式的方式有多种，包括修改激活学生的先验知识、保持故事背景不变而改变故事中的数据、促进和比较多种解决问题的方法。同时，教师重新组织学生学习，帮助学生内化这些概念性变式和过程性变式。

概念性变式：丰富的视觉呈现。主要的教学目标是理解分数除法的标准算法。从传统的角度，计算出分数除法的答案并不困难，但要使用图片、语言和故事情境解释和理解该算法却很难。课堂研究小组的教师们面对此挑战，设计和修改了视觉呈现以培养学生对此算法的概念理解。

在关于分数除以整数的三节课中，老师们研究了理解算法的两个关键方面。一种是在故事背景中认识到分割，即几个人平均分享一定数量的果汁。果汁的量用分数表示。另一个关键的方面是看到乘法和分数除法的关系。在分数除以整数的情况下，就是乘以整数的倒数，如$\frac{4}{5}$除以 2，即求出$\frac{4}{5}$的一半。对学生来说，理解算法的第一个关键方面似乎并不具有挑战性，此过程可以通过过程性变式向学生演示和解释。我们将在过程性变式部分讨论这一点。在下文中，我们将描述和分析丰富的可视模型如何帮助学生理解第二个关键方面。

最初，教师打算利用面积模型来演示分数除以整数的算法。在第一堂研究课之后，邵老师观察到学生们在使用图形模型演示和解释标准算法时遇到了三个困难。其中一个困难是他们不知道如何在图片中划分。第二个困难是他们没有意识到需要把整体分开得出答案。最后一个困难是一些学生跳过了除法式子，根据图片写出了一个乘法式子。在汇报会上，其他老师和地区专家指出了其他观察结果：一些学生能够画出示意图，但他们是先计算出答案，再根据答案作图。所有的老师都认为，使用可视模型应该是帮助学生理解算法的一种手段，而不是为了得出结果。他们认为邵老师应鼓励学生将可视模型多样化，以加深学生对算法的概念理解。

面积模型的优势在于它清楚地展示了部分相对于整体的相对大小（Cramer，Wyberg，& Leavitt，2008）。比如在分数除以整数这节课中使用的一个例子——

$\frac{4}{5}\div 2$，学生很容易看到整个矩形中 5 个相等部分中的 4 个部分。分数除以整数这一课题的引入通常利用面积模型突出对部分的划分来解释除法。在课堂上，学生可以很容易地理解分数除以整数是一个平均分配问题。然而，学生很难在可视模型中发现标准算法的推理过程——为什么要乘以除数的倒数。例如，要算两个人如何均分$\frac{4}{5}$公升果汁（图 1）等价于找到$\frac{4}{5}$公升果汁的一半。结合分数乘法的解释，为了算出$\frac{4}{5}$公升的一半，我们用$\frac{4}{5}$乘以$\frac{1}{2}$。老师们注意到，学生们很难把乘法和分数除法在概念上联系起来。

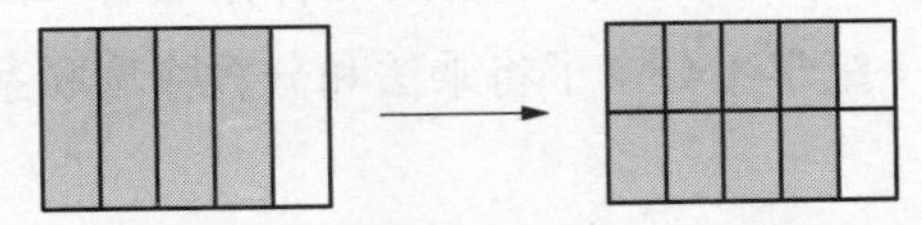

图 1　分数除以整数课堂上使用的面积模型

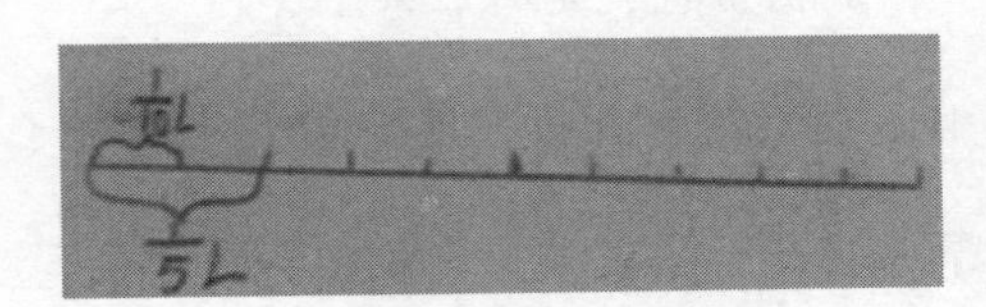

图 2　分数除以整数课堂上使用的长度模型

为了进一步支持学生建立联系，教师决定从第二节研究课开始利用学生的作业，采用长度模型来演示对部分的划分（图 2）。长度模型对于培养学生理解分数和其他分数概念很重要（Petit 等人，2010；Siegler 等人，2010）。在本节课中，学生们讨论并分享了他们将$\frac{4}{5}$均分方法的合理性之后，邵老师通过设问提出了一个不同的模型："你画的图有什么不同吗？我记得你们中的一些人画了不同的模型，但遵循了相同的推理。让我们看一看这些不同的图"（10 月 10 日的一节课，2014）。一个学生展示了他的长度模型，并说明了他是如何做的。"我把线段分成 5 等分。然后我取其中 4 等份来表示$\frac{4}{5}$。然后把这 4 等份即$\frac{4}{5}$分成两半。取 4 等份中的一半就得出答案$\frac{2}{5}$"（10 月 14 日的一节课，2014）。在第一个例题后，学生们解决了第二个例题——两人均分$\frac{1}{5}$升果汁。邵老师特意请一个学生分享她的模型图。学生首先将一个线段分成5等份，将$\frac{1}{5}$分成两半，然后$\frac{1}{5}$的一半标记为$\frac{1}{10}$就得出答案。为了清晰地得出答案，邵老师提醒全班同学，把其他4等份也均分成两半，这隐含着分数部分源自整体。在最后一节研究课中，邵老师再次选择了学生制作的两个模型进行展示和分享。

正如教师在第二次汇报会上所思考的，邵老师给学生的机会越多，学生们想出的可视模型越多。邵老师根据她对这些可视模型的指导，通过图帮助学生理解标准算法。在第二节研究课上，在各小组共同合作之后，邵老师要求三个小组分享他们的讨论结果。一组学生分享了将乘法和分数除法联系起来的一些想法。

学生1：将$\frac{4}{5}$分成两份也就是将$\frac{4}{5}$乘上$\frac{1}{2}$。

教师：你为什么这么想？让我想想。你们小组画了很相似的图。你（另一位同学）能解释一下为什么是乘上$\frac{1}{2}$吗？

学生2：因为我们把除号变成了乘号。

教师：（指向学生1）你说你已经理解了，请你分享一下你的理解。

学生2：除以2等价于将它分半。也就是说，$\frac{1}{2}$等价于一半。

教师：大家理解他说的意思吗？

学生：（全体学生）不理解。

教师：请再解释一下你的想法。

学生1：将一个数除以2就是将这个数分成一半。因此$\frac{1}{2}$表示那个数的一半。

地区教研专家邵先生指出，一些学生不仅能够画出可视模型，而且在上完第二节研究课后还能够解释示意图阐释了什么。在最后一节研究课中，我们注意到，当邵老师邀请一个学生用他的图来解释时，学生很快就理解了这种联系。这位学生用他的长度模型说："$\frac{4}{5}$除以 2 就是找出它的一半。2 的倒数是$\frac{1}{2}$。所以$\frac{4}{5}$除以 2 等于$\frac{4}{5}$乘以$\frac{1}{2}$。"(10 月 15 日的一节课，2014)学生通过不同的可视模型产生的概念性变式，最终掌握了新知识的关键方面，即乘法与分数除法的关系，这对学生来讲是关键。

同时，在教授整数除以分数的课堂上，教师强调了理解算法的两个关键方面。首先，学生要通过距离、时间和速度的关系来理解算法。一个人在$\frac{2}{3}$小时内行走了 5 千米，计算他的行走速度是一个除法问题（距离÷时间＝速度），即$5\div\frac{2}{3}$＝速度。在这三节课上新知识的第二个关键方面是识别问题中数量间的乘法关系，并利用比例推理来解释和理解标准算法。$\frac{2}{3}$小时走 5 千米与一小时行走的距离即速度成比例关系。在这三节课中，邵老师在给出第一个例题后，就立即要求学生们确定数量关系。在最后一节研究课上，学生很容易分辨距离、时间、速度间的数量关系，也不难写出除法式子，如$3\div\frac{1}{2}$、$5\div\frac{2}{3}$和$\frac{21}{8}\div\frac{3}{4}$。在下文中，我们重点关注比例关系以理解标准算法。

在以整数除以分数为主题的课堂教学中，教师仅依靠长度模型将整数除以分数解释为部分的分割。学生们在上一节研究课上解决的核心问题是：小华在半小时内走了 3 千米，小明在$\frac{2}{3}$小时内走了 5 千米，小红在$\frac{3}{4}$小时内走了$\frac{21}{8}$千米，他们每人 1 小时走多少千米？

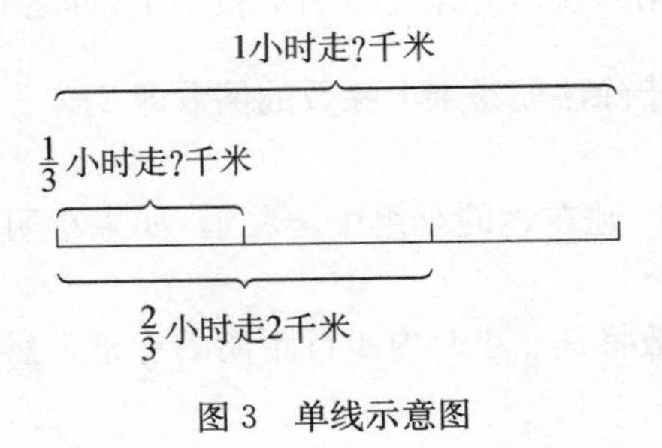

图 3　单线示意图

最初，教师使用一条线段来说明这个问题(图 3)。在第一堂研究课后的汇报会上，邵老师和地区教研专家认识到学生尝试用一条线段来演示如何算出答案并在解释标准算法时遇到了困难。邵老师和专家们决定在第二节研究课用两条线段来表示问题。一条线段表示人在一定时间内行走的距离，另一条线段代表速度。这样做有两个理由：邵老师提到的第一个理由是，中等水平和低水平的学生不知道如何同时在一条线上表示时间和距离。例如，一些学生不知道如何在一条线段上表示$\frac{2}{3}$小时和 2 千米。他们不确定这条线段应该表示 2 千米还是$\frac{2}{3}$小时。或者如果他们在一条线段上标记出$\frac{2}{3}$小时，他们就不知道如何在这条线段上表示 1 小时。老师和专家们认为教科书中在一开始给出的单一线段可能会使学生们困惑。因此他们用两条线段来表示给定的条件和问题。例如，在图 4 中，上面的线段表示某人在$\frac{2}{3}$小时内走了 2 千米，第二条线段表示某人在 1 小时内行走的距离，这也就是需要学生计算的答案。第二节研究课采用了双线图。

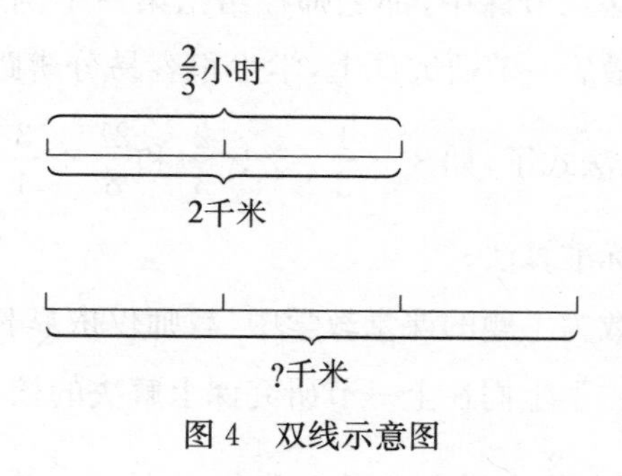

图 4　双线示意图

第二个理由是他们试图找出一种方法，帮助学生从乘法关系的角度理解分数除法的标准算法。在第一次研究课之后的汇报会上，邵老师注意到班上只有一个女生在其他同学困惑于除法就是乘上除数的倒数即 $2 \div \frac{2}{3} = 2 \times \frac{3}{2}$ 的原因时，提到了乘法关系的概念。她在她的小组中解释道，如果小明在$\frac{2}{3}$小时内走 2 千米，他每小时步行的千米数将是$\frac{2}{3}$小时内步行距离的$\frac{3}{2}$倍。然而，全班其他同学都不理解她的想法。邵老师认为学生在这节课上学到的东西并不多，因此，她提出要修改课堂教学以帮助学生从乘法关系的角度来理解除法的问题。地区教研专家同意她的观点，并将讨论集中在找到可能帮助学生理解标准算法的方法上。

地区教研专家任先生首先建议用一张双线示意图来表示数量间的乘法关系。邵先生预测了学生在用乘法关系理解标准算法时可能遇到的困难，提出老师可能需要考虑保持某些条件不变而改变其余条件。例如，可以设置三种不同的故事背景，一个人、一条狗和一辆车在$\frac{3}{4}$小时内经过不同的距离。当三个被除数被相同的除数，即$\frac{3}{4}$除时，学生可能会注意到，在这三个问题中，除以$\frac{3}{4}$就是除以 3 再乘 4 的过程。然而，另一些地区教研专家不同意邵先生的观点。一方面，他们担心学生如果习惯了将数字除以分母再乘上分子会分散他们理解除法就是乘以除数的倒数的注意力。另一方面，他们认为，从乘法关系的角度与从乘除关联模式中识别出 $2\div\frac{2}{3}=2\div2\times3=2\times\frac{1}{2}\times3$ 是不一致的。他们最终一致认为第二节课不要把乘法思维与关联性联系起来，而更多的是要理解为什么这样计算。因此，第二堂课将集中在使用双线图来演示乘法推理，以便理解标准算法。

汤普森和萨尔坦哈（Thompson & Saldanha，2003）认为，分数除法中乘法推理的发展源于一个意义网络，它要求对分数、乘法、除法、测量和比例的属性进行概念化。维尔古德（Velgund，1988）认为比例是乘法概念领域的基础，它包括与比例、乘法和除法有关的所有情况。概念化测量具有比率关系。例如，教师和地区教研专家所讨论的内容就包括这样一个比例关系：1 小时是$\frac{2}{3}$小时的$\frac{3}{2}$倍。比例对于概念化测量的量很重要。单比，例如距离和时间之间的关系，隐含着一个量$\left(\text{时间，例如}\frac{2}{3}\right)$随着一个因子 $s\left(\text{例如}\frac{3}{2}\right)$的增加而增加，那么另一个量的数量大小（距离，例如 2 km）也会随着这个相同的因子 $s\left(\frac{3}{2}\right)$保持同样的比例增加$\left(\text{也是增加}\frac{3}{2}\text{倍}\right)$。汤普森和萨尔坦哈（Thompson & Saldanha，2003）将乘法推理和比例关系与分数除法联系起来，解释了 $a \div \frac{m}{n}$ 就是 $\frac{a}{m}$ 的 n 倍，因为 $a \div m$ 可以解释为 $\frac{a}{m}$。因此 $a \div \frac{m}{n} = a \times \left(\frac{n}{m}\right)$。在相对大小和乘法思维上，他们认为在分数除法中运用比例关系是倒数和乘法标准算法的概念推导，其解释应该简单明了。显然，教师和地区教学研究专家并没有考虑从"倒乘"规则中推导出概念，而是试图采用比例关系作为一种概念化方法发展学生对标准算法的理解。在第二节课中，邵老师用双线图来帮助学生看到整数除以分数过程中的比例关系。

过程性变式。过程性变式涉及找到问题解决方法、使用多种方法解决问题，以及将知识应用到其他问题情境。在这六节研究课中，教师以三种方式激活了过程性变式：回顾旧知，密切联系新知识；在保持情境背景不变时改变情境中的数据；分享和比较多种解决问题的方法。

回顾旧知可以激活学生的先验知识，为课堂上新知识的学习做好准备。参与课堂研究中的教师设计并修改了学习任务，这样做的目的是使学生的旧知与当前新知识的关键方面联系起来。他们在三节分数除以整数的研究课上设置了两个任务。任务 1 是："2 升果汁两个人均分。每人得到多少？"任务 2 是："1 升果汁两个人均分。每人得到多少？"正如我们前面提到的，理解故事情境中的标准算法的第一个关键点是识别该情境中的除法关系。本节课复习部分的两个任务，目的是将分数除以整数与分数除以分数联系起来。教师希望学生们能认识到分数除以整数和分数的通性。这时学生已经了解除法与均分意义，而且能够识别故事情境中的分数除以整数。将新知与旧知建立联系，学生可以将先前关于除法的知识有效地转变为课堂上的新知识。回顾了上述两项任务之后，邵老师给出了第一个例题：当两个人均分 $\frac{4}{5}$ 升果汁时，每人得到多少？在这三个研究课程中，学生们在识别情境中的除法关系和写出正确的除法式子方面没有困难。这种过程性变式保持了故事情境不变，将数字从整数更改为分数，从而成功地在除法背景下将除以整数的除法与除以分数的除法联系起来。

在整数除以分数的三节课中，老师改变复习旧知的方式。在第一节课中，邵老师简单地回顾了 5 个数的倒数。当老师们意识到第一节课没有达到目标时，他们在汇报会上讨论了如何修改回顾旧知这一部分。复习回顾倒数并没有帮助学生从比例关系的角度理解算法。邵老师想从复习1小时内有多少半小时、多少$\frac{1}{3}$小时、多少$\frac{1}{5}$小时和多少$\frac{1}{10}$小时开始，为学生学习分数除法中的乘法关系在概念的理解上做准备。韩老师接着说，学生们能够意识到距离的变化率和时间的变化率一致。换句话说，距离和时间在数量上有相同的乘法关系，例如时间以$\frac{3}{2}$倍的速率从$\frac{2}{3}$小时变化到1小时，距离也以相同的速率从2 km变为2 km的$\frac{3}{2}$倍。

在第二节研究课上，邵老师首先回顾了5个数的倒数。然后又分别提出了下列问题：1小时内有多少半小时？多少$\frac{1}{3}$小时、多少$\frac{1}{5}$小时和多少$\frac{1}{10}$小时？第二节研究课下课后，老师们决定删除对5个数倒数的复习。他们不想给学生过多的暗示，让他们在标准算法中乘以除数的倒数。相反，他们期望学生从比例关系的角度来关注算法的概念理解。为实现这一目标，教师们修改了任务中的数，并在最后一节研究课的复习任务中增加了3个问题。在复习环节中最终任务是$\frac{2}{3}$小时内有多少$\frac{1}{3}$小时，$\frac{3}{4}$小时内有多少$\frac{1}{4}$小时，1小时内有多少$\frac{1}{3}$小时，1小时内有多少$\frac{1}{5}$小时，以及1小时内有多少$\frac{1}{10}$小时。复习任务中的新数$\frac{2}{3}$、$\frac{3}{4}$与最后一节课例题中的数一致。同时，邵老师问了学生3个新问题：1小时比$\frac{1}{3}$小时大多少倍？1小时比$\frac{1}{5}$小时大多少倍？1小时比$\frac{1}{10}$小时大多少倍？

> 教师：我也可以用这种方式表达——1小时比$\frac{1}{3}$小时大多少倍？
>
> 学生：3倍。
>
> 教师：下一个问题。
>
> 学生：每小时有5份$\frac{1}{5}$小时。

教师：你能用另一种方式表达这个关系吗？

学生：1 小时是$\frac{1}{5}$小时的 5 倍。

教师：那$\frac{1}{10}$小时呢？1 小时内有多少个$\frac{1}{10}$小时？

学生：10 个。

教师：用另一种方式表达？我们一起说。

学生：1 小时是$\frac{1}{10}$小时的 10 倍。(2014 年 10 月 17 日课)

通过将复习任务由复习倒数改为思考$\frac{1}{3}$和$\frac{2}{3}$、$\frac{1}{4}$和$\frac{3}{4}$、$\frac{1}{3}$和 1、$\frac{1}{5}$和 1 以及$\frac{1}{10}$和 1 的乘法关系，教师将这些例题建立了联系。乘法关系的先验知识被激活，为学生用示意图和语言借助比例关系探索标准算法的概念理解做好准备。在特定的分数除法环境中，过程性变式对理解标准算法的关键点起了重要作用。故事情境中要求的单位速率(例如，距离/小时、价格/磅等)是一种特殊的分数除法。与用测量解释的分数除数相比，在故事情境中计算出单位比率对学生的理解更具挑战性。

在分数除以整数的三节研究课程中，教师改变问题中的数，使学生的注意力集中在算法背后的推理上。紧接着出示例题 1：$\frac{4}{5}$升果汁由两个人均分，教师在第二节和最后一节课中通过将$\frac{4}{5}$升改为$\frac{1}{5}$升添加了例题 2：“3 个人均分$\frac{1}{5}$升果汁，每人能分多少？”在第一节课中，学生们想出了 $\frac{4}{5}\div 2=\frac{4\div 2}{5}=\frac{2}{5}$ 的方法。同样地，我们也注意到老师们把三节课上整数除以分数的整数改变了，例如，在例题中，从$2\div\frac{1}{2}$改为$3\div\frac{1}{2}$等。第二个例题是为了提供一个背景，让学生们能够认识到应用这个方法解决类似问题的局限性，比如$\frac{1}{5}\div 2$。当学生无法使用此方法时，就会思考为什么标准算法适用于分数除法的任一问题。同时，教师们在这三节课中设计了一个前后一致的故事背景，分别讨论两个子课题。在这三节课中，例子中的问题都是关于均分果汁和在一定时间内走一段距离的故事背景。尽管教师们设计并修改了例题中的数，但这些问题的背景是不变的。虽然数不同但背景保持不变，有助于学生关注其数量关系，从而理解算法。

在6节课中的第三种过程性变式是鼓励、分享和将不同的解决方法与问题联系起来。虽然(本节课)主要的教学目标是理解标准算法的推理过程，但教师并没有将学生的思维限制在标准算法之内。他们设计了不同的方法组织学生学习，这为学生创造了寻找不同解决方法的机会。在分数除以整数的课程中，除了标准算法外，学生还提出了三种其他求解方法。在第一课中，分享了一种不同的方法——除以分子。第二堂课上，邵老师让学生分组作业后，一组学生将分数转换成小数，然后再计算除法——$\frac{4}{5}\div 2=0.8\div 2=0.4=\frac{2}{5}$。在最后一节研究课上，学生们提出了三种不同的方法，包括标准算法、除以分子和将除数的倒数乘以分子和分母。一个学生解释说："我把整体分成5部分，然后取其中4部分。$\frac{4}{5}$除以2就是把这4部分均分成2部分，因此$\frac{(4\div 2)}{5}=\frac{2}{5}$。"(2014年10月10日课)另一个学生解释了她的方法："我用除法的性质，如果把被除数和除数都乘以同一个数，商不会改变。被除数$\frac{4}{5}$扩大两倍，除数扩大两倍，商不变。那么2乘以$\frac{1}{2}$等于1，$\frac{4}{5}$乘以$\frac{1}{2}$得$\frac{2}{5}$。所以$\frac{2}{5}\div 1=\frac{2}{5}$。"(2014年10月10日课)

同样，在分数除法的最后一堂研究课上，邵老师给学生机会，让他们独立地、合作地探索自己的解决方法，学生们提出了三种不同的方法：被除数和除数都乘以除数的倒数、标准算法、除以分子再乘以分母(例如$5\div\frac{2}{3}=5\div 2\times 3$)。邵老师在课堂上尝试把这三种不同的方法联系起来。她请学生思考被除数乘上除数的倒数的方法是否与被除数和除数都乘以除数的倒数这一方法有关。例如，$3\div\frac{1}{2}=\left(3\times\frac{2}{1}\right)\div\left(\frac{1}{2}\times\frac{2}{1}\right)=3\times 2$，邵老师问全班："3乘以2，$\frac{1}{2}$乘以2。他想解释什么？他的方法能证明我的答案是正确的吗？我们来看看这两种方法是否相互关联。是这样的吗？他为什么要乘以 2？是因为 1 小时等于 2 个 0.5 小时吗？"(2014 年 10 月 17 日课) 全班同学回答："1 小时是半小时的 2 倍。"在讨论解决问题$\left(\frac{2}{3}\right.$小时走 5 公里，求速度是多少$\left.\right)$的方法时，一组学生详细阐述了他们的推理$5\div\frac{2}{3}=5\div2\times3$的理由："……我们看到$\frac{2}{3}$，这是两份（指向示意图），我们需要计算出其中一份的时间，所以$\frac{2}{3}$除以 2 等于$\frac{1}{3}$。那么距离也应该除以 2，即用 5 千米除以 2，相当于 2.5 千米。"(2014 年 10 月 17 日课) 邵老师引导学生比较这三种方法，确保他们最终得出结论：除法就是乘以除数的倒数，如$5\div\frac{2}{3}=5\times\frac{3}{2}$。过程性变式扩展了学生解决整数除以分数问题的方法。从乘法关系的角度将这三种方法联系起来，巩固了学生对标准算法的理解。

重新组织学生学习，通过变式启动学习。邵老师在观摩和复习功课的同时，逐渐将教学从教师主导转向学生的探索和研究。邵老师做此改变后，她的课堂上洋溢着开放性、多样性和复杂性。她为学生创造了机会，使他们能开始提出多种解决问题的方法，将解决方法应用于类似的问题，并推理算法，这同时也促进了概念的变式和过程的变式。在这六节课中，邵老师花更多的时间让学生探索如何独立和合作地解决问题。在最后两节课中，针对两个不同的题目，邵老师都没有展示她的解决方法，包括可视模型。相反，她在一开始提出了问题，并将分数除法的意义与整数除法的意义联系起来。然后，她让学生探索解决方法，并用数字式子、示意图和语言解释他们的想法。基于学生的想法，她引导学生比较和讨论了不同的解决方法。

在第二节分数除以整数课后的汇报会上，邵老师反思到，与第一节课相比，学生提出了多种解决方法和多种可视模型。她很惊讶地看到一组学生将分数转换成小数然后进行除法，例如，$\frac{1}{5}\div2=0.2\div2=0.1$。在第一节课上当教师主导学生的学习过程时，学生并没有提出这种方法。在第二节课中，更多的学生画出长度模型来解释他们的求解方法，而在第一节课中只有一名学生使用长度模型。一些学生也使用了在第一节课中没有看到的面积模型做除法。正如地区教研专家邵先生在汇报会上提到的："……当老师给学生机会自由探索时，学生的思维就会变得开放和无拘无束。否则，就像在第一课中的情况，学生的思维局限于一种可视模型和仅仅一种由教师提供的解决方法。"（2014 年 10 月 10 日的汇报会）根据第二节课上学生学习的观察数据，几位地区教研专家建议邵老师改变前两个示例求解的课堂组织方式。在第二节课中，邵老师将学生的学习重点放在第一个问题上，即两人均分$\frac{1}{5}$升果汁，她安排了学生独立思考、小组讨论和全班讨论三个环节。然而，地区专家都指出了第二个例子——两人均分$\frac{4}{5}$升果汁，就学生认知困难而言这是一个巨大飞跃。他们建议邵老师对第二个问题以小组探讨的形式组织课堂，花更多时间讨论解决这个问题的方法，并通过第二个问题说明他们对算法的理解。

同样，为促进学生的思维，达到通过概念性变式和过程性变式使学生理解标准算法的教学目标，邵老师也修改了整数除以分数这三节课的组织方式。如上所述，在整数除以分数第一节课后的汇报会上，教师和地区专家达成共同意见，用双线图代替单线图来表示数量之间的乘法关系。在第二节课邵老师采用双线图作为可视模型。然而，学生的学习效果并不乐观。唐女士指出，她注意到一些学生无法理解这两条线之间的关系。例如，一些学生首先计算出$\frac{15}{8}\div\frac{3}{4}$，然后用计算结果$\frac{5}{2}$绘制长度模型，即一条划分为 2 部分的较短的线和一条划分为 5 部分较长的线。他们根本不明白为什么双线图可以帮助他们说明和解释算法。在讨论学生不能理解双线图的原因时，专家认为这是因为双线图将分数和整数分离开了，比如以两条不同的线画出的"$\frac{1}{3}$小时"和"1 小时"，这种画法未能清楚地向学生展示"$\frac{1}{3}$小时"是 1 小时的$\frac{1}{3}$。此外，邵老师给出的双线图，也将学生的思维集中到了这个方法上，此现象在课后对一些学生的访谈中可得到证实。所有被采访的学生都只能用她的方法说明他们的推理而别无他法。专家们推测，如果邵老师改变组织学生学习的方式，让他们自己探究，学生们会对如何建模和解释他们的推理产生更多的想法。学生能否画出单线图或双线图并不重要，重要的是他们对可视模型和解释有自己的想法。最后一节课中邵老师不再演示双线图了，而是将教学建立在学生的想法的基础上。

参与此次课堂研究的大学专家巩博士引用《学记》中的话对邵老师第二节关于分数除以整数这节课进行了点评，指出教师应该帮助学生理解为什么这么算并鼓励学生独立思考。如果老师牵制着学生的思考，在没有学生独立思考的情况下直接给出结论，学生的推理能力就得不到发展，思维也会被限制住。概念性变式和过程性变式不是简单地通过教师选择、调整和修改数学任务来实现的。当教师为学生创造丰富的学习机会，并根据学生的数学思维水平进行教学时，概念性变式和过程性变式就在课堂上产生了。文献显示，数学课堂上的讨论能为所有的学生提供学习机会（Cirillo，2013；Gearhart 等人，2014；Webb，Franke，Ing，Wong，& Fernandes，2013）。通过设计教学过程中的学习轨迹并从变式教学的视角进行课堂研究表明，变式教学不仅是教师教学的一个教学视角或工具，也是学生探究和思考的结果，同时也是检测学生学习情况的视角。

学生学习的变化

运用数学能力的概念，作者从三个维度对第一次和最后一次研究型课课后测验进行了分析和比较。这三个维度是：程序流畅性——答案正确并写出正确的算式；概念理解——用示意图或语言解释想法；策略能力——用不同的示意模型演示解决方案。

在分数除以整数的第一节和最后一节课之后，对学生各进行了一次课后测试[4]。在这两次测试中都有 3 道应用题，要求学生计算答案，并用多种方式来解释他们的想法，包括算式、示意图和语言。三个问题如下：

一根长$\frac{6}{7}$米的绳子被切成 3 等份。一份有多长？

一根长$\frac{1}{2}$米的绳子被切成 3 等份。一份有多长？

一根长$\frac{2}{3}$米的绳子被切成5等份。一份有多长?

表2列出了两次测验中得到正确答案、写出正确算式、画出完全正确或部分正确示意图,以及用语言、面积模型和长度模型来解释自己想法的学生人数。

从表2可以清楚地看出,在两次课后测验中,学生几乎都能计算出问题的正确答案,但是25名学生中有9名(36%)在第一次课后测验中想出了部分正确的可视模型,而在第三次课后测验中,28名学生只有4名(14%)想出了部分正确的可视模型。在第三次课后测验中,有3名学生没有画出可视模型,而是用语言正确地解释了自己的想法。在第一节课后的测验中使用长度模型(单线图)的4名学生都将他们的模型表示为绳子的单位长度,例如在单线图上显示表示$\frac{2}{3}$的$\frac{1}{5}$。在第一题和最后一题中,只有1名学生不能将绳子等分,这名学生不知道如何把整个的$\frac{2}{3}$长度5等分,以及如何在模型中给出正确的答案。虽然他们的长度模型不能说明答案,但他们说明了分数除以整数的除法意义,例如$\frac{2}{3}\div 5$就是把$\frac{2}{3}$ 5等分。这与7名学生在第三次课后测验中的长度模型相同。我们可以看到,在第三道题中,学生们画的可视模型稍有不同。更多的学生尝试用长度模型表示他们的想法。

表2　课后测试:分数除以整数

	第一节课($N=25$)	第三节课($N=28$)		第一节课($N=25$)	第三节课($N=28$)
正确答案	24(96%)	28(100%)	部分正确图示	9(36%)	4(14%)
正确算式	21(84%)	28(100%)	面积模式	22(88%)	23(82%)
语言解释	11(44%)	8(29%)	长度模式	5(20%)	8(29%)
正确图示	16(64%)	21(75%)	两种模式都用	2(8%)	5(18%)

然而,值得注意的是,选择口头表达自己想法的学生数所占比例从第一次测验到第三次测试都在下降。在第一次测验中,几乎有一半的学生尝试口头解释他

们的想法，11 名学生中有 10 名做得正确。在第三次课后测试中，所有 8 名学生都准确地给出口头解释，其中 8 名学生中有 6 名使用了可视模型。导致这个结果的原因可能是在课堂上没有要求学生写出解释。尽管邵老师和地区教研专家鼓励他们谈论自己的想法，但他们却没有在纸上用文字记录自己的想法。从参与老师的汇报会议和访谈中，我们可以看出，将学生的口头想法写在纸上并不是课堂学习的重点。

在第三次课后测验中发现更多的学生用两种或三种方法解决问题已不足为奇。在第一次课后测试中，只有 20％的学生(25 人中的 5 人)用两种不同的方法解决问题。正如我们上面所讨论的，邵老师和地区专家决定在最后一节课中充分发挥学生的主动性，让学生独立、合作地探索不同的求解方法，理解标准算法。因此，在最后一次测验中，61％的学生(28 人中的 17 人)用两种或三种不同的方法计算出答案，包括标准算法、除以分子$\left[\text{例如}\frac{6}{7}\div 3=\frac{(6\div 3)}{7}=\frac{2}{7}\right]$和除数与被除数都乘以除数的倒数$\left[\text{例如}\frac{6}{7}\div 3=\left(\frac{6}{7}\times\frac{1}{3}\right)\div\left(3\times\frac{1}{3}\right)\right]$。在第一次课后测验中，大多数学生只用标准算法来解决问题，没有学生用除数的倒数乘以除数和被除数的方法来解决问题。

分数除以整数的三节课结束之后，对学生进行了课后测试。两个课后测试都包含一组相同的 5 道题。5 道题如下：

一个人在$\frac{1}{5}$小时内走 3 千米。他 1 小时走几千米？

一个人在$\frac{2}{3}$小时内走 1 千米。他 1 小时走几千米？

一个人在$\frac{2}{3}$小时内走 3 千米。他 1 小时走几千米？

一个人在$\frac{1}{5}$小时内走$\frac{1}{3}$千米。他 1 小时走几千米？

一个人在$\frac{2}{3}$小时内走$\frac{4}{5}$千米。他 1 小时走几千米？

表3列出了两次测试中得到正确答案、写出正确算式、画出完全正确或部分正确示意图，以及用语言、面积模型和长度模型解释自己想法的学生人数。

表3　课后测试：整数除以分数

	第一节课（$N=31$）	第三节课（$N=29$）		第一节课（$N=31$）	第三节课（$N=29$）
正确答案	22(71%)	27(93%)	部分正确图示	13(42%)	0
正确算式	27(93%)	28(97%)	面积模式	3(10%)	1(3%)
语言解释	5(16%)	9(31%)	长度模式	30(97%)	26(90%)
正确图示	18(58%)	27(93%)	两种模式都用	2(6%)	0

如前所述，邵老师和地区教研专家在第一节课后的汇报会上详细讨论了他们应采取的方法，以帮助学生理解标准算法。第一次测试后的测试结果反映了他们观察到的情况。在第一次课后测验中42%的学生没有用可视模型准确地表达他们的想法。31名学生中只有5名尝试用语言来解释他们的想法。在汇报会上，参与的老师们似乎同意这样一个观点：学生们可以从乘法推理的角度发展对算法的概念理解。第二次汇报会结束后，邵老师接受了同事的反馈意见，给学生更多的自由探索空间，重新组织了学生的学习。值得注意的是，在第三次课后测试中，93%的学生画出了正确的可视模型，31%的学生尝试用文字来表达他们的想法。在9名学生中，有6名学生用比例关系清楚地表达了他们的想法。例如，$\frac{2}{3}$小时扩大$\frac{3}{2}$倍是1小时，因此3公里扩大$\frac{3}{2}$倍是$\frac{9}{2}$公里。这6名学生清楚地用语言和示意图说明了问题中的比例关系。我们可以推测，教师改变了对学生学习方式的理解和组织，促进了第三次课后测验的口头解释的产生。

此外，比较了学生在两个课后测验中解决5道应用题的方法，发现采用两种或三种方法解决5道应用题的学生数增加了许多。在第一次课后测试中，只有2名学生(6%)使用了两种不同的解决方法。在第三次课的课后测试后，18名学生(62%)使用了两种或三种解决方法。这些多样的解法类似于我们前面所描述的：标准算法、除以分子和乘以除数的倒数$\left[\text{如 } 3\div\frac{2}{3}=(3\div 2)\times 3=\frac{9}{2}\right]$，以及除数与被除数都乘以除数的倒数$\left[如\ 3\div\frac{2}{3}=\left(3\times\frac{3}{2}\right)\div\left(\frac{2}{3}\times\frac{3}{2}\right)\right]$。

讨论和结论

在本研究中，我们利用多种数据来源检验关于分数除法的6节研究课。参与研究的教师与地区教研专家密切合作，从变式教学的角度设计教学过程，以改善教学并提高学生的学习水平。我们认为，参与教师通过丰富可视模型和修改故事背景来应用概念性变式和过程性变式。此外，我们的分析显示，变式教学不仅是教师设计和改善教学的视角和工具，而且也是检测学生学习的工具。换言之，当教师在课堂上从适当的维度应用概念性变式和过程性变式关注学习目标的关键方面时，学生能获得充分的学习机会。因此，它将促进学生数学思维的概念发展。

分数除法通常被认为是小学最机械和最不容易理解的内容(Borko等人，1992；Carpenter等人，1988；Fendel，1987；Payne，1976)。例如，博尔戈(Borko，1992)等人记录了实习老师和学生对从概念上理解分数除法的标准算法有困难的现象。为了促进学生对分数除法的概念理解，《共同核心州数学课程标准》(2010)建议五年级和六年级的学生应以各种各样的方式理解分数除法，包括使用可视模型、故事背景、方程式以及乘法和除法的关系。同样，在当前研究中，标准算法的概念解释对教师和学生而言都是挑战。教师参与研究并探索了不同的方法帮助学生理解对标准算法的概念解释。以教学过程理论为指导的平行课堂研究和变式教学研究使教师能将教学理论化，并创造出分数除法教与学的新方法。

为了帮助学生辨别和理解新知识的关键点，特别是分数除法和乘法的关系以及乘法关系推理，邵老师和地区专家通过不同的可视模型进行概念变异。各种可视模型成为课堂上开发概念变异的工具。而且，通过保持情境背景不变而改变故事情境中分数除法中的数进行过程性变式。由于在大型平行课堂研究中有两名教师同时教授两个相同的内容，邵老师通过把除法解释为等分上了6节研究课，而另一位教师则利用除法的等分意义(分数除以整数)和测量(分数除法)上了6节研究课。在研究课上，教学从教师主导逐渐转向学生探索，这使得学生想出了多种解释分数除法的方法。课堂的这种改变有助于促进概念的变式和过程的变式。

理解标准算法中的乘法推理是参与教师努力在课堂上实现的另一种方法。这种理解分数除法标准算法的方法在教师使用的数学教科书中没有出现过。这种想法在美国的数学课堂里也很少见。汤普森和萨尔坦哈（Thompson & Saldanha, 2003）提到，在美国学生中，理解相对大小的相互关系是很少见的。他们认为这是美国数学教育的一个重大问题，并建议调查数学教学未能帮助学生发展的原因。在教授整数除以分数的内容时，教师重新设计了任务和学习活动以帮助学生理解问题中数量之间的比例关系[5]。例如，“一个人在$\frac{2}{3}$小时内走 5 千米。这个人 1 小时走几千米?”为了解决这个问题并给出概念性的解释，学生需要推理$\frac{2}{3}$小时和 1 小时之间的关系。通过这种关系，他们需要了解两个人在单位时间内走过的距离相同。因为时间和距离是有比例关系的变化率，因此，如果知道$\frac{2}{3}$小时是 1 小时的$\frac{3}{2}$倍，就知道未知距离将是 5 千米的$\frac{3}{2}$倍。这就产生了对 $5\div\frac{2}{3}=5\times\frac{3}{2}$ 的概念解释。实际上，这个方法可以与除数和被除数都乘以除数的倒数这种方法联系起来，比如 $5\div\frac{2}{3}=\left(5\times\frac{3}{2}\right)\div\left(\frac{2}{3}\times\frac{3}{2}\right)$，除数和被除数都扩大$\frac{3}{2}$倍，那么即可算出 1 小时走过的距离。

6 节课中一个显著的转变是教师的讨论从教师教学转变为学生学习。过去的一些研究表明，教师的点评和反馈往往集中在教师在课堂上的教学行为上（Han & Paine, 2010）。然而，课堂研究的一个显著特点是注重学生的学习。平行课堂研究中的学习轨迹设计和变式教学改变了教学惯例。在汇报会上，通过对参与老师的观察和与他们的面谈，我们发现了有意义的转变。他们更关注学生如何学习、反应和理解。变式教学引导教师重新定位他们的讨论和反思以促进学生的概念发展，这有助于帮助教师改变课堂上组织学生学习的方式。学生的独立和合作探索最终产生了通过概念性变式和过程性变式的学习机会。

注释

1 设计学习轨迹的细节见黄，巩，韩(2016). 实施数学教学，通过理论驱动促进学生对课堂学习的理解. ZDM 数学教育，48，425—439.

2 华人教师通常是在一个由学科组成的校本教学研究小组中工作，如数学教研组。在教学研究组中，教师参与各种活动，其中合作开展公开课或示范课是教师专业发展的重要途径。开展公开课或示范课的结构和过程类似于日本课例研究，而一些研究人员则认为华人课例研究有多种目的，传统上更注重教师的表现(Han & Paine, 2010; Yang & Ricks, 2013)。

3 在黄与韩(2015)的课例研究中可以找到平行学习的相关信息。

4 教师没有在后测中评分。为了分析和理解学生的学习情况，收集了这些对学生的测试数据。

5 中国五年级学生开始学习比例关系。

参考文献

Ashlock, R. D. (1990). *Error patterns in computation*. New York, NY: Macmillan.

Ball, D. L. (1990). Prospective elementary and secondary teachers' understanding of division. *Journal for Research in Mathematics Education*, *21*, 132 - 144.

Barash, A., & Klein, R. (1996). Seventh grades students' algorithmic, intuitive and formal knowledge of multiplication and division of non negative rational numbers. In L. Puig & A. Gutierrez (Eds.), *Proceedings of the 20th conference of the International Group for the Psychology of Mathematics Education* (Vol. 2, pp. 35 - 42). Valencia, Spain: University of Valencia.

Borko, H. (2004). Professional development and teacher learning: mapping the terrain. *Educational Researcher*, *33*(8), 3 - 15.

Borko, H., Eisenhart, M., Brown, C. A., Underhill, R., Jones. D., & Agard, P. (1992). Learning to teach hard mathematics: Do novice teachers and their instructors give up too easily? *Journal for Research in Mathematics Education*, *23*, 194 - 222.

Carpenter, T. C., Lindquist, M. M., Brown, C. A., Kouba, V. L., Silver, E. A., & Swafford, J. O. (1988). Results of the fourth NAEP assessment of mathematics: Trends and conclusions. *Arithmetic Teacher*, *36*(4), 38 - 41.

Cirillo, M. (2013). *What does research say the benefits of discussion in mathematics class are?* (Research Brief No. 19). Reston, VA: National Council of Teachers of Mathematics. Retrieved from http://www.blockfest.org/research-brief-19-benefit-of-discussion.pdf.

Clements, D., Sarama, J., Spitler, M., Lange, A., & Wolfe, C. B. (2011). Mathematics learned by young children in an intervention based on learning trajectories: A large-scale cluster randomized trial. *Journal for Research in Mathematics Education*, *42*, 127 - 166.

Cochran-Smith, M., & Lytle, S. (1999). Relationships of knowledge and practice: Teacher learning community. *Review of Research in Education*, *24*, 249 - 305.

Cramer, K., Wyberg, T., & Leavitt, S. (2008). The role of representations in fraction addition and subtraction. *Mathematics Teaching in the Middle School*, *13*, 490 - 496.

Darling-Hammond, L., Wei, R. C., Andree, A., Richardson, N., & Orphanos, S. (2009). *Professional learning in the learning profession: A status report on teacher development in the United States and abroad*. Dallas, TX: National Staff Development Council. Retrieved from http://learningforward.org/docs/pdf/nsdcstudy2009.pdf

Daro, P., Mosher, F., & Corcoran, T. (2011). *Learning trajectories in mathematics* (Research Report No. 68). Madison, WI: Consortium for Policy Research in Education.

Fendel, D. M. (1987). *Understanding the structure of elementary school mathematics*. Newton, MA: Allyn and Bacon.

Franke, M., Kazemi, E., Shih, J., Biagetti, S., & Battey, D. (2005). Changing teachers' professional work in mathematics: One school's journey. In T. A. Romberg, T. P. Carpenter, & F. Dremock (Eds.), *Understanding mathematics and science matters* (pp. 209 - 229). Mahwah, NJ: Lawrence Erlbaum Associations.

Freudenthal, H. (1991). *Revisiting mathematics education. China lectures*. Dordrecht: Kluwer Academic Publishers.

Garet, M. S., Porter, A. C., Desimone, L., Birman, B. F., & Yoon, K. S. (2001). What makes professional development effective? Results from a national sample of teachers. *American Educational Research Journal*, *38*, 915 - 945.

Gearhart, M., Leveille Buchanan, N., Collett, J., Diakow, R., Kang, B., Saxe, G. B., & McGee, A. (2014). *Identifying opportunities to learn in mathematics discussions in heterogeneous elementary classrooms* (Unpublished manuscript). University of California, Berkeley, CA. Retrieved from http://www.culturecognition.com/lmr/sites/default/files/Identifying%20opportunities%20LMR%20June2014.pdf

Gu，F.，& Gu，L.（2016）. Characterizing mathematics teaching research mentoring in the context of Chinese lesson study. *ZDM Mathematics Education*，*48*，441 - 454.

Gu，L.，Huang，R.，& Marton，F.（2004）. Teaching with variation：An effective way of mathematics teaching in China. In L. Fan，N. Y. Wong，J. Cai，& S. Li（Eds.），*How Chinese learn mathematics*：*Perspectives from insiders*（pp. 309 - 348）. Singapore：World Scientific.

Grossman，P. L.，Wineburg，S. S.，& Woolworth，S.（2001）. Toward a theory of teacher community. *Teachers College Record*，*103*，942 - 1012.

Han，X.，& Paine，L.（2010）. Teaching mathematics as deliberate practice through public lessons. *The Elementary School Journal*，*110*，519 - 541.

Hart，L. C.，Alston，A. S.，& Murata，A.（2011）. *Lesson study research and practice in mathematics education*：*Learning together*. New York，NY：Springer.

Huang，R.，& Bao，J.（2006）. Towards a model for teacher's professional development in China：Introducing keli. *Journal of Mathematics Teacher Education*，*9*，279 - 298.

Huang，R.，& Han，X.（2015）. Improving teaching and enhancing teachers' growth through parallel lessons development：A Chinese approach. *International Journal for Lesson and Learning Studies*，*4*，100 - 117.

Huang，R.，& Shimizu，Y.（2016）. Improving teaching and learning，developing teachers and teacher developers，and linking theory and practice through lesson study in mathematics：An international perspective. *ZDM Mathematics Education*，*48*，393 - 409.

Huang，R.，Su，H.，& Xu，S.（2014）. Developing teachers' and teaching researchers' professional competence in mathematics through Chinese Lesson Study. *ZDM Mathematics Education*，*46*，239 - 251.

Lewis，C.，& Hurd，J.（2011）. *Lesson study step by step*：*How teacher learning communities improve instruction*. Portsmouth，NH：Heinemann.

Lewis，C.，& Perry，R.（2015）. A randomized trial of lesson study with mathematical resource kits：Analysis of impact on teachers' beliefs and learning community. In J. Middleton，J. Cai，& S. Hwang（Eds.），*Large-scale studies in mathematics education*（pp. 133 - 158）. Switzerland：Springer International Publishing.

Lewis，C.，Perry，R.，Friedkin，S.，& Roth，J.（2012）. Improving teaching does improve teachers：Evidence from lesson study. *Journal of Teacher Education*，*63*，368 - 375.

Little，J. W.（2002）. Locating learning in teachers' communities of practice：Opening up problems of analysis in records of everyday work. *Teaching and Teacher Education*，*18*，917 - 946.

Lo，M. L.，& Marton，F.（2012）Towards a science of the art of teaching：Using variation theory as a guiding principle of pedagogical design. *International Journal for*

Lesson and Learning Studies, *1*, 7 – 22.

Ma, L. P. (1999). *Knowing and teaching elementary mathematics*. Mahwah, NJ: Lawrence Erlbaum.

Marton, F. (2015). *Necessary conditions of learning*. London: Routledge.

Marton, F., & Pang, M. F. (2006). On some necessary conditions of learning. *The Journal of the Learning Science*, *15*, 193 – 220.

McLaughlin, M. W., & Talbert, J. E. (2001). *Professional communities and the work of high school teaching*. Chicago, IL: The University of Chicago Press.

National Governors Association Center for Best Practices, Council of Chief State School Officers. (2010). *Common core state standards for mathematics*. Washington, DC: National Governors Association Center for Best Practices, Council of Chief State School Officers.

Ott, J. M., Snook, D. L., & Gibson, D. L. (1991). Understanding partitive division of fractions. *The Arithmetic Teacher*, *39*, 7 – 11.

Payne, J. N. (1976). Review of research on fractions. In R. Lesh (Ed.), *Number and measurement* (pp. 145 – 188). Athens, GA: University of Georgia.

Perry, R. R., & Lewis, C. C. (2011). *Improving the mathematical content base of lesson study summary of results*. Oakland, CA: Mills College Lesson Study Group. Retrieved from http://www.lessonresearch.net/IESAbstract10.pdf

Perry, R., Lewis, C., Friedkin, S., & Baker, E. K. (2011). *Improving the mathematical content base of lesson study: Interim summary of results*. Retrieved from http://www.lessonresearch.net/IES%20Abstract_01.03.11.pdf

Petit, M., Laird, R. E., & Marsden, E. L. (2010). *A focus on fractions: Bringing research to the classroom*. New York, NY: Taylor & Francis.

Porter, A. C., Garet, M. S., Desimone, L. M., & Birman, B. F. (2003). Providing effective professional development: Lessons from the Eisenhower program. *Science Educator*, *12*(1), 23 – 40.

Siegler, R., Carpenter, T., Fennell, F., Geary, D., Lewis, J., Okamoto, Y., Thompson, L., & Wray, J. (2010). *Developing effective fractions instruction for kindergarten through 8th grade: A practice guide* (NCEE#2010 – 4039). Washington, DC: National Center for Education Evaluation and Regional Assistance, Institute of Education Sciences, U. S. Department of Education. Retrieved from https://ies.ed.gov/ncee/wwc/pdf/practice_guides/fractions_pg_093010.pdf

Simon, M. A. (1995). Prospective elementary teachers' knowledge of division. *Journal for Research in Mathematics Education*, *24*, 233 – 254.

Son, J. W., & Crespo, S. (2009). Prospective teachers' reasoning and response to a student's nontraditional strategy when dividing fractions. *Journal of Mathematics Teacher Education*, *12*, 235 – 261.

Sowder, J., Sowder, L., & Nickerson, S. (2010). *Reconceptualizing mathematics for elementary school teachers*. New York, NY: W. H. Freeman & Company.

Stigler, J. W., & Hiebert, J. (1999). *The teaching gap: Best ideas from the world's teachers for improving education in the classroom*. New York, NY: Free Press.

Thomspon, P. W., & Saldanha, L. A. (2003). Fractions and multiplicative reasoning. In J. Kilpatrick, G. Martin, & D. Schifter (Eds.), *Research companion to the principles and standards for school mathematics* (pp. 95 - 114). Reston, VA: National Council of Teachers of Mathematics.

Tirosh, D. (2000). Enhancing prospective teachers' knowledge of children's conceptions: The case of division of fractions. *Journal for Research in Mathematics Education*, *31*, 5 - 25.

Tirosh, D., Fishbein, E., Graeber, A., & Wilson, J. W. (1998). *Prospective elementary teachers' conceptions of rational numbers*. Retrieved from http://jwilson.coe.uga.edu/texts.folder/tirosh/pros.el.tchrs.html.

Van den Heuvel-Panhuizen, M. (2000). *Mathematics education in the Netherlands: A guided tour. Freudenthal Institute Cd-rom for ICME9*. Utrecht: Utrecht University.

Vergnaud, G. (1988). Multiplicative structures. In J. Hiebert & M. Behr (Eds.), *Number concepts and operations in the middle grades* (pp. 141 - 161). Reston, VA, NCTM.

Watson, A., & Mason, J. (2006). Seeing an exercise as a single mathematical object: Using variation to structure sense making. *Mathematical Thinking and Learning*, *8* (2), 91 - 111.

Webb, N. M., Franke, M. L., Ing, M., Wong, J., Fernandez, C. H., Shin, N., & Turrou, A. C. (2014). Engaging with others' mathematical ideas: Interrelationships among student participation, teachers' instructional practices, and learning. *International Journal of Educational Research*, *63*, 79 - 93.

Wilson, S. M., & Berne, J. (1999). Teacher learning and the acquisition of professional knowledge: An examination of research on contemporary professional development. In A. Iran-Nejad & P. D. Pearson (Eds.), *Review of research in education* (Vol. 24, pp. 173 - 209). Washington, DC: AERA.

Yang, Y., & Ricks, T. E. (2013). Chinese lesson study: Developing classroom instruction through collaborations in school-based teaching research group activities. In Y. Li & R. Huang (Eds.), *How Chinese teach mathematics and improve teaching* (pp. 51 - 65). New York, NY: Routledge.

/第四部分/

世界各地变异教学的运用

引言
应用变异理论

大卫・克拉克(David Clarke)①

本部分中的章节介绍了变异理论在不同背景和不同目的下的应用。最重要的信息是，变异理论提供了这样一个直观的普遍观点(见 Runesson & Kullberg)，它可以被有效地应用于任何教学情境，并期望洞察力会随之而来。作为分析教学方法的工具，变异理论的这种可证明的有效性至少有三个含义：

- 变异理论系统化了学习对象各方面的(可能是不可避免的)自然教学倾向。[1]
- 变异理论的系统结构及其相关词汇为教学分析提供了有力的工具。
- 这四章中讨论的具有四种截然不同的教育目的的变异理论产生的适用性为变异理论的通用性提供了证据。

事实上，各章本身是如此巧妙多样，以至于似乎有理由考虑如何用章节之间的变化来有效地支持读者的学习，此处“变异理论”是学习的对象。因此，我向自己提出了一个问题：“章节中提供的变化如何帮助我们加深对变异理论的理解？”以下是我对这个问题的回答。

各章简介

将这些章节看作是通过“变异理论”在特定教育环境中的不同应用来阐明“变异理论”。每一章在起源国/学校系统、数学内容、探究的教学背景以及在前瞻的变异理论方面各不相同。对我来说，把这些具体的变化在每一章中都明确化是很有用的。

---

① 大卫・克拉克，澳大利亚墨尔本大学。

由日野(Hino)撰写的这一章运用变异理论对日本数学教学中的问题解决方法进行了考察。本章将变异教学法与日本教育体系中的有效实践联系起来,提出了三个具体的观点:(1)提出变异问题;(2)为学生自身建构变异提供机会;(3)促进学生对变异的反思,以达到预期的学习目标。在将这些观点应用于两节小学数学课的基础上,探讨了这一观点对变异教学的启示。日野的方法是阐明日本式问题解决教学法的基本特征,并找出可以用变异理论解释的要素。在确定了典型的日本式问题解决教学原型中变异的结构要素之后,日野在两节课中指明了这些元素在五年级分数比较课中的存在。

日野合理地得出结论:"结构化的问题解决课可以从变化的角度来处理。"(p. 17)她确定了日本人对数学思维的优先排序与教学策略之间的特定共鸣,例如通过对变化的分析可以看出过程变异。本章从变异的角度对日本教育学的各个方面进行了丰富的研究。

由巴洛(Barlow)等人撰写的这一章,以美国关于代数推理发展的文献为课程设置依据,并将变异理论考虑纳入到精心排序的数学任务的教学中。具体重点是通过一次有选择地改变单个任务参数("为了遵守变异理论")来识别和推广数学模式。一种独特的强调说法是:"实施的学习目标是通过教师和学生共同构建的变化和不变性模式来执行的。"变异理论是一种强大的工具,通过它"美国代数教学"可以更好地促进学生从算术到代数思维的转变。

鲁内松(Runesson)和科尔伯格(Kullberg)把变异描述为数学教学的一个"理所当然"的方面。作者引用孙(Sun, 2011)的话说:"教师几乎看不到变异的概念。"瑞典的"学习研究"为本章提供了讨论的两个案例。内容重点为八年级小于1的正分母除法。第一个案例着重于数学任务的协同设计,以促进学生对除法的学习。第二个案例是每隔两年检测一名教师在同一课题上的课。尽管顺序和模式发生了明显的变化,但老师对他的教学进行了讨论并认为"根本没有谈论变异"。本章的主要信息是为基于变异理论的瑞典学生学习研究提供了一种结构,通过这种结构,教师的内隐知识可以"显现、反思和发展"。

培莱德(Peled)和莱金(Leikin)在这一章对比了两种教学方法,其特点是两种任务类型:多解方案任务(MSTs)和建模任务(MTs)。培莱德和莱金采用"多重性"作为连接和比较这两种方法的共同维度。"数学任务在两个层次上的多重性

（教学方法和解决方法）”成为“变异理论”的代名词，其洞察力来源于“这两种多重性的性质和目标”的比较。对于寻求理解变异理论的读者来说，这两种方法可以被看作是在视角上提供了有用的差异；展示了任务内变化的好处，同时对多个解决方案的一般教学原则的两种不同的应用进行了比较。与其他章节一样，学习的对象实际上是变异理论，在 MST 和 MT 使用的背景下，通过对它单独的思考，从而更多地了解了这一理论。

一些通用的意见

我曾在其他地方争论过，比较是研究行动的基础（Clarke，2015），也许这是人类意义的一个基本方面。在我看来，鉴于变异理论作为诊断教学和学习的透镜所具有的明显的普遍效用，它不仅仅是识别与学习相同的发展能力（Marton & Booth，1997），而且在几乎每一个教学行为中都蕴含了这种识别。鲁内松和科尔伯格对 B 先生教学发展的描述说明了这一点。阿达玛（Hadamard）曾说过：“数学证明的目的是使直觉的判断合法化。”同样地，变异理论可能代表了学习和教学的基础，既直观又无形的东西的形式化。各章的建议是，变异理论使学习的一个基本方面变得可见，使之系统化，并为反思和教学优化提供可视化。各章所提供的背景的多样性和作者所使用的不同的重点提供了一种元验证的形式，证明在这种情况下，变异理论本身在阐述学习对象方面具有的有效性。这些章节具有学术性、清晰性和目的性。它们的组合具有的价值，甚至超过了它们个体价值的总和。当然，这也是变异理论所期望的。我建议读者能够仔细体会一下。

注释

1 没有变异的教学方法可以被归类为传授教义，并与逐字记住神圣或具有文化意义的文本有关。这种记忆可以达到合法的教育目的，不应被视为毫无价值。然而，为了本讨论的目的，可以分别对待激发变异的教育目的。

参考文献

Clarke, D. J. (2015). The role of comparison in the construction and deconstruction of boundaries. In K. Krainer & N. Vondrova (Eds.), *Proceedings of the Ninth Congress of the European Society for Research in Mathematics Education* (*CERME9*) (pp. 1702 - 1708). Prague, Czech Republic: Charles University (ISBN: 978 - 80 - 7290 - 844 - 8).

Marton, F., & Booth, S. (1997). *Learning and awareness*. Mahwah, NJ: Lawrence Erlbaum Associates.

Sun, X. (2011). "Variation problems" and their roles in the topic of fraction division in Chinese mathematics textbook examples. *Educational Studies in Mathematics*, *76*(1), 65 - 85.

14. 通过变式改进教学：日本的视角

日野圭子(Keiko Hino)①

引言

对课堂实践的国际性比较促进了关于课堂任务设计、课堂组织原则和课堂话语结构方式以支持学生理解和思考的研究的发展(例如：Clarke，Emanuelsson，Jablonka，& Mok，2006；Clarke，Keitel，& Shimizu，2006；Hiebert 等人，2003；Li，& Shimizu，2009；Shimizu & Kaur，2013；Stigler，& Hiebert，1999；Watson，& Ohtani，2015)。通过变式进行教学是一种日益突出的方法，它为有效的数学教学提供了一个框架(如：Gu，Huang，& Marton，2004；Watson & Mason，2006；Wong，2008；Wong，Lam，& Chan，2013)。通过变式进行教学的基本原则是，学习者通过完成一系列任务来体验和识别预期学习对象的关键特征，这些任务的某些部分不同，而其他部分相同(Runesson，2005)。特别是在中国数学教学中，这一方法得到了广泛的应用和研究(Gu，Huang，& Marton，2004；Wong，2008)。本章将变式教学法与在一个教育系统中被认为是有效的实践联系起来。这种尝试将有助于系统地审查变式教学法，这超出了在中国被重视的范围，也是本书所讨论的问题之一。

日本人的解题方法

通过问题解决教数学

通过问题解决教数学是日本数学教育界普遍青睐的一种教学方法。一般来

① 日野圭子，日本宇都宫大学教育研究生院。

说，数学教学与解决数学问题有关（Hiebert 等人，2003），但解决问题常常被认为是对在一节课中获得的知识的应用。在日本，让学生解决问题与培养数学思维的目标有着密切的联系，而培养数学思维一直是 50 多年来数学教育的目标。在这里解决问题不仅被认为是对所学知识的应用，而且还被用作传授新知识的工具（Hino, 2007）。

为了有效地在课堂上通过问题解决来教授数学，给学生提供有价值的任务并激发他们的数学思维是至关重要的。同样重要的是，要以这样一种方式安排课程，使学生能够体验到解决问题的过程。这两个方面继续吸引日本数学教育工作者的兴趣（Hino, 2007）。

数学问题的调查研究在激发学生兴趣的同时，也需要更高层次的思维，这已成为教材研究（Kyozaikenkyu）中的一个重要课题。在这方面，众所周知的是发展开放式问题或多个正确答案的问题。这种方法起源于 20 世纪 70 年代初岛田（Shimada）和他的同事对高层次思维的评价研究（Becker & Shimada, 1997）。他们的调查鼓励数学教育工作者利用各种不同的教学素材和组织课的方法（例如：Nohda, 1983; Takeuchi & Sawada, 1984）。自那时以来，开放的教学和评价思想以各种方式得到了发展和传播。

以加深学生理解和培养数学思维为目的有效课堂组织的调查在 20 世纪 60 年代已经很普遍（如 Sugita 小学，1964）。数学教育工作者研究了波利亚（Polya）和庞加莱（Poincaré）的开创性工作，并寻求开发方法来帮助学生发现新的想法和自己构建知识。他们将波利亚（Polya）问题解决的四个阶段（理解问题、制定计划、执行计划和回顾）纳入数学课的组织中。杉山和伊藤（Sugiyama & Ito, 1990, p. 155）以这种方式对课程进行排序，理由如下：

> 让学生体验问题解决比让他们直接解决手头的问题更重要。它意味着让他们学习如何思考，如何克服困难，让他们在解决问题的过程中体验欲望、努力、奋斗、喜悦等。为了实现这一点，教师帮助学生是非常重要的。
>
> (1) 通过充分利用自己的知识，建立信心，体验能够找到问题初步解决方案的乐趣；
>
> (2) 领会更详尽的解决方法，体验不断寻找更好方法的乐趣。（原文强调）

对于学生来说，经过预设的问题解决过程，老师的角色是至关重要的。关于教师的提问，片桐(Katagiri, 1988)研究了在解决问题的每一阶段所使用的数学思维，并制定了一份问题清单，以培养学生在课堂上的数学思维。古藤等人(Koto, 1992,1998)在学生利用自己的知识找到初步解决办法后，提出组织讨论的原则。他们提出了三个阶段：**每个解答的有效性检查、各解答之间关系的检查，以及自我决定的更好的解答。**建议教师组织讨论，深入地考虑为实现班级课堂教学目标而应处理的多种类型的解答(另见 Hino, 2015)。

因此，日本的数学教育工作者普遍认为，让学生体验问题解决的过程是培养数学思维和认识数学价值的一种很好的方式。他们还认可教师在课堂上实现这一目标的关键作用。

结构化问题解决方法的特点

日本数学课中的问题解决方法已从国际数学和科学趋势研究(TIMSS)的录像带研究中得到广泛的了解。在对八年级德国、日本和美国的数学课例研究中，斯蒂格勒和希伯特(Stigler & Hiebert, 1999, pp. 79 - 80)将日本课堂模式描述为五个活动的序列：

- 复习上一节课；
- 提出今天的问题；
- 学生独立或小组开展工作；
- 讨论解决方法；
- 突出和总结要点。

与其他两个国家的教学模式相比，日本教学模式的一个显著特点是为学生在求解过程中设定发展阶段。斯蒂格勒和希伯特(1999)称这种模式为结构化问题解决。相反，其他国家学生只有在老师演示了如何解决问题(在美国)之后才着手解决问题。或者教师指导学生制定解决问题的程序后(在德国)才着手解决问题。斯蒂格勒和希伯特认为，这些教学文化传统是基于对学科的性质、学生如何学习以及教师应发挥的作用的信念，所有这些都有助于维持文化体系的稳定(pp. 89 - 90)。

对跨越各国数学课堂的进一步比较研究表明，区别在于日本课堂的教师通过对数学任务的多重解决方案对学生进行有意指导。在学习者视角研究(LPS)中(Clarke, Keitel, & Shimizu, 2006),从不同的角度分析了来自16个参与国的合格教师教授的八年级数学课程。三节日本课堂教学的结果反复显示教师对学生的多重解决方案提供了有意义的指导,形式上提出更多的问题或总结课程(Koizumi, 2013; Shimizu, 2006)。舟桥(Funahashi)和日野(2014)进一步描述了教师在通过一种名为**"引导聚焦模式"**的画图互动模式来扩展学生的思维以实现课程目标方面的作用。

另一个与上面所解释的内容密切相关的特征是课程连贯性,它指的是数学在课程内部和课程之间的联系或相关性。斯蒂格勒和希伯特(1999)在他们的三个国家的比较研究中,将连贯性作为课程中数学内容的一个指标。他们衡量连贯性的一种方法是教师是否明确指出思想和活动之间的联系。在这方面,只有日本教师经常把一节课的各部分连在一起。此外,他们还通过描述某一节课是如何在数学上与前一节课相似、依赖或延伸到前一节课的,从而检验了各节课之间的数学联系。在每个国家的30节分析课中,他们报告了通过至少一个适当的数学关系将所有部分连接起来的课所占的百分比,在美国为45%,在德国为76%,在日本为92%。这些被认为是"讲述了一个故事"的课(Stigler & Hiebert, 1999, p. 64)。TIMSS 1999年的视频研究也取得了类似的结果,该研究比较了7个国家的课例(Hiebert等人,2003)。

一些日本研究人员探索了用故事或戏剧的思想来隐喻一节精彩的日本课堂教学。清水(Shimizu, 2009)指出,日本教师共同使用的一些关键教学术语,其根源在于一个故事或一部戏剧。其中一个术语是Yamaba(日语:山顶),或者说是一节课的高潮。另一个是Ki-Sho-Ten-Ketsu(日语:起承转合),它描述了一堂课从一开始(Ki)到结尾的特定结构(Ketsu表示对整个故事的总结)。这些术语的含义是,一堂课应该有一个开始,在整个课堂讨论中达到一个高潮,然后得出一个结论。清水进一步指出,亮点或高潮应建立在学生积极参与的基础上,教师引导学生处理和反思解决问题的方法。他总结了这些方面,指出"整堂课是由几个部分连贯一致组成的,学生对课堂每一部分的参与以及对他们所做的反馈,都应在日本课堂的高质量教学中得到注意"(p. 314)。

冈崎、木村和渡边(Okazaki, Kimura, & Watanabe, 2015)从学生学习目标

的起源和发展的角度考察了数学课程的一致性。他们询问如何生成一堂课的连贯情节，其中学生是故事的主角。他们确定了给学生设定的四个层次的学习目标，并将其用于分析两节数学课。结果表明，在这两节课中，学生最初的学习目标都是从学生身上产生的，然后在讨论解题方法的活动中，教师们增强了他们的学习目标。作者得出的结论是，"当学生的学习目标在其水平上逐步发展，并且在连接和思考思想方面存在富有成效的互动时，一节课就会变得连贯"(Okazaki 等人，2015，p.407)。教师和学生通过联系和反思以往的经验，共同实施和完善学习目标。

从变异的角度看日本式问题解决方法

变异理论

变异理论解释了学习中的差异，并提供了一种描述学习所需条件的方法(Marton & Booth，1997；Marton 等人，2004；Runesson，2006)。根据这一理论，学习被定义为"看到、经历或理解事物方式的改变"(Runesson，2005，p.70)。学习者在这种情况下所经历或看到的情况是至关重要的。该理论将学习看作是对目标(例如，一种情况或一个问题)的关键方面的认识。为了使学习发生，学习者必须发展识别某些方面的能力，这些方面对于特定的观察目标的方式是至关重要的。因此，该理论以**学习目标**为中心。

在课堂学习中有三种学习目标是特别重要的。**学习的预期目标**是教师希望学生发展的能力目标。**学习的实施目标**是课堂成员之间互动并给予学习者的共同构成的学习目标。最后，**学习的体验目标**表示学习者实际学到了什么。虽然学习的预期目标是教师意识的产物，但学习的实施目标是学生所遇到的，并界定了"从具体学习目标的角度来看，在实际环境中可以学到什么"(Marton & Tsui，2004，p.4)。因此，即使学习预期目标在两种教学环境下是相同的，实施目标的差异也会导致学生学习机会的决定性差异。

对于学习的实施目标，可运用该理论分析学生在学习过程中的体验。换句话说，它检查了哪些方面或特征成为学生关注的焦点并被识别出来。它进一步考察了学生如何区分和区别特征，同时识别某些方面，建立它们之间的关系，并获得更丰富的理解。为了辨别某些方面或特征，体验中出现的变化可以发挥中心作用。除非我们只经历一个方面的变化，否则是不可能辨别一个方面的。因此，要使学习行为发生，一个必要条件是为学生提供机会，使他们能够在目标的关键方面体验到这些特征的某些变化和不变性模式(Lo & Marton, 2012)。

学生发现的变和不变的模式和维度构成了学习的空间。这个术语表示学生可能从课程中学到的全部内容(Marton 等人，2004)。学习的空间本身不是情境，而是"在情境中从变和不变的角度提供的学习潜力"(Runesson, 2006, p. 403)。它不是预先确定的，而是由学习者创造的。通过他或她对情境的探究，学习者为变异维度开辟了一个空间，这些不同的特性对于特定的学习至关重要。

概念性变式与过程性变式

变异理论是中国数学教学方法"变式教学"的基础，它"意图通过展示不同形式的视觉材料和实例来说明本质特征，或通过改变非本质特征来突出概念的本质"(Gu, 1999，摘自 Gu, Huang, & Marton, 2004, p. 315)。在华人课堂教学中，无论是有意识地还是直觉地，变式教学都存在较长时间了。几十年来，华人研究者明确了这种教学方法的原则。

顾等人(Gu 等人，2004)确定了变式教学实践中存在的两种变式。一种是**概念性变式**，它包括两种产生变式的方式："概念的不同内涵"和"混淆概念内涵的不同实例"(p. 315)。对于前者，为了得出抽象的数学概念，会在视觉和具体的项目中产生变化，例如日常生活中的视觉模型，或者图形和表格。对于后者，为了突出概念的本质特征，会通过提供非标准的图形或反例的变式体现非本质特征。通过这种方式，概念性变式旨在帮助学生从多个角度理解概念。

另一种变式是**过程性变式**。在这里，过程意味着程序，或问题解决和元认知策略的动态知识(Gu 等人，2004, p. 319)。顾等人认为，这是概念变式的拓展方面，通过在已知问题和未知问题之间形成不同的过程和联系，帮助学生找到问题的解决方案。过程性变式的目的是提供一个逐步确定概念的过程。顾等人指出"过程系统的丰富性和有效性对于提升认知结构是重要的"(2004, p. 324)。

顾等人(Gu 等人，2004)区分了问题解决的三个维度，目的是通过过程性变式来构建学生的体验。第一个维度是**改变一个问题**。这包括使用原始问题作为脚手架的基础，或者通过改变条件、更改结果和进行推广来拓展原始问题。第二个维度是**改变过程**，这涉及一个问题的多个解决方法，并将它们相互关联。第三维度是通过将同一方法应用于一组相似的问题来**改变方法的应用**。

黄和梁(Huang & Leung, 2005)用这个框架分析了上海的一堂好评课。据描述，这位老师以一种看上去以教师为主导的方式精心设计并顺利地展开了课。在这节课中展示了概念性变式和过程性变式。在形成新概念、巩固和记忆概念的阶段中观察到了概念的变化。在回顾旧识、引入新概念、巩固新概念、开发解决新概念问题的方法和为进一步学习做准备等阶段，观察到了过程性变式。研究人员指出，这两种类型的变式是为了体验实施的学习目标的不同目的而产生的。

问题解决课的结构中的变化

如上一节所述，课堂中使用的问题和课堂的组织方式是日本人解决问题的两个关键方面。此外，结构化问题解决的课的模式构成了课堂组织的一个显著特征。如前所述，日本的高质量数学教学有几个方面与结构化问题解决有关。下面，从变化的角度对一堂有问题解决结构的高质量数学课进行了研究。具体而言，本文提出了三种观点，以说明教师如何策略性地利用变化在课堂上创造一个丰富的学习空间。

第一种观点是**提出变异问题**。针对课的目标发展丰富的问题是课的建设的重要组成部分。在这里，教师在问题中使用变式，并通过改变变化的性质来检验学习的可承受性(Sekiguchi, 2008)。例如，一年级教师除了采用整数之外，还引入了将数组成或拆分成整十的方法，仔细考虑数的变化。当学生遇到问题“9＋4”时，他们会比“8＋6”的学生更自然地通过在9中增加1来得到10。然而，在某些情况下，如果教师想通过允许采用不同的策略来鼓励学生进行一系列思考，他们可能从一开始就使用“8＋6”。如上文所述，顾等人(Gu 等人，2004)通过过程性变式来区分问题解决的三个维度；教师考虑他或她的意图，并决定如何在问题中操纵这些维度。在结构化问题解决中，通常会在一节课中讨论少量的问题。然而，这些问题是精心开发和排序的，用来实现丰富的学习路径，以达到预期的学习目标。

第二种观点是**为学生提供自我建构变式的机会**。刻意选择的问题往往以开放式问题的形式出现。首先要求学生利用自己已有的知识，以自己的方式处理这个问题。这个阶段产生了学生解决问题的不同方法，这可能是怪异的、简单的，甚至是错误的。然后，这些变化成为讨论阶段关注的对象，在讨论阶段，要求学生们解释他们的思维及其背后的原因。在完善解决方案和方法的过程中，学生解释的变化是必不可少的，以便通过广泛的全班讨论使其更加精致和完整（Shimizu，1999）。老师在规划问题的顺序时会预见到这些变化。在结构化问题解决课中，让学生参与构造变化的活动是至关重要的。

在结构化的问题解决课中，教师通过促进学生对他们所建构的变化的反思来引导学生走向预期的学习目标。因此，第三种观点是**促进学生对学习目标的变化进行反思**。这一观点特别适用于讨论阶段，通过学生们比较和对比所提议的思维变化，找到将它们结合起来的方法，确定它们之间的关系，或创造和证明更好的方法（Hino，2015；Koto 等人，1992）。这些讨论活动包含了反思的行为，因为它们包括批判性地检查所获得的解决方案，利用自我知识进行进一步的调查，以构建论点、备选方案或建议（Polya，1985）。教师通过对学生变式的反思，在引导学生达到预期的学习目标方面起着重要的作用。舟桥和日野（2014）指出教师可通过确定重点关注的重要思想来控制学生注意力焦点，在必要时提出另一个重点，并修改或提高学生的注意力。

关口（Sekiguchi，2012）分析了三个日本教室里的 LPS 数据，说明它们如何协调课的连贯性和差异。在分析中，他确定了不同类型的关键问题，以鼓励学生思考自己的变化经历：

- 分类或隔离（例如，哪些问题看起来相似?）
- 注意（例如，你注意到了什么不同或相似之处?）
- 比较和对比（例如，评价有什么不同?）
- 评价（例如，哪一个更有效?）

这些被认为是关键的教学行动，引导了学生对预期的学习目标进行反思。然而，如何在建构变异的同时，激发学生对关键性特征的识别，是日本人课例研究的一个重要课题。

综上所述，当我们从变异的角度来看待一个结构化的问题解决课时，强调了三种观点：用变式来呈现问题、为学生自己建构变式提供机会，以及促进学生对初始学习目标的变化进行反思。在下一节中，这些观点将被用于分析小学课堂上的数学课。

数学课堂的变化：三个分数的比较案例研究

两节课的大纲

这个案例来自五年级分数比较的两节连堂课。这些课是由高(Taka)先生于2010年在东京一所大学附属小学教授的(本章中使用的所有名字都是化名)。教室里有38名学生。在日本小学的上课时间是45分钟。这些课是作为学习者视角研究的一部分进行的——初级阶段(LPS-P)(Fujii，2013；Shimizu，2011)。本章分析的课是16节课中的前两节，主题是异分母分数的加减。借鉴早期LPS的方法(Clarke，2006)，LPS-P从课中收集数据，并从对教师和4名重点学生的访谈中收集数据。

这两节课的目的是了解如果找到一个共同的“分数单位”，分数就可以进行比较，并通过找到一个共同的分母或分子来理解分数比较的原理。在教师访谈中，高(Taka)先生反复强调了寻找一个公共分数单位的想法，因为一旦找到，人们就可以对分数进行比较，并按照以前用整数学到的方式加或减分数。他说，这些概念与建立学生对分数作为数的理解有关。在他的教学中，高(Taka)先生一直把重点放在“单位”或“分数单位”上。

在这两节课中，给出了$\frac{2}{4}$L、$\frac{3}{4}$L和$\frac{2}{3}$L三种量的比较情况。表1显示了已执行课的流程。在第一课中，学生首先比较了$\frac{2}{4}$L和$\frac{3}{4}$L，然后比较了$\frac{2}{4}$L和$\frac{2}{3}$L。在第二课，复习第一课后，学生们比较了$\frac{3}{4}$L和$\frac{2}{3}$L。

从变异的角度分析课

提出变式问题。由于这些课是对分母不同的这一分数主题的介绍，高(Taka)先生仔细地选择了这三个分数来表示分数的三个变异：

a. 不同分子，相同分母$\left(\frac{2}{4}和\frac{3}{4}\right)$；

b. 相同分子，不同分母$\left(\frac{2}{4}和\frac{2}{3}\right)$；

c. 不同分子,不同分母$\left(\frac{3}{4}和\frac{2}{3}\right)$。

学生们在较早的年级中学会了同分母分数的加减。因此,他们可以很容易地比较A型的分数。B型是较新的,需要更多的思考;C型对学生来说是全新的。通过展示分数比较的这些变化,高(Taka)先生试图把学生以前的知识和新知识联系起来。高(Taka)先生在黑板上写下了$\frac{2}{4}$L、$\frac{3}{4}$L和$\frac{2}{3}$L,并提出了一个开放式的问题:"哪一个更大?你一眼就注意到什么?"他鼓励学生们畅所欲言。学生回答$\frac{2}{4}$L$<\frac{3}{4}$L(A型)。经过一番讨论,另一个学生说$\frac{3}{4}>\frac{2}{3}$(类型C)。高(Taka)先生把学生对此的思考推迟到第2节课,因为他在问题中强调"一目了然"。因此,很自然地,全班开始讨论A型,然后在第1节课中讨论B型,在第2节课中讨论C型。这些问题的变化如图1所示,其方式类似于过程性变式的说明,如顾等人(Gu等人,2004)解决问题中的脚手架。

表1 三个分数比较的教学流程

活动	阶段	活动内容
第一节课:哪个更大?看看分数,作出解释	提出问题,讨论解决办法	老师在黑板上板书问题:"$\frac{2}{4}$L、$\frac{2}{3}$L和$\frac{3}{4}$L,哪一个更大?"他要求学生们一目了然。通过教师与学生的互动,讨论了$\frac{2}{4}<\frac{3}{4}$和$\frac{2}{4}<\frac{2}{3}$,并提出了几点解释
解释为什么我们需要用12为分母来比较$\frac{2}{4}$和$\frac{2}{3}$	以问题为中心,分别讨论多种解	在其中一种解释中,学生使用"12"作为3和4最小公倍数。老师就使用12的原因提出了一个问题。他让学生在笔记本上写下使用12的理由,这样每个人都能完全理解。后来,其他学生提出了不同的解释
总结我们今天的发现	课的总结	在学生上述解释的基础上,老师总结说,除非分数单位在两个分数之间是共同的,否则我们不能对分数进行比较

续表

活动	阶段	活动内容
第二节课：复习第一节课	复习上一节课	老师和学生们回顾了$\frac{2}{4}<\frac{3}{4}$和$\frac{2}{4}<\frac{2}{3}$的原理
比较$\frac{2}{3}$和$\frac{3}{4}$	讨论解决方案	这节课讨论了被推迟了的$\frac{2}{3}$和$\frac{3}{4}$之间的比较。一名学生注意到分数与1的差，求出$\frac{2}{3}<\frac{3}{4}$。通过证明她的解释，全班学生一致认为，如果分子或分母相同，他们可以比较分数
通过寻找公分子或公分母来比较$\frac{2}{3}$和$\frac{3}{4}$	提出问题、讨论解决方法并独立求解	老师要求学生用其他方法来比较$\frac{2}{3}$和$\frac{3}{4}$，即找到一个共同的分子或分母。在独立求解了大约6分钟后，两名学生提出了他们的解决方案。一个学生找到一个公分子的解决方案并进行了研究，在讨论中，几个学生进一步解释了它的合理性
总结今天的课	总结	在学生讲解的基础上，老师总结出，为了得到两个等值的分数，他们需要把分子和分母同乘相同的数

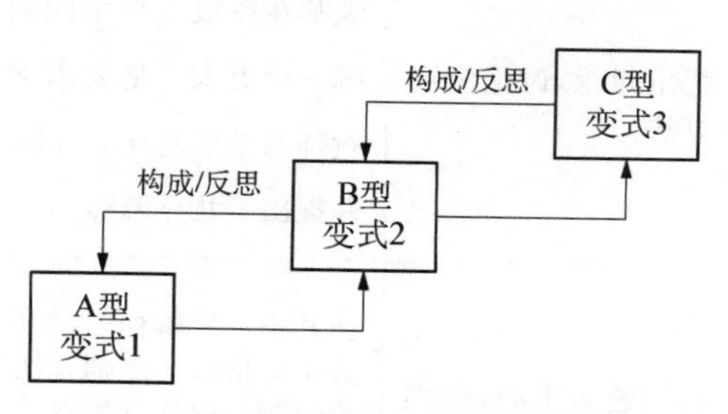

图1　三组分数比较课中的变异(变式)

这些问题的差异有其特定的意图。A型和B型比较旨在提高学生在比较两个分数时发现共同分数单位的价值。在这里意图意味着学生们认识到他们在比较分数的过程中所做的事情，而不是他们发现了一些新的现象。C类比较的目的是进一步提高学生对这一思想的认识。此外，高(Taka)先生通过启发学生将这一思想应用于C型比较，强调了C型与其他两种类型之间的联系。通过这种方法，

A 型和 B 型比较被用作 C 型比较的脚手架。

为学生提供自我建构变式的机会。在这两节课中，高(Taka)先生为学生们提供了几个机会来建构变式。对于 B 和 C 类，高(Taka)先生要求学生对他们的判断作出明确的解释。因此，使用不同表述的多种解释在这些课中非常丰富。重要的是，学生们试图补充或修改同伴以前的解释，从而构建替代解释。

在第一节课中，有两次学生提出了多种解释。第一次是他们讨论为什么$\frac{2}{4}<\frac{2}{3}$的原因。另一次是因为专注于学生给出的解释之一，学生用 12(3 和 4 的最小公倍数)解释了她对$\frac{2}{4}<\frac{2}{3}$的推理。高(Taka)先生就使用 12 的原因提出了问题，并请学生写下理由。在这种情况下，学生们的各种推理被提炼成更可行的理解，更清晰地关注于找到一个共同分数单位的想法。

在第二课中，当班级参与$\frac{2}{3}$和$\frac{3}{4}$的比较活动时，学生的两种解决方案成为讨论的对象。学生们再次改进了他们的解释，这一过程有助于澄清寻找公分子或公分母的意义。

下面所给的一个例子，学生们在两个分数的比较中构造了他们推理中的变化。当学生和老师讨论第一课$\frac{2}{4}<\frac{2}{3}$的原因时，一个学生解释说："分子是一样的。如果我们把物体分成 4 份中的 2 份和分成 3 份中的 2 份(部分)进行比较，$\frac{2}{3}$就更大了。"此时，高(Taka)先生问学生们是否可以提供更多的细节。接着，5 名学生提出解释，试图使推理更清楚和更详细：

C1：一个被分成三份(较大的)，因为一份的面积更大，所以我们知道$\frac{2}{3}$L 更大。

C2：我用了一个数。(C2 通过在黑板上画两个杯子在视觉上表示$\frac{2}{4}$和$\frac{2}{3}$)四等分中有两个是这个部分，和……$\frac{2}{3}$L 的意思是，对，把它三等分，取其

中的两个，它们就在这里。（高先生添加了行并绘制了图 2）

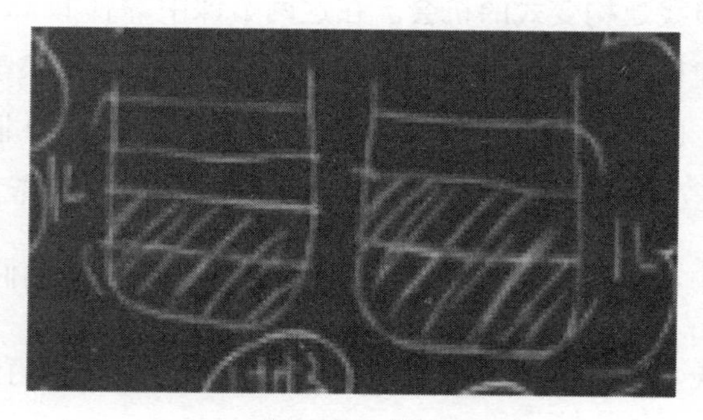

图 2　C2 的图

C3：（当被要求解释 C2 和 C1 之间的关系时）嗯，一个部分的范围是这个部分。（她将$\frac{1}{4}$部分涂上红色，如图 2 所示）对这个人来说，这是最重要的部分。（她用同样的方式把$\frac{1}{3}$的部分涂成红色）（高先生问 C1，她是否最初打算这么说）

C4：我的比 C2 的图更容易区分。（高先生看了看 C4 的笔记本，在黑板上画了图 3）3 和 4 的最小公倍数是 12。所以，我把一个长方形分成 12 个。我连接了 12 块。这是其中一块（指向$\frac{1}{12}$部分）。（高先生用红粉笔给它打了记号，并写了"一块"）对于$\frac{2}{4}$，我将这块分成 4 个块，1、2，在这里标记（指向图 3 中的$\frac{2}{4}$区域）。（她以同样的方式解释了$\frac{2}{3}$。）然后，我们发现代表$\frac{2}{3}$的 2 块比代表$\frac{2}{4}$的 2 块更大。（高先生画了一条虚线）

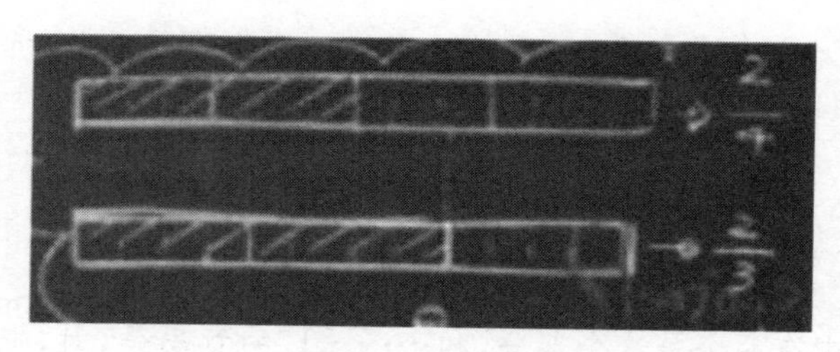

图 3　C4 作的图

C5：(在黑板上画两个圆圈)这些是相同的大小。$\left(\right.$C5 在圆圈中标记$\frac{2}{4}$和$\left.\frac{3}{4}\right)$……C1 表示一个部分的面积；$\frac{2}{4}$是四个分割部分中的两个(如图 4 所示，用黄色标记部分)；$\frac{2}{3}$是三个部分中的两个(标记部分)。C1 的一个部分的区域在这里和这里(标记区域)。对于$\frac{2}{3}$，这个形状的一部分较大，因此我们知道$\frac{2}{3}$更大。我可以将这种方法用于其他分数比较，如$\frac{2}{4}$或$\frac{3}{4}$。

图 4　C5 作的图

学生的言论表明 C1 说出了“一个部分的区域”，以使前面的解释更清楚。然后 C2 通过画两个杯子来解释“一个部分的面积”，C3 用红色粉笔强调这一点。C4 通过提出一个不同的新观点来补充先前的讨论。最后，C5 进一步澄清了“一个部分的范围”，绘制了另一个表示。这个学生画了一个圆圈，因为他认为一个圆圈比一个杯子更清楚地显示了两个区域的差别。在高先生的一些提示下，学生们提出了一个又一个的解释。

促进学生对预期学习目标变异的反思。学生对各种推理的反思与建构活动密切相关。正如上面的片段所示，这是因为学生通过试图补充或修改同伴以前的解释来构建替代解释。高(Taka)先生还在指导他们完善解释的过程中发挥了重要作用。他检查了推理链，有时通过协商，偶尔总结他们达成的共识。

通过学生的积极参与，对其判断的原因进行建构和反思，为他们提供了充分的机会来识别预期学习目标的关键特征。尽管如此，高(Taka)先生一直在检查学生们在比较两个分数时是否理解找到共同分数单位的想法。他特别敏感地注意到学生们是否注意到了它的意义。

例如，在第一节课中，在讨论了$\frac{2}{4}<\frac{2}{3}$之后，高(Taka)先生质疑C4使用12："我真的不明白为什么这个12会出现。"他花时间写了他们的解释，解释为什么需要12。当学生们提出他们的理由时，其中一个说："我们必须使分母相同。12是既能被3也能被4整除的数。所以我用了12。"高(Taka)先生要求澄清："为什么你必须使分母相同?"讨论还在继续。在课后进行的教师访谈中，高(Taka)先生描述了他对学生们的肤浅理解的不满，当时他们只是在计算，而没有过多地考虑他们的意思。他还说，他希望学生们说，他们需要把整个分成12个相等的部分，以"使一个部分的面积相同"。

第二节课也有类似的讨论机会。当一个学生解释如何找到一个公分子来比较$\frac{2}{3}$和$\frac{3}{4}$时，她说$\frac{2}{3}$和$\frac{4}{6}$是同比例的关系。高(Taka)先生提出了一个问题："这是一个比例关系吗？如果你把分子乘以2，为什么要把分母乘以2呢?"他要求学生们用图来澄清这一点。这样，高(Taka)先生从口头和书面表达中掌握了学生推理的质量，并以各种方式作出反应，以改进他们的推理，例如提问、探究、澄清或要求更多的替代表达或详尽阐述。

高(Taka)先生还通过鼓励学生与以前的活动和学习的联系，引导学生达到预期的学习目标。在比较$\frac{2}{3}$和$\frac{3}{4}$时，一名学生提出了她的方法以此来找出每个分数与1之间的差。在作出解释后，高(Taka)先生问学生，这种方法是否与他们一直使用的寻找公分母或公分子的方法不同。起初，学生们没有注意到这两种方式之间的关系。其中一人回答说："我认为这与此无关。另一种方法很容易，因为分子或分母是相同的，但这一种是关于差的。"高先生迅速地说："是的，但是在那之后，这个方法用来比较了$\frac{1}{4}$和$\frac{1}{3}$，不是吗?"(它比较了)哪个结果更大。因此，它比较了剩余的$\frac{1}{4}$和$\frac{1}{3}$。后来有几个学生认识到这两种方式的相似之处。一个学生说："$\frac{1}{4}$和$\frac{1}{3}$。是的，我想这可能和……有关。"然后另一个学生给出了一个更清楚的理由："$\frac{1}{4}$和$\frac{1}{3}$有相同的分子。因此，如果分子或分母是共同的，我们可以直接比较分数。”

任务和活动之间的丰富和一致的联系是高(Taka)先生课的一个不变特点。高(Taka)先生在采访中说，对他来说，一节好课是，通过添加不同的观点，将不完整的解决方案细化成完整的解决方案。这一特点也在学生的观点中听到。在每节课后进行的访谈中，有4名学生在回看课的视频时被问及他们的重要学习活动，他们主要选择倾听同伴的评论。在这些点上，他们把同学们的解决方案和推理与他们自己的想法联系起来，这也是八年级学生在日野(Hino, 2015)的研究中所展示的。学生们还选择了他们的同伴记住并使用他们很久以前学到的思想。例如，Katsu同学说：“他说的是‘比例关系’。这是我们很久以前在第一学期学到的一个词。他在今天的课上利用了它。我想，‘哦，太好了’，因为他用了我们以前学过的东西。”此外，作为其经验的一部分，所有4名学生都描述了他们对课内和课之间联系的积极期望：

Nami：这就是我们在课堂上做数学的方式。有人提出一个想法，接着每个人都加入讨论，然后我们一个接一个地联系起来。

Koma：我喜欢每个人都提出想法、把它们联系起来并得出结论的课。在今天的课上，我们还没有得出一个好的结论，但是大家都提出了一些想法，所以我认为今天的课是好的。

Katsu：(当被问到关于连接时)例如，如果今天表达的想法与我们在下学期中使用的解决方案相连接……如果我们把不同类型的思维联系起来并多思考，那么前面的课程中的解决方案是有帮助的。

Fuji：当我考虑比较$\frac{3}{4}$L和$\frac{2}{3}$L时，我看了我的笔记本，回顾了我们在上一课中使用的方法。然后我认为C2使用杯子的方式和C5使用圆圈的方式是好的，因为它们可以在任何地方使用。

学生们在课堂上老师的支持下，对与同伴实现的丰富的连通性做出了积极的评价。

讨论和结论

本章的研究问题涉及探究教师在结构化问题解决课中策略性地使用变异类型。为了回答这一问题，将变异理论和变式教学融合到日本人解题教学中，发展出了三个观点，它们分别是：①提出了变式问题；②为学生自己建构变式提供机会；③促进了学生对变式的反思，以引导他们达到预期的学习目标。这些观点突出了教师和学生如何通过体验和辨别预期学习目标的关键特征，在课堂上协作并实施学习目标。

这些观点被应用于一位经验丰富的日本教师所教授的两节小学数学课中。为了达到教学目标，老师在问题中加入了变式。虽然问题的数量不多，但他选择了一个具体的问题作为一组问题的代表，并在问题中加入了开放性。他把每一个变式放在整个课的环节中，并规划了一系列的变式。在课堂上，老师为学生提供了通过推理和解释构建变式的机会。此外，教师还通过提问、探究或要求阐述等不同的方式来促进和规范学生对变式的反思。这些反馈形式展示了教师在帮助学生识别不变性方面的关键作用，即找到一个共同的分数单位来比较分数的关键思想。

这三种观点在课堂分析中的应用表明，结构化问题解决课可以从变异的角度来看待。本章所取得的结果将有助于对变式教学法的研究，因为结构化问题解决具有上一节所述的独特特征。

这一章对变式教学的启示是，某些类型的变异会提升学生的数学思维和问题解决的能力。黄和梁(Huang & Leung, 2005)描述了概念性变式和过程性变式的课，并指出两者都是为不同的目的而创建的，用以体验既定的学习目标。在本章分析的课中也观察到了这两种类型的变化。正如老师强调的那样，过程性变式特别丰富。为了培养自主思维，他把变式作为解决问题的脚手架。在这方面，顾等人(Gu等人，2004)所确定的问题解决的变异维度被策略性地使用。观察到的概念和过程性变式，特别是过程性变式的丰富机会，可以说这反映了日本人在问题解决时对数学思维的重视。分析课的目标是引入新的数学内容，这一目标还将对某些变异特征的突出程度产生影响。另一方面，在有些变式教学的文献中，有许多旨在巩固新知识的华人课例的研究和实践。不用说，要呈现的变式类型将根据课的目标而有所不同。为了不同的学习目标，进一步澄清变式的方面将是有益的。

本章中想表达的另一层含义是学生在变异活动中的自主性是学习的重要条件。本章进一步阐明了教师在引导学生对变异的反思中的关键作用。马顿和布斯(Marton & Booth, 1997)提出了一种表面的和一种深入的学习方法。在课例分析中，我们观察到学生对学习对象的表面关注。掌握学生的表面方式，提供各种灵活的反馈和干预形式，是教师改变学生看待、体验或理解关键性特征的方式。一个关键性的观察是构造和对变化的反思之间的密切关系。教师通过让学生建构和反思他们的推理以及解释其变化，使他们参与改变他们看待和体验关键性特征方式的活动。罗和马顿(Lo & Marton, 2012)建议采用"分离、对比、概括、融合"的教学序列，以便有效地进行变异教学。本章教师描述的观察到的教学行为将提供重要的信息来说明如何为学生提供实现教学顺序的各个阶段之间的自然但必要的过渡。

最后，这三种观点和课例分析都提醒我们要注意检验学生与同伴和教师之间的实际体验和参与变化的重要性。本研究认为，无论是以变式教，还是以变式学，都是需要探索的。特别是，我们需要进一步探讨为学生提供机会来建构自己的变式，以及促进学生对预期学习目标的变化进行反思的步骤，因为如分析所示，学生的学习路径和反应是不同的和微妙的。从学生的学习体验目标的角度来看学习实施目标也是很有趣的。访谈显示，重点学生对同伴的推理印象深刻，并受益于他们的老师和同伴在课堂上的多个解决方案和解释之间的联系。考虑到他们的学习体验目标是深刻的，他们在访谈中的评论可能会为提高学习实施目标的质量提供重要的信息。这样的观点之一是，教师在与学生的互动中，应该经常表现出一种深入的学习方法。

参考文献

Becker, J. P., & Shimada, S. (Eds.). (1997). *The open-ended approach: A new proposal for teaching mathematics*. Reston, VA: NCTM. (Original work published 1977)

Clarke, D. (2006). The LPS research design. In D. Clarke, C. Keitel, & Y. Shimizu (Eds.), *Mathematics classrooms in twelve countries: The insider's perspective* (pp. 15 - 36). Rotterdam, The Netherlands: Sense Publishers.

Clarke, D., Keitel, C., & Shimizu, Y. (Eds.). (2006). *Mathematics classrooms in twelve countries: The insider's perspective*. Rotterdam, The Netherlands: Sense Publishers.

Clarke, D. J., Emanuelsson, J., Jablonka, E., & Mok, I. A. C. (Eds.). (2006). *Making connections: Comparing mathematics classrooms around the world* (pp. 127 - 145). Rotterdam, The Netherlands: Sense Publishers.

Fujii, T. (2013). *Cross-cultural studies on "collective thinking" in mathematics "lesson study" among U. S., Australia and Japan*. Research Report of Grants-in-Aid for Scientific Research by Japan Society for the Promotion of Science (No. 20243039), Tokyo Gakugei University (In Japanese).

Funahashi, Y., & Hino, K. (2014). The teacher's role in guiding children's mathematical ideas toward meeting lesson objectives. *ZDM: The International Journal on Mathematics Education*, *46*, 423 - 436.

Gu, L., Huang, R., & Marton, F. (2004). Teaching with variation: An effective way of mathematics teaching in China. In L. Fan, N. W. J. Cai, & S. Li (Eds.), *How Chinese learn mathematics: Perspectives from insiders* (pp. 309 - 347). Singapore: World Scientific.

Hiebert, J., Gallimore, R., Garnier, H., Givvin, K. B., Hollingsworth, H., Jacobs, J., Chiu, A. M. -Y., Wearne, D., Smith, M., Kersting, N., Manaster, A., Tseng, E., Etterbeek, W., Manaster, C., Gonzales, P., & Stigler, J. (2003). *Teaching mathematics in seven countries: Results from the TIMSS 1999 Video Study*. Washington, DC: U. S. Department of Education, National Center for Education Statistics.

Hino, K. (2007). Toward the problem-centered classroom: Trends in mathematical problem solving in Japan. *ZDM: The International Journal on Mathematics Education*, *39*, 503 - 514.

Hino, K. (2015). Comparing multiple solutions in the structured problem solving: Deconstructing Japanese lessons from learner's perspective. *Educational Studies in Mathematics*, *90*, 121 - 141.

Huang, R., & Leung, F. K. S. (2005). Deconstructing teacher-centeredness and student-centeredness dichotomy: A case study of a Shanghai mathematics lesson. *The Mathematics Educator*, *15*(2), 35 - 41.

Katagiri, S. (1988). *Mondai kaiketsu katei to hatsumon bunseki* [Problem solving processes and analysis of teacher's questioning]. Tokyo: Meiji Tosho.

Koizumi, Y. (2013). Similarities and differences in teachers' questioning in German and Japanese mathematics classrooms. *ZDM: The International Journal on Mathematics Education*, *45*, 47 - 59.

Koto, S., & Niigata-ken-sansu-kyoiku-kenkyukai. (Eds.). (1992). *Sansuka tayo na kangae no ikashikata matomekata* [Ways of utilizing and summarizing various ways of thinking in elementary mathematics class]. Tokyo: Toyokan.

Koto, S., & Niigata-ken-sansu-kyoiku-kenkyukai. (Eds.). (1998). *Communication de tsukuru atarashii sansu gakushu* [New mathematics learning created by communication: How to utilize and summarize various ways of thinking]. Tokyo: Toyokan.

Li, Y., & Shimizu, Y. (2009). Exemplary mathematics instruction and its development in selected education systems in East Asia. *ZDM: The International Journal on Mathematics Education*, *41*, 257 - 262.

Lo, M. L., & Marton, F. (2012). Towards a science of the art of teaching: Using variation theory as a guiding principle of pedagogical design. *International Journal for Lesson and Learning Studies*, *1*(1), 7 - 22.

Marton, F., & Booth, S. (1997). *Learning and awareness*. Mahwah, NJ: Lawrence Erlbaum Associates.

Marton, F., Tsui, A. B. M., Chik, P. P. M., Ko, P. Y., Lo, M. L., Mok, I. A. C., Ng, D. F. P., Pang, M. F., Pong, W. Y., & Runesson, U. (2004). *Classroom discourse and the space of learning*. Mahwah, NJ: Lawrence Erlbaum Associates.

Nohda, N. (1983). *Sansu/sugakuka open approach ni yoru sidou no kenkyu* [A study of "open-approach" strategy in school mathematics teaching]. Tokyo: Toyokan.

Okazaki, M., Kimura, K., & Watanabe, K. (2015). Examining the coherence of mathematics lessons in terms of the genesis and development of students' learning goals. In C. Vistro-Yu (Ed.), *In pursuit of quality mathematics education for all: Proceedings of the 7th ICMI-East Asia Regional Conference on Mathematics Education* (pp. 401 - 408). Quezon City: Philippine Council of Mathematics Teacher Educators, Inc.

Polya, G. (1985). *How to solve it: A new aspect of mathematical method* (2nd ed.). Princeton, NJ & Oxford: Princeton University Press. (Original work published 1945)

Runesson, U. (2005). Beyond discourse and interaction. Variation: A critical aspect for teaching and learning mathematics. *Cambridge Journal of Education*, *35*(1), 69 - 87.

Runesson, U. (2006). What is it possible to learn? On variation as a necessary condition for learning. *Scandinavian Journal of Educational Research*, *50*(4), 397 - 410.

Sekiguchi, Y. (2008). Sugaku kyoiku ni okeru variation riron no igi to tenbo [Meaning and prospect of variation theory in mathematics education: Inquiry into "affordance" in learning]. *Proceedings of the 42th annual Meeting of Japan Society in Mathematical*

Education, 733 - 738.

Sekiguchi, Y. (2012). An analysis of coherence and variation in Japanese mathematics classrooms. *Proceedings of the 12th International Congress on Mathematical Education* (pp. 4332 - 4340). Seoul, Korea.

Shimizu, Y. (2006). How do you conclude today's lesson?: The form and functions of 'Matome' in mathematics lessons. In D. Clarke, J. Emanuelsson, E. Jablonka, & I. A. C. Mok (Eds.), *Making connections: Comparing mathematics classrooms around the world* (pp. 127 - 145). Rotterdam: Sense Publishers.

Shimizu, Y. (2009). Characterizing exemplary mathematics instruction in Japanese classrooms from the learner's perspective. *ZDM: The International Journal on Mathematics Education*, *41*, 311 - 318.

Shimizu, Y. (Ed.). (2011). *Cross-cultural studies of mathematics classrooms from the learners' perspective*. Research Report of Grants-in-Aid for Scientific Research by Japan Society for the Promotion of Science (No. 19330196), University of Tsukuba (In Japanese).

Shimizu, Y., & Kaur, B. (2013). Learning from similarities and differences: A reflection on the potentials and constraints of cross-national studies in mathematics. *ZDM: The International Journal on Mathematics Education*, *45*, 1 - 5.

Stigler, J. W., & Hiebert, J. (1999). *The teaching gap*. New York, NY: Free Press.

Sugita Elementary School. (1964). *Kangaeru chikara wo nobasu tameno hatsumon to jogen* [Teacher's questioning and suggestions for the purpose of fostering the students' ability of thinking]. Yokohama, Japan: Author.

Sugiyama, Y., & Ito, S. (Eds.). (1990). *Shogakko sansuka jyugyo kenkyu* [Lesson study in elementary mathematics]. Tokyo: Kyoiku Shuppan.

Takeuchi, Y., & Sawada, T. (Eds.). (1984). *Mondai kara mondai e* [From problem to problem]. Tokyo: Toyokan.

Watson, A., & Mason, J. (2006). Seeing an exercise as a single mathematical object: Using variation to structure sense-making. *Mathematical Thinking and Learning*, *8* (2), 91 - 111.

Watson, A., & Ohtani, M. (Eds.). (2015). *Task design in mathematics education: An ICMI study 22*. London: Springer.

Wong, N. Y. (2008). Confucian heritage culture learner's phenomenon: From "exploring the middle zone" to "constructing a bridge." *ZDM: The International Journal on Mathematics Education*. doi: 10.1007/x11858 - 008 - 0140-x.

Wong, N. Y., Lam, C. C., & Chan, A. M. Y. (2013). Teaching with variation: Bianshi mathematics teaching. In Y. Li & R. Huang (Eds.), *How Chinese teach mathematics and improve teaching* (pp. 105 - 119). New York, NY: Routledge.

15. 在美国通过变式发展代数推理能力

安吉拉·T·巴洛(Angela T. Barlow)①
凯尔·M·普林斯(Kyle M. Prince)②
艾里森·E·利什卡(Alyson E. Lischka)③
马修·D·邓肯(Matthew D. Duncan)④

引言

在美国,从历史角度看,代数一直被认为是“通往大学教育和该教育所提供的职业的守门人”(Kilpatrick & Izsak, 2008,第11页)。由于如此,当前的课程文件强调需要支持所有学生学习代数[共同核心州标准倡议(CCSSI),2010;美国数学教师委员会(NCTM),1989,2000]。然而,这样做,需要对学生接受正式的代数学习的准备工作重新概念化(Kilpatrick & Izsak, 2008)。考虑到这个准备工作,已有学者表明学生需要有机会参与代数推理(Blanton & Kaput, 2005; Earnest, 2014; Hunter, 2014; Kaput, 2008; Kilpatrick & Izsak, 2008)。不过在考虑代数推理的核心方面仍然存在不同的观点。

卡普特(Kaput, 2008)在两个方面描述代数的特征。首先,他把代数描述为一门继承的学科或者文化产物。其次,卡普特把它描述为一项需要人类才能存在的人类活动。在我们的著作中,我们把重点放在后者上,并探究卡普特(2008)的观点:“代数推理的核心由复杂的符号化过程组成,而符号化过程对有目的的概括和一般化的推理有用。”(p. 9)

在这种关于代数的观点下,卡普特(2008)描述代数推理的一个核心方面,包含“代数作为规则和约束系统的符号化概括”(p. 11)。虽然这个核心方面以某种

---

① 安吉拉·T·巴洛,美国中田纳西州立大学数学科学系。
② 凯尔·M·普林斯,美国田纳西州穆弗里斯博罗中心磁石学校。
③ 艾里森·E·利什卡,美国中田纳西州立大学数学科学系。
④ 马修·D·邓肯,美国中田纳西州立大学大学研究系。

形式存在于代数的所有分支中，但是我们特别对代数推理感兴趣，因为代数推理有助于在构建函数的讨论中概括出一种模式（Kaput，1999；Warren & Copper，2008）。最近的国际课程文件（例如：教育部，2007；安大略教育部，2005）和20多年来的美国课程文件中已经渗透代数推理的这种观点。表1提供了出现在美国课程文件中的代数概要，这些文件包括课程和评价标准（CES，NCTM，1989）、学校数学原理与标准（PSSM，NCTM，2000）、数学国家共同核心标准（CCSSM，CCSSI，2010）。

美国标准中包括代数推理，部分是通过支持有必要在中学学生中发展代数推理的文献库来告知的（Blanton，2008；Carraher & Schliemann，2007；Lins & Kaput，2004；Soares，Blanton，& Kaput，2005）。请注意我们把中学学生定义为那些五年级至八年级、年龄大约11至14岁的学生。另外，我们把代数推理描述为构建一般的数学关系和用越来越复杂的方法表达那些关系的过程（安大略教育部，2005；Soares等，2005；Warren & Cooper，2008）。而且，卡拉赫和施莱曼（Carraher & Schliemann，2007）指出函数的作用是联系中学水平到大学水平学习代数的纽带。因而，在中学实施这种代数推理的观点是有事实根据的，“与数学教育有极大关联，因为它提供了一个专门在学生的思维方面培养一种特定的概括能力的机会”（Lins & Kaput，2004，p. 47）。

表1　美国文档中的代数推理

理解模式	
CES PSSM CCSSM	分析图表确定关系（5～8年级） 用表、图和文字概括各式各样的模式（6～8年级） 分析模式和关系（5年级）
表示数学情境	
CES PSSM CCSSM	用表、图和方程表示情境（5～8年级） 使用代数符号表示情境和解决问题（6～8年级） 表示和分析数量关系（6年级）
概括函数	
CES PSSM CCSSM	概括数字模式去表示物理模式（5～8年级） 确定函数，比较他们数量间的属性和通过表格比较他们的属性（6～8年级） 用函数构建关系（8年级）

虽然在课程文件和文献中体现了代数推理的重要性，但是美国和国际的课堂在为代数推理的学习创造机会方面做得不够（参考 Carraher & Schliemann, 2007；Stacey & Chick, 2004）。为了处理这个问题，布兰顿（Blanton, 2008）开发了课程材料，目的是支持教师，因为他们在小学和中学会引入代数推理。在这些材料中，布兰顿（2008）把代数推理描述为学生通过引导可以获得的一种思维习惯，这种引导提供机会去“思考、描述和评价一般关系”（p. 93）。其重点是要求学生参与代数推理，即一种由下列教师实践支持的过程。

- 帮助学生学习使用多样的表示，理解这些表示是如何关联和有条不紊与有组织地表达思想的；
- 倾听学生思维并用之在授课中寻找方法并构建更多的代数推理；
- 通过探究、猜测和检测数学关系帮助学生构建概括能力（Blanton, 2008, pp. 119 – 120）。

通过将算术任务转变为有机会去概括数学模式和关系的这些实践，代数推理能够聚焦函数思考（Blanton, 2008；安大略教育部，2005）。一种可行的方法是通过改变一个单一的任务参数（Blanton, 2008; Blanton & Kaput, 2003，2005；安大略教育部，未注明日期；Soares 等，2006）。

改变一个“能使你构建一项在两个数量间寻找函数关系的任务参数”（Blanton, 2008, p. 58），“可以将焦点从算术思维转移到代数思维”（安大略教育部，未注明日期，p. 19）。改变一个参数的强调重点意味着运用变式理论授课也许是一项重要的措施，该项措施给中学生提供参与代数推理的机会。因而，本章目的是呈现一个案例，该案例描述一系列以变式理论为基础发展起来的任务。同样地，这些任务与美国课程文件中建立的愿景一致，目的是支持在六年级学生中发展代数推理。在下一节中，将介绍一种变式理论，描述四项任务的序列，包括它在六年级课堂的实施情况。最后，将提供任务序列中变式作用的讨论和思考。

变式理论

根据马顿、鲁内松和徐（Marton, Runesson, & Tsui, 2004）的观点，学习是一项过程，在该过程中学生获得特定能力或者理解和体验的方法。为了用某种方法理解某种事物，学生必须辨别出对象的关键特征，这被称为变式理论（Leung，2012；Marton & Pang，2006；Marton 等，2004）。变式理论可以通过提供给学生机会，去辨别什么是学习的核心方面（也被称为学习对象）来辅助教师发展学生的代数推理能力（Ling，2012）。而教师不能保证学生体验学习的生活对象，他们可以提供允许学生发展和检测联系的对比经验，将学生的注意力集中到核心特征。毕竟，只有当学生在不同的情境里用不同的维度去发现学习对象时，他们才开始理解它（Maron 等，2004）。因而，必要的是学生在学习情境中辨别出模式中的变与不变（Leung，2012）。教师的主要目标是揭示这些模式去支持学生用有力的方法领悟设计的学习对象，而这将导致有力的行动方法（Marton 等，2004）。

学习对象有两个特征："直接和间接学习对象"（Marton & Pang，2006，p. 194）。直接学习对象根据内容而定义，比如求代数式的值。相比之下，间接学习对象指的是"期待学生发展譬如能给出例子，在新的情境中能辨别出关键方面的能力"（Marton 等，2004，p. 4）。以下段落，我们运用这种变式理论去设计并实施一个有四项任务的课程序列，旨在支持发展代数推理能力。我们的描述包含直接和间接学习对象，在任务序列的设计和制定中得以证明。

任务序列

设计

这项任务序列中，预期的直接学习对象，即被定义为教师期望学生学习什么，是学生能够在给定的一系列几何图形中概括出一个线性模式，给出一般式作为包含一个变量的表达式（形如$an+b$，其中a和b是整数），根据几何模式对一般式进行解释。这个目标支持源自 CCSSM 的 6～9 级标准（CCSSI，2010），CCSSM 指出：

> 使用变量表示一个真实世界问题里的两个数量，这两个数量其中一个的改变会影响另一个，根据一个被看作自变量的数量，写一个方程去表示另外一个被看作因变量的数量。使用图和表分析因变量和自变量间的关系，把这些用方程联系起来。（p. 44）

预期的间接学习对象，或者要发展的能力，在课堂里包括：在几何图形里看见的分组结构（a）；与这些分组有关的相应的图形数（n）；将常数识别为每次出现在图中但不在组中的内容（b）；在一般式 $an+b$ 里，a、n 和 b 表示整数。

在这些课里，学生需要在不同的情境中看到线性模式，以及这些二维情境中某个特定方面发生的变化。研究假设，“最有效的策略是让学习者在他们同时遇到特征的变化时，一次辨别一个”（Lo & Marton, 2012, p. 11）。当开发任务序列时，考虑了这个想法。表 2 提供了课堂序列的概貌，包括每节课中呈现的几何模式。在每项任务里，呈现一系列的数字，期望学生根据模式中图形位置发展一项措施，来确定产生图形所需要的线段条数。

表 2　课堂串概貌

任务	图 1	图 2	图 4	一般式
1		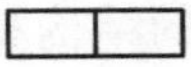	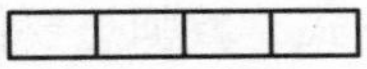	$3n+1$
2		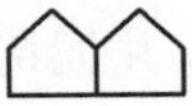	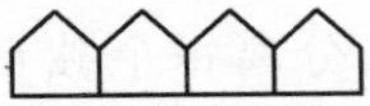	$4n+1$
3	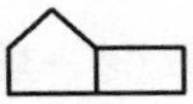	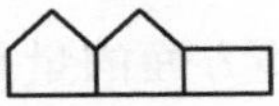		$4n+4$
4	给学生一般式，期望他们创造一个几何模型			_$n+4$

任务 1。这个任务的目的是引入概括模式的过程。目的是让任务 1 为学生提供一个共同的体验，让他们在这个共同的体验上去发展。这个包括引入共同的词汇，譬如一般式，在图形数目和相对应的图形间寻找关系的特定方法。在这节课里，目的是让学生去体验给定正方形数目（在问题情境中被认为是畜栏）、图形（在问题情境中被认为是护栏并由牙签表示）里线段数目的变化。虽然与 n 个畜栏对应的代数表达式是 $3n+1$，但是这节课的目标并不一定包括代数化的表示模式，而仅仅是口头上的。任务 1 里的变量局限于仅仅在模式里发现的变量，因为学生独立地检查图 1、图 2 和图 4。因此，没有对照物或者没有任何相比较之物的情况下，也许很难去确定依据什么方面归纳得出一般表达式是 $3n+1$。

任务 2。为了让学习者辨别学习对象的关键特征，任务 1 的焦点是引入找到一般模式的想法。相比之下，任务 2 引入一个不同的模式，该模式要求学生体验学习对象的一维变量——每组里的数目。新模式保持常数不变，而改变组的值，导致相应的表达式是 $4n+1$。用这个方法，学生们有机会在不同情境下看到学习对象，检测自己的猜想的有效性，通过尝试辨别什么关键和什么不关键设法理解新图形(Ling, 2012)。而且，这项任务为学生提供机会同时意识到两种情境，目的是让他们进行比较和对比，即所谓的"同时探究"(Marton 等，2004, p. 17)。根据学生先前经历的内容和这个任务中他们要经历的内容，他们有潜力根据组的特征进行"分离"(Marton 等，2004, p. 16)，并能从其他特征中辨别出分组特征。第一个变量处在相似的情境，这是很重要的，以至于其他的事情不变，却清楚什么影响了变化。

任务 3。任务 3 在两个方面与任务 2 相似。首先，分组的结构(例如，模式中房子的形式)和系数 (a) 保持相同。其次，呈现学习对象中的一维变量。然而，在这种情况下，正是常量的数值被分离，以至于学生可以经历模式中不变的结构如何影响了一般表达式。教师想要保持分组的结构相同以至于这种影响更加清晰。根据马顿等人(2004)，学生需要经历下面与学习对象相关的内容：对比实例、从变化的表象中概括、分离每个独自的方面，并同时把它们整合在一起(Leung, 2012)。在这项任务中，学生分离学习对象的最后一个方面。最终他们应当能够辨别学习对象的两个方面，对于改变那些方面的量是如何改变一般表达式的，有一个基本的理解。

任务 4。这个最后任务的目的是通过提供给他们机会用崭新的视角体验学习对象，进一步发展学生一般模式的"专业洞察力"(Marton 等，2004, p. 11)。在这项任务中，要求学生创造一个满足 $\_n+4$ 的几何模式。为了构建相应的几何模式，学生必须同时体验分组结构和常数，并理解每个方面是如何影响他们的模式的。接下来，学生能够比较并对比处理方法，重新认识不同的分组结构，看到同样的代数公式有多样的表示。

总结。任务序列通过仔细地选择由变式理论指导的经历，应当要求学生意识到学习对象的重要特征。通过一系列的对比、概括和分离(Marton 等，2004)，学生应该能够提升对他们"看到"预定的学习对象的认识。然而，最重要的是学习者实际上遇到了什么以及课堂情境中可能学到什么，即被认为是实施的学习对象(Marton 等，2004)。在下列部分，实施的学习对象通过实际上由师生共同组建的变与不变的模式来描述。

实施

在这个部分，我们将展示关于四项任务的课堂序列的总结（见表2），即实施的学习对象，在位于美国东南部的郊区学区的六年级班级里实施。这个班级有20名学生，每天集中授课55分钟。第一作者是授课指导员。作为大学教授，她花费相当多的时间在当地学校教授示范课，她凭借专业知识和在实施以改革为导向的课堂上的经验而获得人们的认可。四项任务的课程序列被录制，目的是开发一个多媒体案例去帮助教师理解以改革为导向的教学。

课堂1。课一开始，教师描述了一个问题情境，用来帮助学生理解即将到来的任务。

> 我有一些刚刚买来的土地，我准备在上面建造畜栏。我们将用牙签代表畜栏（展示一个用四根牙签制成的一个正方形状的畜栏）。那将是一个畜栏。建造一个畜栏需要多少个护栏？（学生回答4块）我可以建造不止一个畜栏，但是要纵向地建造。现在，我要便宜，我不喜欢多花钱。当我建造第二个畜栏时，我不要将护栏数翻倍。（展示由牙签制作的两个畜栏）我使用了多少个护栏？（学生回答7个）因而这就是我们的问题。我想在我的土地上建造尽可能多的畜栏，但是我不知道土地有多长或者我需要多少护栏。这（指向图2）是两个畜栏，它用掉7个护栏。预测4个畜栏我们需要多少个护栏。你得出结果了吗？建造你的畜栏看看预测是否正确。（学生回答13）因此这是我们的任务：如果我告诉你我的土地上可以建造的畜栏数，我需要你告诉我需要多少护栏。

在帮助学生思考问题情境后，教师问问题，旨在帮助学生识别畜栏模式的结构。

> 教师：当你建造畜栏接着数护栏时，你怎样数？思考你如何描述你是怎样数护栏的。简要记下你是怎样数的，稍等片刻我们将分享策略。（学生花

费大约1分钟时间写下他们的策略)让我们从Ben开始。

学生1：我数第一笔是4个，然后加了3次3。

教师：你们都理解Ben说的吗？我打算让Candy重述Ben的想法。

学生2：他数第一笔4，接着他数3。

教师：Larry，你怎样数的？

学生3：我数左边的牙签，接着上面牙签，接着下面牙签，接着右边牙签，像一个盒子上的所有的。(学生说明他怎样数剩下的牙签：上、下、右、上、下、右、上、下、右)

教师：有人有不同数法吗？

学生4：我数中间的，接着上面的，接着下面的。

学生5：我数上面、下面，接着中间。

在这种交流之后，给每个学生一个畜栏数(例如，6、7、9、10、12)，他们要指出相应的护栏数。学生在他们的小组内检查彼此的工作后，教师要求学生看看不同的问题，确定他们关注到的两三件事情。下面的交流发生了。

教师：你或你的同伴注意到什么？

学生1：护栏数是畜栏数乘以3接着加上1。

教师：我想我听到许多不同组这样说。我想让你谈论这个——为什么这是对的？如果你不明白这个，用你的问题去检验。检验它——为什么这是对的？

学生2：我们认为由于第一个是4，其余的是3。我们不必再加，因为第一个是整体。

学生3：如果我们数第一个4，拿走一个，其余的都加上，那将带给我们三九二十七，接着你把拿走的那个加回去。

学生4：难道不是“3乘以畜栏数加上1”——那是这个问题的一个公式吗？

教师：我将把那个写在这儿。记住我不知道土地有多大。还观察到什么？

学生 5：我们注意到你应当确保数了所有的护栏。

学生 6：畜栏数影响护栏数。

学生 7：如果你使用一个简单的模式，你把它摊开很长，它更容易完成。它完成起来简单。

教师：因此你在思考在三个的时候如何发现模式。记住那点，我不知道土地有多大。他们打算打电话给我说，"嘿，我们认为你在那儿会有 200 个畜栏"，我需要能够立即说出我需要多少护栏。我们的哪个观察将帮助我们处理那个问题？和你的同伴讨论一下。

学生 8：第一个因为 200 乘以 3 即 600，加上 1 就是 601。

教师：如果你同意第一个观察对解决我们的问题最有用，请竖起大拇指表示赞赏。好的。如果你同意 200 个畜栏我们将需要 601 个护栏，请竖起大拇指。哇！我现在必须要挑战你。记住这个公式。你怎样使用符号和一个变量表示这个第一个观察？同你的同伴讨论一下。

学生们热切地与他们的同伴谈论如何用符号表示观察到的（比如，护栏数是畜栏数乘以 3 再加上 1）。学生提供下列表达式：$C \times 3 + 1$；$3n + 1$；$(C * 3) + 1$；$3c + 1$。教师将学生使用的**公式**与**表达式**和**一般式**关联起来。在关于一般式为什么对问题有用的讨论之后，教师问如果有 61 个护栏可以建造多少个畜栏。课堂在讨论这个问题的解法中结束。

课堂 2。作为家庭作业，学生重新回顾畜栏任务，并对下列提示作出反应：**Sarah 在看畜栏时，她说她看见 3 个一组。**你认为她指的是什么？第二节课开始，教师要求学生拿出家庭作业单并比较他们对这个提示的反应。接着，产生下列的交流。

教师：我想让 3 个人与我们分享他们所写的内容。

学生 1：我认为她从第一个畜栏开始，拿走第一根牙签，因而可以 3 个一组。

学生 2：第一组 4 根牙签后，每组都是 3 根。

学生 3：她是在考虑 3 个畜栏。

教师：我的问题是：我们看到 Sarah 是怎样考虑这些 3 个一组的。她的想法对吗？Alice说去掉一根牙签就有3个一组。接着Larry说先有一组4根的，接着是3根一组的。接着Alden说3个畜栏。因而我想让你们在脑海中思考1分钟：Sarah的3个一组是如何帮助我们思考形成模式的？（学生们分小组讨论想法）让我们从Callie开始。

学生4：拿走一根牙签，接着3个一组，再把1加回去。

教师：这个如何帮助你？

学生4：接着你可以算出多少根牙签。

学生5：每次你用3去乘，接着拿走一个护栏再用3去乘，再把1加回去。

学生6：我认为也许你可以拿走一个，再每次加上3。

教师：因此你拿走一个，每次加上3。重复地加上3就是乘。（教师指向前一天记录的一般式里的乘法符号）

学生7：她说她看到组，意思是多个3一组。因此当你处理公式时，拿走一个护栏，你用栏里的数目乘以畜栏数，你就容易得到需要的所有的护栏数。

教师：因而从这个我们开始看到什么是组的概念——当我们算出一般式时，考虑组是有用的。

此次交流之后，教师通过讲一个故事引入当天任务，与前一天类似，图形中用了新的形状，学生称为房子。在要求学生分享模式中他们应注意什么后，教师要求学生考虑这种新模式与前一天探究的模式有什么不同。

学生1：取代模式中的3，我们用4。

教师：因此你考虑用4去乘。其他人呢？

学生2：取代加3，我们加4。

教师：好。还有注意吗？

学生3：房屋用4根牙签。

教师：你们都理解他说什么吗？这个模式中哪里有组？回忆家庭作业里，Sarah说了一些关于组的东西。在这个模式里，我们在哪里看到组？在纸上写下你的想法。

学生4：我看见4个一组。

教师：你能上来给我们展示在哪里你看到4个一组吗？(学生在教室前演示她看见的4个一组)你们都看见同样的组吗？

学生5：每个都是4根牙签一组，除了第一个。

教师：我们怎样使用策略算出一定数量的房子需要多少根牙签？

这次交流之后，给每个学生房屋的数目(如8、9、10、11、12、15)，他们要算出相应的牙签数。学生在小组内检查彼此的工作之后，教师使用他们的数对(例如房子数和牙签数)创造了一个函数表。在函数表中，在输入栏里她记录n，要求学生思考相应的表达式，记录在输出栏里。小组讨论后，学生提出下列表达式：$n\times 4+1$；$4n+1$；$4h+1$；$4*n+1$。这节课通过找到输入50的输出结果和输出81的输入结果进行总结。

课堂3。这一天，由于恶劣天气，学校上课耽搁了两个小时。结果，原来的课时修改为30分钟。这节课开始，教师分发了一张纸，纸上包含新模式的表示。学生注意到房子上加了车库。教师要求他们为该模式创造一个函数表。动手几分钟后，为了进行课堂检测，教师要求一个学生展示她的作业。

学生1：我建一间房子——它要5根牙签。接着我建车库另外增加3根。接着第二个，我建两间房子，它要9根牙签，并为建车库增加3根。接着我看到一种模式——每次增加4，因此是8、12、16、20、24。

教师：Tammy，我能打断一下吗？你们都看看Tammy的结果，看看是否赞成？(学生们把他们的表格与Tammy的结果进行比较)好的，继续，Tammy。

学生1：我做同样的事情，接着公式是n乘以4加上1再加上3，或者简化为n乘以4加上4。

教师：Tammy，你能再次告诉我们你是如何算出公式或一般式的吗？

学生1：我采用我们昨天得出的公式，n乘以4加上1，我注意到这个车库仅仅有另外3条边，因而所有我做的仅仅是在公式上加上3。

教师：我注意到其他组中一些同学做的结果也一样。他们加上1接着加上3，简化为$4n$加上4。因此她提供给我们的一般式是n乘以4加1再加3，

或者是 n 乘以 4 加 4。因此我想让你们在组里做两件事。第一件事，采用这个一般式并检查它。用一个输入值代入一般式，看看它是否产生正确的结果。第二件事，我想让你们思考为什么我们乘以 4，为什么我们今天加 4 而昨天加 1？与你的同伴交流一下。（学生们分组交流几分钟后，写下他们的想法）让我们整组分享思考的内容。

学生 2：我认为你将移走这个正方形——车库——接着数你房屋的护栏数，用你拥有的房屋数乘 4 个，接着你把 4 加回去。

学生 3：这时的每个五边形房子被关注的有四条边，接着你加上正方形，最后再把房屋的边放回去。

教师：回忆前几天在我们的问题中 Sarah 是怎样发现组的。同你的同桌说说你发现的组。

学生 4：她看到 4 个一组。（学生画出房子轮廓，省去一边）

教师：碰巧在车库里也有 4 个一组。这个 4 是不一样的。它自己独自在那里不入组的数字称为常数。因此我们先看群组里来了什么，接着看常数——它就在这儿。

课堂只剩下几分钟，教师要求不同组的学生为预先选定的一般式开发一种模式。所有的一般式形如 $\_n+4$，这里 n 的系数每组不同。然而，当课结束时，学生没有得到太多的进展。

课堂 4。讨论了一些家庭作业问题后，教师通过要求学生回看前三节课中提出的三种模式来开始课堂教学。她提醒他们以前讨论过的组和常数。接着，学生开始动手去发现他们的几何模式，使其可以用布置给他们的一般式来表示。教师要求两组同学向班级展示他们的工作。这里记录了一次讨论的对话，这个讨论聚焦由图 1 展示的模式。

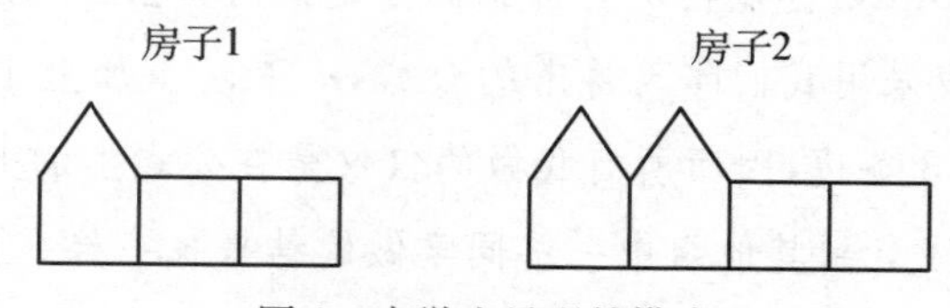

图 1　由学生呈现的模式

教师：让我们关注这个小组，思考他们的工作。

学生1：我们得到 $4n$ 加7，我们考虑一个房子带两个车库。在1号图中，你移走两个车库，数出4个护栏，接着把车库放回，那就是加上7。

教师：你能向我们展示哪里是4个一组吗？

学生1：4个一组就在那儿(画出房子一部分的轮廓)。

教师：常数7在哪里？

学生1：它就在车库里。

展示两个模式之后，教师要求学生回顾过去4节课中学到的思想。学生的思想包括：一般式的含义；给定一般式很难找到图形、常数、输入/输出表。

课程序列中存在的变异

这个系列课的预定学习对象是给定一系列几何图形、概括一个线性模式、给出含有一个变量的一般式(如 $an+b$，这里 a 和 b 是整数)、根据几何模式证明一般式。在教室里，采用变式理论允许学习者获得预定的学习对象。在这个部分，我们呈现关于预定的学习对象、实施的学习对象和体验的学习对象的讨论。

预定的学习对象

计划的课程序列，由表3呈现，展示了特意使用变量带来对线性函数特征的关注。系列课中的第一节课，引入牙签式的畜栏的目的是提供线性函数讨论的起点。接着，第一节课里，仅有畜栏数发生改变，意识到线性方程中的输入与输出间的关系。使用变量建立一个共同的体验，基于这种体验建立起对概括过程的理解。

表3　任务中变量的维度

任务	维度	变量	不变量	学习对象
1	畜栏	畜栏数 (1至 n)	组的大小(3) 和常数(1)	畜栏数与所需的护栏数如何相关

续表

任务	维度	变量	不变量	学习对象
2	组	组的大小(3 至 4)	常数(1)	每组里的数字如何改变一般表达式
3	常数	常数(1 至 4)	组的大小(4)	追加的护栏数如何改变一般表达式
4	方向	给定表达式而非图像,组的大小(4 到__)	常数(4)	给定一般表达式创造一个几何图形
第 2 天家庭作业	模式类型	数形状而非边	一般式 $(3n+1)$	迁移

接下来的课继续一次改变线性函数的一个特征,因而引起对线性函数部分特征的关注。第二节课聚焦一个新的牙签模式,每组中的数字不同于第一天的畜栏模式。接着第三节课呈现第三个牙签模式,那个模式里的常数发生改变。为了遵守变式理论,每天探究的模式具有相同的形式(比如,通过牙签搭建来设想),因此允许讨论的方面保持不变。另外,每节课主要活动里仅有每组(或输入)的位置发生改变。通过保持这些部分不变,关注课堂变化的特征,允许学生分离这些特征。

第 2 天和第 3 天布置了课堂作业,在作业里呈现的模式与课堂上的牙签模式不同。这个变化目的是提供给学生机会延伸在不同的可视图形中对线性模式的思考,而这些不同的图形其一般式与课堂上探索的一般式保持相同。例如,第二天的家庭作业模式是一个等边三角形每边都有正方形(见图 2)。数每个"Y"形状的数目(如正方形和三角形),一般式是 $3n+1$,这里 n 代表模式中图形的位置。这个问题需要数形状而不是线段,但是利用了同样的一般式,就是第一天课堂上学生探究的那个一般式。

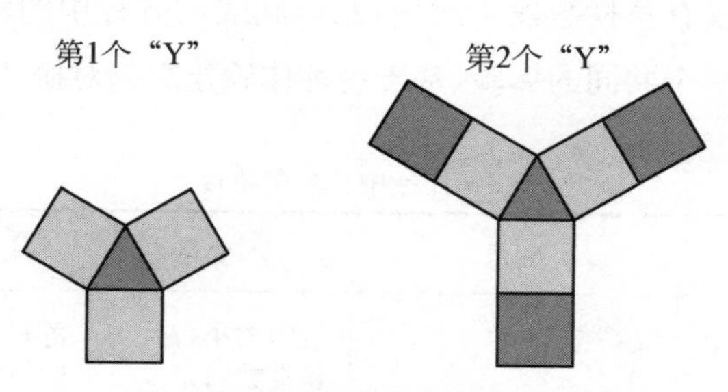

图 2　第二天的家庭作业任务模式

家庭作业中包括不同模式的目的是改变学生参与的模式类型而保持模式的一般式不变，意识到线性函数的一般式概念的可迁移性。

实施的学习对象

通过 4 节系列课，教师用清晰的问题将学生的注意力聚焦到学习对象上。第一节课教师问："当你建造畜栏接着数护栏数时，你是怎样数的？"这个问题鼓励学生考虑不同的方法去数护栏数，引出推测大量不同的一般式的可能性。然而，这节课的第二个阶段，第一位学生提出他注意到"护栏数是畜栏数乘以 3 再加上 1"。这个学生的表述似乎限制其他学生后来考虑关系的一般式。并非为模式提供丰富的不同的一般式，而是一般式局限在相似的表达式[例如，$C\times 3+1$，$3n+1$，$(C*3)+1$，$3c+1$]。虽然一般式受限制，这个体验允许学生聚焦一个线性函数里的组成部分，开始实施相关的组和常数的想法。

在第二节课开始，教员关注家庭作业中的讨论，问："Sarah 的 3 个一组是怎样帮助我们思考模式的？"这个聚焦问题限制学生对组的思考而非对整个线性函数的思考。我们看见这种限制的影响，通过学生在课堂讨论期间的反应，学生在第二节课将 4 个一组与第一节课 3 个一组联系起来。学生在班级里的讨论反应包含他们说的语言："我看见 4 个一组"；"每个都是 4 根牙签一组除了第一个"。

前两节课期间，已经建立起线性函数中变量的思想，在第 3 天设计的课里改变常数，保持组数不变。学生为新的模式构造函数后，教员问了一个焦点问题："为什么今天我们加 4 而昨天加 1？"由于这天的课堂时间缩短（由于天气耽搁），学生没有足够的时间抓住常数思想，在谈话中又返回对组的讨论。然而，在最后一天的课程序列的陈述里，学生清楚地确定组和常数的地位。

从课堂观察来看，学生开始意识到线性函数中变量和常数的概念。在上课期间仅仅使用牙签结构的方法似乎让学生单独地学习概念。在这些课的延续部分，考虑模式的物理结构的变化也许提供给学生更广的概括机会。

体验的学习对象

每天的课上，都给学生布置了家庭作业。我们可以通过检查学生的作业和寻找学习里的模式来洞察体验的学习对象。第一次家庭作业任务里，问学生："当 Sarah 看畜栏时，她说她看见 3 个一组。你认为她指什么？"学生的回答各式各样。班级里坐在一起的同学组成小组，小组回答包括："她看见 3 个相等的由牙签构成的组”;“有 4 个一组和 3 个一组与它相连”;“在你有 4 根牙签一组后，会再放上 3 根牙签的组”;“她看见 3 组都有 3 个护栏”。显然课堂上呈现的概念仍然有各式各样的理解水平。

第二天布置的家庭作业需要学生画出与图 2 中呈现的模式相关的图像，并概括模式。大部分情况下学生能够在模式中画出第 4 个图和第 10 个图。然而，提出各式各样的正确的和不正确的模式。提供的代数式包括：$3n+1$(正确的一般式)；$4n$；$n\times n+1$；$n+7$；$4n+1$。递交作业的 14 位同学中有 6 个提供了正确的一般式。提供错误一般式的 8 位同学中有 3 人的回答不代表一般式(例如，35 或 4)。

第三天布置的家庭作业包括下列问题：

> Joseph 用正方形产生了一个模式。Joseph 的模式的第一幅形状图在图 3 左侧，和他的函数表格(图 3 右侧)在一起。画出模式里接下来的两个图像，使得模式与函数表格相匹配。接着，概括模式。

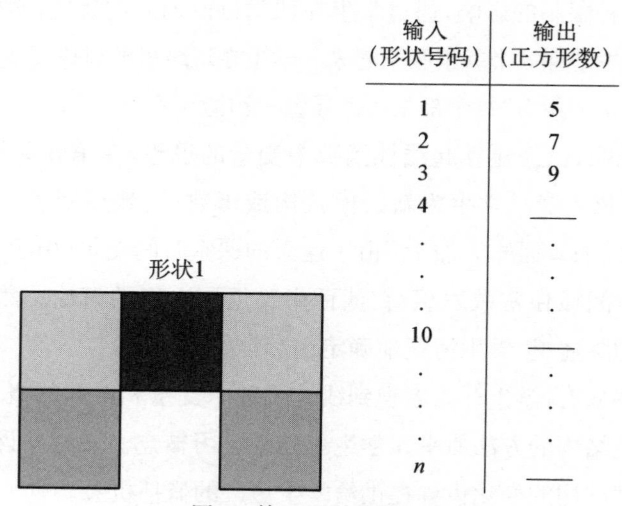

图 3　第三天的家庭作业

在这项作业中，有一半的学生提供了正确的一般式。换句话来说，更多的学生关注线性模式的一般式里组和常数的本质。另外，要求学生创造他们自己的模式并提供一般式。虽然许多学生仍然选择用牙签模型工作，但是在牙签的安排中有更多的变化，一些学生甚至选择创造一个模型而不用牙签模型。

通过任务和课堂作业，发现学生在理解方面有收获。通过学习对象的变化，提供学生考虑线性函数特征的机会。学习的生成对象意味着大多数学生开始意识到线性函数的概念。

结论

受变式理论和美国在中学生中发展代数推理的观点影响（Blanton，2008；Blanton & Kaput，2003，2005；Kaput，1999），本章呈现的任务序列将学生的注意力转向有力的观察方式。这些任务为学生提供丰富的机会，通过策略性地改变呈现的几何图形的特征来学习。因为学生能够认识模式和区分学习对象的关键特征，通过分析什么改变和什么没变，找到发展间接学习目标的证据（例如，概括的线性关系的结构和方面）。这个过程变量作为构建模式概念和概括的一种措施，在西方说英语的国家（APPA 组，2004）里主要发展为代数推理的一条途径。

此外，教师在上课时编制一系列问题，引出各式各样的策略数护栏，目的是支持学生的"专业视角"（Marton 等，2004，p. 11）。聚焦不同的数法，提供给学生工具，通过这个工具他们可以计算护栏数而不要实际上一个一个地数。使用这种方式提问，是一种教学工具的例子，建议把这种教学工具作为"从数值概念到代数推理"这个拓展知识的一项措施（Hunter，2014，p. 280）。课堂任务设计中编入变量考虑到具体领域，在这个领域里教师可以敦促学生公开他们关于直接学习对象（例如概括线性模式）的思考，这将使学生具有较高水平的认知能力（Hunter，2014；Kazemi，1998）。

构建这些一般式引导学生能够开始转移他们的理解，目的是构建一次线性函数去表示各式各样的几何图形。结果，本章呈现的任务序列具有共同的愿景，目的是支持在六年级发展学生代数推理能力。从一种理论观点来说，在任务序列里发现的关于预定的、实施的和体验的学习对象的细心分析提供了一幅清晰的美国变式教学画面。而且，本章提供一个例子，可以潜在地让美国代数课程抛弃一种不良状态，即学校"没有足够的准备让学生通过重要的过渡，从初级学校里具体的、算术的推理过渡到中学及以上学校需要的越来越复杂的抽象的代数推理"（Blanton 等，2015，p. 76）。

参考文献

APPA Group (led by Sutherland, R.). (2004). A toolkit for analyzing approaches to algebra. In K. Stacey, H. Chick, & M. Kendal (Eds.), *The future of the teaching and learning of algebra* (pp. 73 - 96). Dordrecht: Kluwer.

Blanton, M. L. (2008). *Algebra and the elementary classroom: Transforming thinking, transforming practice*. Portsmouth, NH: Heinemann.

Blanton, M. L., & Kaput, J. J. (2003). Developing elementary teachers': "Algebra eyes and ears." *Teaching Children Mathematics*, *10*, 70 - 77.

Blanton, M., & Kaput, J. J. (2005). Characterizing a classroom practice that promotes algebraic reasoning. *Journal for Research in Mathematics Education*, *36*, 412 - 446.

Blanton, M., Stephens, A., Knuth, E. Gardiner, A. M., Isler, I., & Kim, J. S. (2015). The development of children's algebraic thinking: The impact of a comprehensive early algebra intervention in third grade. *Journal for Research in Mathematics Education*, *46*, 39 - 87.

Carraher, D. W., & Schliemann, A. D. (2007). Early algebra and algebraic reasoning. In F. K. Lester, Jr. (Ed.), *Second handbook of research on mathematics teaching and learning* (pp. 669 - 705). Reston, VA: National Council of Teachers of Mathematics.

Common Core State Standards Initiative. (2010). *Common core state standards for mathematics*. Washington, DC: National Governors Association Center for Best Practices and Council of Chief State School Officers. Retrieved from http://www.corestandards.org.

Earnest, D. (2014). Exploring functions in elementary school: Leveraging the representational context. In K. Karp (Ed.), *Annual perspectives in mathematics education: Using research to improve instruction* (pp. 171 - 179). Reston, VA: National Council of Teachers of Mathematics.

Hunter, J. (2014). Developing learning environments which support early algebraic reasoning: A case from a New Zealand primary school. *Mathematics Education Research Journal*, *26*, 659 - 682.

Kaput, J. J. (2008). What is algebra? What is algebraic reasoning? In J. J. Kaput, D. W. Carraher, & M. L. Blanton (Eds.), *Algebra in the early grades* (pp. 5 - 17). Reston, VA: National Council of Teachers of Mathematics.

Kazemi, E. (1998). Discourse that promotes conceptual understanding. *Teaching Children Mathematics*, *4*, 410 - 414.

Kilpatrick, J., & Izsák, A. (2008). A history of algebra in the school curriculum. In C. E. Greenes (Ed.), *Algebra and algebraic thinking in school mathematics: Seventieth yearbook* (pp. 3 – 18). Reston, VA: National Council of Teachers of Mathematics.

Leung, A. (2012). Variation and mathematics pedagogy. In J. Dindyal, L. P. Cheng, & S. F. Ng (Eds.), *Proceedings of the 35th Annual Conference of the Mathematics Education Research Group of Australasia* (pp. 433 – 440). Singapore: MERGA.

Ling, M. L. (2012). *Variation theory and the improvement of teaching and learning*. Gothenburg, Sweden: Acta Universitatis Gothoburgensis.

Lins, R., & Kaput, J. J. (2004). The early development of algebraic reasoning: The current state of the field. In K. Stacey, H. Chick, & M. Kendal (Eds.), *The future of teaching and learning of algebra: The 12th ICMI study* (pp. 45 – 70). Boston, MA: Kluwer Academic Publishers.

Lo, M. L., & Marton, F. (2012). Towards a science of the art of teaching: Using variation theory as a guiding principle of pedagogical design. *International Journal for Lesson and Learning Studies*, *1*, 7 – 22.

Marton, F., & Pang, M. F. (2006). On some necessary conditions of learning. *The Journal of the Learning Science*, *15*, 193 – 220.

Marton, F., Runesson, U., & Tsui, A. B. M. (2004). The space of learning. In F. Marton & A. B. M. Tsui (Eds.), *Classroom discourse and the space of learning* (pp. 3 – 36). Mahwah, NJ: Lawrence Erlbaum Associates.

Ministry of Education. (2007). *The New Zealand curriculum*. Wellington: Learning Media.

National Council of Teachers of Mathematics. (1989). *Curriculum and evaluation standards*. Reston, VA: Author.

National Council of Teachers of Mathematics. (2000). *Principles and standards for school mathematics*. Reston, VA: Author.

Ontario Ministry of Education. (2005). *The Ontario curriculum: Grades 1 – 8 mathematics*. Toronto, ON: Queen's Printer for Ontario.

Ontario Ministry of Education. (n. d.). *Paying attention to algebraic reasoning*. Retrieved from http://edu.gov.on.ca/eng/literacynumeracy/PayingAttentiontoAlgebra.pdf

Soares, J., Blanton, M. L., & Kaput, J. J. (2005). Thinking algebraically across the elementary school curriculum. *Teaching Children Mathematics*, *12*, 228 – 235.

Stacey, K., & Chick, H. (2004). Solving the problem with algebra. In K. Stacey, H. Chick, & M. Kendal (Eds.), *The future of the teaching and learning of algebra* (pp. 1 – 20). Dordrecht: Kluwer.

Warren, E., & Cooper, T. (2008). Generalising the pattern rule for visual growth patterns: Actions that support 8 year olds' thinking. *Educational Studies in Mathematics*, *67*, 171 – 185.

16. 利用多样的变异突出多解任务和建模的关键方面

伊雷特·培莱德(Irit Peled)[①] 罗扎·莱金(Roza Leikin)[②]

引言

我们考虑以下两个问题。

问题1：

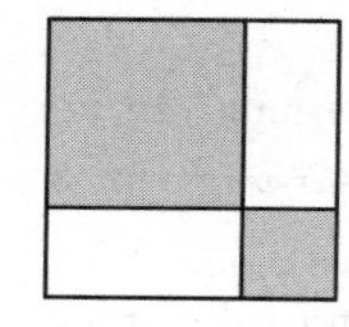

花圃面积问题： 一块正方形土地，边长为10米，将其分为如左图所示的4部分。在两个阴影区域种花，在两个白色区域种草。右下角正方形的边长为多少时种花的面积最小？

问题2：

柠檬水摊点问题： 在县集市上，Patricia和Max摆了一个柠檬水小摊。他们的总开支是：Max花5美元买了一次性杯子；Patricia花10美元买了一些浓缩柠檬汁。他们总共卖了300美元柠檬水。帮助Patricia和Max找出分配这笔钱的方法。

我们想请读者在阅读本文之前先解决这两个问题。然后我们建议读者问自己，对于给定的情况，是否有不同的办法或不同的分析方法，从而得出问题的不同解决方案。

这两个问题代表了本文作者在教学方法和研究工具中使用的问题：多解任务方法和建模方法。每个人都有自己独特的解决问题的方式，但也有很多共同之处。利用变异理论，我们试图识别或辨别出学习(或教学)对象的本质和关键方面。在这篇文章中，我们展示了变异理论如何为我们提供相关的分析方向，以及如何借用它的原理帮助我们实现目标，引导我们更好地了解我们自己的教学。

① 伊雷特·培莱德，以色列海法大学教育学院数学教育系。
② 罗扎·莱金，以色列海法大学教育学院数学教育系，资优教育RANGE中心。

变异理论认为,学习总是有针对性地改变一个人对学习对象的看法。这个学习对象具有一些关键特征,且这些特征正是人们期望与其他可能特征区分开的(Lo & Marton, 2012; Marton & Booth, 1997)。这种改变可能与数学或元数学概念有关,例如,一个几何图形如三角形(Lo & Marton, 2012),一个分数集合或数学证明的有关概念。

沃森(Watson)和梅森(Mason, 2006)进一步定义了学习对象,并"将其用于表示学习者通过观察、分析、探索、提问、转化等数学地关注和操作的事物。因此,对象可以是一个符号、一些文本、一个图表、一个定理……"(第101页)。如后文所述,本文将学习对象的变异分为两个层次:第一个层次是教学方法,即将学习者面临的数学问题作为一种函数解决;第二个层次是解决方案的性质和意义。

为辨别学习对象的关键特征,人们要体验这一特征,并在同一维度上与其他特征(非关键)进行比较。这就是变异理论的主要观点。也就是说,学习者要体验潜在的选择(Marton & Pang, 2006)。

虽然变异理论侧重于学习,但是我们可以借用它的思想识别教学的特点。利用变异理论的学习原则,我们可以说在方法实施过程中有一些特定的东西指导我们的教学,并希望学生最终有所收获。作为数学教育者,我们的兴趣是更加了解教学对象(以及学生的学习对象)的本质。

在我们的案例中,变异理论表明在两种方法共有的维度内进行比较将有助于辨别每种方法的关键特征。由于这两种方法都为学生提供了研究和讨论不同解决方案的机会,因此将共同维度确定为多重维度。即通过分析这两种多重性的性质和目标,将这两种方法作为这两个维度上的两种情况进行比较。

有趣的是,本文中的变异分为两个层次:教学方法(方法中的解决方案)和任务中的概念结构及含义。第一个层次包括在促进多样性的方法空间中将我们的方法视为备选方案;第二个层次体现在每种方法中,鼓励学生提供备选方案并参与有关这些变异的讨论。

利用上面介绍的两个问题实例,对这两种方法进行比较。问题1将作为多解任务(MST)的示例进行讨论,问题2将作为多模型任务(MT)的示例进行讨论。我们将分析与MSTs和MTs有关的目标和学习机制上的相似性和差异性,突出在比较中出现的关键特征。然后,我们将讨论这两种类型的问题,以及每个问题的教学约定，鼓励灵活运用不同的方法和方面，这同样能（并且互补地）促进数学思维和创造力的发展。

多解任务(MSTs)

MSTs 明确要求学生用不同方法完成解决数学问题的任务（例如，Leikin，2009）。可以使用不同数学分支的工具（例如，使用欧几里得或几何变换的工具解决最值问题）或同一数学分支的不同工具（例如，不同的函数表示）来解决问题。

在对美国、德国和日本数学课堂的比较分析中，斯蒂格勒（Stigler）和希伯特（Hiebert，1999）发现，突出一个问题可能有多种解决方案的这一思想能提高课的质量。用不同方法解决问题是发展数学知识连通性的有效工具（Leikin，2003，2007；NCTM，2000；Polya，1981；Schoenfeld，1985；Silver，1997）。它通过促进学生在表达方式、比较策略和连接不同概念和想法之间进行转换帮助学生构建数学知识（Fennema & Romberg，1999）。换言之，它能促进创造力和灵活性的发展。数学创造力——有时被认为是高级数学研究者的必备素养——会根据以往的经验以及具有相似教育经历的学生的表现为基准，在学生间进行评估（Leikin，2009 年；Liljedahl & Sriraman，2006）。利耶达尔和斯里曼（Liljedahl & Sriraman，2006 年）将学校层面的数学创造力定义为一个过程，这个过程就是从新的角度对给定问题和/或旧问题给出原创（富有洞察力）解决方案（Liljedahl & Sriraman，2006）。许多研究人员表明，MSTs 培养了学生的数学创造力和灵活性（例如：Elia 等人，2009；Ervinck，1991；Kwon，Park，& Park，2006；Leikin，2009；Silver，1997；Star & Newton，2009；Torbeyns，De Smedt，Ghesquière，& Verschaffel，2009）。

在课堂上，MSTs 还有其他优势。例如，当学生意识到一个问题能用不同方式解决时有助于他们坚持到底以找出解决方案。此外，给定问题有两个解决方案就能为学生在数学实践中提供两种策略，每种策略在需要时都能用上（Schoenfeld，1988）。

当问题 1 中要求找出问题的其他解决方案时，如图 1 所示，这个问题就变成了 MST 问题。在课堂环境下，提出这样的问题是为了帮助教师创造一种探究的氛围，其目的不是简单地解决这一给定问题。最后，与学生（或教师）合作的教师（或教师教育者)可以创建一个教学约定,这种约定促进学生培养以尽可能多的方法解决问题的习惯。虽然起初需要特别要求学生找出多种解决方案,但建立课堂规范即使没有明确要求找出多个解决方案,这种做法也会成为一种习惯。

例 1: 灵活性和连接

问题 1 是教师根据自己对 MSTs 的经验在课堂上把此问题作为 MST 提出的。在其中一节课上,学生三四个人一组,分组讨论问题 1,每个小组都针对其中一个解决方案。在找出所需的解决方案后,教师鼓励学生思考解决方案的其他解释或解决问题的其他方法。当小组作业完成后,来自不同小组的学生会向全班展示他们的解决方案。

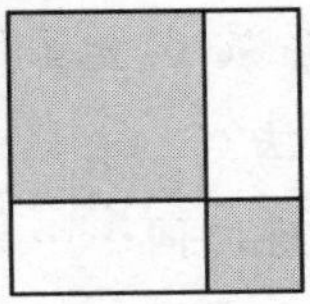

尽可能多地找出下列问题的解决方案:

一块正方形土地,边长为 10 米,将其分为如左图所示的 4 部分。在两个阴影区域种花,在两个白色区域种草。右下角正方形的边长为多少时种花的面积最小?

二次函数的最值(x 表示右下侧正方形的边长)			
代数		图形	运算
顶点坐标 $a=2,\ b=-20$ $\Rightarrow x_0=5$	变量替换 $t=x-5$ $h(t)=2t^2+50$	抛物线的对称性 $f(0)=f(10)$ $\Rightarrow x_0=5$	导数 $f(x)=x^2+(10-x)^2$ $f'(x)=4x-20$
代数	几何(比较面积)		
二次不等式(y 是左上方正方形的边长) $\frac{x^2+y^2}{2}\geqslant\left(\frac{x+y}{2}\right)^2$ $\sqrt{xy}\leqslant\frac{x+y}{2}$	把种花的面积和“两个面积相等的正方形”比较 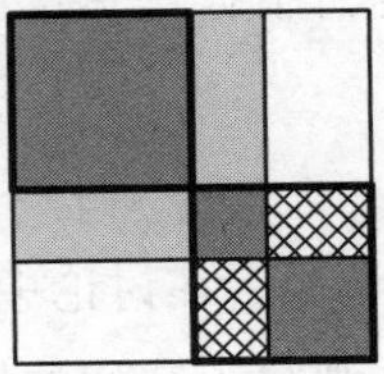	比较种草和种花的面积 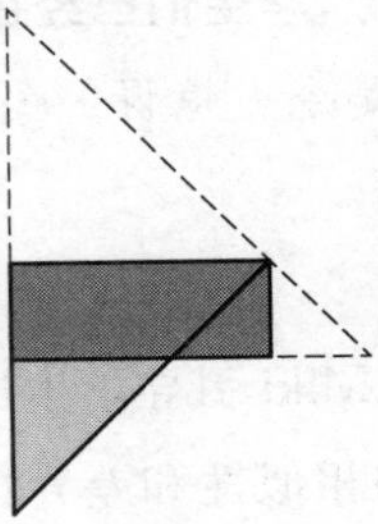	对称性:周长相等的矩形中,正方形的面积最大 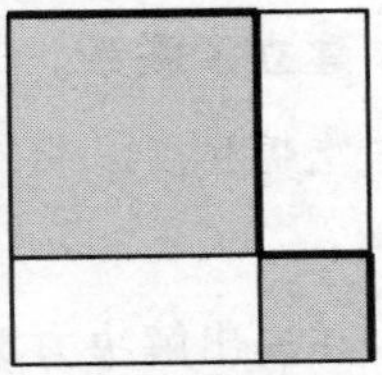 当草地面积最大时,花地面积最小

图 1　MST 示例

学生作业的本质是本文中变异理论的另一种表达和运用。如上所述，当学生讨论和比较替代解决方案时，问题保持不变。里夫等人（Ryeve 等人，2012）描述了这种变异，他们通过引入变异为实施数学教学提供了一些思路。如进一步讨论，这种变异能够发现关键特征，并利于产生有趣的见解。

以下摘录表明，教师（Miki）为促进学生能灵活地解决问题使用了 MST 形式。老师鼓励学生提供各种各样的解释和解决方案，从而为学生自己建立联系提供了机会。

Miki：还有其他解释吗？[本组学生（使用数值表卡）确定了定义域 $0 < x < 10$，并计算了不同 x 值对应的面积]

学生回答问题后，Miki 要求学生给出更严格的解释。

Miki：好的，他们说 x 在 0 到 10 之间。函数值先增大，然后减小[她画了一条抛物线，从(0,0)开始，到(10, 0)结束]，现在大家有什么想法？

学生：它（最大点）正好在中间……在 x 的最小值和最大值之间……只要是抛物线它一定是对称的。

当学生提出三个解决问题的方法时，Miki 问学生还有没有其他解决方案。

Miki：还有其他的解决办法吗？

学生：可以将第二种和第三种方法结合起来……（抛物线的）顶点是极值点（导数等于 0）……根据对称性（我们可以找到顶点）。我取两个与 x 轴相交的点，找到中点。

在讨论这一环节时，Miki 汇报到：

我没有进行指导，**学生们已经在基于表格和基于抛物线的解决方案之间建立了联系。**这真是令人惊讶……学生们根据对称性所做的联系简直令人吃惊！

在提出解决方案后，Miki 引导学生进行讨论。在讨论中，他们比较了不同的证明方法，确定了它们的相似性和差异性，并观察了它们的妙处和难点。这种比较能发展批判性思维和使学生学会严格运用数学语言。虽然有些差异是明显的（“因为图片看起来不同”），但其他的差异则并非显而易见。此外，通过比较明显不同的解决方案之间的相似性，学习者能在不同的数学概念和定理（例如，中位线和中线、圆半径和直角三角形的斜边）之间建立联系，从而加深他们的数学理解。简而言之，这样的讨论可以帮助学生从一个新的视角来观察已有证明，而且能提高数学讨论的水平，甚至可以将讨论转移到新的数学领域。

建模任务(MTs)

虽然 MSTs（如上所述）旨在促进解决问题的创新能力和专业能力，但近年来，研究人员关注的任务涉及不同性质、不同目标的问题解决（Blum & Niss，1991；Lesh & Doerr，2003；Lesh & Zawojewski，2007）。这种类型的任务通常涉及复杂的文字问题。这些问题会给出真实情境，并遵循特殊的设计原则（Lesh 等人，2000）。

任务的一个核心部分是构建数学化的情境，并就此情境做出决定（即通过使用一些数学模型或整合不同的模型）。将数学模型拟合到情境中的过程称为建模，问题解决者将经历一个由勃鲁姆和莱布（Blum & leiβ，2007）定义的建模周期。研究人员发现，学生（和教师）需要处理一系列建模问题，以培养建模能力（Maaβ，2006），并成功地完成整个周期。这些问题不同于传统的问题，学生需要一些时间和实践来认识到教学模式已经改变，他们需要调整解决问题的习惯以适应新的模式。

此外，正如培莱德和巴桑（Peled & Bassan，2005）、培莱德和巴拉谢夫（Peled & Balachef，2011）提出的建议，推广建模任务还应帮助学生更好地理解将数学模型与情境相匹配的意义。这涉及重新理解数学工具在不同问题情境的数学化中扮演的角色，以及问题解决者对此不同程度的理解。

下面示例 2 将介绍一部分教学流程。与常见的学校问题不同，学生需要使用一个特定的数学模型（问题编写者考虑的模型）。在这种情况下，教学契约允许并鼓励学生考虑其他模型。

由于这一问题类似于常见的投资问题，因此有点倾向于通过拟合比率模型并使用购买比率分割利润来解决这一问题。尽管如此，其他数学模型也是可能的，每一个模型都有不同的解。图 2 展示了三个参考模型和解决方案。

例 2：走向认识论的理解

培莱德和巴拉谢夫(Peled & Balachef, 2011)在一组小学教师中详细阐述了这个问题引发的讨论，他们提出了如图 2 所示的三个解决方案。在回答教师教育者提问关于一个解决方案是否比其他解决方案更好的问题时，有人回答(第 313 页)：

Anna：使用比例的答案是正确的。另外两个答案只有在社会学课上才是正确的。在数学课上，应该给出数学解。

柠檬水摊点问题：

在某县集市上，Patricia 和 Max 摆了一个柠檬水小摊。他们的总开支是：Max 花 5 美元买了一次性杯子；Patricia 花 10 美元买了一些浓缩柠檬汁。他们总共卖了 300 美元柠檬水。帮助 Patricia 和 Max 找出分配这笔钱的方法。

1. 报销花费后余下的钱平分。花销总额是 5＋10，平分剩下的钱 300－15。因此，Max 得到 5＋[(300－15)/2]＝147.5，Patricia 将会得到 10＋[(300－15)/2]＝152.5。
2. 将花销视为投资或风险。将总利润按照投资比例 5∶10(1∶2)划分。这种情况下，Max 得到 100 美元，Patricia 将会得到 200 美元。
3. 将总利润平分。在这种情况下 Max 和 Patricia 各自得到 150 美元。

图 2　具有备选解决方案的 MT 示例

教师教育者(TE)要求安娜尝试说服小组使用比例。对全班同学而言，TE 让他们思考一个问题：**谁决定我们应该使用的数学模型？我们如何知道在这里比例是正确的模型？**

Leora：我认为在其他两种解决方案，即平分和先补偿再平分中，我们在给出解决方案的基础上做了一些假设。

TE：那么比例解决方案呢——我们没有做过任何假设吗？

Leora：没有，没有假设。问题是：这是投资，那是收入。

Molly：(突然转向 Leora)：谁这么说的?！这里没有写(在问题中)“请用投资比例分割收入”。

正如这一环节所显示的，当其中一位老师确信这个问题需要用比例时，另一位老师意识到没有信息指示要用比例解决此问题。尽管没有相关的事实说这道题用比例解决，但在这种情况下，通常选择比例作为一个正确的模型。

对备选答案的讨论创造了一个“洞察”的时刻，帮助教师（作为学习者）摆脱未充分考虑情况或为什么使用比例，因为问题似乎属于熟悉的比例问题类型而直觉地使用比例这一习惯。

事实上，这个问题被精确地设计以作为学生可以选择各种数学模型的例子。一方面，问题的结构类似于比例问题的结构；另一方面，这不是一个熟悉的教材问题，因此学生可能会利用自己的个人经验提出另一解决方案。在后一种情况下，他们可能会提出另一个数学模型（例如，补偿和分割）。

因此，与 MST 方法一样，这里通过同一建模问题的备选解决方案呈现变异。这种多样性再一次成为论证的一个很好的触发因素，它得出深邃的见解并从元认知视角发展将给定情境数学化的能力。

如前所述，建模能力和建模视角涉及一种必须逐步经历的新类型问题。因此，正如培莱德和巴拉谢夫（Peled & Balachef, 2011）所详述的，柠檬水摊点问题并不是孤立的问题解决经验。它是在一个问题序列中提出的，目的是改变教师或学生的建模概念和能力。

识别关键方面

与 MSTs 和 MTs 相关的教学契约包括了数学作业，这些作业能让学生把相对标准的问题转化为需要生成和讨论不同解决方案而提高心理灵活性的问题。

但是在使用这两种类型任务的学习过程中，在各个组成部分之间仍然存在许多差异。在这两种类型的问题上，重点关注比较学生或教师的行为有助于识别相关特征，分析结果如图 3 所示。

尽管两种类型的问题大都具有多样性和灵活性，但它们多样性的实质却完全不同。MSTs 本质上是只有一个解决方案的问题，这类问题的多样性表现在找出解决方案的方法各种各样。这些不同的方法常常涉及使用不同的数学工具来描述某种数学结构。结构的不同视图创建了类比表达式，这些表达式表明了例如几何和代数之间有趣的连接,并可能促进建构更普遍的结构机制。

	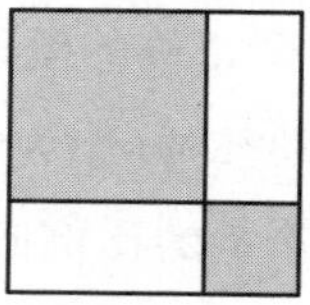 MSTs	 MTs
多样性示意图	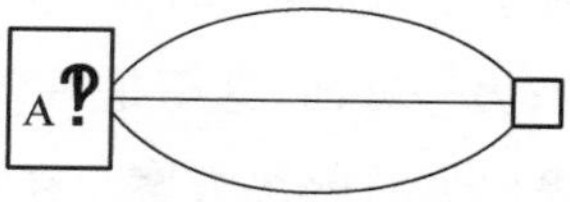 A ? —— □ 问题只有一个解决方案(或结果),但是找到解决方案的方法有多种	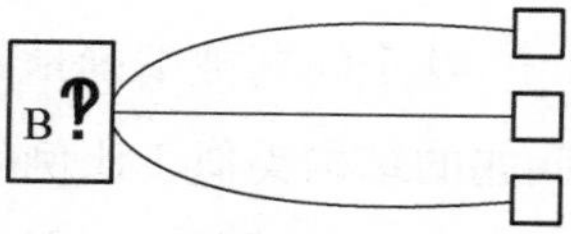 B ? —— □ □ □ 问题可能有多个适用的模型,每种模型会得出不同的解决方案(或结果)。 *有些 MTs 问题虽有多种模型,但可能会像 MSTs 问题得出相同的结果
目标	通过使用不同的数学工具发展数学连接和任务内的灵活性。 发展数学的元认知知识:意识到使用不同数学工具的可能性	发展建模能力(即对给定的情境找出恰当的数学模型)。 发展认识论和元认知知识:根据问题情境自由选择不同的模型。
多种解决方案的产生	每个学生都提出多种解决方案。 学生自己思考或教师指导。 每位学生用不同的数学工具解决一道问题	每个学生提出一种解决方案。 如果学生没有提出不同的解决方案,那么向学生展示(准备好的)"儿童的解决方案"。 不同的学生选择不同的数学模型
思维习惯	提出多种解决方案,寻找数学连接和优化的解决方案	从自动应用传统方案向分析情境中实况转变
真实情境的作用	使用的情境是人为创造的。 数学问题装饰成实际问题	确实需要一个解决方案的真实情境。 阐明数学在日常生活中对我们的帮助

图 3　两种任务的比较

相比之下,MTs 的多样性涉及多种结构,尤其是那些涉及社会道德状况的情境。问题解决者可以选择不同的假设和组织情境的方法,从而选择不同种类的模型。每个学生可能会提出一个不同的数学模型,得出不同的结果。课堂讨论有助于理解这些多样结构和结果的合理性。

因此,我们打开"封闭"问题的方式和每种情况下都可以实现的目标有关。

MSTs 通常证明一个特定的数学性质或得出一个特定的数值答案，而 MTs 则会得出不同的，有时甚至是有争议的结果。MSTs 培养了数学知识的思维灵活性和连通性，而 MTs 培养建模能力和将多种数学结构应用于特定问题的意识。MSTs 有利于学生自由选择能找出解决方案的方法，MTs 发展了学生自由选择数学模型的潜在意识。在这两种情况下，学生都提高了解决具体问题的能力，同时有利于他们理解问题解决过程的结构和性质。

讨论

在这篇文章中，我们展示了变异理论在两个不同案例或层次中的贡献。首先，我们把教学方法看作是学习对象，把两种教学方法放在同一个维度上来辨别它们的关键方面。另一种用法是在每种方法内部进行的变异。现在，学习对象是一个解决方案，目标是理解解决方案的含义。给定一个解决方案，保持问题不变，而在同一维度上比较备选解决方案的不同方法或不同结构。

(本文中)第一次使用变异理论是比较两种方法的多样性。一种方法(MSTs)涉及显性挑战(稍后可能变成隐式的)，即找到可以用在解决方案中的多个数学工具。另一个(MTs)要求问题解决者：(1)质疑通常应用的数学模型是否合理；(2)考虑将“社会公正”等因素应用于问题中给出的情况，然后应用符合这些考虑因素的数学模型。

为了更好地理解这些方法的本质，我们应遵循变异理论的原则。该理论认为，把一种视为学习对象的方法与另一种进行比较时，这两种方法的关键特征就都会出现。这样的比较很有帮助，特别是把对象放置在一个共同维度上。在这种情况下两种方法都考虑其多样性，这能够使我们深入研究这两种方法多样性的相似特征和不同特征。

这些比较能识别出学习对象在所变异的这些方面上不同的关键特征。主要区别在于在给定的多重性中“什么不同”的性质。MSTs 关注基于同一数学概念的不同性质/定理的同一解的多个策略，而 MTs 则关注问题结构。也就是说，不同的实际考虑或假设可能导致使用不同的数学模型(例如，加法结构 vs 乘法结构)构建给定情境。在不同的结构或适合情境的数学模型中可能得出不同的结果。

“谁提供多个解决方案”是与“什么变化”非常接近的一个问题。MSTs 要求每个问题解决者都提出许多解决方案，实际上，个人的创造力和数学联系是通过观察解决方案的数量和性质来确定的。与此相反，MTs 鼓励小组成员自己进行假设，并且在稍后的课堂讨论中提出各种解决方案。然而，应该注意的是，MTs 教学契约促进学生考虑和分析情境而不是近乎机械地强加某种结构。

另一个关键特征是所使用情境的本质。MSTs 的重点基本上是数学，即情境中用得上的不同数学概念和它们之间的联系（例如，几何解和代数解）。另一方面，MTs 的重点是发展建模能力，即分析和构建情境。相应地，现实在 MSTs 中不起“真正”的作用。它更像是一种装饰或诱因，或是构建数学模型的借口。一旦构建了这个模型，对结果就没有真正的兴趣了。另一方面，MTs 的困境是真实的，故事中的“某人”有兴趣得到现实世界的答案。

文章中的每种方法都显示使用了第二种变异的用法。在每种情况下，鼓励学生构建或讨论替代解决方案。在 MST 示例中，学生使用代数、几何或定性分析等方法构建不同的解决方案路径。在他们的讨论中，他们绘制解决方案，建立联系，发现对称等特殊特征，从而在经历变异的过程中获得新的见解。

在 MT 的例子中，老师们遇到了一个问题，这个问题是为了引出几个不同的数学模型，这些数学模型是由对现实情况做出不同的假设而产生的。讨论涉及质疑现有习惯的论证，推导出对情境数学化意义的新的元视角。

我们的经验表明，经过一段时间与 MSTs 和 MTs 系统的（教师发起的）接触，学生能主动寻找不同的解决方案。然而，这两类问题所产生的教学情境是不同的：在处理 MSTs 时，每个学生都需要找到几种解决方法，然后学生要对所有解决方案进行批判性和比较性讨论；在处理 MTs 时，解决问题的过程从讨论可应用于该情境的不同（非数学）考虑开始，然后鼓励学生将不同的数学模型应用于每种情况。此阶段教师可根据情况选择小组合作还是自主完成。

我们对 MSTs 和 MTs 的分析表明，尽管这些问题以不同的方式体现解决方案的多样性，但这两种情况下的开放性有很好的潜力发展学习者的批判性推理、思考数学解决方案的意义，以及寻找数学的替代解释和阐释数学情境的能力。

我们希望这些多样性所创造的开放性能更广泛地拓展思维；希望那些习惯于面对这些问题类型的学生也能开始质疑与其他类型相关的惯例。例如，那些养成了寻找非常规解决方案这一习惯的学生在将数学结构应用于情境时可能会表现得不那么主动。也许我们应该像在本文中讨论和比较的方法一样，让每个人都和学生讨论她同伴的方法，从而促进这种灵活性。也就是说，在课堂上要引入不同的方法。

其目的是让问题解决者不再被惯例所左右，而是在问题解决过程中承担责任。对于这个问题解决者来说，灵活性和自我决策成为了“游戏的名称”。

参考文献

Blum, M., & Leiβ, D. (2007). How do students and teachers deal with modelling problems? In C. Haines, P. Galbraith, W. Blum, & S. Khan (Eds.), *Mathematical Modeling (ICTMA 12): Education, engineering and economics* (pp. 222 - 231). Chichester: Horwood Publishing.

Blum, V., & Niss, M. (1991). Applied mathematical problem solving, modeling, applications, and links to other subjects — State, trends and issues in mathematics instruction. *Educational Studies in Mathematics*, *22*, 37 - 68.

Elia, I., Van den Heuvel-Panhuizen, M., & Kolovou A. (2009). Exploring strategy use and strategy flexibility in non-routine problem solving by primary school high achievers in mathematics. *ZDM Mathematics Education*, *41*, 605 - 618.

Ervynck, G. (1991). Mathematical creativity. In D. Tall (Ed.), *Advanced mathematical thinking* (pp. 42 - 53). Dordrecht, The Netherlands: Kluwer.

Fennema, E., & Romberg, T. A. (Eds.). (1999). *Classrooms that promote mathematical understanding*. Mahwah, NJ: Erlbaum.

House, P. A., & Coxford, A. F. (1995). *Connecting mathematics across the curriculum: 1995 Yearbook*. Reston, VA: NCTM.

Kwon, O. N., Park, J. S., & Park, J. H. (2006). Cultivating divergent thinking in mathematics through an open-ended approach. *Asia Pacific Education Review*, *7*, 51 - 61.

Leikin, R. (2003). Problem-solving preferences of mathematics teachers: Focusing on symmetry. *Journal of Mathematics Teacher Education*, *6*, 297 - 329.

Leikin, R. (2007). Habits of mind associated with advanced mathematical thinking and solution spaces of mathematical tasks. In D. Pitta-Pantazi & G. Philippo (Eds.), *Proceeding of The Fifth Conference of the European Society for Research in Mathematics Education — CERME-5* (pp. 2330 - 2339) (CDROM and On-line).

Retrieved June 2, 2016, from http://ermeweb.free.fr/Cerme5.pdf.

Leikin, R. (2009). Exploring mathematical creativity using multiple solution tasks. In R. Leikin, A. Berman, & B. Koichu (Eds.), *Creativity in mathematics and the education of gifted students* (pp. 129 - 145). Rotterdam, The Netherlands: Sense Publishers.

Lesh, R., & Doerr, H. M. (2003). *Beyond constructivism: A model and modeling perspective on teaching, learning, and problem solving in mathematics education*. Mahwah, NJ: Lawrence Erlbaum.

Lesh, R., Hoover, M., Hole, B., Kelly, A., & Post, T. (2000). Principles for developing thought-revealing activities for students and teachers. In A. Kelly & R. A. Lesh (Eds.), *Handbook of research design in mathematics and science education* (pp. 591 - 645). Mahwah, NJ: Lawrence Erlbaum.

Liljedahl, P., & Sriraman, B. (2006). Musings on mathematical creativity. *For the Learning of Mathematics*, *26*, 20 - 23.

Lo, M. L., & Marton, F. (2012). Toward a science of the art of teaching: Using variation theory as a guiding principle of pedagogical design. *International Journal for Lesson and Learning Studies*, *1*(1), 7 - 22.

Marton, F., & Booth, S. (1997). *Learning and awareness*. Mahwah, NJ: Erlbaum.

Marton, F., & Pang, M. F. (2006). On some necessary conditions of learning. *The Journal of the Learning Science*, *15*, 193 - 220.

Maaβ, K. (2006). What are modelling competencies? *ZDM Mathematics Education*, *38*, 113 - 142.

National Council of Teachers of Mathematics (NCTM). (2000). *Principles and standards for school mathematics*. Reston, VA: Author.

Peled, I., & Balacheff, N. (2011). Beyond realistic considerations: Modeling conceptions and controls in task examples with simple word problems. *ZDM Mathematics Education*, *43*, 307 - 315.

Peled, I., & Bassan-Cincenatus, R. (2005). Degrees of freedom in modeling: Taking certainty out of proportion. In H. L. Chick & J. L. Vincent (Eds.), *Proceedings of the 29th International Conference for the Psychology of Mathematics Education*, 4, 57 - 64.

Polya, G. (1981). *Mathematical discovery: On understanding, learning and teaching problem solving*. New York, NY: Wiley.

Ryve, A., Nilsson, P., & Mason, J. (2012). Establishing mathematics for teaching within classroom interactions in teacher education. *Educational Studies in Mathematics*, *81*, 1 - 14.

Schoenfeld, A. H. (1994). What do we know about mathematics curricula? *Journal of Mathematical Behaviour*, *13*, 55 - 80.

Silver, E. A. (1997). Fostering creativity through instruction rich in mathematical problem solving and problem posing. *ZDM Mathematics Education*, *3*, 75 - 80.

Star, J. R., & Newton, k. J. (2009). The nature and development of experts' strategy flexibility for solving equations. *ZDM Mathematics Education*, *41*, 557 - 567.

Stigler J. W., & Hiebert J. (1999). *The teaching gap: Best ideas from the world's teachers for improving education in the classroom*. New York, NY: The Free Press.

Torbeyns, J. De Smedt, B. Ghesquiere, P., & Verschaffel, L. (2009). Jump or compensate? Strategy flexibility in the number domain up to 100. *ZDM Mathematics Education*, *41*, 581 - 590.

Watson, A., & Mason, J. (2006). Seeing an exercise as a single mathematical object: Using variation to structure sense-making. *Mathematical Thinking and Learning*, *8*, 91 - 111.

17. 学会用变异教学：源自瑞典学习研究的经验

乌拉·鲁内松(Ulla Runesson)①
安格利卡·科尔伯格(Angelika Kullberg)②

变式教学：理所当然的吗

让我们想象两个不同的六年级班级，课堂教学目标相同，去计算诸如 12 的 $\frac{3}{4}=9$ 这样的例子。在其中一个班级，介绍这个时，教师演示了一种计算方法："整数(12) 除以分母(4)，所得商(3) 与分子(3) 相乘。"接着，用这个方法处理三个不同的问题：90 的$\frac{2}{3}$、40 的$\frac{1}{5}$ 和 60 的$\frac{3}{5}$。在另一个班级，教师给学生提供一个问题去解决："标记一个由 7×8 个小正方形组成的长方形的$\frac{3}{7}$。"两人一组解完问题后，介绍解法。发现一些学生将这些小正方形，每 7 个一组，分成 8 组，标记其中的 3 组。其他的学习者将这些小正方形分成 8 组，每组 7 个，在每组的 7 个小正方形中标记其中的 3 个(参见 Behr, Harel, Post, & Lesh, 1992)。一般而言，在两个班级里处理相同主题的不同点描述如此：第一节课里，一法多题，而第二节课里，一题多法。或者换一种说法，在其中一节课中，方法不变而例题变化，在另一节课中，恰恰相反。因此，哪个变化哪个不变——变化的模式——在两节课中是不同的(Runesson, 1999)。

也许是这样，在教授内容时，变化如何呈现以及教师如何运用是如此熟悉以至于几乎无人关注它(Sun, 2011)。对于这些教师而言，在对他们进行行动研究时，关注所教课题方面所体现出的使用变与不变的能力似乎也是如此。然而，在

① 乌拉·鲁内松，瑞典延雪平大学教育和传播学院，南非约翰内斯堡金山大学教育学院。
② 安格利卡·科尔伯格，瑞典哥德堡大学教育课程和职业研究系。

课前采访中，让他们谈论一堂课的计划时，直接问他们怎样教才能提高分数运算$\left(\text{如 12 的}\frac{3}{4}\right)$技能，他们根本没有提到使用变式。反而，他们只谈论这节课的组织和安排。比如，他们把“互动”强调为是学习者讨论和反思的一种重要措施。他们提到使用可操作性事物的重要性，正如一位教师所说：“它必须是可触知的，(他们将在课堂上)剪绳、折纸。”(Runesson，1999，p. 164)通过这个，我们要问：是否有可能使教师注意到这种理所当然的原则，他们能否学习如何更加有意地、更加系统地创造变式方式？本章我们将用两个案例来说明：(1)一组瑞典教师如何使用变和不变的原则；(2)随着时间的推移，它们是如何影响他们处理课题的方式的。这些教师已参加一个称为学习研究(下同)的专业学习团队，该团队的指导准则是一种名为“变异理论”的学习理论。

变异——学习的必要条件

如上所述，制定的变异模式不同与学习有关吗？通过研究教与学如何相关可以回答这个问题。然而，这个回答存在一些困难。学习很难去预测，教与学之间没有简单的因果关系。不过，有必要了解教师的行为如何影响学生的学习，尤其是教师他们自己需要意识到这点。为了这个目的，他们需要一种理论，指导他们评价和规划一节课，这将带来更高效的学习(Nuthall，2004，2005)。变异理论已按照构想得以实施(Marton，2015；Marton & Booth，1997)，并取得满意的结果。

变异理论用一种具体的方式诠释学习中的失败并阐明学习条件；当学习者在学习原本计划的内容失败时，他们并没有识别出需要识别的方面。因此，变异理论最为核心的思想是识别能力，它是学习的必要条件。我们的意识是具有结构的，从这一出发点我们不会关注一个对象的所有方面。我们既不会用同样的方式也不会同时关注它们。不管怎样，我们关注或识别哪些方面对于我们如何理解和体验这个对象，起到决定性的重要作用。因此，如果想从不同角度体验“相同的东西”$\left(\text{比如 12 的}\frac{3}{4}\right)$，那么就必须识别这些“相同的东西”之间的不同之处。

然而，不经历变异就不可能进行区分识别。因此，假如能同时体验不同的联系，那么12的$\frac{3}{4}$相关方面更有可能被识别。如果12的$\frac{3}{4}$关系开放为变异的维度（例如，一个3×4的矩形可以分成3组，每组4个小正方形，然后标记其中的3组，也可以分成3组，每组4个小正方形，然后每组标记其中的3个小正方形，将上述两种方法放在一起进行比较），那么就有可能识别12的$\frac{3}{4}$表示的关系。因此，识别能力以变化为先决条件是变异理论的前提。我们从看到的不同和产生的区别中学习（参见Gibson & Gibson，1995），而不是只看到相似点。

变异理论声明学习具有识别能力的作用，识别能力源自体验变化和做出区别，所以在理论领域变异模式和不变内容具有讨论价值。当把两节教授课题相同、安排相似的课进行比较时，有几项研究已经表明变异模式的不同似乎对学生的学习有重要的作用。这些研究提议关于变与不变的思想是教学设计中促进学生学习效果最大化的重要原则。（Cheng & Lo，2013）

此外，变异理论声明变异必须关注我们想把学习者的注意力引向的方面。教师必须意识到：（1）学习者必须注意的方面；（2）通过变式的措施使这些方面成为可学习的。通过学习研究（下面详尽描述），教师可以意识到怎样使用变异才能将学习者的注意力聚焦到学习的对象方面。

作为学习研究指导原则的变式理论

当西方引进课堂学习研究时（Lewis，2002；Yoshida & Fernandez，2004），已有研究表明这种合作学习和教师发展模式为日本学生高质量的学习作出巨大贡献。在深思和反复的过程中，教师可以观察课堂，对教与学有更深的了解；洞察内容的相互分享是课堂教学修改和完善的基础。香港学者在2000年左右开展了一个项目研究，该项目旨在发展教师能力以便应对课堂的多样性，他们从中发现了为教师专业发展而安排的课堂研究的潜力。他们将课堂研究作为出发点，引入变异理论作为他们工作的基础。他们预测一种学习的外显理论将会增加课堂研究的价值，这种理论聚焦于学习什么（学习的对象）、学习的必要条件是什么，以及如何在课堂上使它们可区分。用这个方法可以检测变异理论作为教师日常教学实践理论的效果。

进一步说，他们既增加了一种诊断性的前测与后测，又增加了一种更系统的观察课堂的方法，称为“学习研究”（因为聚焦学习而非课堂）（Marton & Pang, 2003）。因此，学习研究成了课堂研究的探究版本，“具有双重目的，一方面提升参与教师帮助学生学习的能力，另一方面产生关于教与学的新的洞察力，并与未参加研究的教师们分享”。（Marton & Runesson, 2015, p. 104）

学习研究

变异理论关注学习什么胜过如何学习。因为每个学习对象都有某些特定的方面必须学习。一些学生掌握了这些，而另一些人没掌握。那些还没有区分但是必须要区分的方面，被称为“关键方面”。每个学习对象和每个学习群体必须确定这些方面。而且，什么是学习的关键既不能源自变式理论也不能够单独源自数学，而是必须通过研究把学习者的学习和在课堂上如何处理学习对象联系在一起来确定。通过从课前与课后的诊断性测试中比较学习结果以及认真地分析课堂，就可以把学生学习中的不同与课堂的特征相结合。如果学习者在后测中没有提高，就要处理关于必要条件的问题——它们可能是什么，以及在课堂上它们能否使辨别成为可能——就能得到明确。

当确定关键方面后，在如何处理这个内容方面，运用变异理论的原则（比如，我们想让学生关注什么一定改变）来设计课堂教学。

在学习研究中，教师会意识到变异的使用是如何使学习者的注意力集中到学习的对象方面。他们也可以通过测试检验，并探索如何精心设计一个影响学生的学习的变异（Elliott, 2012; Kullberg, 2010）。

在瑞典，课堂学习研究已成为一种研究方向（Holmqvist, 2011; Kullerg & Runesson, 2013; Marton & Pang, 2013; Vikstrom, 2014），并被当作教师专业发展的一项任务。学习研究已经吸引成千上万的教师以及他们的学生，他们来自从学前班到高中和大学的不同学科。它已经成为瑞典国家教育机构为提升学校发展和合作学习的一种有效模式。

使用变异原则集体设计和修订任务

对第一个例子，我们通过探究例题间的变式是如何影响学生的学习的，来说明教师关于变式教学的学习。这个例子描述一群教师如何共同地尝试着提高八年级的学生学习分母介于0和1之间的分数除法的效果。

沃森和梅森(Watson & Mason，2006)已经提出一种想法，即设计一种基于系统地和有意识地使用变异的任务。他们认为："使用变异和改变最优去构思任务即是一项设计方案，在这个方案里，关于学习者反应的反馈进一步促使例题选择和排序变得精炼和精确。"(p. 100)进一步说，运用系统的方法一次仅改变一个或几个构建在例题间进行的内在变异，这种想法可以将学习者的注意力吸引到最根本的结构上去，使学习者意识到已显示数字之间的关系(如，Runesson，2005)。

除法的课堂学习研究是由一名研究者协同一所学校的3名教师实施的(详见Kullberg，Runesson，& Martensson，2014)。他们大约3个月定期聚会一次，根据源自课堂的视频记录以及学习结果的前测和后测的分析去设计和修改课程。他们都是自愿参与研究的有经验的数学教师(8～20年的教学经验)。

我们的分析主要基于视频记录课的文字稿，用课前与课后的会议记录进行补充。我们通过教师参与课堂教学这种方式理性地研究教师的学习，而不是从访谈或自我报告中研究，这种理念源自赖耳(Ryle，1949，2002)，他把认知作为一种倾向去执行，即施恩(Schön，1983)的"在行动中求知"的观点。我们把该内容看作教师在教室里参与学习，而且我们认为参与什么很重要，因为那是学习者面对的、有可能要经历的内容。

从教师设计的诊断性的前测试卷中发现一些学生回答的一种方法，这种方法可以如此解释："当除以一个小数(如，4÷0.2，4÷0.02，或4÷0.002)时，商比用整数相除所得的商大，如4÷2。"(参见Bell，Swan，& Taylor，1981；Bell，Fischbein，& Greer，1984；Bell，Greer，Grimison，& Mangan，1989；Fischbein，Deri，Nello，& Marino，1885；Okazaki & Koyama，2005)。为了克服学生的理解困难，改变他们理解的方式，教师设计这节课去完成他们认为的学习目标：学生应该理解为什么在除法中商有时候比除法中的分子大(Mårtensson，

2015)。

该教师设计一些他们认为会提升学生学习效果的任务。其中一个任务由一系列例题组成,如图1所示。这一系列例子展现了变与不变的运用。仔细观察两栏间的例题,运算发生了变化(6个例子中每组都是乘法和除法)。每栏例题间也有变化,分母中的数(和一个乘数)由大于或小于1的数组成,其中20是最大的,0.1是最小的。比较两列中的例子,被乘数/分子100是不变的,两栏中分母/乘数中使用的数相同。

因此例题间的变化(两栏内部以及之间)为学生创造了体验各种不同和相似的机会。

然而,变异的内部形式需要在班级里以某种方式呈现,这将引出教师想让学习者关注的方面。在项的异同方面能看到什么应归于指向例题间的怎样的不同和相似。因此,尽管教师可能具有基于变异原则设计一系列例题的技能,但是他们可能从某个意义上来说没有能力去实施,把预期的变式(因此,关键方面)引向注意的前方。在下列部分,我们将展示在课堂观察和修订的反复过程中,上述的一系列例题是如何成功地实施的。我们解释的这个内容,就预期的关键方面如何呈现而言将会导致更加高效地使用变异的内在形式。

$100 \cdot 20 = 2000$	$\frac{100}{20} = 5$
$100 \cdot 4 = 400$	$\frac{100}{4} = 25$
$100 \cdot 2 = 200$	$\frac{100}{2} = 50$
$100 \cdot 1 = 100$	$\frac{100}{1} = 100$
$100 \cdot 0.5 = 50$	$\frac{100}{0.5} = 200$
$100 \cdot 0.1 = 10$	$\frac{100}{0.1} = 1000$

图1 由教师设计的一系列乘法和除法例题

课堂 1

尽管教师已经设计任务让学生弄明白为什么有时候商比分子大，但是在课堂 1 中并没有让学生去体验。在课堂 1 中，例题按顺序排列，并按照某种主要强调乘除关系的方式讨论。图 2 中的序号（1～3）显示例题在讨论中引入的顺序。首先，按顺序，在序号 1 中求解两个乘法例题（100×20，100×4），然后是两个除法例题（$100\div20$，$100\div4$）。教师强调计算中使用的数字相同，但是当时没有指出任何关系。在序号 1 中运算改变了，而数字 100、4 和 20 没有变。随后，计算序号 2 和序号 3 中的例题。

计算完例题后，教师将学生的注意力引向除法栏，关注乘法和除法间的互逆关系。她指出将商乘以分母等于分子（$5\times20=100$，$25\times4=100$，$50\times2=100$，等）。她总结到："这两种运算（乘法和除法）可以联系在一起。"明确阐明异同的分析指出任务中计划的固有的变式并没有充分利用。尽管教师在此处说"（在除法栏中）越往下，结果越大"，然而这并没有解释为什么商有时候比分子大。就例题间和内部的异同而言，反而是实施的变式使乘法和除法之间的互逆关系处于对立状态。

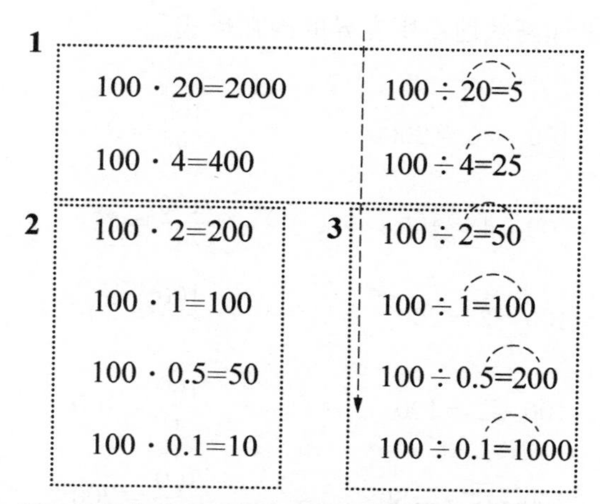

图 2　课堂 1 中执行的例题组序，见序号 1～3。箭头显示教师将学生注意力引向的方向、本例中乘法与除法的互逆关系，以及栏内越往下"结果"越大

课堂2

在课堂1的课后会议中，教师意识到任务的采用方法并没有帮助学习者明白关注什么：为什么除法中分母介于0和1之间的商比分子大。这个洞察导致课堂2(与一群新的学生)用另一种方式执行任务。这时教师将学生的注意力引向：(1)在乘法栏和除法栏中的模式——根据积/商之间的大小关系，乘数/分母相继变得越来越小；(2)分母小于1和大于1的除法例题间的不同；(3)"转折点"，即乘数/分母等于1；(4)商、分子、分母间的内在联系。

正如图3所示，每栏中的例题单独计算，首先乘法栏(序号1)，接着除法栏(序号2)。随后，教师问学生根据例题间的异同点，能否确定出什么模式。学生发现一个不同点，由教师总结如下："乘的数越小(指向20、4、2、1、0.5、0.1，即乘法栏中的乘数)，积越小(2000，400，200，100，50，10)。"随后，同样地，指向除法："除的数越小，商越大"。

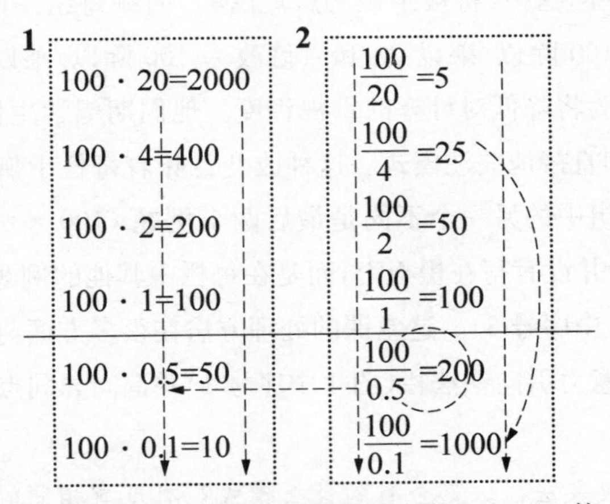

图3　课堂2中采用的例题组(序号1和2)。箭头显示教师引导学生关注的方面，如：当除以一个比"转折点"1小的数时，商比分子大

接下来，教师指明除法栏中一些例题怎样"打破模式"。他指着两个例题 $100 \div 20 = 5$ 和 $100 \div 4 = 25$，说道："这里商比分子小，一直都这样吗？"全班开始总结分母小于1的例题不一样的地方。为了强调不同，教师在小于1的除法(乘法)和大于或等于1的除法(乘法)之间画了一条线，来显示这个"转折点"。把分母小

于1的除法例题与两个分母大于1的除法例题进行比较，教师说："在1附近，注意这里发生的事(在100÷1底下划了一条线)，你们同意我的观点吗?"教师指着分母1，接着指着分母0.5，说道："当分母小于1时，商(指着商200)比分子(指着分子100)大。"接下来对比乘法："乘法情况又如何呢?"(见图3)。通过将乘法与除法比较（100×0.5=50，100÷0.5=200），可以发现当分母或一个乘数小于1时，商越大而积越小。因而，可以总结课堂2中用某种更接近预期目标的方式使用一系列例题。根据比较的内容，变与不变的模式显示分母大于0且小于1的除法的重要特征，以及这与乘法有怎样的不同(乘数小于1)。

课堂3

在课后会议中，教师们认为课堂2更好地实现了学习目标。然后，他们对例题进行了一些小的改动，认为这样可以在课堂3中鼓励一组新学生参与执行学习任务。首先，在一些例题中，将被乘数/分母互换。回顾每组中的两个首例，由课堂2(参见图3)中100除以/乘以20和4修改为100除以/乘以50和5(参见图4)。这样做他们认为将降低对计算的重视程度。他们期望学生仅仅"知道答案"，这样的话，就能更加直接地关注模式。这种改变意味着每栏中例题间的变量发生改变。这节课例题组中的另一个不同是最后两个例题（100×0.1=10和100÷0.1=1000）一开始并没有写在黑板上，而是在每栏中其他的例题都已经讨论完后才呈现给学生(图4中序号3)。这堂课的处理方法在很多方面与课堂2相似。教师首先将学生的注意力引向乘法栏(图4中序号1)并询问异同点。

> 师：首先看乘法栏。是否看到什么模式？有没有相同的或不同的地方？
> 生：(我们乘的)数越小，(积)越接近于0。
> 师：对，但是我们在乘法中一般可得到什么答案？
> 生：一个更大的数。
> 师：总是如此吗？我们什么时候得到更大的数？
> 生：乘数比1大。

教师通过提问改变她认为在学生中普遍存在的想法："当我们计算一个乘法

运算时，通常我们得到什么答案?"教师接下来通过问学生是不是总是如此，继续挑战学生。有位学生似乎看到了例外，他(她)答道："乘数比1大。"

接着，教师指向乘数0.5和积50(在例题100×0.5=50中)，再一次指向积50和100，说明这种情况下积比被乘数(100)小。通过引入一个新例题100×0.1=10(参见图4序号3)，并改变例题(从0.5到0.1)间的乘数，说明这对其他例子也是正确的——甚至在那个例题中积比被乘数小。

之后，教师把学生的注意力引向除法栏(图4中序号2)，正如她在乘法中所做的，质疑数之间关系的想法(在这种情况中被除数、除数和商)。她问："当计算除法时，我们一般得到什么答案?"教师接着继续问学生是否总是如此："你们看在哪里转变？这里我们得到一个更大的答案(商)(100÷0.5=200)，我们什么时候不能得到一个更大的数(商)?"学生回答完后，教师继续问："对所有的小数都正确吗?"正如乘法中的讨论，为了说明和概括这个"规则"(图4中序号3)，她引入一个新的除数小于1大于0的除法例题：100÷0.1=1000。

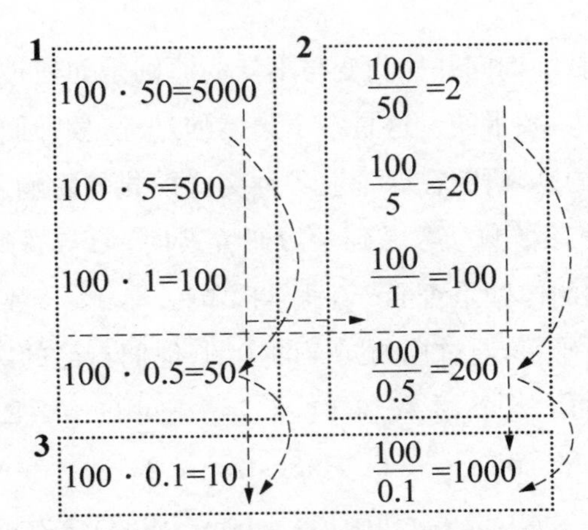

图4　课堂3(序号1～3)中的例题组。箭头显示教师将学生注意力引向何处，例如，当除以一个比1这个'转折点'小的数时，商比分子大

这个例子说明教师要能设计一系列的基于例题内部和例题间变与不变的思想的教学实例，必须用系统的方法让学生在各个方面具有可辨性。我们也已展示他们可以从课堂分析和学生的学习方面改善任务和实施过程，正如沃森(Watson)

和梅森(Mason，2006)所建议的。第一节课就他们想实现什么而言，他们并没有成功地做到。他们终于认识到例题排列的方式、课堂中呈现的变式模式、强调超越那些目标的联系。这主要归功于通过执行变式而强调除法和乘法间的互逆关系。然而，在第二节课中，当例题组稍微改变，变与不变的其他模式提前引起关注时，教师才更加满意，其他的区别因此显而易见。我们的分析表明课堂 2 和课堂 3 中的教学更加明确地将学生注意力引向教师想让学生辨别的关系上。

这里我们仅仅展示其中一项学习研究中的一个任务。在三项学习研究中共有 12 节课，包括用变异理论原则指导、设计、实施和修改的其他任务。在课前与课后会议中分析这些课以及学生的学习结果与我们这里所展示的相似。教师可以相继地在他们的教学中使用变异思想，在某种程度上增强了学习者学习什么是目标的可能性(Martensson，2015)。

学习变式教学——时间的影响

在上面例子中，教师询问并检测变与不变的原则是如何被用来作为设计任务和规划课堂以增强学习效果的。这是一个集体的过程，教师们共同讨论不同选择的重要性，但是首要的是，研究在课堂上各种变式模式的影响。然而，这些经历对他们的日常工作有没有影响？考虑到学习研究费时，参与教师要做出许多努力，因此有必要确认他们的体验是否会产生长期影响。有 12 名数学和科学教师在教学前后参与了这三项研究，通过检测同样的主题(他们自己的选择)在参与前与参与后是如何教授的，整个过程耗时 2 年(Kullberg，Runesson，Marton，Vikström，Nilsson，Mårtensson，& Häggström，2016)。和前面的例子一样，我们追随由赖耳(Ryle，1949，2002)和施恩(Schön，1983)激发的理性方法，通过检测他们在教室里的活动视频录像来研究教师已经学习到什么，发现 12 名教师中的 10 名教师用了一种变异理论反应原理的方法改变了他们处理主题的方式。干预后在所有教师的教学中发现一个显著的不同：在干预后数学教师和科学教师都用另外一种方式重构所教的内容，因此，执行的变异模式不同了。在下面章节我们将给出一个有关两节数学课是如何根据主题结构和教师参与学习研究前后制定的变异模式及他根据变异理论的经验而设计不同的例子。

执行变异模式的改变

我们将报道的教师B先生教八年级，在两个场合所教的内容是度量单位和怎样进行单位转换，如从1 dm^2 到100 cm^2。

课堂1。第一节课阶段1由1 dm^2 的定义开始：一个1 dm×1 dm的正方形。接下来通过展示1 dm^2 的正方形分成100 cm^2，并总结1 dm^2 =100 cm^2（写在黑板上），来演示1 cm^2 的单位与1 dm^2 的单位是如何关联的。有两个从 dm^2 到 cm^2 面积和单位转换的例子呈现给班级解决（6 dm^2 =600 cm^2；40 cm^2 =0.4 dm^2）。接下来，讨论长度单位间的关系，学生们根据黑板上内容齐声朗读：1 m＝10 dm＝100 cm。最后，不同的面积单位间的关系是主题。规定1 m^2 =100 dm^2 =10 000 cm^2，并写在黑板上。

接下来，要求学生独立完成一项任务单，任务单上有从 dm^2 到 cm^2 的面积单位转换例子，并独立完成反过来的面积单位互化。当众订正任务时，教师给出一条"规则"："从 m^2 到 dm^2，增加两个零，从 dm^2 到 cm^2 增加两个零，或者乘以100。"然而，并未提供解释。因而，在这个部分，面积单位和它们之间的关系是主题。

在阶段2，体积和体积单位通过展示一个1 dm×1 dm×1 dm的立方体引入。"体积"被定义为长×宽×高，并在黑板上写出"1 dm×1 dm×1 dm=1 dm^3"。这里，解释了"维度"的概念，"高是第三维"。他进一步解释 dm^3 中的"3"意味着三维。类似地，他解释 dm^2 中的"2"与二维面积有关。接下来将 cm^3、dm^3 和 m^3 之间的关系总结在黑板上：1 m^3 =1000 dm^3 =1 000 000 cm^3。随后是完成以体积单位换算为例的个人学习任务单作业。在课堂最后5分钟，一起订正作业，提醒学生记住规则："记住，增加3个零，乘以1000。"

课堂/ 活动部分	部分1 公共的	学习任务单1 个人的	部分2 公共的	学习任务单2 个人的
主题	面积单位间的关系1 m^2 = 100 dm^2 = 10 000 cm^2，6 dm^2 = 600 cm^2，40 cm^2 = 0.4 dm^2；长度单位间的关系1 m = 10 dm = 100 cm	面积单位转换（如：3 dm^2 = 300 cm^2 和反之亦然）	体积单位关系1 m^3 = 1000 dm^3 = 1 000 000 cm^3	体积单位转换（如：3 dm^3 = 3000 cm^3 和反之亦然）

续表

课堂/活动部分	部分1 公共的	学习任务单1 个人的	部分2 公共的	学习任务单2 个人的
变式模式	面积/长度不变，一种单位内的变化(面积/长度)	面积不变，一种单位(m^2、dm^2、cm^2)内的变化	体积不变，一种单位(m^3、dm^3、cm^3)内的变化	体积不变，一种单位(m^3、dm^3、cm^3)内的变化

图5　课堂1的顺列和确定的变式

图5概括了这节课以及所教的主题是怎样被安排的。分析表明每种单位(长度、面积、体积)内的关系一次教一个，首先全班教，然后独自练习。就制定的变式形式而言，这节课可以描述为按顺序分别揭示面积、长度和体积内的关系。

课堂2。两年后教师在同样的年级教授同样的课题(尽管不是同样的学生)。与以前的课堂相比，教师一开始介绍所有的单位(长度、面积、体积)。开始时在黑板上同时呈现了长度单位、面积单位、体积单位，从一开始便提出了“维度”的概念。首先，1 dm(黑板上一条线)与1 dm^2(一个正方体)和1 dm^3(一个立方体)比较，1 dm^3 定义为 $1\ dm \times 1\ dm \times 1\ dm = 1\ dm^3$。每种单位内部和长度、面积与体积之间的关系同时显现在黑板上，教师指出：$1\ dm = 10\ cm$；$1\ dm^2 = 100\ cm^2$；$1\ dm^3 = 1000\ cm^3$。随后，下列内容写在白板上：

长度	面积	体积
1 dm	1 dm^2	1 dm^3
10 cm	100 cm^2	1000 cm^3
100 mm	10 000 mm^2	1 000 000 mm^3

图6　课堂2中的白板。长度、面积和体积三种单位同时呈现

通过这节课，教师比较了单位。长度、面积和体积之间的关系显而易见。例如，教师指向三栏中的不同单位，师生出现如下对话：

师：你有没有体验到或看到什么模式？……长度单位(指向该栏并做了一个垂直的手势)、面积单位(指向该栏并做了一个垂直的手势)和体积单位(指向该栏并做了一个垂直的手势)？

生：都是越来越大。

师：的确，如果你按照这个方向（做了一个垂直的手势，并在长度、面积和体积栏中一次仅指向一栏）；同样的，如果我们按这个方向走（做了一个水平手势，指向长度、面积和体积）。

师：你们还能看到什么吗？

生：就像在分米之后你增加了同样多的零。

师：你们听到玛丽说什么了吗？

生：没有！

师：玛丽，再说一遍。

生：就像在分米之后你增加了同样多的零。

我们理解她的回答中“分米之后”指的是 dm^2 中的“2”。那就是，dm 后有 2，这就告诉我们要增加多少个零。

教师没有重新发表她的评论，而是引导学生注意每一栏中不同数量的零以及维度的数量。

师：是的，我们已经谈到维度。看这里，一维，长度（一个单位的线段），分米到厘米增加一个零，厘米到毫米增加一个零；面积（一个单位的正方形）分米说的是 $1\ dm^2$，当我们从 dm^2 到 cm^2 时增加两个零，从 cm^2 到 mm^2 再增加两个零。二维，面积是二维；三维，体积（一个单位的立方体）……dm^3，从 dm^3 到 cm^3 三维增加三个零，如果我们从 cm^3 到 mm^3 增加三个（零）。

这里“维度”被用来解释转换时你增加零的个数，比如，dm 到 cm 和 dm^2 到 cm^2。“规则”得以解释，也就给出了“增加不同的零的个数”的理由。接下来，学生们做学习任务单中关于所有三种单位转换的任务，比如，从 dm 到 m、dm^2 到 cm^2、dm^3 到 cm^3。最后，学生在课堂结束的时候，根据教师提供的答案复查学习单上的答案。

就顺序和变异模式而言，我们的分析指出这节课与以前的课不同。与第一节课相比，课堂 2 中所有的单位同时处理，没有被学生的练习干扰。这个我们理解为教师想将三个单位作为整体。然而，同时将所有单位写在白板上并处理它们间的关系并不意味着每件事情同时发生改变。相反，我们发现这种方式系统地使用了变异。变异理论基于看见不同点而不是相似点，这是学习的基础，通过体验事物如何不同，一一对比进行概括(Marton, 2015)。对课堂 2 的仔细观察意味着进行一系列的这类活动。首先，在长度和面积之间比较：(1)就维数而言(1 与 2 比较)；(2)单位 ($1\ dm = 10\ cm$ 与 $1\ dm^2 = 100\ cm^2$ 比较)，随后在长度、面积和体积间进行相似的比较(1、2、3 维和单位：$1\ dm = 10\ cm$，$1\ dm^2 = 100\ cm^2$，$1\ dm^3 = 1000\ cm^3$)。其次，把在 $dm - cm$、$dm^2 - cm^2$、$dm^3 - cm^3$ 和维数(一维增加一个零，二维增加两个零，三维增加三个零) 之间的这种关系，推广到 mm、mm^2 和 mm^3(教师问学生是否能看到一种模式，参见图 6)。

在白板上同时显示长度、面积和体积，要求在三个几何对象(长度、面积和体积)和它们的相应的单位之间以及每个对象内进行比较。根据变化，这节课可以描述为同时在单位间和单位内进行变化。在课堂 1 中，我们也发现了另一类系统性的变式。在课堂 1 中，每个单位(长度、面积和体积)在单位间变化打开之前，内部有一个开放的变化。尽管两节课间明显的不同似乎相对模糊，但是我们指出长度、面积和体积间的关系在课堂 2 中通过同时处理的方式与课堂 1 比较将更加详细，并将可能提供不同的学习的可能性。一次并非(如课堂 1 中)处理一个单位，而是同时呈现 3 个单位，通过对比和概括进行了系统化的处理。因而，与课堂 1 相比，课堂 2 增强了体验其他联系的可能性。

变异教学方法的转变

不用变异模式教学几乎是不可能的。然而，变异的方式——什么改变而什么保持不变——将会自然地被创造出来，并体现出或多或少的系统性(参见 Runesson, 1999)。我们相信，教师不仔细回想就在黑板上呈现一系列例题并不罕见(至少在瑞典不罕见)，比如，在例题之间系统地使用什么数字，如何改变它们。这也许意味着在例子间有很多东西可以改变，因此，我们想让学习者不提前关注所要注意的内容。“一次处理一件事”，让学习者在“新”事物引入前练习，将会促进学习，而一次处理太多东西则会使它更加复杂，会冒着让学习者“将事情混淆”的风险，这类看法并不稀奇。然而，变式理论与这种观点相反，它指出了我们想让学习者接触或从联系的角度看可能必须同时体验学习对象的各个方面。更进一步，为了知道事情是什么，需要知道事情不是什么，这样两件事情(最少)需要对比，目的是区分它们。正如在几项研究中所证明的，我们也相信，这可能对能学习什么和实际上学习什么有影响(更多细节参见 Marton，2015)。

在这篇文章中，我们已经给出教师学习使用变异理论的两个现场。在第一现场，我们描述了这样一个教师群体：他们在以学习为目标、以学生学习为对象的集体反复探究过程中，运用变异理论进行教学任务设计，进而提高教学技能。我们的结果表明，在备课时他们规划设计了一系列例子，但是在第一次尝试时并没有设法全部运用或执行潜在的设计任务。然而，在课后反思如何使用一系列范例时，他们意识到为了提升有目的的学习，他们必须提前用不一样的东西和区别来引起学习者的注意。在重复的过程中，要求他们在课堂上"体验"。因此，学习研究成为一个为探究、测试和进一步发展教学任务提供机会的平台。

在第二现场中指出，即使课堂不是集体规划的，教师教学技巧的改变和提升也能看到。教师 B 先生是例 1 中提到的学习研究小组中的一名教师。在学习研究课堂中教授的主题与例 2 中的主题不同。此外，两个场合中的课由 B 先生独自规划完成。我们对学习报告(参见 Kullberg 等人，正在出版)的主要兴趣是追踪教师在参与学习研究前后处理课堂上相同内容时方法的改变。当研究教师从教师专业发展中学习到什么时，普遍的做法是利用采访和从来自教师各种形式的自我报告中收集资料。在我们的研究中，教师对他们自己学习的回忆不是我们主要的兴趣，我们首先并不对教师说对他们自己的经验感兴趣。我们更加感兴趣的是在教师参与学习研究前后，课堂里学习者体验到什么。由于我们研究的主要资料是课堂的视频录像，因此在录课之前记录教师与研究者谈论课是一件重要的事情。然而，这些采访并不是聚焦他们进行学习研究的经验，也不是设计课堂时如何使用变异，更多的是聚焦于教师授课的目的和计划。有趣的是，发现在第一次和第二次访谈中 B 先生根本没谈论使用变异。因此，我们不能从这些访谈中得出任何他学习变异理论的结论。

然而，两节课的分析显示 B 先生相当激进地——并在具体的层面上——改变处理这节课具体内容的方法。我们不能排除 B 先生在过去的两年中的其他经历影响了这些改变。它们发生也许是相当偶然的，然而不能置之不理。我们已经确定的变化在很大程度上反映了变异理论的原理(参见 Kullberg 等,2016,研究中的其他 11 位教师)。变异理论是学习的一般性理论,为了特定的学习目的,改变什么或保持什么不变,这是不能从理论上得出结论的,必须根据个案决定。然而,从理论中得到的东西就是我们想将学习者的注意力引向的特定方面作为变异的一个维度开放。我们可以看见这个发生在课堂 2。比如,在课堂 2 中,当表示 dm、dm^2、dm^3 和相应的单位中增加零的个数时(比如,从 dm 到 dm^2 转换时),一开始刚好在这方面展开一个变异,并将注意力引向维数。实际上,B 先生在访谈中谈论了这个。他说:

> 我想让他们理解逻辑,对我来说它是有逻辑的,希望他们也能理解这个模式。是的,从 dm 到 cm,加一个零,从 cm 到 mm,又加一个。一维一个零,二维每步增加两个零。类似的,体积,三维,每步增加 3 个零。

我们的分析表明,这种处理内容的方式反映了我们所知道的教师参与三项学习研究时所经历的原则。

当孙(Sun, 2011)谈到教师如何几乎看不到变异的思想时,我们将其解释为在向学习者展示内容、设计示例等情况下如何创造变异模式的知识没有得到考虑,而是“在行动中认知”(Schön, 1983)。这里的报道表明,学习研究的优势之一是使这种认知可以变得触手可及、引人深思和趋于完备。

参考文献

Bell, A., Swan, M., & Taylor, G. (1981). Choice of operations in verbal problems with decimal numbers. *Educational Studies in Mathematics*, *12*(4), 399 - 420.

Bell, A., Fischbein, E., & Greer, B. (1984). Choice of operation in verbal arithmetic problems: The effects of number size, problem structure and context. *Educational Studies in Mathematics*, *15*, 129 - 147.

Bell, A., Greer, B., Grimison, L., & Mangan, C. (1989). Children's performance of multiplicative word problems: Elements of a descriptive theory. *Journal for Research in Mathematics Education*, *20*(5), 434 - 449.

Behr, M., Harel, G., Post, T., & Lesh, R. (1993). Rational numbers: Toward a semantic analysis — Emphasis on the operator construct. In T. P. Carpenter, E. Fennema, & T. Romberg (Eds.), *Rational numbers. An integration of research* (pp. 13 - 48). Hillsdale, NJ: Erlbaum.

Cheng, E. C., & Lo, M. L. (2013). *Learning study: Its origins, operationalization, and implications* (OECD Education Working Papers No. 94). Paris: OECD Publishing. Retrieved from http://dx.doi.org/10.1787/5k3wjp0s959p-en.

Elliott, J. (2012). Developing a science of teaching through lesson study. *International Journal for Lesson and Learning studies*, *1*(2), 108 - 125.

Fischbein, E., Deri, M., Nello, M. S., & Marino, M. S. (1985). The role of implicit models in solving verbal problems in multiplication and division. *Journal for Research in Mathematics Education*, *16*(1), 3 - 17.

Gibson, J. J., & Gibson, E. J. (1955). Perceptual learning: Differentiation — or enrichment? *Psychological Review*, *62*(1), 32 - 41.

Holmqvist, M. (2011). Teachers' learning in a learning study. *Instructional Science*, *39*(4), 497 - 511.

Kullberg, A. (2010). *What is taught and what is learned. Professional insights gained and shared by teachers of mathematics*. Göteborg: Acta Universitatis Gothoburgensis.

Kullberg, A., & Runesson, U. (2013). Learning about the numerator and denominator in teacher-designed lessons. *Mathematics Education Research Journal*, *25*(4), 547 - 567.

Kullberg, A., Runesson, U., & Mårtensson, P. (2014). Different possibilities to learn from the same task. *PNA*, *8*(4), 139 - 150.

Kullberg, A., Runesson, U., Marton, F., Vikström, A., Nilsson, P., Mårtensson, P., & Häggström, J. (2016). Teaching one thing at a time or several things together? — Teachers changing their way of handling the object of learning by being engaged in a theory-based professional learning community in mathematics and science. *Teachers, Teaching, Theory and Practice*, *22*(6), 745 - 759.

Lewis, C. (2002). *Lesson study: A handbook of teacher-led instructional change*. Philadelphia, PA: Research for better schools inc.

Marton, F. (2015). *Necessary conditions of learning*. New York, NY: Routledge.

Marton, F., & Booth, S. (1997). *Learning and awareness*. Mahwah, NJ: Lawrence Erlbaum.

Marton, F., & Pang, M. F. (2003). Beyond "Lesson study": Comparing two ways of facilitating the grasp of economic concepts. *Instructional Science*, *31*(3), 175 - 194.

Marton, F., & Pang, M. F. (2013). Meanings are acquired from experiencing differences against a background of sameness, rather than from experiencing sameness against a background of difference: Putting a conjecture to test by embedding it into a pedagogical tool. *Frontline Learning Research*, *1*(1), 24 – 41.

Marton, F., & Runesson, U. (2015). The idea and practice of Learning study. In K. Wood & S. Sithampram (Eds.), *Realising learning. Teachers' professional development through lesson study and learning study* (pp. 103 – 121). New York, NY: Routledge.

Mårtensson, P. (2015). *Att få syn på avgörande skillnader: Lärares kunskap om lärandeobjektet* [Learning to see distinctions: Teachers' gaining knowledge of the object of learning]. Jonkoping, Sweden: School of Education and Communication, Jonkoping University.

Nuthall, G. (2004). Relating classroom teaching to student learning: A critical analysis of why research has failed to bridge the theory-practice gap. *Harvard Educational Review*, *74*(3), 273 – 306.

Nuthall, G. (2005). The cultural myths and realities of classroom teaching and learning: A personal journey. *Teachers College Record*, *107*(5), 895 – 934.

Okazaki, M., & Koyama, M. (2005). Characteristics of 5th graders' logical development through learning division with decimals. *Educational Studies in Mathematics*, *60*(2), 217 – 251.

Runesson, U. (1999). *Variationens pedagogik. Skilda sätt att behandla ett matematiskt innehåll* [The pedagogy of variation. Different ways of handling a mathematical topic]. Göterborg: Acta Universitatis Gothoburgensis.

Runesson, U. (2005). Beyond discourse and interaction. Variation: A critical aspect for teaching and learning mathematics. *The Cambridge Journal of Education*, *35*(1), 69 – 87.

Ryle, G. (1949/2002). *The concept of mind*. Chicago, IL: University of Chicago Press.

Schön, D. (1983). *The reflective practioner: How professionals think in actions*. New York, NY: Basic Books.

Sun, X. (2011). "Variation problems" and their roles in the topic of fraction division in Chinese mathematics textbook examples. *Educational Studies in Mathematics*, *76*(1), 65 – 85.

Vikstrom, A. (2014). What makes the difference? Teachers explore what must be taught and what must be learned in order to understand the particular character of matter. *Journal of Science Teacher Education*, *25*, 709 – 727.

Watson, A., & Mason, J. (2006). Seeing an exercise as a single mathematical object: Using variation to structure sense-making. *Mathematical Teaching and Learning*, *8*(2), 91 – 111.

Yoshida, M., & Fernandez, C. (2004). *Lesson study. A Japanese approach to improving mathematics teaching and learning*. Mahwah, NJ: Lawrence Erlbaum Associates.

/第五部分/

评注和结论

18. 通过变异教学
——一个亚洲视角：学习的变异理论是变化的吗

黄毅英①

序言

1997年，我邀请费兰伦斯(Ference)[1](马顿教授)到香港中文大学进行学术访问，当时我在香港中文大学任职。在一次演讲中，他说他将从他的个人经历开始谈起。然后，他谈到了自己的文化渊源，以及他是如何移民到西方的，随后他谈到是如何接触到东方文化的。我向他学习，从我个人遇到的学习变异理论以及变式教学开始。

图1　在香港中文大学的讲座中作者(左)介绍费兰伦斯(右)

事实上，我认识费兰伦斯的时间要早得多，在我的博士学位就要读完的时候，我的导师大卫·沃特金斯(David Watkins)教授激励我进入了理解数学的沃土

① 黄毅英，香港教育大学。

(Wong, Ding, & Zhang, 2016)。他把我介绍给费兰伦斯,大卫说他是懂得"理解(understanding)"的专家。在此之后,我和费兰伦斯见了几次面,终于在2001年项目得到了香港研究资助局("研资局")的竞争性专项拨款,从此系统地引入了变异理论,以提高学生解决数学问题的能力。

该项目的基本思想是通过系统地引入非常规(包括开放式)数学问题,拓宽学生的体验空间(Wong, Marton, Wong, & Lam, 2002)。获得授权的研究着实出了一些出版物(Wong, Chiu, Wong, & Lam, 2005; Wong, Kong, Lam, & Wong, 2010),但结果并不像预期的那么突出。我们看到引入非常规问题不够系统,许多参与的教师发现整个想法很难执行。那时,我认识了荣金[2](黄教授,这本书的联合编辑之一),并接触到变式教学。我知道顾泠沅教授在这个领域做了很多工作。在我编辑的书中,这可能是这两位关键人物(Ference 和 Gu)第一次在荣金的大力帮助下,就这一主题合写了一章。

我在1992年在ICME-7[3]会议中听到了顾的名字,他报告了他的青浦经验(Gu, 1992)。出于某种原因,我们没有见面。直到1998年我的第一个博士生孔企平邀请我去上海,顾来到我的演讲会场,我们见了面。

我意识到学习的变异理论与变式教学都缺乏实证研究。之后,我对他们工作的内容、方式和原因进行了一些调查(一些调查由我的教育硕士/博士学生开展)(详情请参考 Wong, Chiu, Wong, & Lam, 2005; Wong, Kong, Lam, & Wong, 2010; Wong, Lam, & Chan, 2012; Wong, Lam, Sun, & Chan, 2009; Wong, Lam, Chan, & Wang, 2008)。

它是如何开始的:数学的概念和做数学

正如上面提到的,整个项目(从1996年开始,在我获得博士学位一年之后,跨越了10多年)从数学概念开始。我最初的调查结果显示,来自香港和长春的学生对数学概念的理解比较狭隘,这引起了我的注意。简单地说,在这些学生看来,数学是用数学术语来识别的,学生把数学作为可计算的科目(Wong, 2002 a; Wong, Marton, Wong, & Lam, 2002)。令人惊讶的是(或毫不奇怪),教师和学生对数学概念的理解非常相似。

不仅如此，这些数学概念直接影响着学生的解题策略，尤其是他们在面对数学问题时所想到的方法。他们如何处理一个问题是成功解决问题的关键。我们在研究中发现，当学生面对一个数学问题时，他们试图识别问题的关键词、问题的原型以及问题可能在哪一章(教科书中)、在本章中讨论了哪些公式，并进一步将这些数代入公式中，以检查他们是否能得到答案(Wong, Marton, Wong, & Lam, 2002)。

我(和合作者)进行的另一项研究表明，尽管学生暴露在各种问题类型中，其中大多数问题是抽象的数学问题而不是现实生活中的问题。提出的大多数问题要求学生只应用规则和常规程序(Wong, Lam, & Chan, 2002)。它反映出数学的狭隘概念和数学问题解决可能是学生体验的有限空间的结果。然而，这种体验空间是由教师构成的，所以一个合理的猜想是教师的数学与数学教学的狭隘观念导致有限的体验空间，导致学生对数学产生"狭隘的观念"(图 2)(Zhang & Wong, 2015)。许多研究证明了这一点(参见，例如：Wong, 2002b; Wong, Han, & Wong, 2005)。更严重的是，如果学生们保持着一个狭隘的数学概念，有朝一日成为教师，有可能这种狭窄的概念如果不变更窄的话，将一代一代传下去。

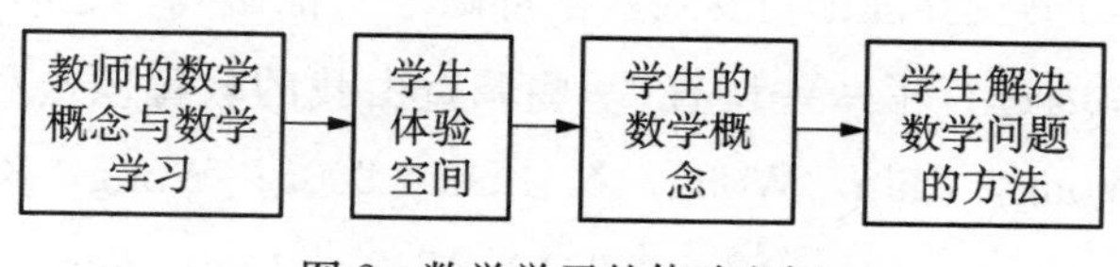

图 2　数学学习的体验空间

如前所述，为了扭转恶性循环，我们试图通过引入非常规数学问题来扩大体验空间。因为我们都熟悉现象图式学的理论基础，我不会重复。简而言之，认知是学习的一个基本要素，而变异是引起认知的关键。由于学生对数学学习的体验空间缺乏变化，必然会导致数学概念相对较窄。此外，他们倾向于持有一个狭义的数学学习概念，当他们面临数学问题时，他们拥有有限的策略。总之，较小的变化与更窄的体验某一现象的方式相关联，而更多的变化与更广泛的体验该现象的方式相关联。因此，如果通过系统地引入变式拓宽数学学习的体验空间，数学概念将被拓宽。他们也将成为更有能力的问题解决者(Wong, Chiu, Wong, & Lam, 2005; Wong, Kong, Lam, & Wong, 2010)。

学习变异理论与变式教学：东方还是西方

除了发现我们以前的体验空间项目不易执行这一事实外，学习的变异理论更多地涉及概念的形成而不是问题的解决（我并不是说两者是分离的）。在数学学习中，问题解决是非常必要的。非常重要的是，数学监督理事会甚至宣称它是“学习数学的主要原因”(1977, p. 2)。由于我们的主要目标之一是提高学生的问题解决能力，我们转向了变式(Bianshi)教学，这在中国大陆已经实行了几十年。

图 3　作者（中）邀请顾（右）到香港中文大学做一次访学

回顾了有关的数学教科书和论文，我们发现有这么多不同的变式存在。变式在中国大陆非常受欢迎，以至于每一位数学老师都把他/她的教学贴上了一种变式的标签！毫无疑问，在 2005 年我邀请顾在香港中文大学讲课时，他很震惊地说，变式教学方法没有什么特别的，这是每个老师都应该知道的基本技能。

我们的唯一目的是建立一个（小的）课程开发的框架，以调查变式教学的有效性。经过梳理和分类，我们提出了四种可以用来构成课程建设基石的基本变式(Wong, Lam, Sun, & Chan, 2009)。图 4 总结了四个变式及其关系。总之，“归纳变式”可以用来从一些现实情况的考察中得出规则和概念。这些规则是通过在数学任务中系统地引入变化来巩固的。然而，没有引入新的规则和概念，学习者只是通过各种问题扩大了它们的范围，这就是“扩展变式”的情况。在某种程度上，通过进一步改变数学任务的类型，学习者可以接受更多的数学知识，这就是“深化变式”。然后，数学应用于更多的现实问题，这就是“应用变式”（Wong, Lam, Sun, & Chan, 2009）。

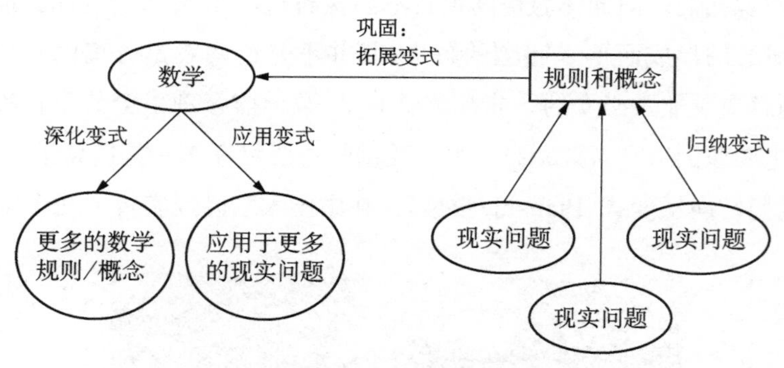

图 4　变式课程框架

人们可能会质疑，这些是否是唯一的变式。我们认为这不是一个问题。不同的学者可以就自己的特定目的而提出自己的独特的变式。对我们来说，这四项内容足以发展我们的课程以供进一步研究。不仅如此，该框架符合数学化进程和数学学习的性质（数学教师理事会，1989）。

如上文所述，我们的主要目标是调查变式教学的效果。从这个意义上说，框架只是一个垫脚石。我们必须制定一门教学实验的课程，然后才能测试它。分数除法被认为是小学数学中最难解决的问题，也是我们的第一次尝试。在课程建设的实际过程中，首先对现有教材进行分析，找出课程建设的难点。然后，变式可以提供脚手架，帮助学生跨越这些障碍。理想情况下，对学生的诊断（通过诊断性访谈和/或分析他们的作业）将为课程开发提供更多的信息（我们在以后的项目中就这样做了）。这可能类似于学习研究方法中的“V1”，其中确定了以下变化（Cheng & Lo, 2013）：

- V1. 学生对学习对象理解的差异
- V2. 教师自身理解和处理这一学习对象的方式在过去的变化
- V3. 后来，变异作为教学设计的指导原则

我们进行了各种主题的实验，包括分数除法、速度、体积、圆周、条形图，以及用

三角解决三维问题(请参阅 Wong, Lam, & Chan, 2012; Wong, Lam, Chan, & Wang, 2008; Wong, Lam, Sun, & Chan, 2009,其中一些主题的设计)。

有效性:在什么意义上

如前所述,无论是学习变异理论还是变式教学,我们的目的不仅仅是在不同的主题上重复这一观点,而且是收集更多的经验数据,以评估使用变异的有效性。这样的实证研究在当时是非常缺乏的。但是,当我们谈到有效性时,我们必须检查(预期的)学习目标是否已经实现。学习不仅涉及行为的改变,而且涉及概念的改变。因此,概念的形成自然是主要关注的问题之一。

2000 年举行的关于现象图式学更新的国际讲习班上进行了一个有趣的讨论。一个参与者报告了他的研究结果,在学生中,除了“传统的”基数和有序性维度外,还有其他关于数的概念维度,如颜色和情感(对一些学生来说,某些数字是“美丽的”,而有些则是“无聊的”。或者“我讨厌数字 17”等)。这些维度是否可以被称为数字概念的一部分(或数字概念)引起了一些争论。显然,对大多数数学家来说,答案是否定的。但是,如果你认为“X 的概念”是一个(学生)如何想到/感知 X,我们显然必须接受这些是我们在学生中实际发现的维度。这个问题的原因在于它们是否是**理想的**学习结果。这种可取性并非仅由数学家或课程文件来定义,而是看这些维度是否能在高等数学上具有可持续性的发展(或所谓的深奥数学:Cooper & Dunne, 1998)。

还有一个我们不应忽视的问题。当我们谈论学习时,必须意识到学习有很多方面。让我们思考以下几点:

- 理解牛顿力学
- 建造一辆重心低、不会轻易倒下的木车
- 理解莎士比亚的作品
- 学会写诗
- 学会演奏乐器
- 学习中国功夫,并在战斗中运用这些技能
- 学习游泳

- 学习瑜伽，甚至冥想（非思考的艺术）

……

无需进一步的解释以获得上述每一个需要很多不同的技能和方法。即使我们局限于数学，我们也有以下几个方面的学习结果：

- 规划和解决一个关于矩形面积最大化的实际问题
- 分解三次多项式，了解因子定理
- 解三角方程
- 构造线段的垂直平分线
- 通过剪纸和折叠的方法构造一个十二面体
- 用动态几何系统（DGS）探究几何性质
- 向其他人解释解决数学问题的策略

……

（上述哪些是手段，目的是什么）我不想仓促地进入最近的过程性和概念性知识的热门话题（深入的过程和互惠的获取），简单地说，一个清晰的概念可能不会直接导致成功的问题解决，反之亦然。因此，当你阅读变式有效性的论文报告时，需要澄清这些论文所指的有效性的意义。

在我们的实证研究中（Wong，Lam，Sun，& Chan，2009），我们不仅通过传统的测试分数来检验有效性，还包括数学问题解决测试和情感测试（如态度和动机）。我们还检查了数学概念中可能发生的变化：学生是如何看待数学和如何以不同的方式处理数学的——这从一开始就是我们最想要的方面。在我们后来的研究中，我们还结合诊断性访谈来观察他们处理数学问题的方法是否发生了变化。在上述对体验空间的概念化过程中，随着体验空间的扩大，学生应该掌握更广泛的方法和策略来处理数学问题，特别是非常规的问题。

变异/变式是否具有"民族/文化"的特征，我们需要一个吗

随着我们的努力，几个意识形态问题浮现了出来。首先，"西方"学习变异理论与"华人"变式教学是相同的还是不同的。顾、黄和马顿（Gu，Huang，& Marton，2004）强调了学习变异理论与变式教学的相似之处。然而，对于它们是

否代表了不同的观点，也存在争议（例如，Pang，Bao，& Ki，2017）。我的观点是，在他们的实践中即使是同名的教学方法也可能有不同（变化！），如果我们从广义上"系统地引入变异"，这两者无疑属于同一个家族。

沿着这条路线，有人质疑我们的变式课程框架是中国的、西方的还是混合的。对我们来说，我们不是为了变式而变式的。正如莎士比亚所说："名字是什么？任何给玫瑰起的其他名字闻起来都是香甜甜的。"[4] 设计的课程是否属于西方或东方的教学风格（如果有的话）并不重要。数学学习在一定程度上具有普遍性。如前所述，我们的课程框架符合数学和数学学习的本质才是最重要的。

为了更好地学习数学，我们从不同的文化中寻找"好"的做法，愉悦地利用它们，不管它们被贴上东方或西方的标签（Wong，2006）。

在这本书中，我们可以看到在不同的文化中存在的变异教学（Barlow，Prince，Lischka，& Duncan，2017；Hino，2017；Pang，Bab，& Ki，2017；Runesson & Kullberg，2017），因此，很难说变异属于特定的文化。对变式来说，可以说它有中国的渊源，它有中国文化渊源带来的一点深远影响。此外，不可避免地，这些不同类型的变化的某些组成部分与其他教学思想是共同的。例如，如日野圭子（Hino，2017）提到的"提供有变化的问题——为学生自己构造变式提供机会"可能与"开放问题-问题提出"周期（Silver，1994）相似。此外，在对比、概括、融合和分离四种策略手段（见 Leung，2017）中，其中一些可能与奥苏贝尔（Ausubel，1990）先行组织者提出的渐进分化、综合调节有相似之处。

变异理论本身也在发生变化（变！[5] 这是很自然的）。在《学习与意识》（Marton & Booth，1997）一书中，对学习现象进行了深入分析（现象图式学）。分析也启发了教学和学习。几乎同时，乌拉·鲁内松（Ulla Runesson）发展了她的变异教学法（1999）。当费兰伦斯在 1997 年访问我们时，他强调现象图式学不是（过去是？）一种研究方法，而是一种研究传统。在现象图式学更新国际讲习班（2000）讨论期间，教育局委托开展了"构建适合于个体差异的变异"（2000）的项目，并在学习者研究中再次改变了定位。从"学习分析"到"强化学习的手段"[6] 和"教学方法"，两者之间无疑是相互关联的。

我们真的需要给一种教学方法贴上标签——中国、英国、瑞典、西方还是东方的吗？相反，当一个人谈论变异（变式）时，重要的是要知道我们所谈论的变式是哪个版本的。

"中国文化之根"：华人在哪里

几年前，我的一位同事邀请我在她班上谈谈佛教教育观。她学习过西方教育哲学。我告诉她，为什么不行？如果佛教不是来自西方，我们就不会有小说《西游记》。[7] 东方、西方、中国人、非中国人有时只是我们在休闲对话中使用的标签。在学术讨论中，在创造这些术语时，可能需要特别注意。

一般人都说变式有中国文化渊源。这种讨论有可能是对中国文化的普遍误解。在提出这样的主张之前，我们可以问自己：

- 中国有23个省、4个直辖市、5个自治区和2个特别行政区。它有56个民族。如果我们谈论中国，我们指的是中国的哪一部分？
- 即使我们局限于"中原"，中国文化又意味着什么？
- 儒学是主流的"传统"中国文化吗？我们如何看待道家（有时道家和道教不分）、佛教、墨家和法家等其他流派的影响？
- 儒学（制度化、复兴……）在历史上发生了变化。当我们谈论儒学时，我们所指的是哪一种儒学？
- 在20世纪初不同的西化浪潮中，"打倒孔家店"是其中的一句，当代中国有多少是"中国的"？
- 在华人（包括台湾和香港）地区教授的是中国（传统）数学吗？他们在实践中国传统的教育学吗？
- 在中国历史上有多少数学财富流传下来？（有些人甚至声称儒家思想压制了推理，阻碍了中国数学的发展）

我们不会讨论这些细节。王等人（Wong 等人，2012）可以为进一步讨论提供一个良好的起点。

我的(亚洲人?)视角：以教师为中心，以学习者为中心，以学习为中心

在这本书中，我被要求从亚洲的角度写作。按照上述讨论路线，如果没有所

谓的(统一的)华人视角,就更不可能有一个亚洲视角(Wong, 2013)! 不管怎样,我们可以从另一个角度来看整件事。

有人认为,虽然亚洲(尤其是华人)课堂班额规模很大,学生似乎是被动学习者,但课堂教学仍然有效(Gu, Huang, & Gu, 2017),并对此提出了若干理由(详情见 Watkins & Biggs, 1996,2001; Wong, 2004)。特别是高和沃特金斯(Gao & Watkins, 2001)指出,教师和学生之间建立了一种良师益友的关系,教师对学生们表现出个人的关心,使其学习过程实际上是一种"全班授课+课后辅导"的模式。此外,教学是以教师为主导但以学生为中心的(参见,例如: Wong, 2009; Wong, Ding, & Zhang, 2016)。首先引导学习者"入门",然后逐渐引领"超越"(Wong, 2006)。如果我们把这种情境看作是亚洲人(至少是中国人)具有的,那变异或变式就是发挥突出的作用之所在。

换句话说,"华人"数学课堂(从一开始)就不追求自由发现权利(我们不评论它是否可取)。学生在老师的指导下学习基础知识("入门"),在教师指导下通过精确设计的变异(或"变式"),学生获得了更高层次的理解("超越")。

有很多不同的方法来实现"超越"(Wong, 2006)。然而,可能会有一种普遍的印象,即变异/变式只处理基本的问题。这种印象可能是由早期针对普通学生的研究所造成的。我们确实认为变异/变式在提高更高层次的思维能力方面有很大的潜力。上述关于拓宽问题解决策略及其灵活使用的论证为这一观点提供了依据。这可以通过使用非常规问题、开放性问题(Peled & Leikin, 2017)和新问题(Gu, Huang, & Gu, 2017)来实现。我认为应为此目的进行大量探讨。

这本书包含了丰富的良好变异实践和变式。为了深入论述,我认为更多的研究需要超越教科书/课堂分析、课堂计划分析和课堂观察。需要更多采用系统课程评价方法来研究。如上所述,一些研究议程可以关注学生如何获得各种学习成果(认知、情感、社会心理、概念和数学问题的处理方法)、学生的体验空间是如何由教师的教学行为塑造的,以及这些行为如何受到教师的概念[8] 和知识的影响(图 5)。

最后一点: 毫无疑问,作为一名教师(和教师教育者),我们的目标是依托坚实的基础进行教学。我们希望有良好的计划来组织课程(Runesson & Kullberg, 2017)。然而,所有这些努力都是为了改善学生的数学学习而付出的。从某种意义上说,课程(以及教学方法)只是一种硬件,当然也有其局限性。一旦我们有了

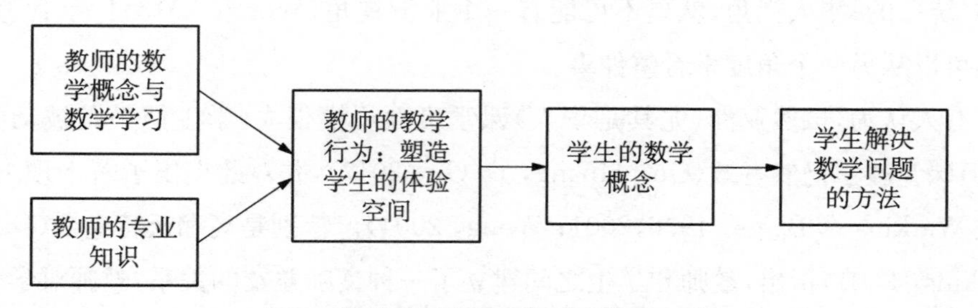

图 5　数学学习体验空间中的师生互动

一位好老师，学生们就会自动学习一门精心设计的课程，这种超自然的想象远非现实。课程忠诚度并不是唯一的选择。也许（课堂上仍然有教师引领，但以学生为中心），老师也需要从"入门"进入到"超越"，从有剧本到没有剧本（Wong，2009；Wong，Zhang，& Li，2013）。

最后，我想以禅宗的一个小故事来结束这一章。请注意师父如何根据和尚在对话中的反应，巧妙地改变他的话题。

> 时有法师数人来谒曰。拟伸一问。师还对否[9]。师曰。深潭月影任意撮摩。问如何是佛。师曰。清潭[10]对面非佛而谁。众皆茫然。良久其僧又问。师说何法[11]度人。师曰贫道未曾有一法度人。曰禅师家浑如此。师却问曰。大德说何法度人。曰讲金刚般若经。师曰。讲几坐来。曰二十余坐。师曰。此经是阿谁说。僧抗声曰。禅师相弄。岂不知是佛说耶。师曰。若言如来有所说法。则为谤佛。是人不解我所说义[12]。若言此经不是佛说。则是谤经。请大德说看。无对。师少顷又问。经云。若以色见我。以音声求我。是人行邪道。不能见如来。大德且道。阿那个是如来。曰某甲到此却迷去。师曰。从来未悟说什么却迷。
>
> 景德年间历代传承记录《景德传灯录》(第 6 卷)。

致谢

作者谨向张嘉莉小姐致谢，感谢她协助本章的语言润色。

注释

1 我习惯叫他费兰伦斯。为了保持这种个人的联系，我在这一章中称呼他为“费兰伦斯”。

2 中国人很少用名字称呼别人，除了非常亲密的朋友或少年——中西文化的差异！由于我与荣金的亲密关系，我在这一章中称他为“荣金”。因为顾是长者，我就叫他“顾”。

3 第七届国际数学教育大会，魁北克。

4《罗密欧与朱丽叶》。

5 变(变式的字根)的字面意义是变化的。

6 以上“我讨厌数字 17”的事件，正好说明了现象分析与加强学习的手段之间的区别。

7 一部传奇小说，描写了一位来自唐朝的僧侣与他的弟子一起前往西方(印度，中国西部)，在那里获得佛经的旅程。

8 人们一直在讨论信仰、观念等问题，它们应该被视为认知或情感。我们选择松散地对待这些术语。

9 大师有一段时间拒绝回答任何问题，声称他实际上不认识。

10 有可能大师正在一语双关，“清塘”与“自由聊天(清谈)”发音相同，即与你聊天的那个人(大师本人)，如果不是佛陀，还有谁?

11 法，可以指一条教义或一部经文。

12 从某种意义上说，佛陀一句话也不说。正如孔子所说，“自然”一句话也说不出来。

参考文献

Ausubel, D. P. (1960). The use of advance organizers in the learning and retention of meaningful verbal material. *Journal of Educational Psychology*, *51*(5), 267 - 272.

Barlow, A. T., Prince, K., Lischka, A. E., & Duncan, M. D. (2017). Teaching algebraic reasoning through variation in the US. In R. Huang & Y. Li. (Eds.), *Teaching and learning mathematics through variations* (this volume).

Cheng, E. C., & Lo, M. L. (2013). *Learning study: Its origins, operationalisation, and Implications* (OECD Education Working Papers No. 94). Paris, France: OECD Publishing.

Cooper, B., & Dunne, M. (1998). Anyone for tennis? Social class differences in children's responses to National Curriculum Mathematics Testing. *The Sociological Review*, *46*(1), 115 - 148.

Gao, L., & Watkins, D. A. (2001). Towards a model of teaching conceptions of Chinese secondary school teachers of physics. In D. A. Watkins & J. B. Biggs (Eds.), *Teaching the Chinese learner Psychological and pedagogical perspectives* (pp. 27 - 45). Hong Kong: Comparative Education Research Centre, The University of Hong Kong.

Gu, F., Huang, R., & Gu, L. (2017). Theory and development of teaching with variation in mathematics in China. In R. Huang & Y. Li. (Eds.), *Teaching and learning mathematics through variations* (this volume).

Gu, L. (1992). *The Qingpu experience*. Paper presented at the 7th International Congress of Mathematics Education, Quebec, Canada.

Gu, L., Huang, R., & Marton, F. (2004). Teaching with variation: A Chinese way of promoting effective mathematics learning. In L. Fan, N. Y. Wong, J. Cai, & S. Li (Eds.), *How Chinese learn mathematics: Perspectives from insiders* (pp. 309 - 347). Singapore: World Scientific.

Hino, K. (2017). Improving teaching through variation: A Japanese perspective. In R. Huang & Y. Li. (Eds.), *Teaching and learning mathematics through variations* (this volume).

Leung, A. (2017). Variation in tool-based mathematics pedagogy: The case of dynamic virtual tool. In R. Huang & Y. Li. (Eds.), *Teaching and learning mathematics through variations* (this volume).

Marton, F., & Booth, S. (1997). *Learning and awareness*. Mahwah, NJ: Lawrence Erlbaum Associates.

National Council of Supervisors of Mathematics, U. S. A. (1977). *Position paper on basic mathematical skills*. Washington, DC: National Institute of Education.

National Council of Teachers of Mathematics. (1989). *Curriculum and evaluation standards for school mathematics*. Reston, VA: Author.

Pang, M. F., Bao, J., & Ki, W. W. (2017). "Bianshi" and the variation theory of learning: Illustrating two frameworks variation and invariance in the teaching of mathematics. In R. Huang & Y. Li. (Eds.), *Teaching and learning mathematics through variations* (this volume).

Peled, I., & Leikin, R. (2017). Openness in the eye of the problem solver: Choice in solving problems in Israel. In R. Huang & Y. Li. (Eds.), *Teaching and learning mathematics through variations* (this volume).

Runesson, U. (1999). *Variationens pedagogik: Skilda sätt att behandla ett matematiskt innehåll* [The pedagogy of variation: Different ways of handling a mathematical topic] (In Swedish). Göteborg: Acta Universitatis Gothoburgensis. Retrieved from http://www.ped.gu.se/biorn/phgraph/civil/graphica/diss.su/runesson.html.

Runesson, U., & Kullberg, A. (2017). Learning to teach with variation: Experiences from learning study in Sweden. In R. Huang & Y. Li. (Eds.), *Teaching and learning mathematics through variations* (this volume).

Silver, E. A. (1994). On mathematical problem posing. *For the Learning of Mathematics*, *14*(1), 19 - 28.

Watkins, D. A., & Biggs, J. B. (Eds.). (1996). *The Chinese learner: Cultural, psychological and contextual influences*. Hong Kong: Comparative Education Research Centre.

Watkins, D. A., & Biggs, J. B. (Eds.). (2001). *Teaching the Chinese learner: Psychological and contextual perspectives*. Hong Kong: Comparative Education Research Centre.

Wong, N. Y. (2002a). A review of research on conceptions of mathematics(数学观研究综述)[in Chinese]. *Journal of Mathematics Education*, *11*(1), 1 - 8.

Wong, N. Y. (2002b). Conceptions of doing and learning mathematics among Chinese. *Journal of Intercultural Studies*, *23*(2), 211 - 229.

Wong, N. Y. (2004). The CHC learner's phenomenon: Its implications on mathematics education. In L. Fan, N. Y. Wong, J. Cai, & S. Li (Eds.), *How Chinese learn mathematics: Perspectives from insiders* (pp. 503 - 534). Singapore: World Scientific.

Wong, N. Y. (2006). From "entering the way" to "exiting the way": In search of a bridge to span "basic skills" and "process abilities". In F. K. S. Leung, G. -D. Graf, & F. J. Lopez-Real (Eds.), *Mathematics education in different cultural traditions: The 13th ICMI Study* (pp. 111 - 128). New York, NY: Springer.

Wong, N. Y. (2009). Exemplary mathematics lessons: What lessons we can learn from them? *ZDM Mathematics Education*, *41*, 379 - 384.

Wong, N. Y. (2013). The Chinese learner, the Japanese learner, the Asian learner - inspiration for the (mathematics) learner. *Scientiae Mathematicae Japonicae*, *76*(2), 376 - 384

Wong, N. Y., Marton, F., Wong, K. M., & Lam, C. C. (2002). The lived space of mathematics learning. *Journal of Mathematical Behavior*, *21*, 25 - 47.

Wong, N. Y., Han, J. W., & Wong, Q. T. (2005). Conceptions of mathematics and mathematics education (数学观与数学教育) [in Chinese]. In N. Y. Wong (Ed.), *Revisiting mathematics education in Hong Kong for the new millennium — Festschrift for Prof. M. K. Siu's retirement* (pp. 77 - 99). Hong Kong: Hong Kong Association for Mathematics Education.

Wong, N. Y., Chiu, M. M., Wong, K. M., & Lam, C. C. (2005). The lived space of mathematics learning: An attempt for change. *Journal of the Korea Society of Mathematical Education Series D: Research in Mathematical Education*, *9*(1), 25 - 45.

Wong, N. Y., Lam, C. C., Chan, A. M. Y., & Wang, Y. (2008). The design of spiral *bianshi* curriculum: Using three primary mathematics topics as examples(数学变式课程设计——以小学三个课题为例)[in Chinese]. *Education Journal*, *35*(2), 1 - 28.

Wong, N. Y., Lam, C. C., Sun, X., & Chan, A. M. Y. (2009). From "exploring the middle zone" to "constructing a bridge": Experimenting the spiral bianshi mathematics curriculum. *International Journal of Science and Mathematics Education*, *7*(2), 363 - 382.

Wong, N. Y., Kong, C. K., Lam, C. C., & Wong, K. M. P. (2010). Changing students' conceptions of mathematics through the introduction of variation. *Korea Society of Mathematical Education Series D: Research in Mathematical Education*, *14*(4), 361 - 380.

Wong, N. Y., Lam, C. C., & Chan, A. M. Y. (2012). Teaching with variation: Bianshi mathematics teaching. In Y. Li & R. Huang (Eds.), *How Chinese teach Mathematics and improve teaching* (pp. 105 - 119). New York, NY: Routledge.

Wong, N. Y., Wong, W. Y., & Wong, E. W. Y. (2012). What do Chinese value in (mathematics) education? *ZDM Mathematics Education*, *44*(1), 9 - 19.

Wong, N. Y., Zhang, Q., & Li, X. Q. (2013). (Mathematics) curriculum, teaching and learning. In Y. Li, & G. Lappan (Eds.), *Mathematics curriculum in school education* (pp. 607 - 620). Dordrecht, The Netherlands: Springer.

Wong, N. Y., Ding, R., & Zhang, Q. P. (2016). From classroom environment to conception of mathematics. In R. B. King & A. B. I. Bernardo (Eds.), *The psychology of Asian learners* (pp. 541 - 557). Singapore: Springer.

Zhang, Q. P., & Wong, N. Y. (2015). Beliefs, knowledge and teaching: A series of studies among Chinese mathematics teachers. In L. Fan, N. Y. Wong, J. Cai, & S. Li (Eds.), *How Chinese teach mathematics: Perspectives from insiders* (pp. 457 - 492). Singapore: World Scientific.

19. 变异教学
——一个欧洲视角

费兰伦斯·马顿(Ference Marton)①
约翰·哈格斯特罗姆(Johan Häggström)②

引言

这本书是写关于数学教学中变化和不变性的，即关于如何使用实例、例子、任务和顺序，使学生能够制定自己的概念、原则和方法。虽然我们可以发现个别教师和个别教科书作者在世界各地和不同时间点对数学教学的这些方面给予了特别关注，但如此集中注意任务、实例、样本之间的异同模式，尤其是不同方面，在中国似乎已经很久了。此外，这一中国数学教学实践的特点，由顾(1991)清楚地提出，称它为变式(即变式教学)，并试图将它与数学学习和教学的理论和实证研究联系起来(在后面的缩写"BS"被广泛用来指中国系统地在数学教学中使用变与不变的传统)。这是本书大部分章节的主要推动力。

我们还发现了另一种影响，其重要性与前者的重要性不太能相提并论。这是我们自己的研究专业，称为变异学习理论。本研究的专业化源于现象图式学针对不同现象对人的表现方式的不同所具有的兴趣，即同一现象对不同人可能具有不同意义的兴趣。这种兴趣的原因是假设人们的行为与他们所看到的事物有关。因此，学会以强有力的方式处理情况需要学会以强有力的方式看待它们。本章重点研究了变式(BS)和变异学习理论(VTL)之间的一个特殊的对比，在其他章节中对前者进行了详细阐述，本章将对后者进行详细的论述。在其他章节中，对这一理论的介绍较短，但绝非不够准确。首先，当我们建立了 BS 和 VTL 之间的对比

---

① 费兰伦斯·马顿，瑞典哥德堡大学教育、课程和职业研究系。
② 约翰·哈格斯特罗姆，瑞典哥德堡大学教育、课程和职业研究系 & 国家数学教育中心。

时，作为前几章的一个视角我们会在最后一节中非常简短地使用它。这样做可能显得奇怪、非常规，甚至令人失望。然而，我们发现了一个问题——我们相信——必须控制这个领域（通过变异进行数学教学）才能推动数学教育的发展。作为本书之最后几章的作者我们希望变异理论能获得前所未有的广泛应用。

学习的变异理论

某物在某人看来是什么样子，取决于他/她同时识别和关注着这个现象的某个特征这一行为。一个特性是"(……)一种现象的任何可区分的属性，可受现象之间某种可区分的变化的影响"(C. f., Bruner, GoodNow, & Austin, 1986, p. 28)。特征有名字，成人帮助儿童学习的最常见的形式是学习名称所指的内容，即学习单词的含义，例如"绿色"(或"三"或"美德"等)指什么，是什么意思？有趣的是，对于这种最频繁的人类学习形式是如何发生的，以及如何使它能够发生，人们并没有达成一致的理解。但是，我们不仅能说"绿色"一词，同时也可以指向绿色的东西，或者说"圆"，同时指向一个圆，即利用所谓的"直接引用"(Quine, 1960)吗？"绿色"当然是我们指的东西的一个特征，"圆"也是，但是它的大小、它的颜色、它在电脑屏幕上的外观、它在屏幕上的位置、它在屏幕上的移动(当然，考虑到它在移动)、它的运动速度等等许多(实际上是无限数量的)其他特性也是其特征的一部分。那么，孩子怎么可能知道我们的想法呢？当然，可以通过了解"绿色"或"圆"这个词的含义，但这正是他/她所不知道的，也是我们试图帮助他/她学习的。

然后，我们必须让他/她看到关键的特征(我们所想到的)和其他特征之间的一些区别。这个问题被广泛接受的解决方案是让学习者接触到有关键特征的实例，该特征是不变的(即是相同的)，而其他特征是变的(即不同的)。在我们的两个例子中，学习者会遇到不同大小和形式的绿色事物，或者可能会遇到颜色和大小不同的圆。然后，学习者应该看到不变的特征，这是单词暴露的意思(绿色或圆)。根据美国哲学家杰里·福多尔(Jerry Fodor, 1980)的说法，这被称为"归纳"，是我们获得新奇意义的唯一方法。此外，福多尔(Fodor)声称在学习者尚未掌握的重点方面，这种方法根本不起作用，这就是他/她必须学习的原因。因此，福多尔总结说，在没有看到焦点特性的实例有哪些与生俱来的共同之处时，新的意义(概念)是不可能获得的。

尽管如此,归纳是教授新意义的首选方法。教师告诉学生新的意义(概念、原则、方法),然后是大量正面的例子,期望学生从中辨别出重点特征。变式(BS)也经常用这样的术语来描述。数学实体的本质意义应由学生通过接触具有集中特征但又有差异的实例来确定。

但是,如果我们接受这样一种观点,即新意义不能通过归纳获得,而不接受所有意义都是与生俱来的论点,我们就不得不对新意义的获得提出另一种解释。学习的变异理论(VTL)是建立在一个猜想的基础上的,它提供了一个可供选择的解释。根据这个猜想,"(……)新的意义是在相同的背景下体验差异,而不是在不同的背景下体验相同"(Marton & Pang, 2013;另见 Pang 等人,2017; Watson, 2017; Mok, 2017; Barlow 等人,2017)。或者更直截了当地说,新的意义是通过对比而不是通过归纳获得的。前者是对后者的逆转:聚焦特征是变化的,而其他特征是不变的,而不是聚焦特征是不变的,而其他特征则是变的。在我们的例子中,为了将一个圆看作一个几何图形,必须将它与另一个几何图形或其他几何图形,如具有同样的大小和颜色的椭圆、正方形、八角形等进行对比。如果我们想要显示什么是蓝色,我们可以使用一个蓝色圆圈并放置到另一个大小相同但颜色不同的圆圈上。如果我们要吸引学习者注意它的大小(例如"小"),我们必须将它与一个颜色相同的更大的圆圈进行对比。

根据这条推理路线,一个特征是通过两个或多个相互排斥的特征之间的差异呈现的。这些相互排斥的特征定义了一个变化的维度,其中特征是"值"。变化的维度也被称为"方面"。我们不能在没有体验到定义它的特征的情况下来体验一个方面,我们也不能在没有体验到它所属的方面的情况下体验一个特征。我们必须同时体验两个或两个以上的特征。因此,由相互排斥的特征之间的差异所定义的方面也是同时经历的。换句话说,通过将两个或多个相互排斥的特征并列起来,就打开了一个变化的维度。对于某个人来说,一个变化的维度等同于他能够在这个变化维度中看到一个相关的现象(因此,意识到它)。

因此,这里有两种含义:特征和方面。为了获得这两种意义中的任何一种新含义,学习者必须同时获得(意识到)另一种相应的意义。因此,获得一个新的意义就等同于辨别或将它从其中分离出新的意义,例如,从一个小的蓝色圆圈中辨别或分离“小”、“蓝”或“圆”的意思。当学习者遇到这些特征时，只要她意识到这些特征及其所属的变异维度，就能够识别它们或将它们从这些特征的实例中分离出来。

对比

因此，新的意义是通过识别—分离而同时获得的特征和方面。但是，如果在学习者的意识中已经打开了相应的变异维度，那么也可以获得新的意义（在新的特征意义上）。例如，如果他/她在之前遇到其他几何形式后又遇到了一个新的几何形式，那么就已经打开了变化的“几何图形”的维度。同样，对于一个孩子来说，如果他/她已经意识到变化的“颜色”的维度，那么学习一种新的颜色就更容易了。如果学习者为了达到某一特定的教育目标而必须意识到某一特定的特征，或某一特定的方面（变异的维度），而目前他/她还没有意识到的这一点，我们称之为特定的特征或方面的关键特征或关键的方面。它们是通过对比来学习和使用的，即通过同时在相同的变化维度中体验两个或多个特征来学习和使用它们。通过比较相同尺寸和相同颜色的几何图形（非聚焦特征是不变的），突出定义了它们之间差异的（可变聚焦）特征。这就是关键特征和关键方面的分配方式。顺便说一句，这种变化和不变性的模式在 VTL 中非常重要，但在 BS 中却没有得到强调。

一般化

但有一些特点，学习者可能会认为是不同的，因此，他/她认为它们是定义或必要的特征。学生们可能习惯于看到与课本的短边平行的三角形，顶点朝上。然后，学生们可能不得不打开“旋转位置”的维度，这是一个关键的方面（不是必要的或定义的方面，而是必须与必要的方面分开的方面，如“三边”），以认识到三角形可以处于任何位置，而且仍然是三角形。在这种情况下，聚焦特征是不变的，而非聚焦特征是变化的。这基本上与上述归纳中的变化和不变性模式相同，但在这种情况下，学习者并没有试图发现一个新的意义（在这种情况下是“三角形”），而是将一个限定意义（仅在一个特定的旋转位置上的三角形）概括为一个广义意义（任意旋转位置下的三角形）。这种意义上的变化被称为一般化（在变式中“与非标准图形的对比”属于这一范畴）。

融合

目前推理的出发点是，学习在很大程度上就是学会看，而学会看就意味着学会辨别和分离各种变化的特征和维度。这样的学习可以通过让某些特征变化而其他特征保持不变来实现。环境本身的特征组合使得发现某些特征（含义）成为可能，而不可能发现其他特征。通过在学习实践中允许各种特征的组合，学习者已经做好了处理各种特征组合的准备。这是第三种变化和不变的模式，我们可以利用它来促进学习。它被称为融合，在这种情况下，许多特征可能会同时发生变化。

归纳和概括

正如我们前面所说的，在所学的知识中新的意义是通过保持聚焦特征不变而得到的，而其他特征则是变化的。我们还陈述了该做法存在的不足，并建议将对比作为一种使新的意义内化的可替代的、强有力的方法。提问型归纳和暗示型对比是 VTL 的关键原则。在研究 BS 的各种记述时，我们可能会有这样的印象，即它建立在假设把归纳作为学习新意义的主要机制的基础上：

> 通过演示各种视觉材料和实例来说明一个概念的基本特征，或者通过各种非本质特征来突出一个概念的本质特征。运用变异的目的是帮助学生理解概念的本质特征，将其与非本质特征区分开来，并进一步发展出科学的概念。（Gu，1999，p. 186）

这本书的其他地方引用了这些话（Peng 等人，2017；Zhang 等人，2017）。我们还可以找到其他类似的公式，如“（……）数学概念的基本特征保持不变，但数学概念的非本质特征发生了变化”（Peng 等人，2017）。

上面引用顾（Gu，1999）和其他类似的公式使人产生与 VTL 基本原理相冲突的印象，表明不能通过保持以意义（特征）为目标的不变来把握新的意义。我们可以把它写成$\frac{x}{i}\quad\frac{y}{v}$，其中 x 是聚焦特征，y 是非聚焦特征，“i”表示“不变”，“v”表示“变化”。符号的图案代表归纳。根据VTL，我们不能通过归纳获得新的意义，但是根据BS，我们似乎可以获得新的意义。这一潜在的矛盾实际上是我们这一章的重点。我们认为这个问题对于本书所涉及的研究领域的发展是如此重要，以至于我们正在利用给我们评论的空间来说明这个——在我们看来——非常重要的问题。然而，BS并没有建议我们必须通过归纳获得新的意义。如果我们回到关于一般化的段落，我们可以看到它可以用与归纳完全相同的方式表示。VTL确实表明，为了理解一个新的意义，聚焦特征需要在不变的非聚焦特征（对比）的背景下变化。但是，为了将聚焦特征和非聚焦特征分离开来，需要在不同的非聚焦特征（一般化）的背景下保持聚焦特征不变，因为已经做出了必要的对比，而且学习者已经意识到了聚焦特征，即使它还没有与其他特征充分分离。顾先生的话可以适用于这两种语言中的任何一种（归纳或概括）。这种模棱两可的现象需要对BS的实践进行实证研究。而这样做还有另一个原因，虽然顾和其他作者对“聚焦特征不变，其他特征变化”（暗示归纳或概括）的模式阐述很明确，但他们没有提到“聚焦特征变化，其他特征不变”（暗示对比，这是根据VTL获得新意义的关键）的模式。彭等人（Pang等人，2017）提出了一个高度相关的意见。根据上海一个班的BS教学和香港另一班的VTL教学，对同一主题（加三位数）的教学进行比较后，仍无法区分这两种做法的理论基础。我们现在去看一项在中国和瑞典的一些课堂上教授了同样课题（二元线性方程组）的研究，至少在上海的一个班级里，教学明显遵循了BS的原则。有趣的是，莫（Mok，2017）在本书第10章中也分析了这些课中的一节。特别的，我们要找出顾在上面的引语中所提倡的原则是在什么意义上实现的。难道学生通过归纳获得新的意义是真实的，而VTL的基本假设（告诉我们，新意义不能通过归纳获得）是完全错误的吗？还是特定的变异模式（聚焦特征不变，非聚焦特征变化）指的是一般化（即已经获得的聚焦特征和非聚焦特征的新含义的分离）？在这种情况下，新的意义是如何获得的？而根据VTL来说，通过对比是获得新意义的唯一途径，这是否也发生在BS的实践中呢？

联立方程组教学

这一部分介绍了相同的二元线性方程组内容，在两节课中进行了分析。这两节课是在学习者视角研究(Clarke，2000)中录像的，这些数据以前曾用于一项更大的研究，其中哈格斯特罗姆(Häggström，2008)分析和比较了6个教室的16节课的教学情况。这些课程涉及三个主题：(1)二元线性方程组的概念；(2)二元线性方程组的解；(3)求解二元线性方程组的代入方法。哈格斯特罗姆的研究重点是如何处理数学内容，以及如何使学生学习。该分析是在VTL中建立的，并使用了"变异维度"的概念。在分析中，如果出现同时或时间非常接近的一个方面至少有两个不同的特征，则认为是开放的，这为学生提供了体验差异的机会。研究表明，6个课堂在变异维度方面的差异是开放的(见Häggström，2008)。变化维度最多的是上海的一个课堂(SH1)，最少的是瑞典的课堂(SW2)。在下面的段落中，我们将重新审视上海课堂，并将其与瑞典课堂的教学进行比较。

表1　二元线性方程组的学习空间

变量的维度	特征	SW2	SH1
1. 方程个数	1a. 两个方程，而不是一个	X	X
	1b. 多个方程		X
2. 未知数个数	2a. 两个未知数而不是一个	X	
	2b. 两个未知数而不是三个		X
3. 方程类型	3a. xy 不是一次		X
	3b. x^2、$(x+y)^2$ 不是一次		X
	3c. $\frac{1}{y}$ 不是一次		X
4. 一个未知数在两个方程中表示同一个数	4a. "未知数是一样的"并不是理所当然的		X
5. 常数和系数可以是不同类型的数	5a. 有理数不只是自然数	X	X
	5b. 负数不是自然数	X	X
	5c. 参数不只是指定的数		X
6. 可以使用不同的字母	6a. 字母 x、y 并不是理所当然的		X
7. 方程组可以采用不同的形式	7a. 个别方程式的形式各不相同	X	X
	7b. 一个表达式		X
	7c. 两个方程中不存在两个未知数	X	X

在哈格斯特罗姆的研究中，在没有考虑到变化维度的特征开放的情况下对6个课堂的变化模式进行了研究。这意味着，对比和概括之间没有区别。表1显示了哈格斯特罗姆对两个选定课堂的三个主题中的第一个问题的分析结果。该表显示，在分析课程中，打开了二元一次方程组概念的七个不同的变化维度（“x”表示在分析的课中发现了变化模式）。此外，一个维度可以用不同的方式打开，即不同的特征可以打开一个维度。例如，在瑞典的课堂上，他们解决同样的问题，首先通过使用一个未知数的手段，然后直接使用两个未知数。当以这种方式提供两个备选方案时，就打开了关于未知数的变化维度——一个未知数与两个未知数之差的潜在经验使人们有可能意识到方程组的这一方面。在SH1中，同样的变化维度——未知数——也被打开，但方式略有不同。在这里，两元和三元（一次）方程组的例子为学生提供了解这方面的机会。

表1显示，在上海课堂（SH1）中，所有七个维度的变化都是开放的，并且是以几种不同的方式进行的。相比之下，瑞典课堂（SW2）只打开了四个不同的维度。从哈格斯特罗姆的研究可以得出结论，在华人课堂中使用变式比在瑞典课堂频繁得多，SH1的教学可以被认为是遵循BS传统的。

在以下对两个课堂教学的再分析中，重点将只放在“二元线性方程组”这一主题上。此外，这一分析将不仅仅是指出哪些方面的变化是开放的，并更侧重于如何为学生提供机会，使他们了解内容的新方面。

设置情境

标记为SW2的瑞典班，是由来自四个常规班的24名学生组成的一个高能力的数学班。这种形式专门用于数学教学。学生们都是九年级的，所涵盖的课题比必修课的还要多（瑞典的教学大纲中没有提到二元线性方程组）。在第12课（共14节）中，引入了二元线性方程组的概念。在前面的8节课中，这门课用的是一元的方程，更具体的是利用一个未知数建立和求解线性方程来解决问题。方程组概念的引入是作为呈现问题的另一种方式。同样的问题在第11课中用一元方程来解决。根据现有数据，可以假定（大多数）学生在引入二元线性方程组时，没有接触到不止一个未知数的方程，并且一次也没有处理过方程组。

上海的班级（SH1）在许多方面是不同的。这是一个由50名学生组成的八年级班级，人数大约是 SW2 的两倍。尽管是八年级，但学生的数学水平无疑比 SW2 的学生要高得多，学生以前的学习经验也比 SW2 的学生要多得多。在 SH1 中，一次方程组的概念在第 5 节录像课中被引入。在前面的四节录像课中，全班用两个未知数求解（一次）线性方程组、坐标平面图和二元一次方程组图。当引入二元一次方程组的概念时，SH1 的学生已经学过了一个未知数和两个未知数的线性方程（组）。

对比或概括

感兴趣于与新的方面相关的 SH1 变化模式的特征，如对比或概括，我们需要确定哪些方面的数学内容对学生来说是新颖的。在上海课（SH1 - 5）中实际引入新概念——二元一次方程组之前，他们修订了以前学过的主题。修订时向学生提出了 5 个问题（见图 1）。

1. 下列是不是二元一次方程组？
   a) $y = 3x^2 - 5$
   b) $\frac{2}{y} + 2x = 3$
2. 方程 $2x + y = 10$ 有多少解？
3. 已知 $x + 3y = -4$，当 $x = 2$，求 $y = ?$
4. 如果 $x = -4$，$y = -5$，且 $2x + ay = 7$，求 $a = ?$
5. 已知 $2x + y = 10$，$x + 3y = -4$，下列哪组解满足方程组？
   a) $x = 1$，$y = 4$　　b) $x = 0$，$y = 10$
   c) $x = 1$，$y = -\frac{5}{3}$　　d) $x = -1$，$y = 12$

图 1　高度穿透——订正 SH1 - 5 中以前学过的主题

这次复习揭示了一些关于这个班学生数学熟练水平的事情。在引入时，这个班学生认为表 1 中的七个维度中最多有三个是新的。从复习问题的内容来看，对这些学生来说，“可以有多个未知数”和“有不同次的方程式”等方面显然并不是新的。然而，可能新的方面是同时考虑两个方程，并且“一个未知数在两个方程中表示相同的数”——表 1 中变式的第四维。第三个新的方面是方程组的形式，表 1 中变式的第七维度。

订正后（只持续了几分钟），引入了新概念。老师展示了一张带有三个问题的新幻灯片（图 2），并要求学生们阅读教科书中的一个章节，并对问题进行分组讨论。

1. 什么是方程组？
2. 你怎样辨析一个方程组是否是二元一次方程组？
3. 判断下列方程组是否是二元一次方程组？

(1) $\begin{cases} x+y=3 \\ x-y=1 \end{cases}$ (2) $\begin{cases} (x+y)^2=1 \\ x-y=0 \end{cases}$ (3) $\begin{cases} x=1 \\ y=1 \end{cases}$

(4) $\begin{cases} \dfrac{x}{2}+\dfrac{y}{2}=0 \\ x=y \end{cases}$ (5) $\begin{cases} xy=2 \\ x=1 \end{cases}$ (6) $\begin{cases} x+\dfrac{1}{y}=1 \\ y=2 \end{cases}$

(7) $u=v=0$ (8) $\begin{cases} x+y=4 \\ x-m=1 \end{cases}$

图 2 高度穿透——订正 SH1 - 5 中以前学过的主题

几分钟后，学生们回答了前两个问题，并在黑板上记下了两点：
(1) 这两个方程应该有两个未知数；
(2) 未知数的指数应该是 1。
这两点在进入第三个问题之前重复了几次。

文字记录、问题 1 和 2、SH1 - 5

学生：由许多方程组成的方程组(问题 1)。

(……)

学生：方程中有两个未知数，未知数的指数是 1。这被称为二元一次方程组(问题 1)。

教师：哦，请坐。他刚才提到了二元一次方程组的定义。

(……)

教师：……让我总结一下(……)第一点(……)这两个方程应该有两个未知数。第二点，一个同学刚才提到的未知数……的指数应该是 1。

尽管似乎强调了“未知数”和“方程类型”这几个方面，但可以认为学生在“方程数目”方面存在差异。复习回顾问题 1 和 2，从一个二元一次方程的概念到多个方程构成方程组之间形成了对比。这种对比打开了相应的变异维度，从而使学生能够意识到这一新的方面。因此，即使“未知数”和“方程类型”这两个方面被视为

“数学概念的基本特征”，并打算按照BS的做法保持不变，但出现的变化模式的后果是在一个和多个方程之间形成对比。在我们看来，这种对比打开了一个重要的变异维度，让学生有机会辨别新概念的一个新方面。

问题3中的八个项目产生了丰富的变化模式。项目的选择是教师对常见学生错误的知识和经验的反映。它遵循BS使用标准示例、非标准示例和反生成许多不同方面的变化的做法。他们全班逐个讨论并提出了赞成或反对它们满足的必要要求。见下面的例子。

文字记录、问题3(2)、SH1－5

问题3(2) $\begin{cases}(x+y)^2=1\\x-y=0\end{cases}$

学生：它们不是两个未知数的一次方程。

教师：哦，他说不是。为什么不是？

学生：因为在这个方程组中，这个项的指数是2。

在论证中使用了黑板上提到的两个“基本”点——“未知数”和“方程类型”。在某种意义上，它们是不变的，是作为衡量是否为二元一次方程组时所用的尺度。然而，这八个项目提供了两个和三个未知数之间的对比，以及一次和非一次方程组之间的对比，这样，这两个方面就不是不变的。在这一教学片段中，开启了一些变化的维度(见Häggström, 2008)，我们将特别指出新的方面，“方程组可以采用不同的形式”(见表1)。特别是第3项和第7项所造成的对比，开启了这一维度。该变异的维度——一个未知数在两个方程中表示相同的数(第三个新的方面)——在导言中没有被打开(但在后面的课程中被打开)。

作为比较，我们将概述在瑞典课堂上引入方程式系统的情况。在这节课里，更明显的是，这个概念的“基本方面”是多种多样的，尽管在这个问题中老师根本不受VTL的影响。如前所述，可以认为，对于这个班的学生来说，“多元方程”和“多个方程”是在引入二元一次方程组时的新方面。导言分两个步骤进行，首先是变异的维度——“未知数个数”开放，紧接着是一个“方程个数”维度被打开的片段。

在以前的课堂上，班上的一些学生已经解决了一个涉及许多狗和猫的问题。这个问题可以用一个未知数构造一个方程来解决，但是一些学生则试图使用两个未知数。在这堂课开始的时候，老师把这个想法与猫和狗的数量联系起来，用一个和两个未知数来表示。在这一片段中，问题保持不变，但使用的未知数是不同的。在使用一个未知数和两个未知数之间进行了对比，从而打开了变异的这一维度，并使学生有机会体验未知数的个数作为方程式的一个(基本)方面。

然后，老师试图说明两个条件(方程)的必要性，以确定两个未知数的值。他让一个学生"想一个数"，然后他自己"想另一个数"(学生乔尔无意中听到了托尼想的数，这可能是老师的误算。这可能就是为什么老师试图使提出的观点变得不那么清楚的原因)。

文字记录、想一个数-1、SW2-12

教师：托尼，想一个数……告诉我，别告诉其他人(写在黑板上)。

(……)

教师：我想另一个数……我知道……(在黑板上写上"$x+y=60$")

教师：这两个数加在一起是60……然后，最大的问题是——这两个数分别是多少？(……)这两个数分别是多少？……有什么建议吗？……乔尔。

学生：56和4。

教师：好的。那是为什么？

学生：和是60。

(老师在黑板上写"$56+4=60$")

教师：还有其他的可能性吗？……是的，当然有……现在，我知道这是正确的，因为你在这里看穿了我的思路，但是……知道这两个数字之和等于60就够了吗？迈克尔？

学生：不。

教师：不，为什么不是？

学生：(……)可能是40和20。

[老师在黑板上写了这个和第三个可能的数对(图3)]

想一个数：x
想另一个数：y
$x+y=60$
$56+4=60$
$40+20=60$
$35+25=60$
⋮　⋮

图 3　黑板，SW2-12

全班学生得出的结论是，没有足够的信息来唯一确定这两个数。然后，老师添加了关于这两个数的第二个条件，并在黑板上写出了方程组(图 4)。

笔录、想一个数-2、SW2-12

教师：因此，只知道一个条件是不够的。

(……)

教师：你的(托尼的)数是我的数的 14 倍。

(老师在黑板上写)

教师：现在，我们已经知道答案了，这是一个小小的……不好，但无论如何……现在我有两个条件和两个未知数。现在我们可以很容易地求出……全部未知数的值，所以让我们开始吧。

$$\begin{cases}x+y=60\\x=14\cdot y\end{cases}$$

图 4　黑板上呈现的方程组，SW2-12

在第二片段中，两个“未知数”的个数保持不变，而为了求出未知数的值将方程数从一个变为两个。这位老师很可能是想清楚地说明两种情况的区别：(1)有两个未知数和一个条件(方程)有许多可能的解；(2)对于两个未知数，需要两个条件(方程)才能得到一组解。然而，这一意图并没有实现，因为学生们事先无意中知道了这些数。

本导言指出了两种变化模式，其中新的方面——“未知数个数”和“方程个数”是通过对比让学生能够体验到的。

在下一片段中，老师演示了如何通过代入法获得 y 的值。然后，学生们一起对教科书中的方程组（见图 5）求解，其中两组写在黑板上，并在全班进行讨论。对于其中一个方程组，通过代入两个原方程，对解进行了验证。

	a)	b)	c)
920	$\begin{cases}y=x+2\\3x+y=6\end{cases}$	$\begin{cases}y=2x-1\\x+y=5\end{cases}$	$\begin{cases}y=4x-3\\2x+y=6\end{cases}$
921	$\begin{cases}y=2x\\9x-2y=15\end{cases}$	$\begin{cases}y=x+1\\x+2y=11\end{cases}$	$\begin{cases}y=3x-2\\2y-5x=0\end{cases}$
922	$\begin{cases}y=3x\\4x-y=1\end{cases}$	$\begin{cases}y=5x-3\\7x-y=6\end{cases}$	$\begin{cases}y=4-x\\5x-y=5\end{cases}$
923	$\begin{cases}y=x+4\\5x-2y=1\end{cases}$	$\begin{cases}y=2-x\\4x-3y=8\end{cases}$	$\begin{cases}y=2x+5\\6x-2y=5\end{cases}$
924	$\begin{cases}y=7\\8x-3y=-1\end{cases}$	$\begin{cases}y=2.5x-4\\6x-2y=12\end{cases}$	$\begin{cases}16x-2y=9\\y=7x-2\end{cases}$
925	$\begin{cases}x=4y-2\\3x-10y=3\end{cases}$	$\begin{cases}x=9-2y\\5y-3x=6\end{cases}$	$\begin{cases}x=0.5y+10\\2y-x=5\end{cases}$

图 5　课本中的练习，SW2-12

学生课本中的各练习非常相似，例如，只使用 x 和 y。只有一个练习（924a）略有不同，以至于被认为是可能不标准的。这个练习中的第一个方程是唯一一个不同时存在未知数的方程（只有 y）。与 SH1（图 2）中的项目相比，瑞典教科书中的项目非常相似。当涉及与学生一起求解的练习时，变异的使用似乎要少得多。

两节课的比较

在两个课堂上，都可以找到利用对比来辨别数学内容的新方面的机会，或者说略有不同：学习对象的新方面是通过对比的方式引入的，正如 VTL 所预测的那样。尽管 BS 没有明确指出这种变化和不变性的模式，而且无论是华人老师还是瑞典老师都没有遇到过 VTL，但情况就是这样。原因是没有人可以不使用某种变化和不变性的模式来教数学，尽管它可以或多或少地系统地、有意识地进行。BS 是对某一特定教学实践的明确系统化。VTL 也捕捉到了某种实践，尽管不那么明确。然而，这两种课堂的不同之处在于，SW2 的变化模式非常有限，也不那么复杂。有两个不同的方面（"未知数个数"和"方程个数"），这两个方面在时间上是不同的，从而打开了变异的维度。在SH1中，学生已经知道的方面似乎得到了强调，即使是变化的模式也产生了反差，打开了变异的维度，这对学生来说是新的。总的来说，SH1比SW2有更详细的变化模式，SH1中对不同数学内容的重要性的认识似乎更强。这一点在比较学生在两节课项目选择时是最明显的。另一个显著的不同是SW2花在新概念上的时间很少，在不超过15分钟的介绍之后，学生们开始解决一些方程组。在SH1中，所有的介绍性课程内容都花在了对新概念的理解上，直到下一课才引入代入法。

对前几章的一些评论和结论

在一定程度上，上海课堂教学可以说是数学教学中系统运用变异和不变性的中国传统的体现，哈格斯特罗姆(2008)的研究至少暗示了对有关BS实践问题的一些初步回答。首先，我们必须得出结论，对经验教训的描述是根据变异的维度展开的，或者更确切地说，是从变异的维度方面展开的。这意味着，课程的特点是由变化和不变的模式决定的，即可以学习的东西。上述三种变化和不变性模式(对比、概括和融合)都可以在课堂分析中找到。聚焦特征变化和聚焦非特征不变(对比)的模式打开了(或者更确切地说，使我们有可能打开)必要(基本)特征变异的维度。根据VTL，新的意义从来没有通过归纳获得，实际上也从来没有尝试过(老师从来没有试图帮助学生通过给出具有相同的特征但在其他方面不同的例子而获得一个新的意义)。当采用归纳和概括的变异特征模式时，对比确实经常被使用并为后者服务。

这些意见支持彭等人(Pang等人，2017)的论点，即使对BS所暗示意图的实践的描述与VTL所暗示的意图做法的描述不同，如果用相同的框架来描述，具体的做法也可能看起来非常相同(另见第3章，Pang等人，2007，正在证明如果在不同的框架中进行描述，相同的实践看起来是不同的)。尽管这两个框架所附加的区别不同，但它们是相类似的：因为它们是可以相互印证的。

但是，数学概念是不变的，我们是通过将它们与非不变概念分离来学习的，这一观点又如何呢？在第4章中，梁(Leung，2017)强调数学概念的不变性，并提出了“获取不变性”的四个原则，这些原则应该是对VTL中四种变化和不变性模式的补充。在第5章中，沃森(Watson, 2017)认为，在数学中，学习的对象往往是一个抽象的关系，只能通过实例来体验。她称这种学习对象为依赖关系，在这种关系中，一个变量导致另一个变量的变化(当一个变量需要另一个变量时)。数学概念和依赖关系确实是不变的，但我们永远无法把握它们的不变形式。只能通过它们千变万化的表象才能抓住(正如 Huang 等人，2017，第9章所述)。在这个意义上，我们只能通过变化来感知不变性，就像顾泠沅所说的那样(见第2章)。VTL 和 BS 框架一致认为，数学学习对象的新的、基本的方面只有通过将本质方面和非本质方面分离出来，才能被学习者所掌握。

在其他章节讨论了新的数学意义的起源范围内，这一原则被以某种方式表达和遵循。这两个框架之间的区别归结为这样：根据 BS，为了将本质和非本质方面分开，前者必须保持不变，而让后者变。在提出问题的范围内，正是这样在所有主要由 BS 启发的章节中制定了这一原则。根据 VTL，它正好相反：为了分离本质和非本质方面，我们必须让前者变化，同时保持后者不变。在提出这一问题的范围内，正是通过这种方式，在主要由 VTL 启发的各章中制定了这一原则。但在每一章中，无论是以 BS 为基础还是以 VTL 为基础，在数学学习对象的本质(和新颖)方面，学习者如何恰当地运用基本(和新颖)方面的例子，本质(和新颖)方面是不同的(通过对比)，而非本质方面在实践中是不变的。因此，就本章的重点而言，我们的结论是，BS 和 VTL 之间潜在的矛盾似乎是虚幻的，主要是修辞上的。

由于本章是从 VTL 的角度来写的，上述观察在具有相同出发点或其出发点之一的章节中是最容易作出的。我们想到的是第3章(双重视角)、第4章、第5章(双重视角)、第8章(双重视角)、第10章、第15章、第16章和第17章。第1章是对整本书的介绍，第2章描述了 BS 框架(就像本章主要是关于 VTL 框架一样)。第14章日野(2017)描述了日本在数学教学中的变异框架。我们发现一个有趣的想法值得进一步发展：帮助学生探索和培养他们自己对变异的使用。其余章节反映了 BS 的传统。参与实证研究的学生和教师大多是中国人，其中许多人来自上海和香港。

这本书代表了为建立一个新的研究专业迈出的重要一步：通过变化(和不变性)学习和教数学。这一领域在很大程度上是建立在中国悠久而成功的教学传统之上的。但是，正如其中几篇文章所提到的，世界各地也都在进行大量的研究，其中研究了不同的变化和不变性模式对学习的影响。我们应该努力发展联系，使这一新的专业化研究真正国际化，成为真正的科学调查领域。

参考文献

Bruner, J. S., Goodnow, J., & Austin, G. A. (1986). *A study of thinking*. New Brunswick, NJ: Transaction Publishers.

Chunxia, Q., Wang, R., Mok, I. A. C., & Huang, D. (2017). Teaching proposition based on variation principles: A case of teaching formula of perfect square trinomials. In R. Huang & Y. Li (Eds.), *Teaching and learning mathematics through variations*. [Chapter 7 in this book]

Clarke, D. (2000). The learner's perspective study. In D. Clarke, C. Keitel, & Y. Shimizu (Eds.), *Mathematics classrooms in twelve countries: The insider's perspective* (pp. 1 - 14). Rotterdam: Sense Publishers.

Ding, L., Jones, K., & Sikko, S. A. (2017). An expert teacher's use of teaching with variation to support a junior mathematics teacher's professional learning in Shanghai. In R. Huang & Y. Li (Eds.), *Teaching and learning mathematics through variations*. [Chapter 12 in this book]

Fodor, J. (1980). On the impossibility of acquiring "more powerful" structures. In M. Piatelli-Palmarini (Ed.), *Language and learning: The debate between Jean Piaget and Noam Chomsky* (pp. 142 - 162). London: Routledge.

Gu, F., Huang, R., & Gu, L. (2017). Theory and development of teaching with variation in mathematics in China. In R. Huang & Y. Li (Eds.), *Teaching and learning mathematics through variations*. [Chapter 2 in this book]

Gu, L. Y. (1991). *Xuehui jiaoxue* [Learning to teach]. Beijing: People's Educational Press.

Gu, L. Y., Huang, R., & Marton, F. (2004). Teaching with variation: A Chinese way of promoting effective mathematics learning. In L. H. Fan, Y. Wong, J. E. Cai, & S. Q. Li (Eds.), *How Chinese learn mathematics: Perspectives from insiders* (pp. 309 - 347). Singapore: World Scientific.

Gu, M. Y. (1999). *Education directory*. Shanghai: Shanghai Education Press.

Häggström, J. (2008). *Teaching systems of linear equations in Sweden and China: What is made possible to learn?* Gothenburg: Acta Universitatis Gothoburgensis.

Hino, K. (2017). Improving teaching through variation: A Japanese perspective. In

R. Huang & Y. Li (Eds.), *Teaching and learning mathematics through variations*. [Chapter 14 in this book]

Huang, X., Yang, X., & Zhang, P. (2017). Teaching mathematics review lesson: Practice and reflection from a perspective of variation. In R. Huang & Y. Li (Eds.), *Teaching and learning mathematics through variations*. [Chapter 9 in this book]

Leung, A. (2017). Variation in tool-based mathematics pedagogy: The case of dynamic virtual tool. In R. Huang & Y. Li (Eds.), *Teaching and learning mathematics through variations*. [Chapter 5 in this book]

Marton, F., & Pang, M. F. (2013). Meanings are acquired from experiencing differences against a background of sameness, rather than from experiencing sameness against the background of difference. *Frontline Learning Research*, *1*, 24 - 41.

Pang, M. F., Marton, F., Bao, J. -S., & Ki, W. W. (2017). Teaching to add three-digit numbers in Hong Kong and Shanghai: Illustration of differences in the systematic use of variation and invariance. *ZDM, Mathematics Education*, *48*, 1 - 16. doi: 10.1007/s11858-016-0790-z

Pang, M. F., Bao, J., & Ki, W. W. (2017). "Bianshi" and the variation theory of learning: Illustrating two frameworks variation and invariance in the teaching of mathematics. In R. Huang & Y. Li (Eds.), *Teaching and learning mathematics through variations*. [Chapter 3 in this book]

Peled, I., & Leikin, R. (2017). Openness in the eye of the problem solver: Choice in solving problems in Israel. In R. Huang & Y. Li (Eds.), *Teaching and learning mathematics through variations*. [Chapter 16 in this book]

Peng, A., Li, J., Nie, B., & Li, Y. (2017). Characteristic of teaching mathematical problem solving in China: Analysis of a lesson from the perspective of variation. In R. Huang & Y. Li (Eds.), *Teaching and learning mathematics through variations*. [Chapter 6 in this book]

Quine, W. V. O. (1960). *Word and object*. Cambridge: MIT Press.

Watson, A. (2017). Pedagogy of variations: Synthesis of various notions of pedagogy of variation. In R. Huang & Y. Li (Eds.), *Teaching and learning mathematics through variations*. [Chapter 5 in this book]

Zhang, J., Wang, R., Huang, R., & Kimmins, D. (2017). Strategies for using variation tasks in selected mathematics textbooks in China. In R. Huang & Y. Li (Eds.), *Teaching and learning mathematics through variations*. [Chapter 11 in this book]

20. 变异理论中的问题及其对教学选择的启示

约翰·梅森(John Mason)[①]

引言

本章既是对本书前几章清晰的回应,也是对它所启发的灵感的发展。回应之处在于因为从本书提供的变异例子中产生了一些明确的问题,所以我想对这些问题作进一步的阐述。发展之处在于,因为我自己对变异作用的思考已经通过阅读这些章节而得到了扩张和放大,通过激励将变异的各种用途与注意力的性质和作用联系起来。我想建议的是,如果坚定地致力于变异,就有可能忽略前几章所提供的其他见解,这些见解对我来说是一个重要的垫脚石,它将有助于更深入地了解可以学到的东西,以及在什么条件下才能真正促使学习行为发生。例如,在教学上,重要的是不仅要认识到需要改变什么,而且要知道什么时候改变,并考虑到有多少变化,在什么范围内,在哪一段时间内发生。这些考虑很可能导致选择,这在很大程度上取决于主题或过程对学习者的新颖性,以及他们是在短暂或长期的缺席之后第一次遇到它,还是作为对它的修订或探索。

在发展变异的概念时,我发现自己必须利用一种比传统的行为、情感和认知更复杂的人类心理观,包括注意、意愿和见证。我致力于数学思考、学习和做数学的实际经验,选择用一个单一的数学主题,即角的概念来说明我的问题和猜想,并在必要时加上一些其他例子。首先,我会简要地阐述我的理论框架。

变异理论的根源与本质

本书的几位作者(例如,见 Mok,第 10 章)指出,将变异作为中国数学基础课

---

① 约翰·梅森,英国开放大学。

教学的一项原则的明确阐述是源于上世纪80年代在上海青浦县的顾泠沅(1994)的工作。然而，孙(Sun, 2011, p.68)认为变化是儒学和道教不可分割的一部分，如《易经》(Wilhelm, 1967)所示，它是中国教育实践的基础，也是儒家传统教育实践的基本原则。例如，顾、黄、顾(Gu, Huang, & Gu，本书第2章)都引用了一句中国格言："有比较才能见分晓。"

正如几位作者在其章节中指出的那样，作为一种教育原则的变化源于这样一个事实：人的机能是建立在不断变化的基础上的。因此，任何一种感觉，无论是视觉、听觉、触觉、味觉还是嗅觉，都取决于检测变化。例如，眼睛的眨动是必要的，目的是刷新眼睛的刺激感受器。这同样适用于更抽象的知觉，因此也适用于概念。在不同的时间以许多不同的方式表达，例如：在《易经》中表示为"从变动的情况中抽象不变的概念"(引用于Sun, 2011, p68)；赫拉克利特(Heraclitus)的格言："你不能两次走进同一条小溪"；埃德蒙·斯宾塞(Edmund Spencer)强调自然和政治都是易变的(Zitner, 1968年)；海德格尔(Heidegger)认为干扰是智力发展的基础(1927,1949)；在现代现象学中，将认知失调作为学习的触发因素(Festinger, 1957)、将认知冲突(Tall, 1977 a, 1977 b)和变异理论作为学习的必要条件(Marton & Booth, 1997; Marton & Pang, 2006; Marton, 2015)。但是，起源于干扰的不和谐和冲突，既可以起源于此，也可以作为情感、行为和认知带来的结果，更不用说注意、意愿和见证了。

物质世界中的经验与被变化所支配的概念在数学中引起共鸣。例如，为了建立物质世界现象的数学模型，通常只能从表达事物如何变化开始。计算是为了将事物如何变化的表达式转换为预测其实际值的表达式。此外，现代数学的一个重要而普遍的课题是研究在变化过程中的不变性，从顺序变化时集合的基数性，到通过几何图形类的性质，再到基本的流形群，等等。

正如彭、鲍和祁(Pang, Bao, & Ki，第3章)和沃森(Watson，第4章)所观察到的那样，即使是变化本身也会与其他事物有关，无论是不变的、不同变化的，还是变化得不太快的。两个或更多的事物可能在一起发生变化，因为它们是相互关联的，它们在相对不变的背景下被观察。它们之间的共同变化关系可能是学习的对象，而不仅仅是每个个体的变化。

马顿(Marton, 2015)一直很清楚，他的注意力和兴趣在于什么是可以学到的。各章的所有作者都清楚地关注现有的内容是否实际获得、所提供的机会是否实际经历，以及这种经验是否有足够的标记，从而使人们了解到所要做的事情。为了实用，教师需要用适当的教学行动来开发变化，其中有些是在本书的章节中隐含的或描述的。

沃森和我(Watson & Mason, 2002,2005)认为，通过引入**可能**的变异维度来扩大变异维度的概念是有用的，以便提请人们注意这样一个事实，即尽管教师意识到将会发生变化的方面或维度，但学习者可能不知道。“**可能**”一词意在提醒人们注意这一点。为了记住这样一个事实，即可以变化的事物可能不完全独立地变化，对事物如何变化可能有限制，我们还引入了允许变化范围这一短语。例如，整数域上的二次表达式的系数不可能都是独立变化的：有一些结构关系控制着它们的共同变化。

一个人的六重心理

我猜想在准备教学和实际与学习者互动时，总是从人类心理所有的六个方面进行思考是非常有帮助的：注意力、意志和见证，以及行动、影响和认知。

传统上，西方心理学把人的心理分为三重：行动或行为，通常与身体有关；感情或情感，在古代心理学中常与心脏联系；认知或智力，通常与头部有关。这些似乎来自古老的智慧源泉，例如《奥义书》(*Upanishads*)，而西方国家只是最近才试图将它们结合起来，尽管我们的经验是这三股和更多股的复杂交织。在印度圣书《薄伽梵歌》(*Baghavad Gita*)中，由三德(Gunas)，即 rajas(主动、行动)、tamas(接受性)和 sattva(调解、独立)所描绘的真实自我(purusha)(Ravindra, 2009)也是类似的三股。《奥义书》(Rhadakrishnan, 1953, p. 623)提供了一个更复杂的形象，人的心灵好似一辆马车，这是由格杰夫(Gurdjieff)模型化的(1950, pp. 1193－1199，也见 Mason & Metz，出版中)。乌斯宾斯基(Ouspensky, 1950)发现了更多的复杂性，他将头部、心脏和身体比喻为三个中心，每个中心都有自己的内部结构，同样与头部、心脏和身体有关。要将此与卡尼曼(Kahneman, 2012)所宣扬的双重系统理论联系起来，除了系统 1(反应)和系统 2(考虑到的反应)外，还需要系统 1.5(情绪处置，这是大多数能量的来源或源泉)和系统 3。后者是创造性能量的来源，它是通过放任其自由获得，不受干扰地继续存在，类似于冥想或沉思状态，其中大部分可能是潜意识的(Hadamard, 1945)。

除了标准的三个组成部分外，人的意愿是人类心理的一个重要特征。正是意愿使教学成为一门艺术，而不仅仅是一门科学，因为学习者和教师都不是机器，无论他们出于习惯在机器般的模式下运作多久(Ouspensky, 1950; Gurdjieff, 1950)。人们能够并且确实会进行锻炼，以抵制强加在他们身上的东西，尽管表面上他们看起来是顺从的。如彭、鲍、祁(本书第3章)所述，他们也可能有意在某些方面采取行动，但最终却没有这样做。

然而，即使人们没有意识到，学习行为也会发生，就像我们在没有意识到的情况下说的口头禅(比如"底线")。这就提出了变化和意识感知之间的关系问题，这将在下一节中加以阐述。这本书的几位作者认为在某些时候，学生需要主动，这在一定程度上是一种普遍的愿望，也是一种学习的意愿，但更具体地说，是意愿在教师、学习者和数学之间的各种互动模式中发挥任何启动、反应和媒介(对应于三种 gunas)的作用(Mason, 1979,2008。另见 Mason & Johnston-Wilder, 2004 a, 2004 b)。

内心的见证者通常被忽视，但却是精神的一个重要方面。它在问题解决的第四阶段发出信号，回顾波利亚(1962)确定的问题，并与《梨俱吠陀》(*Rg Veda*)场景中的第二观点保持一致(见 Mason, 2002)。它也被称为执行者(Schoenfeld, 1992)、观察者(Ouspensky, 1950)和监控者(Mason, Burton, & Stacey, 2010)。内心有个微小声音不断询问"我们为什么要这么做"，并在事情愈发艰难时询问"没有更好的方法吗"，它观察但不参与。证人是双重系统理论体系2(认知反应)在系统1(习惯性反应)自动启动之前发挥作用的一种方式。明斯基(Minsky, 1975,1986)在"思维框架"中使用了框架的概念来描述一旦框架的必要参数接收到值时，通常的行为将是默认的，而不是取决于认知。

目前的行动主要与我们对人的假设以及他们所表现的行为是如何实施的有关。如果学习者和教师被认为是通过认知控制和有意主动采取行动，那么他们的行为可能与他们的表达和主张不一致；如果他们有时被视为出于习惯而自发行事，或被某些情绪倾向所驱使，那么他们的行为可能会更容易被理解。诺瑞特兰德(Norretrander, 1998)在他的《用户幻觉》一书中很好地捕捉到了这一点，它为东方心理学中关于行动是如何实施和主动权通常在哪里提供了几个世纪以来所知的神经科学证据。

威廉·詹姆斯(William James)(1890)曾提出了**注意力**的概念,但这一概念直到最近才渐渐过时(参见 Gallagher, 2009),它被证明是心灵中极其重要的一环,是学习的一个重要组成部分,因此也是教学的一个重要组成部分。从某种意义上说,教学就是要恰当地引导学习者的注意力。注意力有一个运行在元层面、中间层面和微观层面的丰富的子结构,这是在下一小节中将展开讨论的。

注意的结构或形式

当然,我们都通过自己眼睛中的晶状体来观察,通过我们发现的富有成效的区别框架来看待问题。就我而言,当我阅读和思考这本书中的一些章节时,我发现自己越来越相信,一种在课堂上能有效地识别教学行为细节的方法被呈现出来,那就是通过对注意力的研究,欣赏学生对课的贡献:老师在关注什么、老师在邀请和指导学生参加什么、学生们真正关心的是什么。此外,重要的不仅仅是人们所关注的,关键在于他们是如何对待这些想法的。

有一个常见的谚语:"你就在你注意里。"(You are where your attention is)因为注意就是我们意识到了什么,或者说我们体验自己所意识到的东西的方式。我们只能在我们所关注的事物中存在,尽管这种关注可以是如此分散,以至于我们根本就没有真正的存在。我们关注的是我们参加的内容和方式。如果关注者醒了,我们会出现在我们所关注的事情上,但又可能会陷入一股注意力的流动,那就是詹姆斯(James, 1890)的"意识流"。请注意,尽管注意力可以分散在几个焦点之间,但内心的见证与注意力是不一样的。

在一个元层面上,注意力可以被体验为有一个轨迹(你觉得你是在身体的内部还是外部;你的注意力主要来自你的头部、心脏还是胸口;它是正面的、侧面的还是后面的)。注意力可以是单一的,也可以是多重的,就像照亮天空的一盏或几盏探照灯,这样你就可以同时处理几件事情(或者可能是快速地接连)。注意力也可以是分散的、狭隘的或介于两者之间的。这些是注意力的轨迹、焦点和范围。

在中间层面上,注意力可以被一个或多个关注点所支配。例如,青少年普遍关心社会关系,特别是性关系;青年教师往往被筑巢和建立家庭的关切所围绕和主导；研究人员则被职业前景所主导。

我对这一章特别感兴趣的是微观结构(Mason，1988，2003)，它虽然与范希尔理论(van Hiele levels)(van Hiele，1986；也见 van Hiele-Geldof，1957)以及 SOLO 分类学(Biggs & Colis，1982)相似，但它也承认人们的注意力时常跳跃。注意力更像是一只嗡嗡鸣叫的蜂鸟，而不是一级级的阶梯：它可以明显地、静止地盘旋，也可以非常迅速地飞奔到不同的地方，以不同的形式出现。在我看来，注意力可以采取各种形式，包括：关注全部(凝视，在识别具体细节之前，但包括凝视已经识别的细节)；识别细节；识别特定情况下的关系；将属性视为在特定情况下的实例化；根据认可的属性进行推理。他们的想法是，如果老师和学生没有注意到相同的"事情"，那么他们之间的交流很可能是无效的。即使当他们关注相同的方面或细节时，他们也可能会以不同的方式参加，这也会使沟通变得困难。教师应该对学习者的学习方式保持敏感，以便给他们足够的时间进行适当的转变，我认为这就是本书各章所描述的教学行为中所发生的事情。

可以找到与变异类型有关区别的直接联系。例如，需要区分(可能的)细节的不同维度：识别"这不是那个"或"它是什么和它不是什么"(Mok，本书第 10 章)。梁(本书第 5 章)称这是异同的原则。把辨别出来的细节当作要关注或注视的整体，符合梁的筛分原则。可能变化的两个或多个维度之间的融合对应于识别特定情况下存在的关系。在梁的理论中，这是时间上的共变原理，也是跨越时间的转移原则。概括是指从识别特定的关系到将它们视为(一般)属性的实例化。它是通过强调某些特征，从而忽略了其他特征(Gattegno，1970)，通过"由特殊而意识到一般"来实现，而这正是结构良好的变式所实现的。将属性视为实例化，更一般地说，可用于实例化的属性是"在一般情况下看到特定"的实例，是一般性的实例(Mason & Pimm，1984)。

意识

意识这个词常被用来表示感知，就像"我意识到一只苍蝇在窗口嗡嗡作响"。马顿和布斯(Booth，1997)用它来讨论可以学到的东西。然而，我发现在沉思(Gattegno，1987，也见 Young & Messum，2012)的意义上使用它更方便。因此，我对苍蝇的认识意味着我的一些或所有感知的注意力都指向苍蝇，这使我能采取的各种行动浮出水面，例如打开窗户，寻找某种东西来充当苍蝇拍子，或者干脆忽略它。从某种意义上说，这些行动在某种意义上是可以利用的，因为它们已经被内化了，但它们越来越接近于被实施，或者它们可以通过觉知被实施，这可能是从无意识到意识的某个范围。加特诺(Gattegno)注意到我们有许多无意识的行为，特别是在身体领域。我们的身体会改变用来呼吸的鼻孔，让另一个鼻孔休息，而鼻孔会调节呼吸速率、心率、皮肤上毛孔的开放性等。这些都是新生儿时我们必须对自己进行教育的行为(Gattegno，1973，1988)。

加特诺意识的一个结果包含在他创造的一句令人难忘的格言中："只有意识是可教育的。"(Gattegno，1970)这意味着"学习"指的是获得行动的便利、整合和内化，这些行动在认知中产生影响和共鸣。在一种情况下，某物会触发或共鸣(或两者)这些行动，以使它们在当下可用。我们的认知把这称为"我们的意识"。受《奥义书》中发现的人类似马车的形象的启发，我用"只有行为是可训练的"和"只有情感是可以控制的"来增强加特诺的主张。对心灵的延伸观点可能会导致"只有关注才是可指导的"、"只有意志才能发起"和"只有目击者才能公正地观察"的建议。正如马图拉纳(Maturana，1988)所说："所说的一切都是由观察员说的。"这种观察的说服力和公正性是很重要的，这样才不会陷入一股自动和习惯的潮流。

变异理论可以被看作是唤醒教师的意识(在常识中)的各种经验，使学习最有效成为可能，并唤醒教师沉思中的意识(在 Gattegno 意义上)，使相关的教学行动可供实施。换句话说，变异理论唤醒了实践者和研究人员识别(无论是明确的还是隐式的)行动及其效果的必要性，这就是西蒙和徐(Simon & Tzur，2004)的行动-效果关系。本书各章的一个真正重要的贡献是开始探究课程描述的表象，以使教师能够针对变式教学的选择实施"教育他们的意识"。

关于变异的问题

出现的问题有很多，涉及要改变的是什么，如何、何时和由谁来决定，系统地还是非系统地，含蓄地还是明确地，以及反例的作用，以便使概念或过程的关键方面尽可能清晰地被识别出来。这些与如何最大限度地让学习者有机会接触、领会和理解概念、过程和技巧的教学关注点是重叠的。教师和学习者都主要关注可能发生的变化(而不改变概念或过程),以及允许发生这种变化的范围或条件。

由于人们处理它们的问题和方式是重叠和相互交织的,我从一个关于角的概念(在两个方面)以及如何衡量它的例子开始,因为这个概念跨越了小学和中学。然后,我使用这个例子来提出和评论各种问题,并在此过程中提出了一些额外的例子。

角及其度量

例如角的概念(在两个维度)。在图1中,第一个角的图显示了一些不相关特征的一些变化,而第二个显示了一些相关特征的变化。

为了领会和理解角的概念,对这两个图表的体验似乎是必要的。但是,在这些图形中究竟什么是不变的呢?不相关的特征包括边的转向和长度以及箭头的位置;关键特征包括转向指示和转角大小。一旦角的概念和如何呈现角牢固地确立了,下一步也许就应该转到角的一个过程性方面,即测量。然而,角的测量取决于另一种构造,即长度比在缩放情况下是不变的。因此,要使用量角器的测量角有意义,就需要知道“大量角器”将提供相同的测量值。当这一点认识被牢固地确立起来时,关于三角形中长度比在缩放情况下不变的泰勒斯定理(Thales)就是一个特例,它给出了利用三角形边的比率来测量角的方法,称为三角学。角的另一个方面,这里不讨论,是确定一定相等的角,以及由此产生的结果。

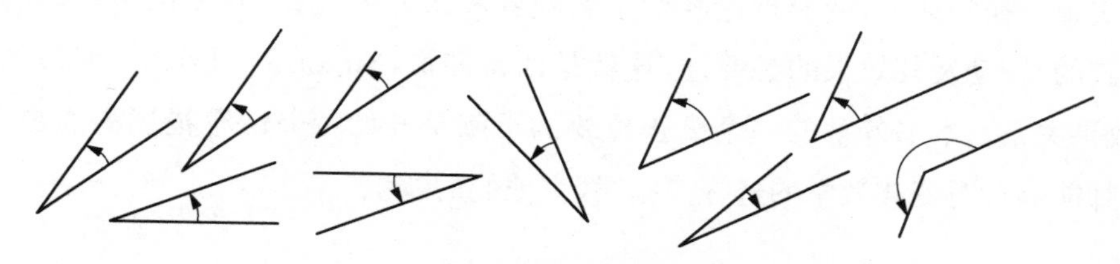

图1 变化的两个例子

引起的问题。各种问题不仅出现在这个例子中,而且还出现在本书的许多章节中:

- 什么时候需要改变一些东西?

当术语“角”被正式化时,变化起着重要的作用。这些图是角的标志性表现及其形式化的一部分，它必然会遵循转动的物理经验，并辨别物体的“点尖”或“尖锐”和“钝”部分之间的区别。旋转0°、±90°、±180°等，已经有了经验和名字。

- 需要改变的是什么：是关注什么是变化的还是什么是不变的？

需要改变角的特征，如边长、方位、隐含旋转方向，以便注意所有例子的不变或共同之处。改变角度的“大小”是必要的，以便注意允许的变化范围(也见什么时间)。这两幅图形成了对比，第一幅图改变了与什么是共同不变无关的特征，第二幅图主要改变了什么是重要的，从而注意到角的概念所适用的现象以及允许变化的范围。目的是在复杂情况下确定角。

- 变化有多大？

在黄、梁老师的带领下(本书第8章)，老师可以选择从两条线段开始，然后是三条线段，让学习者研究这些线段的所有互动方式。然后可以确定形成一个或多个角的情况。随后，可以请学生在更复杂的图中定位角。这种变化将角的概念置于更广泛的背景中。

第一张图没有向下张开的角。第二张图没有钝角的例子，也没有测量大于360°的角度的例子。各角度的相对尺寸分布不均匀，图中避免了每个角伴随360°补角的问题，即将终边再旋转到始边，从而构成一个完整的旋转。

- 系统性和非系统性变异的作用是什么？

利用动态几何学，或两根棍子，在两端或其他地方铰链一起，就可以系统地提出角的概念，从0°开始并不断变化，直到它发生完全的旋转(或甚至更多)。这两幅图在角度、边长、方位等方面的选择在一定程度上是不系统的，然而，它们在每个预期的特征方面变化都是系统的。第二张图可以保持角的两边长度不变，但这可能会破坏第一张图中关于角与边长无关的经验和假设。假设把之前的不同特性将其作为潜在的变异保留在脑海中不是明智的吗？

- 变化的是谁？

在这里，作者已经做了变异，但在教学上，如果学习者试图为自己找到其他实例和非实例，他们就应该直接体验变化和不变性，这要求学习者考虑将两条或三条线段可以相互作用的所有方式，给学习者留下很大的主动性。

● 反例扮演了什么角色？

正如上面提到的，反例也许涉及非相交的线段，可以帮助将这个概念放在一个更一般的背景中，而不是突然被强加。“角”的学习者经验，虽然不受时间和空间上的局限，但它是先验变化也可以借鉴。注意，“成一个角”常用来指两个可能不相交的线段，延长后相交。也还有一个关于平行线之间的角度的问题，以及其它0°角的例子。

● 当不是直接体验不变性时，变异是如何被体验的？

你实际上不能指向角本身，只指向标定或表示角度的方面。那么学习者实际上体验到了什么呢？在下文的阐述中将提供其他例子。

● 什么时候把变异保留为隐式，什么时候才有必要明示？

如果学习者在遇到图中的变化时已经熟悉了该做什么，那么他们可能不需要关注变化和(相对)不变的事物。然而，其他的学习者在某些情况下可能需要关注他们的注意力明确的指向。

无论是图本身，还是两者兼而有之，都不太可能足以使所有学习者吸收所有允许改变的特征，并欣赏和理解什么是不变的，而不引起对它们的明确关注。毕竟，这些图本身只是纸上的墨水。它们不包含数学思想或意识。

正如这本书中的许多章节所指出的，在报告实际课程时，教师探讨针对变和不变的层面分别需要多长时间所作的教学选择才是真正重要的：注视整体所需的时间长度；识别细节；注视被识别的部分；识别相对于图表或动画中所示变化中不变的关系；将更一般的属性视为实例化；了解构成这些属性变化的范围。只有这样，才有意义对这些属性进行推理，例如考虑如何测量一个角，以及如何比较它们的大小，因为这取决于“什么是，什么不是”(Mok，本书第10章)带来的自信感。

变异问题与变异教学

在这本书的章节中，令我在意的一件事是教师在遵循变异原则的情况下所做出的教学选择的关键作用。变异教学概念对教学实践是很有帮助的，不是因为使用变异需要特殊的教学，而是因为变异原理可以激发教学思维。这本书的一些章节提供了这样的教学思维或教学意识的一瞥，而另一些则一笔带过。我深信，在界定教学选择的变化方式方面，需要取得进一步的进展，如上文所述，其中一种方法将对教师和学生的注意力有更清楚的认识。本节中提出的许多问题并不仅仅是因为变化本身，而是因为它们应该在教学上取得的成就。

有什么变化

是不同的方面重要，还是保持不变的方面重要？在第一次遇到变异理论时，人们会很容易地认为，有什么变化以及如何变化是显而易见的，但对我来说，这一点都不明显。图1中的两个角度图突出了这种对比，一个明智的结论是，可能在不同的时间两者都是必要的，因为两者都有助于鉴赏和理解一个概念，实际上也有助于理解一个过程。最重要的是教学选择，以便适当地引导注意力。

形容词"可能"的使用(如在可能变化的维度中)有助于提醒人们要作出选择，但重要的是深入探讨在使用概念或过程的目的和方法方面所作区分的经验来源。一个先验的认识论分析、借鉴研究和体验有助于确定一些潜在的关键方面。这些障碍将取决于已知的认识论障碍(Bachelard, 1938,1980)，这些障碍来自本专题自身的结构基础，并存在于研究文献中，以及学生因其以前的经验而遇到的已知的教学障碍，这些障碍在研究文献中经常出现，但在背景上则更为依赖。其他关键方面的基础是特定的学习者、他们过去和最近的经验、他们目前的态度以及他们主动的意愿、"断言"(做出和测试猜测)，而不是简单地"同意"老师说和做的事情(Mason, 2009)。前面提到的"onlys"为在考虑一个主题的本质时考虑到人类心理的所有方面而提供的一个框架(Mason & Johnston-Wilder, 2004 a, 2004 b)。

即使把重点放在需要改变的关键方面，也不够明确：不同的人承认不同的方面是关键的，这可能反映了他们的数学或教学意识，也反映了他们对特定学习者的敏感性。例如，黄、巴洛(Barlow)和普林斯(Prince, 2016)报告说，与美国明显相似的课相比，华人课堂中激活的(可能的)变异维度与之存在着差异。

我的数学经验使我在变化和不变性的作用上比马顿的最初公式所暗示的更平衡(见 Marton & Booth, 1997; Marton, 2015)。在沃森和梅森(Watson & Mason, 2005)的研究中展示了一些情况，在这种情况下观众的印象是不变的，而在其他情况下，让观众印象深刻的是变化的。例如，在快速连续地显示通过原点的直线束时，可能会注意到正在变化的（直线），而不是不变的（公共点），而在静态图片（见图 2 中的第一张图）中，由于基于格式塔（Gestalt）的原因，注意力被吸引到不变点上。第二个图表示第一个图的动态版本的单个框架，以及作为静态图像，如何将注意力吸引到什么是变化的还是什么是不变的之间模棱两可。如图 2 中的第三张图所示，当显示一组构成包络曲线的直线时，自然会将注意力吸引到不变的虚拟曲线上。在一个相对不变的背景下，可以将注意力吸引到正在变化的事物上，也可以将注意力吸引到在巨大变化中不变的事物上。

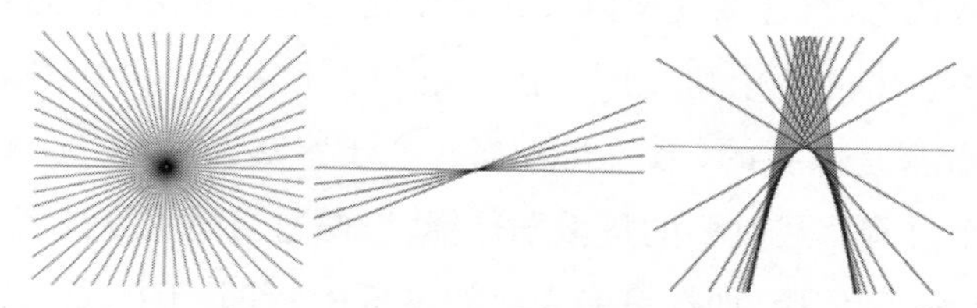

图 2　三直线族：过一定点的；依序的；过定点的。是什么让你印象深刻的：变化还是不变？

梁（本书第 5 章）考虑了在变化中实现（最充分意义上的）不变性的五个原则以及这些维度允许变化的范围。正如前面所描述的，它们与注意力的转移有关，涉及识别关系和感知属性被实例化。但是，当数学思想离开有形的世界时，会发生什么呢？如果这种关系真的变成了具有熟悉和自信激励人的特性，那么它们可能成为有形的，但它可能需要学习者做出变化，以获得一种新的不变性的感觉。

虽然拉科夫和努涅斯（Lakoff & Nunez，2000）声称数学思想是从物理感官经验发展而来的，但小学以外的大多数数学概念都涉及概念之间的关系，这些概念很难作为感性的“事物”表现出来，因此不能如此容易地被指向或体现在与实物的实际行动中。在“角”的例子中，它微妙的无形性质被各种符号和用于表示的信号物所掩盖，这些符号和信号物用来表示一个角的存在。作为另一个例子，汤普森（2002）对协变进行了广泛的研究，并强调了学生在欣赏协变方面的许多困难，很大程度上是因为速度和密度等命名中“看不见”比率。

作为另一个例子，请考虑图 3 中的第一个图。在 A、B 或 C 周围拖动点不会改变比率；在各自所在的线上移动点 D、E 或 F 会改变个别比率，但会使整体相等关系保持不变。

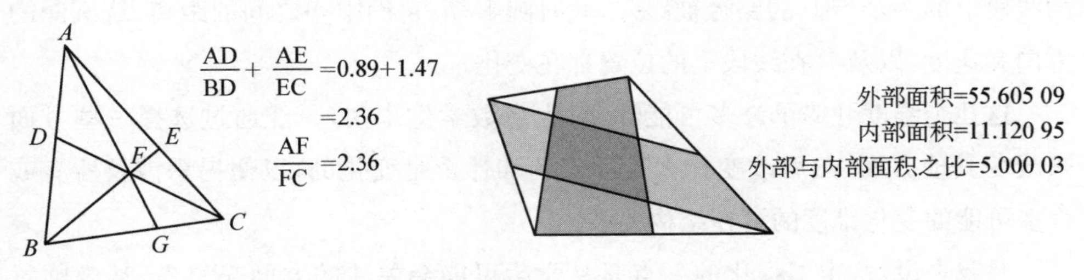

图 3　一个隐含不变关系与一个错误不变关系

我看不出如何在视觉上检测或呈现相等关系，也无法安排物理上对其进行感知，即使在体验了动态版本时也是如此。只有在包含测量的情况下，才能观察到不变性，但要通过替代物来观察，尽管这在认知上可能是令人信服的，但并不能积极主动地令人信服。因此，它减少了情感的影响。我一点也不清楚如何才能管理更大的积极性，从而管理情感的影响。然而，经过一段时间的沉浸和使用不变性，图本身可以体现关系（比率和），因此作为一个信号定位代数语句时，图出现在一个更复杂的结构中，反之亦然。欣赏和理解数学需要数学思维，在数学思维中，以前抽象的东西变得足够熟悉和具体，由此产生信心激励人去体验（Mason, 1980; Mason & Johnston-Wilder, 2004 a），这可以借鉴威廉·詹姆斯（William James, 1890）的“仿佛法”的概念。

在第二张图中，还提出了更困难的关于虚动的问题，其中四边形边的划分是中点。面积值保留小数点后两位，整体面积与内重叠四边形面积之比似乎为 5：1，但实际上，当内四边形为梯形时，最小值为 5。如果只对小数位进行测量，则可能会出现一些不变的东西。

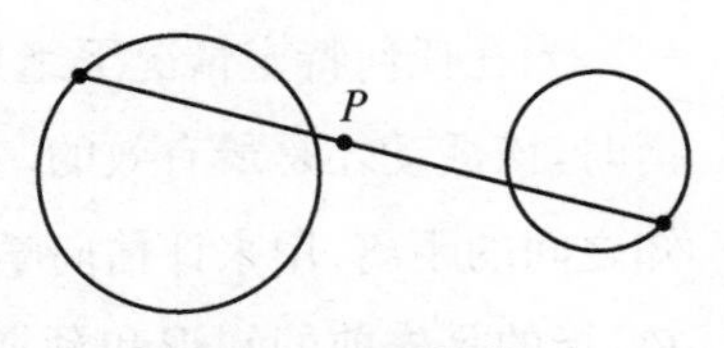

图 4　双圆结构

有时，当两个方面同时发生变化时，什么是不变的和允许改变的就会变得模糊，而在其他时候，处理更多的问题是完全可能的，甚至是可取的。事实上，有几个不同方面可以改变任务为学习者提供一种机会，使他们有可能体验到选择修复某些方面的必要性和有效性，同时改变另一些方面，以便为自己找到结构关系，同时铭记还原论的潜在危险。这是他们可能会内化的行动（一种受过教育的意识），以便将来能够自主地决定行动。例如，想象一个动画，每个点在各自的圆上运动，连接它们的线段上的一个点P的路径被跟踪，此时圆半径、它们中心之间的距离、绕圆圈的方向和速度，以及P在线段上的位置都在变化。

这几个维度开辟了许多可能性，对大多数学生来说，只能通过选择一些方面来改变其他方面，然后改变什么是固定的和什么是变化的，以便揭示涉及所有或许多可能的变化维度的潜在结构关系。

对我来说，这本书强化的一点是从学生可能会关注的方面来思考，从教师意识到需要关注的内容和教师对注意力形式的认知两方面来看，都是解决不同问题的一种方法。意识到在特定情况下识别细节（分离）和识别关系的过程，从而得出（一些作者说"发现"）正在被实例化（融合）的属性本身就是一个过程，类似于加特诺所称的"意识中的意识"（见 Mason，1998）。

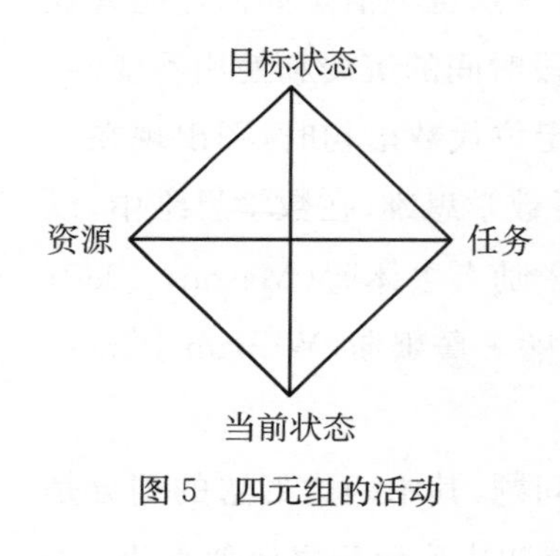

图5 四元组的活动

四元组的活动

在前几章中，有几位作者利用了学习者已经知道的东西之间的距离的概念，即顾、黄和顾（本书第2章）所指的"锚定点"和"预期的学习目标"，感受从学习者本身及从图像与物质体现中所要求的任务和资源来弥补这一差距是多么重要。班尼特（Bennett，1993）将这一概念纳入了他的"活动系统论"中，这与维果茨基三位一体不同，是以四元组为基础的。它由两个轴组成，一个是关于动机或意图的，另一个是关于手段的（图5）。

当在任何特定情况下组成四元组的活动的四个三元组中的每一个被适当平衡时，该活动才是最有效的。动机轴对应于锚点与顾等人（本书第2章）使用的新知之间的距离，用来评估向学习者提供的挑战是否恰当。丁（本书第4章）提到铺垫，指的是先前的知识和预期的目标之间的距离，这是活动四元组的垂直轴。另一些作者使用铺垫（Pudian）指的是在明确地处理某事之前隐式地预告事物，并将其与从脚手架向衰落的转变（Seeley Brown，Collins，& Duguid，1989）或通过促使学习者自己自发使用（Love & Mason，1992）联系起来。

彭、鲍、祁（Pang，Bao，& Ki，本书第4章）区分了从一项任务到另一项任务，或从一种情况到另一种情况，以及与一项任务或情况之间的差异有关的铺垫。他们认为这些是“正交”的变异形式。第一种是通过选择所需的任务和资源，使学习者能够控制近端距离或学习者之间的差距；第二种是通过选择任务和资源，使可能变化的维度成为学习者可识别的。

有时作者建议改变基本特征，使学习者意识到它们是值得注意的，这是马顿主张的精髓，即可以学到的东西是多种多样的。有时，作者建议改变一些无关紧要的特征，以便学习者认识到什么是不变的才是重要的(例如，参见 Gu 等人，本书第 2 章)。有时学习者需要辨别，也就是说，什么是可以改变的，而其他的东西则保持不变，而在其他时候，他们不仅需要意识到，而且实际上倾向于忽略与概念或过程无关的特征(Watson，第 4 章，本书；另见 Koichu，Zaslavsk，& Dolev，2013)，因为正如加特诺(1970，1987)所指出的那样，强调并忽视是概括的基础，即从认识某种情况下的具体关系转向将其视为更一般属性的实例化过渡。

什么时候变

在整本书中都有说明，当引入一个概念或技术背后的想法时，结构化的变化有一个明确的，也许甚至是必不可少的作用，特别是在如果教和学习要尽可能的有效和高效的情况下。同样，在探索、提出和解决新的问题时，无论是由别人还是自己提出的问题，有意变异都是有用的，因为这是波利亚(1962)等人推动的专门化和概括的过程。学习者必须将变异的系统使用内化。

也许不太清楚，当学生复习一个话题时，结构和系统的变化是否有帮助。如果在复习过程中，若学习者没有以预期的方式参加，教师可能会采用变异。有意的变异可以把概念和过程带回脑海，但它本身不可能促进学习者行动的整合或内化。如果学习者试图获得一个便利问题，那么随机问题可能是个好主意，就像 18 世纪和 19 世纪的许多英美数学课本中所发现的那样，其中的章节标题是杂乱的问题，其中的挑战是随着问题的背景和类型的变化而需要采取适当的行动。这也可以被看作是一种变异形式，大部分与某一特定学科相关的所有维度是非系统性的。

修订本身可以采取学习者构建实例的形式，这些例子显示出可能的变异维度，因此表明了他们对概念或过程的理解以及理解的范围和丰富性(Watson &

Mason，2005）。在探索和研究这个过程中，学习者可以扩展他们所注意到的事物的丰富性、辨别性和关联性，这往往取决于学习者是否学会了为自己所用系统的变异。沃利斯（Wallis，1682）称此为“我的调查方法”，尽管受到费马（Fermat）等人的谴责（Stedall，2002，p. 169），但它常常被证明是非常有效的。波利亚（1962）称其为专门化，其目的是检测可能成为实例化属性的潜在关系（Mason 等人，2010）。

体验变化的全部意义是通过丰富示例空间和可以访问的示例构造技术来丰富你对概念或过程的感觉。任何单一的教学方法都不太可能有用，因为有效的教学在很大程度上取决于学生和情况，取决于他们过去和最近的经验和对什么可能合适的期望。

顾、黄和马顿（Gu，Huang，& Marton，2004）所指出的概念和过程性变式之间的区别，在我看来只是指出了何时使用变异的不同之处。要让学习者注意到以前没有注意到或察觉到的事情，以某种形式或其他形式的变化是绝对必要的。当某些想法或行动要扩展或发展时，在以某种方式扩展或发展这些想法或行动之前，必须将先前的经验，如先前识别的细节、可识别的关系和可感知的属性，放在最重要的位置上。这就是顾等人（本书第 2 章）锚定点的观点，这也是四元组活动的一部分。在许多章节中，值得注意的是，课堂报告在如何教教师花时间做这件事，而不是直接进入新的扩展和发展。假设学习者将有区别转移到扩展和发展，就必须着手了解关系和属性。在我看来，这是西方对上海“掌握-教学”解释的基础，在这种解释中，所有的学习者都取得了进步，并真正学到了一些东西。

变化有多大

决定有多大的变化、在什么范围上变化，以及有多系统地使用这种变化成为教学艺术的一部分，这完全取决于学生们如何迅速有效地显示出他们正在按照预期的方式去做。一旦学习者对概括行为有了多方面的经验，其中包括将一个或多个方面看作是可变的，那么一个“好的”例子通常就足以提供对一般情况的洞察。一句中国古语说：“好学君子自能触类而考，何必轻传。”（Song，2006）在美国，科本（Colburn，1829）在他的教科书中提出了“归纳教学法”，引起了极大的共鸣。他的版本序言中有段话是：

因为它的目的是让学习者了解这些规则，因此在每个规则下都要有尽可能多的例子……当这些规则得到很好的理解时，很少有科目会需要一条特定的规则，如果学生已适当地认识它们，他会比没有认识规则的学生更好地理解这些规则。

每个年龄的学生都要遵守的一条通用格言："永远不要直接告诉他们如何做任何事。"如果一个学生连一件事都不能做，那通常是因为他(她)不完全理解它。(Colburn, 1829,序言)

虽然他的练习集在不同的背景中使用非系统的数字变式，但都涉及相同的操作。在接触了变式的概念后，以暂时不变但可以改变的参数作用的形式操作，我常常认为，一个单一的对象会引发概括：考虑到可以允许变化的方面，从而打开了调查允许变化范围的可能性、控制这种变化的结构约束，以及什么仍然是不变的。这是一个数学创造性的机会。例如，考虑如下的一项基本任务：

如果安妮给约翰3颗弹珠，那么他们就会有相同数量的弹珠。安妮拥有的弹珠比约翰的多多少颗?

对我来说，这是整个"弹珠任务"空间中的一个例子，通过自发地想要改变送出的弹珠的数量；赠送弹珠的效果(例如，结果是约翰的3倍、少于4倍，或者比约翰多了5倍)；所涉及的人数和给谁什么对谁有什么影响；给或交换什么的细节(例如，安妮用她两颗红色的弹珠，换约翰的3颗蓝色弹珠)。当然，弹珠本身并不重要：它们可能是柜台或泰迪熊、数字线上的移动，或在公共汽车站排队的人。

如果让学习者自己去观察可能发生变化的维度，他们就会受益，因为这就是考试要做好的事情：承认每一项任务的"类型"，并有适当的行动准备实施。因此，对考试的研究涉及识别可能变化的维度，并预演对所有人来说都是共同的行为，这是不变的，并解决了所有这些问题。建立你自己的特殊案例以获得一个普遍的感觉，是非常值得获得的个人倾向。正如顾等人(1999, p. 186，本书第2章)指出的，在中国，考试往往以学生已经熟悉的典型问题为基础，促使教师在培养学生时注重原型。在这种情况下，利用变式从简单到复杂建立起来是有意义的，可使学生学会认识潜在的结构关系（许多问题——一种解决办法和一种问题—许多情境）。但如前所述，如果学生只遇到典型的问题，当他们遇到新鲜新奇的事物时，他们不太可能学会做什么。通过有时提出复杂、不熟悉的挑战性问题，再集体地简化和专门化，直到达到可征服的程度，然后通过自己的概括和变化重新建立起复杂的基础，学习者不仅可以开始将程序内化，而且会知道将如何从数学上思考（Pólya，1962；Mason 等人，2010）。

局部和全局的系统变异

角的示例已经为系统变异和非系统变异，或者更准确地说，为全局系统但局部非系统变异指明了起作用的途径。华人课例研究涉及认识到在变式中使用系统变异的机会（Huang 等人，2016，p. 10）。为了探索在音乐会中或单独地改变可能变异的两个维度的可能性，我开发了一个结构化变异网络集合（Mason 网站）。但它不仅是一个方面的变化的问题，也是按什么顺序变化的问题。这可能没有一个普遍的答案，因为它可能取决于教师的意识，并取决于学习者的性格、主动性和准备。

一个重要的例子出现在早期代数教学中。多年来，我一直满足于构造一些任务，在这些任务中，学习者首先学习了序列的前几个术语。对象可能是图片或数字。在数学上，我必须有一些基本的规则或结构关系来确定序列，我首先要让人们决定如何扩展序列，并阐述一个规则，以便无限期地继续序列。然后，只有这样才能要求概括（公式）来计算第 n 个对象中组件的数量，通常是一张图片（Mason，Johnston-Wilder，& Graham，2005）。然而，我意识到，我在序列中提供前几个术语的不变任务结构产生了学习者依赖关系，并促使他们关注术语逐项扩展，而不是寻找一般公式。由于预期的学习目标是在表达共性方面的经验，所以系统化实际上阻碍了学习，因此在呈现概括的序列时，变得不那么系统。

孙（Sun，2011）确定的一题多解、多题一解和一题多变三种变化形式，就像角的例子一样，可以接受参数的局部非系统变化，但在全局范围内可以系统地改变需要改变的东西，即可能变化的维度。我再次猜想，没有规则，也没有“最佳实践”，而是通过变化提醒教师对这些不同的问题敏感，从而告知他们的教学选择。

有多少不同的维度可以在同一时间发生变化是不确定的，但在教学上是有意义的。太多的事情同时发生变化可能会使学习者望而却步，但太少的同时变化可能会被人认为是屈尊和约束的，就像学习者被“牵着鼻子走”一样。当然，一旦将变异作为一项原则加以利用，机械和严格地使用它，而不是在适当的时候创造性地使用它，这当然是很诱人的。

此外，所谓的“同时变化”是什么意思不清楚，因为学生的注意力更可能是连续的，而不是同时进行的。例如，罗和马顿(Lo & Marton, 2012)认为，当学习者需要一次辨别多于两个关键特征时，其最强大的策略是让学习者在它们遇到特征的变化之前识别他们”(p. 11)。潘和祁(Pang & Ki, 2016)和其他作者在一个关键方面使用术语“分离”来解释在其他方面保持不变的同时的变化，因为所改变的是分离出去的。当两个或多个维度同时变化时，通常使用术语“融合”。

而我不太清楚情况。在下面的任务中，不止一件事情同时发生变化，但有趣的是，变化的是数字之间的联合协变。它为学习者提供了一个为自己做一些分离发现一个单一的特征并为自己尝试这方面的例子的机会。观察下列式子：

$45\times37-47\times35=20=(4-3)\times(7-5)\times10$ $46\times38-48\times36=20=(4-3)\times(8-6)\times10$
$55\times47-57\times45=20=(5-4)\times(7-5)\times10$ $56\times48-58\times46=20=(5-4)\times(8-6)\times10$
$45\times26-47\times25=20=(4-2)\times(6-5)\times10$ $93\times74-94\times73=20=(9-7)\times(4-3)\times10$

图6 一些算术事实

跨行查看可能会显示一种关系；向下看列可能会显示另一种关系。为此可以得到的是两者的融合，它可能有助于大声阅读每一个声明，强调一个特定的数字(Brown & Walter, 1983)。如果多次更改所选数字，则可以将关系识别为正在实例化的属性。

这里存在有系统的变化，但必须通过注意两位数中的数字之间的关系来检测。隐含的要求是将一个概括性表示为一个猜想，然后检验其有效性。所涉及的概念是当个位数字被更换时，结果中的差异必须被10整除，并且可以根据原始数字的差异计算出。因此，这可以看作是一种将两位数相乘以简化计算形式的过程。一个基本的原则是，两个数字的乘积是通过使这两个数字更接近它们的平均值而增加的。它也可以被看作是朝着推广到三位数的方向迈出的一步。

图7显示了另外两个示例。左边是森德拉姆(Sundaram)的网格

(Honsberger，1970；Ramaswami Aiyar，1934；也见 Mason 网站)。实例化的关系是双线性的，因此两个维度在一起变异是必不可少的，尽管布局意味着通过聚焦于单个行或列，有时可以将注意力定向到单个维度。最终，声明要求同时集中在可能发生的两个维度，无论是从一开始就同时遇到，还是在一段时间内独立地进行。这同样适用于图 6 中的算术等式：是否将单个维度分开是一种教学选择，没有明确的“最佳方法”，因为它很可能取决于学习者及其最近的经验。

声明：当且仅当一个数是合数时，
在此网格中才会有这个数的倍数。

…	…	…	…	…	…	…	
25	42	59	76	93	110	127	…
22	37	52	67	82	97	112	…
19	32	45	58	71	84	97	…
16	27	38	49	60	71	82	…
13	22	31	40	49	58	67	…
10	17	24	31	38	45	52	…
7	12	17	22	27	32	37	…
4	7	10	13	16	19	22	…

去括号，再合并

1. 9+(3+2).
2. 9+(3−2).
3. 7+(5+1).
4. 7+(5−1).
5. 6+(4+3).
6. 6+(4−3).
7. 3+(8−2).
8. 9−(8−6).
9. 10−(9−5).
10. 9−(6−1).
11. 8−(3+2).
12. 7−(3−2).
13. 9−(4+3).
14. 9−(4−3).
15. 7−(5−2).
16. 7−(7−3).
17. (8−6)−1.
18. (3−2)−(1−1).
19. (7−3)−(3−2).
20. (8−2)−(5−3).
21. 15−(10−3−2).

图 7　两个几乎同时发生变化的例子

图 7 右边的练习集是《代数第一步》(Wentworth，1894，p. 10)中的第一个实际任务，被安排在对指数、括号和许多其他技术术语作口头介绍之后。注意局部变化，暗示可能变化的维度，以此表示共性。Ex 13 和 14 提供一对类似 Ex 1 和 2 的配对，但学生们会注意到吗？即使他们这样做了，他们是否会倾向于停下来，构思一个关于正在发生的事情的故事呢？最后一个练习提供了一个单一的新变体，可以让学习者扩展一个新的可能变化的维度，但也可能被忽略。请注意，负数直到后面一章才被引入，这解释了一些维度在这里没有变化。由于所使用的数字很小，可以很容易地通过计算括号来检查结果，但消极的一面是，学生可能会被诱使直接写下答案。

虽然没有明确援引“变异”作为教学策略，但也存在着相当复杂的变化。由于温特沃思(Wentworth)的所有论文都在一场大火中消失了，除了分析他的教科书之外，我们对他的教学原理知之甚少，但他的许多书卖出了数百万册，并在美国使用了多年，所以它们肯定被认为是成功的。

在所有这些情况下(在前面关于角的图中)，几个或所有的示例同时显示这种变化可以说是同时发生的。而人类的注意力往往会依次发挥作用，在观察了一段时间之后，细节被识别出来，这些细节内部和之间的关系也被识别出来，这些细节本身也可以被作为一个整体来审视一段时间。调用学习者的能力检测模式的经验表明，按顺序呈现实例、暂停以允许有一定的处理时间可能比简单地快速前进要有效得多，这符合本书各章节中的课程描述。

谁在做变化

使用变异理论的人们通常认为是教师或作者提供了变异，但很明显，当有人为自己改变不同的方面，并将其作为可能的或不适当的变异维度进行体验时，有可能出现更强的学习效果。例如，幼儿学习爬行、行走、跑步和说话，介绍他们自己的变化。数学探索和意义创造几乎要求学习者主动改变以使他们能够理解可能的变化范围和允许变化的范围。极端的立场(总是老师或学习者)不太可能有帮助。有时，教师对可能变异的维度的认识是学习者可能不会想到的，这是至关重要的，因为这是教师角色的核心：教师可以为学习者做他们还不能独立去做的事情。这是最近发展区概念的实质(Vygosky, 1978；又见 van der Veer & Valsiner, 1991)。在其他时候，教师发起的变异可能导致学习者依赖于老师(或教科书)为他们做的变化。

当两个或两个以上的维度对于认识和奠定结构关系至关重要时，必须作出教学上的选择，以便在学习者可能会遇到越来越复杂的问题时确定是否要规划一个谨慎的发展阶梯，缩小锚定点与精心管理的学习之间的差距，或是否使学习者少受到某种复杂性的影响，并让他们参与选择简化的东西，以获得熟悉感。对于一位教师来说，很容易被诱惑去娇惯学习者，而不是在必要的时候培养他们的自信来为自己简化(Stein, Grover & Henningsen, 1996)。这样的选择可以最大限度地减少局部干扰，但最终会削弱学习者的能力。

数学教育受到缺乏保证行动效果的定理的困扰。然而，这恰恰是因为教育是针对人的能够行使意志、采取主动的。他们的意志可能包括阻止正在提供的东西，在面对挑战时关闭，或将注意力引导到其他事情上，这些事情在当时看起来可能更重要。试图控制学习者的注意力可能会导致训练行为及可能对任何数学思维倾向产生负面影响。另一方面，精心构造的任务，其中的注意力是微妙和故意的，可以最大限度地有效地使学习者接触重要的意识，加特诺(1987，1988)所谓的"强迫意识"，有争议地导致他们经历了有效行动，然后可能通过进一步的工作来内化。此外，为了创造性地应对不熟悉的挑战，至关重要的是发展出学习者可以自己发起的一系列行动，诸如专门化和概括化、想象和表达、推测和令人信服等行动(Pólya，1962，Mason 等人，2010；Mason，2008a)。

这本书中的几章使用了从"具体的，通过不变的方法，到应用"的教学运动序列，它为什么变化和什么时候变化设置了一个特定的顺序。当学习者的行为变得依赖于以前受过训练的行为，而不是呼吁或调用内化的行为时，创造力就很可能受到限制。我建议不要僵化，因为它不能给学习者解决不熟悉问题的经验，而应使它熟悉以便通过学习者利用他们的自身动力来取得进步。教学僵化很可能导致学习者变得依赖于教师-文本，而不是教育他们的意识，以便能够开始使用这些形式的变化。我猜想，一个真正有效的假设学习轨迹(Simon & Tzur，2004)可以为学习者提供使用自己发展能力的机会，而不仅仅是从简单到复杂、从具体到抽象、从特殊到一般。已经提出了一系列教学框架，以帮助教师根据布鲁纳(Bruner)的想法(1966)向学习者提供这种经验，例如，参见莫(Mok，本书第 10 章)、梅森和约翰斯顿-怀尔德(Mason & Johnston-Wilder，2004 a，2004 b)介绍的内容。

变化可以被认为是脚手架这样的一种装置(Huang 等人，2015，p. 11；Mok，本书第 10 章)，更多的变化("同时")引入可以使得信心日益增长。这是最初的脚手架后的一种形式的"褪色"(Brown 等人，1989)或使提示越来越少和不那么直接，直到学习者可以自发行动(Love & Mason，1992)。判断学习者何时认识到可能发生的变化，何时将适当的行动内化，以使他们能够获得启动这些行动的触发因素，或者换句话说，通过教育，他们的意识需要敏感和观察(Gattegno，1970)，以便能够采取行动(Gattegno，1970)。

反例扮演什么角色

为了辨别什么是重要的，在教学上似乎是可取的，如果不是必要的话，让学习者自己体验反例，以便他们除了探索可能变化的维度之外，还能测试允许变化范围的限制。此外，反例可以提供一个更广泛的背景，在其中可以施加一个特定的限制，只要学习者理解这是他们正在经历的。这与整体主义者的愿望是一致的，他们希望在沉浸细节中之前，拥有一个整体的机会。

反例举出总是有帮助吗？布鲁纳、古德诺和奥斯汀(Bruner, Goodnow, & Austin, 1956)报道了一些反例似乎无法帮助学习者识别概念意图的事例，而顾等人(本书第2章)与加涅(Gagné, 1977)和其他一些人(例如 Cohen & Carpenter, 1983)则暗示，反例应该在某些情况下，有助于理解一个概念实例的范围。例如，黄和梁(本书第8章)讲述了老师是如何从两条相交线开始的，注意到在相关角的概念上已经熟悉的东西，然后引入了第三条直线与原来的一条直线相交，从而设置了相交线的背景，并在平行和角度相等之前对相关角进行了一段时间的研究。同样，顾、黄和顾(本书第2章)报告了一位老师邀请学习者考虑两个不同大小的圆可能相互作用的所有可能方式，用圆心与半径之间的距离来描述，然后将相同的问题转移到在同一条线段上研究线段间的关系。

最有可能的是，反例的存在并未有助于鉴赏和理解一个概念，而在于提升教师的意识、学习者的性格和主动性、教学环境，以及引导注意力的方式，才能使反例的存在变得有效或无效。另一个因素可能是隐性变异的结构和系统性。

内隐和外显变化

什么时候足以使变异成为隐式，什么时候需要显式？对内隐变异的教学依赖假设变异的呈现足以让学习者了解意图，而显式的变异(通过使用教学行动，例如，说出你所看到的、相同的和不同的、它是什么和它不是什么等等)在教师和学生之间的互动中，包含了一定程度的显性、明确的定向关注。虽然有系统的变化可能会提供一些可以学习的东西，但它并不能保证它能够被学习。因此，验证变异理论的尝试必须考虑到教师对概念或过程的认识范围、构成其变化的因素、可实施的教学策略的范围、情境的教学精神或环境，以及学习者的性格、主动性和准备性。

教学方面，在老师提请注意之前，变异总是隐含的(Mok，本书第10章)。然而，即使是当老师试图提请注意它时，学习者可能会或不会意识到(有意识地)变异或它的含义。请注意，如前所述，对变化的认识使学生能够实施与变异相关的行动，例如将他们的注意力转向可能的变异的其他维度以及允许变异的范围，而这反过来又可能将注意力转移到识别潜在的结构关系和将属性视为实例化。

菲施拜因（Fischbein，1987，1993）指出了学习者对数字中什么是重要的东西作出假设的方式，通常是含蓄的，因为它在他们遇到的例子中是不变的，而没有意识到他们正在这样做并称这些为形象概念。一个典型的例子是三角形总是以与页面底部平行的“底部”呈现，这意味着高度总是垂直于底部。另一个经典的例子是在页面上呈现立方体的方式，导致学习者认为这是描述立方体的唯一方法。将形象概念扩展到适用于可能变化的意外维度被认为是不变和必要的，这对任何概念是有用的。一个在图形上使用分数作为运算符的例子，其中所表示的图形的整体总是分数所作用的整体，这导致学习者忽略了选择图的哪一部分进行操作的可能性，而分数真正重要的是对将要操作整体的明确（因此也是灵活的）。

因此，在使用变异时，一个非常重要的问题是：“学习者无意中可能会引用什么形象概念？”这是一个至关重要的教学问题，无论何时计划变化都是必不可少的，但不能通过理论结构或不变的规则或原则来解决，它需要数学和教学经验。

任务结构和表示的变化

已经选择了一个任务，在任务的呈现方式上有许多可能的变异维度。它可以在纸上、屏幕上或黑板上呈现。它可以静态和完整地呈现，也可以通过动画或根据教师判断来改变速度动态地呈现为一个展开序列。它可以在沉默中提出，有评论，也可以是互动的。它可以与策略一起使用，比如说你看到的，有或没有小组讨论。学习者可以被邀请或鼓励他们自己重新做另一个例子，并试图阐明一些或所有的结构关系（Mason & Johnston-Wilder，2004 a）。把这些选择看作是教学的变异，可以通过提醒教师注意教学策略，并根据他们对课堂上呈现的情况的解读，来丰富教师的选择。

变异-教学和教学变异

尽管这本书中的许多章节侧重于如何将变异作为分析课程的重点，因此对于规划课程，它们揭示更多，即有一些微妙的教学动作，但它们既依赖于变异，又利用变异。我用术语“变异-教学”指的是用来利用变异的教学行为。我建议，他们可以通过意识到老师在关注什么以及如何关注、学习者在关注什么以及如何关注之间的关系来获得信息。重要的是，教学行动不能凝固，不能形成固定不变的程序。相反，它们也受到不同维度的变化，教学艺术在于教学选择的灵活性和多样性。

作为一种理论和一种实践，变异的全部目的是利用学习者的心灵包括他们的自然力量使学习更有效率。当然，那些鉴赏和理解这些原理的教师使用的按变异原理构建的教科书做出了重要贡献，而文本本身只是纸上的墨水。我认为，它们本身是不够的(参见，Zhang 等人，本书第 14 章)。它要求一个人理解它们，寻求并找到它们本身的一致性。一个不连贯的文本可能会给许多读者带来困难，但连贯的文本本身并不能保证教师或学习者所建构的意义的连贯性。所需的额外要素包括学习者的意愿(主动性)和教师作出的教学选择。在教学方法与学习者的心理相一致的地方，有效的学习是可以期望的。

一些具体的教学行为

变异作为一种告知原则，可以打开使用教学行动的机会，否则可能是无效的。例如，黄和梁(在这本书第 8 章)描述了一节课，其中让学生注意角之间的关系已引发了极大的关注。在“应用程序”的工作中，当学生没有检测到一个重要的子结构时，老师建议从复杂的图表中删除线条。这种行为可以通过强调其他行为而发展为学会忽略(而不删除)。在注意形式的语言中，学习者有时间通过内化强调某些特征的策略来培育他们的意识，从而在寻求将细节区分为可以保持的整体的过程中而忽略的其他特征。然后，可以通过与这些子配置相关联的内化操作来利用这些识别的整体，并将其体验为感知到的正在实例化的属性。所有这一切都是由于以前对相关角的识别而变得熟悉的工作。

总的来说，黄和梁认为在这种识别和开发熟悉子配置的过程中开辟了一个学习的空间。然而，如果不能获得相关的教学举措，以实现注意力和意识教育的预期转变，“开放学习空间”就有可能走其他总结标签的道路，如“最近发展区”和“发现学习”等，因为没有具体的细节，这些标签过于模糊，无法采取有效的行动，可作的解释太开放。

引导学习者注意的一个有效方法是让他们强调一些事情，从而忽略其他的事情。布朗(Brown)和沃尔特(Walter, 1983)阐述了实现这一目标的策略。不同的人被邀请读出一个任务、一个定理或特别强调的定义或其中的一个词。其结果是提出一个问题："为什么是那个词？它会如何变化？"强调一个单词、数字或符号就足以打开它作为一个可能变化的维度。

这本书的几章强调了精确语言的重要性，并利用了一种似乎是中国人对事物贴上标签的倾向：数学对象的类型和教学动作。即便如此，正如丁等人所言(本书第12章)承认教师很难改变既定的习惯，专业发展也很难有效。正是由于这个原因，人们才把注意的训练(Mason, 2002)阐述为一套方法，帮助用新的行动取代习惯。变异本身有可能被用来为专业发展实践提供信息。

如果不是至关重要的问题的例子，举例说明了各种有关教学干预往往是有益的，本书各章对各种课的分析也证实了这一事实，即很大程度上取决于体制和数学环境(Brousseau, 1997)，以及教师对学习者过去和现在的经验的敏感性(Brousseau, 1997)。但教学选择必须是微妙的，而不是指令性的，因此变化也在这里发挥作用。考曲、兹拉夫斯基和多列夫(Koichu, Zaslavsky, & Dolev, 2013, p. 461)引用了沃森(本书第5章)提出的类似的观点，通过使用学习空间这一术语，连接了预期、实施和体验学习作为一个领域的教学选择。

教学变式

从一项或多项与"学生可以学到什么"并行的任务来看，有一个相应的教学问题："教师可以实施什么？"这不仅是一种教学形式的变化，也包括一系列可用于启动活动和与学习者互动的教学行动，而且它还具有可能发生的变化的相关方面和有效变化的范围。

对于一个特定的教学行为(例如，成对地交谈、说你看到的、在黑板上写字、它是什么、它不是什么，或者什么是相同的、什么是不同的……)，行动的一些特征是可以改变的，但只有当老师意识到它们是可能的时候，才能做到这一点。例如，在成对交谈时，老师可以设置一个特定的问题来回答，或者邀请学习者说出他们一直在做的事情；在说出你看到的东西时，学习者可以是小组成员，也可以是全体会议成员，老师可以确保每个人都有机会说些什么，或者做出一些贡献；他们可以选择让学生单独工作，在其他非结构化小组中工作，或在具有特定任务或特定角色的小组中或在全体会议中工作；学生可以在黑板上写作，可以单独、小组或在小组之间调动，以便在小组内部和小组之间进行协作。

有效变化范围的概念提请注意与教学行动有关的变化范围的限制。例如，"成对交谈"，或任何教学活动，一开始都是非常有效的，但如果允许它超越房间中能量消散和减少的程度，它就会变成学习者之间聊天的机会，使他们能够摆脱任务。教师发起的行动可能会在一段时间内被证明是有效的，例如，让学习者在一堂课结束时评估他们的努力(参见 Baird & Northfield, 1992)，或让学习者建立一个简单、困难、新颖或一般的例子(参见例如：Bill, 1996; Watson & Mason, 2002)。然而，任何教学策略如果重复得太经常或太频繁就会失去效力。如果学习者能够有效地将行动整合到自己的工作中，那么脚手架和褪色的某种过程(Brown 等人，1989)可能是合适的，在这种过程中，最初直接提示行动变得越来越间接("你上次在这种情况下做了什么?")，直到学习者自发地为自己发起它(Love & Mason, 1992)。因此，不仅是行动的选择，而且行动持续的时间长短也取决于教师对学习者实际做的事情的敏感性，以及教师希望学习者通过活动体验到什么。

退出一项行动以考虑该行动是否有效，如果是的话，它可能同样有效，可以帮助强化证据，提请注意该行动可能发生变异的各个方面，并且是对从经验中学习所需要的"其他东西"的有益贡献。如果不是在本书的章节中报道的大部分课，可以选择几节，鼓励学生建立自己的叙述，试图清楚地阐明他们的意义。教师也是如此。

教课的教学准备包括突出一些适当的教学行动：尽可能生动地想象自己，在心理上实现它们，以便在需要时能够加以实施。这是加特诺(Gattegno)之后的一种教育教学意识的形式(1970;另见 Young & Messum, 2011)。在这些术语中，人们可以把"教学"看作是创造条件和经验，使学习者能够"教育自己的意识"，即引导学习者融入其运作中，不仅是执行程序和建立实例，而且是敏感地注意到这些行动可能有用的情况。注意的纪律(Mason, 2002)可以被看作是一种针对这一目的收集实践。

丁等人(本书第4章)研究了在教师专业发展过程中如何处理变异原则，重点研究了教师发起的教学行动与教科书中提出的建议之间的差距。一个明显的问题是，变异原则是否也能为专业发展的构建和实施方式提供信息。当与教师一起工作时，使他们的意图或期望与学生合作的方式相一致，才会有很大的收获。

结论

变异作为一种告知可供学习知识的原则，与人类的运作方式是一致的。因此，将变异作为指导教学和教师教育包括教师专业发展的一项原则，很可能是强有力的。这本书的章节所展示的是，单靠变异并不能保证学习的实际发生。为了学习发生，也就是数学行为的整合和内化，通常来说，仅仅有经验的变化是不够的。“有一件事我们似乎没有从经验中吸取教训，那就是我们不经常单独从经验中学习，还需要从别处学习更多的东西。”(Mason, 1998)更糟糕的是，“一连串的经验并不等于连续的经验”(Mason & Davis, 1989)。这是詹姆斯断言的一个版本(1892, p.628)，即“一连串的感觉并不等于连续的感觉”。换句话说，如果我们要向他们学习，就需要更多的经验，而不仅仅是一系列变化的经验。

需要采取适当的教学行动，最大限度地利用所提供的变化将影响学习者的可能性，并了解与每项教学行动有关的可能变化的各个方面，并熟悉这些方面的适当有效变化范围。这些构成了变异教学。但在我看来，没有配方，也没有“最佳序列”。我们需要的是对主题、学生以及他们过去和现在的经历有敏感性。提高这种敏感性的一种方法是特别注意对需要注意的事项进行如何处理。这就要求教师认识到他们在沉思意义上的意识(Gattegno, 1970，1987；也见 Mason, 1998)、关于他们自己在注意什么，以及如何获得鼓励和促进这种注意力转移的教学行动。

变化是一些敏感的东西，而不是由一个节目或一系列预先确定的教学行为来实施的。这本书的章节都指向了变异-教学的艺术性，而不是一个机械的过程，以确保学习的发生。要确保学习在决策者看来一直是有吸引力的，这是根本不可能的，因为，正如孔子所观察到的那样，学习者在执行任务时，根据他们最近和过去的经验采取主动，这是必不可少的，而不是在教师的控制之下。意愿是人类心理的关键部分。当然,教师可以创造条件,使学习者更有可能参与,本书各章中提到的许多教学行动都是为了帮助佐证这一点,无论是通过保持一个合理或微小的挑战,通过提供时间让学习者注意遇到的问题,并理解所提供的关注焦点,或者是与同龄人讨论并在老师面前进行个人理解和叙述的时候。同样的道理也适用于理解一堂课的老师。

本书的几章建议或暗示,很难区分概念和过程上的变异。例如,支持彭、李、聂和李(本书第 6 章)中的例子的教学动作的效果之一是在改变构成条件数据的情况下,变异实际上是提供了解决直角三角形过程的概念基础。换句话说,区分概念上的变化和过程上的变化并不像表面上看起来那么简单。我不知道这是否对教师有帮助。

在注意方面,本书中的课程描述表明,变式的教学行动将时间用于彻底了解相关细节和识别重要的关系,目的是融合,否则可能从表面上跳过对"到达核心"的渴望的意识。变异理论中的一个教训是,"核心"并不是"做练习",尽管这可能很有价值,但关键在于鉴赏和理解关键特征,这些细节需要识别,以便能够识别结构关系,从而使学生的注意力转移到将属性视为实例化的感觉上。很明显,当教学遵循变异原则时,花在"学生叙述"上的时间,以及学生自己对课程核心概念的表达和重新表述,是学习者体验的重要组成部分。这样,学生就能体验到对比、概括、分离和融合。区分或区分细节的全部要点并不是停留在这些区别本身,而是要有机会接触这些区别,在未来不熟悉的情况下诉诸相关的行动。这就是解决问题的真正意义。

本书许多章节中呈现的特征之一是对学习者经验敏感的价值,这与贾沃斯基(Jaworski)的"教学三位一体"(1994;也见 Despari & Jaworski, 2002)非常一致,后者强调了对学习者的敏感性、适当的挑战和学习管理。例如,花时间确保每个人都有时间注视一张图表或练习,然后匆忙地执行第一个可用的动作。在注意力的语言中,这是持有整体,不仅适用于"整体",而且适用于明显的方面或部分。更有效的方法是确保学习者能够识别出教师知道的重要细节,而不是匆忙去寻找我们的关系,或者认为属性被实例化得太快了。"努力并因此忽视",是概括的方式,学习者的注意力如何从识别特定情况下的关系转移到将某一属性视为在特定情况下被实例化。从特定中看到一般事物,以及一般事物中包含的特殊事物,都是基本的注意行为，如果学习者想要将行动（过程）内化，领会与理解概念和过程，就需要援引、支持、促进和内化这些基本的注意行为。

参考文献

Bachelard, G. (1938, reprinted 1980). *La Formation de l'Esprit scientifique*. Paris: J. Vrin.

Baird, J., & Northfield, F. (1992). *Learning from the peel experience*. Melbourne: Monash University.

Bennett, J. (1993). *Elementary systematics: A tool for understanding wholes*. Santa Fe: Bennett Books.

Biggs, J., & Collis, K. (1982). *Evaluating the quality of learning: The SOLO taxonomy*. New York, NY: Academic Press.

Bills, L. (1996). The use of examples in the teaching and learning of mathematics. In L. Puig & A. Gutierrez (Eds.), *Proceedings of the 20th Conference of the International Group for the Psychology of Mathematics Education* (Vol. 2, pp. 81 - 88). Valencia: Universitat de València.

Brousseau, G. (1997). *Theory of didactical situations in mathematics: didactiques des mathématiques, 1970 - 1990* (N. Balacheff, M. Cooper, R. Sutherland, & V. Warfield, Trans.). Dordrecht: Kluwer. Brown S., Collins A., & Duguid P. (1989). Situated cognition and the culture of learning. *Educational Researcher*, *18*(1), 32 - 41.

Brown, S., & Walter, M. (1983). *The art of problem posing*. Philadelphia, PA: Franklin Press.

Bruner, J. (1966). *Towards a theory of instruction*. Cambridge, MA: Harvard University Press.

Bruner, J., Goodnow, J., & Austin, G. (1956). *A study of thinking*. New York, NY: Wiley.

Cohen, M., & Carpenter, J. (1983). The effects of non-examples in geometrical concept acquisition. *International Journal of Mathematics Education, Science and Technology*, *11*, 259 - 263.

Colburn, W, (1829). *Arithmetic upon the inductive method of instruction, being a sequel to Intellectual Arithmetic*. Boston, MA: Hilliard, Gray, Little & Wilkins.

Festinger, L. (1957). *A theory of cognitive dissonance*. Stanford, CA: Stanford

University Press.

Fischbein, E. (1987). *Intuition in science and mathematics: An educational approach*. Dordrecht: Reidel.

Fischbein, E. (1993). The theory of figural concepts. *Educational Studies in Mathematics*, *24*, 139 - 162.

Gagné, R. (1977). *The conditions of learning*. New York, NY: Holt, Rinehart, & Winston.

Gallagher, W. (2009). *Rapt: Attention and the focused life*. New York, NY: Penguin Press.

Gattegno, C. (1970). *What we owe children: The subordination of teaching to learning*. London: Routledge & Kegan Paul.

Gattegno, C. (1973). *In the beginning there were no words: The universe of babies*. New York, NY: Educational Solutions.

Gattegno, C. (1987). *The science of education part 1: Theoretical considerations*. New York, NY: Educational Solutions.

Gattegno, C. (1988). *The mind teaches the brain* (2nd ed.). New York, NY: Educational Solutions.

Gu, L. (1994). *Theory of teaching experiment: The methodology and teaching principles of Qingpu* [In Chinese]. Beijing: Educational Science Press.

Hadamard, J. (1945). *An essay on the psychology of invention in the mathematical field*. Princeton, NJ: Princeton University Press.

Heidegger, M. (1927/1949). *Existence & being* (W. Brock, Trans.). London: Vision Press.

Honsberger, R. (1970). *Ingenuity in mathematics* (New Mathematical Library #23). Washington, DC: Mathematical Association of America.

Huang, R., Barlow, A., & Prince, K. (2016). The same tasks, different learning opportunities: An analysis of two exemplary lessons in China and the U.S. from a perspective of variation. *Journal of Mathematical Behavior*, *41*, 141 - 158.

Huang, R., Gong Z., & Han, X. (2016). Implementing mathematics teaching that promotes students' understanding through theory-driven lesson study. *ZDM: The International Journal on Mathematics Education*, *48*, 425 - 439.

James, W. (1890 reprinted 1950). *Principles of psychology* (Vol. 1), New York, NY: Dover.

Jaworski, B. (1994). *Investigating mathematics teaching: A constructivist enquiry*. London: Falmer Press.

Kahneman, D. (2012). *Thinking fast, thinking slow*. London: Penguin.

Koichu, B., Zaslavsky, O., & Dolev, L. (2013). Effects of variations in task design using different representations of mathematical objects on learning: A case of a sorting task. In C. Margolinas (Ed.), *Task design in mathematics education, proceedings of the ICMI study 22* (pp. 467 - 476). Oxford.

Lakoff, G., & Nunez, R. (2000). *Where mathematics comes from: How the embodied mind brings mathematics into being*. New York, NY: Basic Books.

Lo, M., & Marton, F. (2012). Toward a science of the art of teaching: Using variation theory as a guiding principle of pedagogical design. *International Journal for Lesson and Learning Studies*, *1*, 7 - 22.

Love, E., & Mason, J. (1992). *Teaching mathematics: Action and awareness*. Milton Keynes: Open University.

Marton, F. (2015). *Necessary conditions for learning*. Abingdon: Routledge.

Marton, F., & Booth, S. (1997). *Learning and awareness*. Hillsdale, NJ: Lawrence Erlbaum.

Marton, F., & Pang, M. (2006). On some necessary conditions of learning. *Journal of the Learning Sciences*, *15*(2), 193 - 220.

Mason, J. (1979, February). Which medium, which message? *Visual Education*, 29 - 33.

Mason, J. (1980). When is a symbol symbolic? *For the Learning of Mathematics*, *1*(2), 8 - 12.

Mason J. (1998). Enabling teachers to be real teachers: Necessary levels of awareness and structure of attention. *Journal of Mathematics Teacher Education*, *1*, 243 - 267.

Mason, J. (2002). *Researching your own practice: The discipline of noticing*. London: RoutledgeFalmer.

Mason, J. (2003). Structure of attention in the learning of mathematics. In J. Novotná (Ed.), *Proceedings, International symposium on elementary mathematics teaching* (pp. 9 - 16). Prague: Charles University.

Mason, J. (2008). From concept images to pedagogic structure for a mathematical topic. In C. Rasmussen & M. Carlson (Eds.), *Making the connection: Research into practice in undergraduate mathematics education* (pp. 253 - 272). Washington, DC: Mathematical Association of America.

Mason, J. (2008a). Making use of children's powers to produce algebraic thinking. In J. Kaput, D. Carraher, & M. Blanton (Eds.), *Algebra in the early grades* (pp. 57 - 94). New York, NY: Lawrence Erlbaum.

Mason, J. (2009). From assenting to asserting. In O. Skvovemose, P. Valero, & O. Christensen (Eds.), *University science and mathematics education in transition* (pp. 17 - 40). Berlin: Springer.

Mason, J. (2011). Explicit and implicit pedagogy: Variation as a case study. In J. Smith (Ed.) *Proceedings of BSRLM*, *31*(2).

Mason, J. (Website accessed August 2016). Retrieved from www.pmtheta.com/sundaram-grids.html and www.pmtheta.com/structured-variation-grids.html

Mason, J., & Davis, J. (1989). The inner teacher, the didactic tension, and shifts of attention. In G. Vergnaud, J. Rogalski, & M. Artigue (Eds.) *Proceedings of PME XIII* (Vol. 2, pp. 274 - 281). Paris.

Mason, J., & Johnston-Wilder, S. (2004a). *Fundamental constructs in mathematics education*. London: Routledge Falmer.

Mason, J., & Johnston-Wilder, S. (2004b). *Designing and using mathematical tasks*. Milton Keynes, UK: Open University; (2006 reprint) St. Albans: QED.

Mason, J., & Metz, M. (in press). Digging beneath dual systems theory and the bicameral brain: Abductions about the human psyche from experience in mathematical problem solving. In U. Xolocotzin (Ed.), *Understanding emotions in mathematical thinking and learning*. San Diego, CA: Elsevier.

Mason, J., & Pimm, D. (1984). Generic examples: Seeing the general in the particular. *Educational Studies in Mathematics*, *15*, 277 - 290.

Mason, J., Johnston-Wilder, S., & Graham, A. (2005). *Developing thinking in algebra*. London: Sage (Paul Chapman).

Mason, J., Burton, L., & Stacey, K. (2010). *Thinking mathematically* (Second Extended Edition). Harlow: Prentice Hall (Pearson).

Maturana, H. (1988). Reality: The search for objectivity or the quest for a compelling argument. *Irish Journal of Psychology*, *9*(1), 25 - 82.

Minsky, M. (1975). A framework for representing knowledge. In P. Winston (Ed.), *The psychology of computer vision* (pp. 211 - 280). New York, NY: McGraw Hill.

Minsky, M. (1986). *The society of mind*. New York, NY: Simon and Schuster.

Norretranders, T. (1998). *The user illusion: Cutting consciousness down to size* (J. Sydenham Trans.). London: Allen Lane.

Ouspensky, P. (1950). *In search of the miraculous: Fragments of an unknown teaching*. London: Routledge & Kegan Paul.

Pólya, G. (1962). *Mathematical discovery: On understanding, learning, and teaching problem solving* (combined edition). New York, NY: Wiley.

Potari, D., & Jaworski, B. (2002). Tackling complexity in mathematics teaching development: Using the teaching triad as a tool for reflection and analysis. *Journal of Mathematics Teacher Education*, *5*, 351 - 380.

Ramaswami Aiyar, V. (1934). Sundaram's sieve for prime numbers. *The Mathematics Student*, *2*(2), 73.

Ravindra, R. (2009). *The wisdom of Patañjali's yoga sutras: A new translation and guide*. Sandpoint, ID: Morning Light Press.

Rhadakrishnan, S. (1953). *The principal Upanishads*. London: George Allen & Unwin.

Schoenfeld, A. H. (1992). Learning to think mathematically: Problem solving, metacognition, and sensemaking in mathematics. In D. Grouws (Ed.), *Handbook for research on mathematics teaching and learning* (pp. 334 - 370). New York, NY: MacMillan.

Seeley Brown, J., Collins A., & Duguid, P. (1989). Situated cognition and the culture of learning. *Educational Researcher*, *18*(1), 32 - 42.

Simon, M., & Tzur, R. (2004). Explicating the role of mathematical tasks in conceptual learning: An elaboration of the hypothetical learning trajectory. *Mathematical Thinking and Learning*, 6, 91 - 104.

Song, X. (2006). Confucian education thinking and the chinese mathematical education tradition [In Chinese]. *Journal of Gansu Normal College*, *2*, 65 - 68.

St. Augustine, (389/1938). (Trans. G. Leckie). *De magistro*. Appleton-Century-Croft.

Stedall, J. (2002). *A discourse concerning algebra: English algebra to 1685*. Oxford: Oxford University Press.

Stein, M., Grover, B., & Henningsen, M. (1996). Building student capacity for mathematical thinking and reasoning: An analysis of mathematical tasks used in reform classrooms. *American Educational Research Journal*, *33*, 455 - 488.

Sun, X. (2011). An insider's perspective: "variation problems" and their cultural grounds in Chinese curriculum practice. *Journal of Mathematics Education*, *4*, 101 - 114.

Sun, X. (2011). "Variation problems" and their roles in the topic of fraction division in Chinese mathematics textbook examples. *Educational Studies in Mathematics*, *76*, 65 - 85.

Tall, D. (1977a). *Cognitive conflict and the learning of mathematics*. Paper presented at the First Conference of The International Group for the Psychology of Mathematics Education. Utrecht, Netherlands. Retrieved June, 2016, from www.warwick.ac.uk/staff/David.Tall/pdfs/dot1977a-cogconfl-pme.pdf

Tall, D. (1977b). Conflict & catastrophes in the learning of mathematics. *Mathematical Education for Teaching*, *2*(4).

Thompson, P. (2002). Didactic objects and didactic models in radical constructivism. In K. Gravemeijer, R. Lehrer, B. van Oers, & L. Verschaffel (Eds.), *Symbolizing, modeling, and tool use in mathematics education* (pp. 191 - 212). Dordrecht: Kluwer.

van der Veer, R., & Valsiner, J. (1991). *Understanding Vygotsky*. London: Blackwell.

van Hiele-Geldof, D. (1957). The Didactiques of geometry in the lowest class of secondary school. In D. Fuys, D. Geddes, & R. Tichler (Eds.), *1984*, *English translation of selected writings of Dina van Hiele-Geldof and Pierre M. van Hiele*. New York, NY: Brooklyn College, National Science Foundation.

van Hiele, P. (1986). *Structure and insight: A theory of mathematics education* (Developmental Psychology Series). London: Academic Press.

Vygotsky, L. (1978). *Mind in society: The development of the higher psychological processes*. London: Harvard University Press.

Wallis，J.（1682）. *Treatise of algebra both historical and practical sewing the original progress，and advancement thereof，from time to time；and by what steps it hath attained to the height at which it now is*. London：Richard Davis.

Watson，A.（2016）. Variation：Analysing and designing tasks. *Mathematics Teaching*，*252*，13 – 17.

Watson，A.，& Mason，J.（2002）. Student-generated examples in the learning of mathematics. *Canadian Journal of Science，Mathematics and Technology Education*，*2*，237 – 249.

Watson，A.，& Mason，J.（2005）. *Mathematics as a constructive activity：Learners generating examples*. Mahwah，NJ：Erlbaum.

Wentworth，G.（1894）. *The first steps in algebra*. New York，NY：Ginn.

Wilhelm，R.（Trans.）.（1967）. *The I Ching or book of changes*. Princeton，NJ：Princeton University press for Bollingen Foundation.

Young，R.，& Messum，P.（2011）. *How we learn and how we should be taught：An introduction to the work of Caleb Gattegno*. London：Duo Flamina.

Zitner，S.（Ed.）.（1968）. *Spencer：The mutabilitie cantos*. London：Nelson.

关于作者

吉尔·阿德勒(Jill Adler)在南非金山大学(the University of the Witwatersrand)担任SARCHI数学教育主席，重点关注初中数学教育的研究和发展。吉尔领导了几个大规模的教师发展项目，最近的一个始于主席任期内的2009年，被称为金山数学联结二期项目(Wits Maths Connect Secondary Project)。这项工作建立在她对多语种课堂教学和教师专业发展的研究基础之上。吉尔还是英国伦敦国王学院的数学教育客座教授。她获得了许多奖项，其中最重要的是2012年南非科学院(ASSAF)社会服务科学金奖和2015年弗赖登塔尔奖(Freudenthal Award)。

鲍建生是华东师范大学数学系数学教育专业教授。他担任高中数学教师6年，并在华东师范大学获得数学教育博士学位。曾任苏州大学数学教育教授，《中学数学月刊》主编。现为中国大陆《高中数学课程标准》修订专家组成员及《数学教学》主编。他的研究兴趣涵盖数学教师教育、数学教育心理学和数学教育的国际比较。

安吉拉·T·巴洛(Angela T. Barlow)是一位数学教育教授，也是美国中田纳西州立大学(Middle Tennessee State University)数学与科学教育哲学博士生导师。她的主要教学职责包括旨在培养数学和科学教育工作者的博士课程。她的研究兴趣涉及一系列集中于支持小学数学课堂教学变革过程中的问题。最近的工作包括内隐理论对小学数学教师专业发展经验的影响，运用变异理论分析教学中提供的学习机会以及数学建模。

大卫·克拉克(David Clarke)是墨尔本大学(the University of Melbourne)国际课堂研究中心(ICCR)的教授和主任。在过去的20年里，他的研究活动集中在采用覆盖20多个国家的一个基于视频的国际课堂研究项目来洞悉课堂实践的复杂性。其他重大研究涉及教师专业学习、元认知、基于问题的学习、评估、多理论研究设计、跨文化分析、课程调整以及教育综合研究面临的挑战。克拉克教授写过关于评估和课堂研究的书，并在约200处不同的地方，包括书籍的章节、期刊文章和会议记录中发表了他的研究成果。2015年墨尔本教育研究生院设立了学习科学研究教室，这为克拉克教授的课堂研究提供了更多的细节，并提升了实验精度。他最近的工作涉及合理的国际性比较研究的条件(严谨性与可比性的)，以及比较研究在建立和跨越边界方面的作用。

丁莉萍是挪威科技大学(NTNU)数学教育副教授。1993年至2002年任上海市中学数学教师。2008年，她在英国南安普敦大学(the University of Southampton)获得数学教育博士学位。2008年至2010年，她取得了新西兰梅西大学(Massey University)的博士后奖学金，开展了数学课堂的比较研究。她对数学教育的研究兴趣和专长包括数学教师的专业发展、课程设计研究、学生/教师受数学的影响以及儿童几何思维发展的范希尔理论(van Hiele theory)。

马修·D·邓肯(Matthew D. Duncan)是一位数学讲师，他在美国中田纳西州立大学(Middle Tennessee State University)攻读数学教育博士学位。他为处境困险的大学生教授代数和统计学，同时也为远程学习者教授统计学。他的早期研究兴趣和近期工作重点是形成性评价和支持各种水平统计课堂的教学改革。

巩子坤是杭州师范大学教授。他目前是教育研究中心的副主任。他的研究兴趣包括程序性知识的教与学研究、儿童的认知发展(如儿童对概率和推理的认知发展)、核心数学概念的学习路径、教师专业发展等。他曾编辑过国家义务教育阶段的中小学数学教材。此外，还出版了《程序性知识教与学的研究》、《数学教师的专业能力》、《数学教育概论》、《中国"双基"数学教学的理论与实践》。巩博士完成了一些全国性的研究项目，如"国家数学课程标准在义务教育中的适应性研究"和"儿童在概率概念上的认知发展研究"。2014年，巩博士获得了国家基础教育教学成果二等奖，并在2016年于德国举行的ICME-13会议上介绍了他的研究成果。

顾非石为上海徐汇区教育学院高中数学教学研究专家，华东师范大学在读博士生。他曾主持过几个大型项目，包括"做中学"（一中法合作项目），赢得了中国教育部教学改革的示范项目。他的研究兴趣包括数学教育、变式教学和数学教育者的教育。

顾泠沅是华东师范大学教授。曾任青浦县教师进修学校校长、上海市教育研究院副院长。他是中国教育科学规划领导小组成员和 K－9 基础教育委员会成员，中国中小学数学教学专家小组副主席，中国 K－12 课程和教科书评估标准委员会成员。他获得了上海市劳动模范和全国劳动模范、全国"五一"劳动奖章，并被评为"上海市教育功臣"。根据 20 多年来青浦教学改革实验所做的最终报告，获得了中国教育科研一等奖。这一研究成果也得到了中国教育部的广泛推广。另一项关于探索在职教师专业发展创新途径的有影响力的研究被称为"行动教育"，在全国推广为教师专业发展模式，该模式的研究成果获得了中国课程改革成果一等奖。这一模式已被国际公认为华人课例研究。顾博士应邀作为主旨发言人在许多国际会议上发言，其中包括国际数学教育会议（ICME）、国际教育会议和世界课例研究协会国际会议。

韩雪是美国国立路易斯大学（National Louis University）教育学院副教授。她专注于数学教师的学习和专业发展研究，并获得了密歇根州立大学（Michigan State University）的博士学位。她曾是新墨西哥州大学和多米尼加大学（University of New Mexico and Dominican University）的一名教师。她的研究兴趣包括数学教师学习和专业发展、中小学数学教学和国际比较教育。她曾在包括小学杂志在内的极具声望的期刊上发表过文章。

日野圭子(Keiko Hino)是日本宇都宫大学（Utsunomiya University）的数学教育教授。她获得了筑波大学（Tsukuba University）的教育硕士学位和南伊利诺伊大学（Southern Illinois University）的教育博士学位。她的主要学术兴趣是通过课堂教学发展学生比例推理和函数思想、对数学教与学进行国际比较研究以及数学教师的专业发展。她出版了 2 本书、20 个章节和 40 多篇期刊文章，出席了 40

多次会议并发言，其中包括国际数学教育大会、国际数学教育心理学会议、东亚数学教育区域会议以及日本数学教育学会和日本科学教育学会年会。作为日本中小学数学教科书的编辑和数学课例研究的外聘专家，她还参与了一些改进数学教育的活动。

黄丹亭是北京第80中学的一名数学教师。她毕业于北京师范大学。在她的研究中，她专注于数学素养，并发表了一些关于概念理解在数学素养中发挥重要作用的文章。她目前在高中教授微积分预备知识、AP微积分和其他国际数学课程。

黄荣金是美国中田纳西州立大学(Middle Tennessee State University)副教授。他的研究兴趣包括数学课堂研究、数学教师教育和比较数学教育。他完成了若干研究和专业发展项目，如学习者视角研究(2006)、通过课例研究实施有效的数学教学(2014)以及理解数学的进展、评估和内容(2015)。黄博士出版了许多学术著作，包括8本书、100多篇文章和书的章节，以及两期专刊。他最近出版的著作包括《华人如何教数学与改进教学》(Routledge, 2013)、《未来数学教师的代数知识：中美两国的比较研究》(Springer, 2014)。黄博士曾担任ZDM数学教育和国际课程与学习期刊的客座编辑。他在各种国家和国际专业会议上组织和主持了许多会议，如AERA(2013,2014)、NCTM(2009,2012)和ICME(2008,2016)。

黄兴丰是上海师范大学副教授。2008年获华东师范大学数学教育博士学位。从1995年到2005年，他曾在学校教过10年的中学数学。他的研究兴趣包括职前小学教师的准备和在职教师的专业发展。

约翰·汉格斯特罗姆(Johan Häggström)是哥德堡大学(University of Gothenburg)教育、课程和职业研究系和国家数学教育中心的高级讲师。他是北欧数学教育研究杂志(Nordic Studies in Mathematics Education)的编辑。

基思·琼斯(Keith Jones)是英国南安普敦大学(University of Southampton)数学教育副教授，在那里他是数学和科学教育(MaSE)研究中心的副主任。他在数学教育方面的专长包括数学教师教育和专业发展、几何问题的解决和推理，以及技术在数学教育中的应用。他与中国、日本和欧洲各地的教育工作者建立了良好的合作研究关系。他是几个著名国际期刊的编委会成员，并参与了几项ICMI研究。他的著作颇为广泛，最近合著了《数学教学中的关键思想》和《用技术解决数学问题的青少年》等书。

祁永华(Wing Wah Ki)是香港大学教育学院的副教授，研究数学、技术及通识教育，以及利用信息与通信技术促进教师合作学习。近年来，他的研究扩展到多语种和跨文化教育的发展以及现象图式学理论在学习中的应用。

戴维·基明斯(Dovie Kimmins)是美国中田纳西州立大学(Middle Tennessee State University)数学科学系的教授。基明斯博士主要教授小学、初中和高中教师以及普通数学学习者的内容课程，并为中学、中学职前教师开发和教授新的课程。在过去的20年中，基明斯博士指导或协助指导了23个专业发展项目，这些项目涉及在职小学、中学和高中教师，其中6个是多年期项目，直接影响到1300名数学教师。基明斯博士的研究侧重于学生在分数和概率等特定内容上的学习，以及教师在实践中的学习。

康拉德·凯勒(Konrad Krainer)是奥地利克拉根福大学(the Alpen-Adria-University Klagenfur, Austria)跨学科研究学院的教授和系主任。他在数学教师岗位上工作了几年，并在数学教育领域撰写了他的博士论文。凯勒博士是澳大利亚(墨尔本/莫纳什)、捷克共和国(布拉格)、德国(杜伊斯堡)和美国(雅典和爱荷华市)大学的客座教授和访问学者。他最近的研究重点是数学教师教育、学校发展和教育系统发展。他是几本书的合作编辑(例如，《国际数学教师教育手册》和《2015年奥地利教育报告》的一卷)，同时也是全国IMST项目的负责人。凯勒是JMTE的副编辑和国际科学委员会的成员(例如ERME委员会、EMS教育委员会、DZLM咨询委员会和卡林西亚大学师范学院董事会)。他在国际会议(包括

ICME 和 PME)的全体会议上作了几次发言,并担任了 CERME 9 国际会议(2015,布拉格)的主席。

安格利卡·库尔贝格(Angelika Kullberg)是哥德堡大学(the University of Gothenburg)教学、课程和职业研究系的副教授。她的研究重点是数学课堂教学。她是欧洲学习和教学研究协会(EARLI)的执行委员会成员。

罗扎·莱金(Roza Leikin)是海法大学(University of Haifa)教育学院数学教育与英才教育教授。她的研究和实践包括三个相互关联的领域:数学创造力和能力、数学教师知识和专业发展以及教育中的数学挑战。她对推动神经认知研究方法在数学教育领域的贡献感兴趣。莱金博士是研究和促进英才教育的跨学科中心(RANGE)的主任,也是海法大学研究创造力、能力和天赋的神经认知实验室的联席主席。她是以色列教育部全国数学教育咨询委员会主席,也是国际数学创造力和英才小组 MCG(附属于 ICMI http://igmcg.org/)的主席。她编辑了 10 卷与数学教育和英才教育有关的书籍,在研究期刊、书籍和参考会议记录中发表了约 150 篇论文。有关更多详细信息,请参见 http://ps.edu.haifa.ac.il/roza-Leikin.html。

梁玉麟(Allen Leung)现为香港浸会大学(Hong Kong Baptist University)副教授。他在加拿大多伦多大学(University of Toronto)获得数学博士学位。在从事数学教育研究之前,他是香港的一名中学数学教师。梁博士曾是香港大学及香港教育学院的副教授。梁博士的主要研究方向是动态几何环境、利用变易(变异)发展数学教育学、基于工具的数学任务设计、数学教育和课堂研究中的证明和论证。他在主要的国际数学教育杂志、PME 会议记录上发表了文章,并作为专题研究小组的成员、定期讲座的讲演者和调查小组的成员参与了 ICME 11、12 和 13 的工作。梁博士是第 22 届 ICMI 研究的 IPC 成员,所做的四项 ICMI 研究集中于数学教育中的任务设计。

梁贯成(Frederick Koon-Shing Leung)是香港大学(the University of Hong Kong)数学教育健泰基金教授。他的研究兴趣包括数学教育的比较研究、文化对数学教与学的影响、中国少数民族儿童的数学教育、中英两种语言对数学学习的影响。他是“国际数学及科学趋势研究”（TIMSS）、TIMSS 录像研究和学习者的视角研究（LPS）香港部分的首席研究员。梁教授是 2003 年至 2009 年国际数学教育委员会共同主席。2007 年至 2010 年担任国际学术成就评价协会常委会委员。梁教授也是斯普林格出版的《第二和第三国际数学教育手册》的编辑之一。他被任命 2003 年度福布莱特（Fulbright）高级学者，2013 年度被国际数学教育委员会授予弗赖登塔尔奖（Hans Freudenthal Medal），2014 获中国教育部长江学者称号，2015 年他获得“世界杰出华人奖”。

李静是廊坊师范学院副教授。他的主要研究兴趣是变式教学。

李衍杰是河北省邯郸市新世纪学校的数学教师。

李业平(Yeping Li)是美国得克萨斯农工大学（Texas A & M University）教学与文化系数学教育教授。2016 年，他还在中国被上海市教育委员会聘为上海师范大学“东方学者”客座教授。他的研究兴趣集中在不同教育系统中与数学课程和教师教育有关的问题上，并关注与此有关的因素如何形成有效的课堂教学。他是斯普林格出版的国际 STEM 教育期刊的主编，也是 Sense 出版社出版的《数学教与学》系列专著的编辑。除了合编了 10 多本书和专刊外，他还发表了 100 多篇关注于数学课程和教科书研究、教师和教师教育以及课堂教学的文章。他还在各国和国际专业会议上组织和主持了许多小组会议，如 ICME - 10（2004）、ICME - 11（2008）和 ICME - 12（2012）。他在美国匹兹堡大学（the University of Pittsburgh）获得教育认知研究博士学位。

艾莉森 · E · 李斯卡(Alyson E. Lischka)是美国中田纳西州立大学（Middle Tennessee State University）数学教育副教授。她为职前中学数学教师讲授内容和方法课程，并在专业发展环境中与在职教师广泛合作。她的研究兴趣集中在促进在职和职前教师如何在数学教学中开展雄心勃勃的实践。目前的项目包括调研内隐理论对专业发展经验的影响、检测为职前教师学习提供有效反馈的方法，以及传播全国数学方法课程会议的成果。

费兰伦斯·马顿(Ference Marton)是哥德堡大学(the University of Gothenburg)的一名高级教授,1970年他在那里获得博士学位,此后以不同的身份任职。他于1977年成为教育学教授。在较短的时间内(6个月至3年),他就职于英国、美国、澳大利亚和中国的多所大学。他曾获爱丁堡大学(the University of Edinburgh, 2000)、赫尔辛基大学(the University of Helsinki, 2003)及香港教育学院(the Hong Kong Institute of Education, 2007)颁授的荣誉博士学位。马顿博士在教育心理学方面发表了250多篇论文和出版了书籍,内容主要集中在学习中质的差异、现象图式学和学习变异理论等专业领域。

约翰·梅森(John Mason)是英国开放大学(the Open University)的教授,他在那里花了40年时间撰写数学和数学教育的远程教学教材。他的工作聚焦于教数学和学数学的核心要素,如注意力、心理意象和问题解决。他开发了用于讲习班并可帮助探索数学问题的应用程序,该应用程序也可以用来研究从幼儿园到高等教育各级数学的关键思想。

莫雅慈(Ida Ah Chee Mok)是香港大学(the University of Hong Kong)教育学院副教授及副院长。她在香港大学获得了学士学位(数学专业,一等荣誉)和教育学硕士学位,在伦敦大学(the University of London)国王学院获博士学位。她被授予南安普敦大学(the University of Southampton)钻石禧年国际访问奖学金(2013～2016)。自1990年起,她一直积极参与香港本地区和国际数学教育研究领域的教师教育工作。她具有广泛的研究兴趣,包括数学教育、数学教育中的技术、数学教育中的比较研究、教与学、教师教育、教学内容知识和课例研究。她是第11届国际数学教育大会(ICME 11)课堂实践研究专题研究组共同主席;第13届国际数学教育大会(ICME 13)的全体会议特邀发言人,做了题为“数学中的国际比较研究:促进学生学习的课堂”的报告。她也是《建立联系:世界各地数学课堂之比较》一书的共同编辑、《代数的学习:学生对分配律理解的启示》的作者以及《多项式与方程式》一书的合著者。

聂必凯是美国得克萨斯州立大学(Texas State University)数学系讲师。他的研究兴趣包括职前数学教师的培养、在职数学教师的专业发展、K－16的数学课程、问题解决、问题提出以及数学教育研究中的定量方法。

彭明辉(Ming Fai Pang)是香港大学(University of Hong Kong)教育学院副教授，研究重点是学习、教学和教师教育。他专攻现象图式学、变异理论、课堂与学习研究。最近，他将研究兴趣扩展到财经知识和可持续发展教育。2003年至2007年，他担任欧洲学习和教学研究协会(EARLI)“现象图式学和变异理论”特别兴趣小组的协调员。自2010年以来，他一直担任SSCI期刊《教育研究评论》的编辑，以及“职业和学习、国际课程与学习和国际经济教育评论”的杂志编委会成员。

爱立特・佩莱德(Irit Peled)是海法大学(the University of Haifa)数学教育系的高级讲师。她在以色列理工大学(Technion-Israel Institute of Technology)获得了博士学位。她指导了一个为期10年的旨在提升小学在职教师数学能力国家基金项目，并担任数学教育部和教学及教师教育部的主席。她目前的研究兴趣包括重点关注在数学上有困难儿童的建模过程。她指导了一个由以色列科学基金会资助的关于建模任务设计的研究项目，目的是改变教师对建模和数学作用的观念。

彭爱辉是西南大学副教授。她的研究兴趣包括中学水平的数学知识和不同文化背景下的数学教学。

凯尔・M・普林斯(Kyle M. Prince)在美国田纳西州默弗里斯伯勒的中央磁石学校(Central Magnet School)教授数学，在那里他已经任教了7年。他被评为2015～2016年美国中田纳西州年度最佳教师，并被推选参加总统科学和数学教学卓越奖(Presidential Award for Excellence in Science and Mathematics Teaching)决赛。除了在高中任教外，他最近还在美国中田纳西州立大学获得数学教育博士学位。他的兴趣包括通过问题解决进行教学，以及在美国应用中日课堂学习研究模式。在论文中，普林斯通过探索课程研究以帮助教师提高对数学教学实践的理解、实施和认知。

綦春霞是北京师范大学教育学院课程与教育学院教授兼副主任。她也是中国教育学会课程分会委员会的执行委员。2006 年至 2007 年，她是哥伦比亚大学(Columbia University)师范学院的福布莱特(Fulbright)学者。她的研究兴趣包括校本课程、数学课程比较、改革和发展。她发表了 60 篇文章(中文和英文)。她是《义务教育阶段国家数学课程标准》研究开发小组的重要成员之一，参加了中国最新一次数学课程改革的国家级决策。她也是负责中国八年级学生国家数学评估项目的一位首席专家。

乌拉·鲁内松(Ulla Runesson)是瑞典延雪平大学(Jönköping University)教育教授兼系主任，南非约翰内斯堡金山大学(University of the Witwatersrand)教育学院客座教授。她的研究兴趣包括学习和教学，特别在数学和普通教学专业方面。多年来，她一直负责由瑞典研究委员会资助的几个涉及教师担任研究人员的研究项目。她获得了第一个将学习的变异理论作为分析框架的博士学位，并从那时起就一直致力于这一理论的发展。她参与了几个国际研究项目完成了对不同国家的课堂的研究和比较。

斯文·阿恩·西科(Svein Arne Sikko)是挪威科技大学(Norwegian University of Science and Technology)数学教育副教授。他在代数表示理论领域拥有纯数学博士学位。自 1998 年以来，他一直从事数学教师教育工作。他的主要研究领域是教师专业发展、课程研究、研究性学习和过渡问题。

王嵘现为人民教育出版社中学数学教材编辑。她专注于编写教科书中关于函数、微积分预备知识、不等式和统计学的部分，并在中国的参考期刊上发表了 20 多篇文章。

王瑞霖是首都师范大学教育学院讲师。她是国家教师培训项目首批专家，也是北京师范大学继续教育与教师培训学院的专家。2015 年荣获全国教育教学成果奖一等奖。她的主要研究领域是数学教育和教师教育。她是《数学综合与实践案例研究》的主要作者,《中学数学教学研究》、《中学数学课程标准与内容分析》的共同编辑,以及北京社会科学基金会资助研究项目《数学教学的关键思想》一书的翻译者。

安妮 · 沃森(Anne Watson)是牛津大学(the University of Oxford)名誉教授。在成为教师、教育家和研究员之前,她在具有挑战性的学校教了 13 年数学。在那些年的大部分时间里,她使用了一种基于问题的方法和异质分组的设计,目的是让更多的学生能够使用问询和点对点的方法在数学方面取得成就。渐渐地她又开始怀疑这种方法是否能帮助更多的学生养成数学思维习惯,后来对如何设计任务来改变学生的自然和情境思维方式产生了兴趣,从而使他们能够更好地理解和处理抽象的关系。除了从理论角度探讨数学教育的这一方向外,她为教师出版了大量贴近教学的书籍和文章。她以改善青少年学习,注重社会公正而闻名,她的工作总是植根于、忠实于教师教学的实践中。她的研究兴趣包括运用变异理论进行任务设计,通过互动策略促进数学思维,提出尽可能促进关系理解的提问形式,为低成就学生提高成绩,发展理解函数概念和数学教学的认知而工作。

黄毅英(Ngai-Ying Wong)现为香港教育大学(the Education University of Hong Kong)名誉教授。他获得了香港大学的学士、哲学硕士和博士学位,并在香港中文大学获得了教育硕士学位。2014 年退休前,他曾任香港中文大学教授。他是香港数学教育协会的创始会长。他的研究兴趣包括课堂学习环境、数学教育、信念和价值观、变式教学和儒家传统文化的学习者现象。

杨新荣是西南大学副教授。他在香港大学取得博士学位。他分别于 2012 年 9 月至 2013 年 8 月和 2013 年 11 月至 2014 年 10 月在瑞典乌梅大学(Umea University)教育学院和伦敦大学担任博士后研究员。他目前在玛丽 · 居里(Marie Curie)个人奖学金的支持下,在汉堡大学(the Hamburg University)进行他的博士后研究。他一直致力于数学教师专业发展、课堂学习环境和小学生代数思维有关的课题。他发表了几篇有关这些主题的经过同行评议的论文。

章建跃是人民教育出版社的编审、课程教材研究所研究员。他的研究兴趣包括课程理论、教材编写理论、教育心理学理论和数学课堂研究理论。他曾担任《中小学数学》主编，以及《数学通报》、《课程・教材・教法》的编委。章博士有许多出版物，包括初中、高中数学教科书。章博士提出了三种理解理论（理解数学、理解学生和理解教育教学）。

张萍萍是威诺纳州立大学（Winona State University）数学与统计学系数学教育副教授。她曾获得了中国北京航空航天大学的英语和应用数学学士学位，以及俄亥俄州立大学（Ohio State University）的中学数学教育硕士和博士学位。7年来，她一直与美国的中学（6到12年级）学生和职前/在职数学教师合作。她的研究兴趣在于数学问题解决、元认知和教师教育。她目前为中小学职前教师讲授内容课程，为中学和中学职前教师讲授方法课程。

主题索引[1]

[1] 主题索引页码为英文版页码。——译者注

E

F

Q

R

S

T

V

W

Z

图书在版编目(CIP)数据

通过变式教数学：儒家传统与西方理论的对话/(美)黄荣金，(美)李业平主编；董建功译. —上海：华东师范大学出版社，2019

ISBN 978-7-5675-9709-9

Ⅰ.①通… Ⅱ.①黄…②李…③董… Ⅲ.①数学教学—教学研究 Ⅳ.①O1-4

中国版本图书馆 CIP 数据核字(2019)第 222967 号

通过变式教数学：儒家传统与西方理论的对话

主　　编　(美)黄荣金　(美)李业平
译　　者　董建功
责任编辑　李文革
项目编辑　平　萍
责任校对　谭若诗
装帧设计　刘怡霖

出版发行　华东师范大学出版社
社　　址　上海市中山北路 3663 号　邮编 200062
网　　址　www.ecnupress.com.cn
电　　话　021-60821666　行政传真 021-62572105
客服电话　021-62865537　门市(邮购)电话 021-62869887
地　　址　上海市中山北路 3663 号华东师范大学校内先锋路口
网　　店　http://hdsdcbs.tmall.com

印 刷 者　上海昌鑫龙印务有限公司
开　　本　700×1000　16 开
印　　张　29.25
字　　数　478 千字
版　　次　2019 年 12 月第 1 版
印　　次　2019 年 12 月第 1 次
书　　号　ISBN 978-7-5675-9709-9
定　　价　88.00 元

出 版 人　王　焰